U0507359

国防科技图书出版基金

复杂信号频率估计
方法及应用

Methods and Applications
of Frequency Estimation for Complex Signals

涂亚庆　　杨辉跃　张海涛　　著
　　　　　肖　玮　刘良兵

国防工业出版社

·北京·

图书在版编目(CIP)数据

复杂信号频率估计方法及应用 / 涂亚庆等著. —
北京:国防工业出版社,2016.8
ISBN 978 – 7 – 118 – 10777 – 7

Ⅰ.①复… Ⅱ.①涂… Ⅲ.①信号处理 – 频率 – 估计
Ⅳ.①TN911.7

中国版本图书馆 CIP 数据核字(2016)第 032338 号

※

国防工業出版社出版发行
(北京市海淀区紫竹院南路 23 号　邮政编码 100048)
腾飞印务有限公司印刷
新华书店经售

*

开本 710×1000　1/16　插页 6　印张 22　字数 416 千字
2016 年 8 月第 1 版第 1 次印刷　印数 1—3000 册　　定价 109.00 元

(本书如有印装错误,我社负责调换)

国防书店:(010)88540777　　　发行邮购:(010)88540776
发行传真:(010)88540755　　　发行业务:(010)88540717

致 读 者

本书由国防科技图书出版基金资助出版。

国防科技图书出版工作是国防科技事业的一个重要方面。优秀的国防科技图书既是国防科技成果的一部分,又是国防科技水平的重要标志。为了促进国防科技和武器装备建设事业的发展,加强社会主义物质文明和精神文明建设,培养优秀科技人才,确保国防科技优秀图书的出版,原国防科工委于1988年初决定每年拨出专款,设立国防科技图书出版基金,成立评审委员会,扶持、审定出版国防科技优秀图书。

国防科技图书出版基金资助的对象是:

1. 在国防科学技术领域中,学术水平高,内容有创见,在学科上居领先地位的基础科学理论图书;在工程技术理论方面有突破的应用科学专著。

2. 学术思想新颖,内容具体、实用,对国防科技和武器装备发展具有较大推动作用的专著;密切结合国防现代化和武器装备现代化需要的高新技术内容的专著。

3. 有重要发展前景和有重大开拓使用价值,密切结合国防现代化和武器装备现代化需要的新工艺、新材料内容的专著。

4. 填补目前我国科技领域空白并具有军事应用前景的薄弱学科和边缘学科的科技图书。

国防科技图书出版基金评审委员会在总装备部的领导下开展工作,负责掌握出版基金的使用方向,评审受理的图书选题,决定资助的图书选题和资助金额,以及决定中断或取消资助等。经评审给予资助的图书,由总装备部国防工业出版社列选出版。

国防科技事业已经取得了举世瞩目的成就。国防科技图书承担着记载和弘扬这些成就,积累和传播科技知识的使命。在改革开放的新形势下,原国防科工委率先设立出版基金,扶持出版科技图书,这是一项具有深远意义的创举。此举势必促使国防科技图书的出版随着国防科技事业的发展更加兴旺。

设立出版基金是一件新生事物，是对出版工作的一项改革。因而，评审工作需要不断地摸索、认真地总结和及时地改进，这样，才能使有限的基金发挥出巨大的效能。评审工作更需要国防科技和武器装备建设战线广大科技工作者、专家、教授，以及社会各界朋友的热情支持。

让我们携起手来，为祖国昌盛、科技腾飞、出版繁荣而共同奋斗！

国防科技图书出版基金

评审委员会

国防科技图书出版基金
第七届评审委员会组成人员

主任委员	潘银喜			
副主任委员	吴有生	傅兴男	赵伯桥	
秘书长	赵伯桥			
副秘书长	邢海鹰	谢晓阳		
委员 (按姓氏笔画排序)	才鸿年	马伟明	王小谟	王群书
	甘茂治	甘晓华	卢秉恒	巩水利
	刘泽金	孙秀冬	芮筱亭	李言荣
	李德仁	李德毅	杨　伟	肖志力
	吴宏鑫	张文栋	张信威	陆　军
	陈良惠	房建成	赵万生	赵凤起
	郭云飞	唐志共	陶西平	韩祖南
	傅惠民	魏炳波		

前言

频率估计是数字信号处理的经典课题,广泛应用于机械、电子、雷达、地震、生物医学、图像处理、仪器仪表等各类领域。频率估计的准确性、实时性和抗扰性是在工程应用中能否取得成功的关键因素。然而已有的理论与方法研究及其应用表明,现有的频率估计方法对短时信号、极端频率信号、时变频率信号、瞬时频率信号和低信噪比信号等复杂信号进行频率估计时,均存在难以克服的问题,限制了频率估计方法的工程应用。

本书主要针对复杂信号的频率估计问题,从方法研究和应用研究两个方面展开。方法研究主要探讨了短时信号频率估计的频谱融合方法、端频信号频率估计的计及负频率方法、时变(缓变)频率估计的自适应陷波器方法和瞬时频率估计方法;应用研究以线性调频连续波雷达及科里奥利质量流量计两类典型仪表与装置为平台,探讨复杂信号频率估计方法的应用。本书比较系统而深入地论述了作者团队多年来在复杂信号频率估计方法及应用方面的研究成果。在内容上,着重系统阐述基础理论和技术方法,重视实际工程需求;在叙述上,注重理论推导、计算分析与工程实际应用相结合,力求思路清晰、深入浅出。

本书共7章:第1章绪论,主要分析频率估计研究现状,介绍主要研究内容与组织;第2章研究短时信号频率估计的频谱融合方法,主要包括频谱融合原理、频谱融合方法及其快速算法、交叉信息融合法及其快速算法;第3章研究端频信号频率估计的计及负频率方法,包括频谱分析中负频率的影响、计及负频率的端频率信号离散频谱校正方法、端频信号相位差估计方法;第4章研究时变频率估计的自适应陷波器方法,包括典型自适应陷波器(ANF)频率估计方法及性能分析、联合误差ANF的频率估计及误差分析、基于Steiglitz-McBride系统辨识的自适应陷波器和反馈修正自适应陷波器方法;第5章研究瞬时频率估计方法及其在压控振荡器(VCO)非线性度校正中的应用,探讨自适应窗长的维格纳—维尔分布(PWVD)瞬时频率估计、基于分数阶傅里叶变换的瞬时频率估计、基于奇异值分解(SVD)的非平稳信号重叠分段降噪算法,并实验分析瞬时频率估计在VCO非线性度校正中的应用;第6章和第7章是第2~5章所述方法的应用验证和效果分析,其中第6章探讨在线性调频连续波雷达信号处理中的应用和效果分析,第7章探讨在科里奥利质量流量计信号处理中的应用和效果分析。

本书内容主要来自于涂亚庆教授及其所指导研究生10余年的相关研究工作,

是集体智慧的结晶。参与本书相关研究工作的研究生主要包括博士生任开春、张海涛、牛鹏辉、刘良兵、肖玮、毛育文、李明、苏丹、沈廷鳌、杨辉跃、沈艳林等和硕士生徐宝松、苏奋华、林勇、莫正军、易鹏、郑子云、詹启东、于卫东、刘翔宇、陈宝欣、陈林军等。涂亚庆教授负责全书整体结构、内容框架、组织撰写、统稿和审定；张海涛、刘良兵、肖玮、杨辉跃协助进行统稿和部分章节的编写工作；李明、苏丹、沈廷鳌、沈艳林、郑子云、詹启东、于卫东、刘翔宇、陈宝欣、陈林军等也分别参与部分章节初稿的编写。

本书内容研究获得多项国家自然科学基金和重庆市自然科学基金等项目的资助，撰写参阅了国内外同行的相关研究成果，出版得到了国防科技图书出版基金和国防工业出版社的大力支持，在此一并表示衷心的感谢！

本书内容新颖、深入浅出，注重理论与方法、理论联系实际，可作为相关领域研究者的专业参考书。但由于水平有限，书中难免存在不足之处，敬请广大同行、读者批评指教。

涂亚庆

2016 年 5 月

目录

Contents

第 1 章　绪　　论

1.1　背景及意义

数字信号处理是利用计算机或专用处理设备,以数值计算的方法对信号进行采集、变换、综合、估值与识别等加工处理,借以达到提取信息和便于应用之目的。频谱分析将时域信号变换至频域加以分析,是数字信号处理最为基础和常用的方法。频谱分析特别是快速傅里叶变换(Fast Fourier Transform, FFT)的出现,极大地推动了数字信号处理的发展和应用。频谱分析之目的在于把复杂的时域波形,经过傅里叶变换分解成若干单一的谐波分量来研究,以获得信号的频率结构以及各谐波和相位信息,准确估计信号特征参数。

频率是描述信号周期特征的重要参数,利用频谱分析技术估计信号频率特征的频率估计方法,长期以来受到国内外学者广泛关注和深入研究,在雷达、声纳、地震、电力系统、地质勘探、语音处理、航空航天、仪器仪表、数据通信及生物医学等众多领域具有广泛应用,有效推动了众多工程技术领域的技术改造和学科发展。例如:在电力系统中利用频率估计技术进行系统监测、计量、控制和保护等;在仪器仪表领域,涡街流量计利用卡门涡街频率与流体流速成正比的原理进行流量计量,科里奥利质量流量计(简称科氏流量计,Coriolis Mass Flowmeter, CMF)通过估计测量管振动信号频率和相位差进行流量计量,线性调频连续波(Linear Frequency Modulated Continuous Wave, LFMCW)雷达通过估计差拍信号频率获得目标距离信息;在机械故障诊断领域,利用频率估计技术,通过观测齿轮箱振动信号固有频率两侧是否出现间隔均匀的调制边频带来判断齿轮箱零件损伤程度和部位。

典型周期信号,如正弦信号、脉冲信号、三角波信号以及它们的整流、微分、积分等,在一个周期内的极值点不会超过两个且周期性特征明显,本书称为简单信号。针对这类简单信号的频率估计研究较多,频率估计方法已比较成熟。在频率估计的众多应用领域,待测信号表现出不同的复杂频率特性。例如:语音信号、噪声信号等频率间隔很小,而且频带分布较宽;机械振动中的随机振动信号和自由衰减振动信号的频率成分是一个时变的连续序列,不能分解为有限多个离散频率谐波信号;状态监测与故障诊断领域,很多设备的故障信号频率位于频谱两端;LFM-CW 雷达差拍信号采样时长较短;时频信号的频率成分随时间变化;等等。此外,多径回波信号、生命特征信号等信号特征亦较为复杂。为此,本书将此类在一个周期内可以有两个以上的极值点,信号幅值、频率和相位等参数呈现复杂特性的信号统称为复杂信号。复杂信号的频率估计在实际工程中具有十分重要的应用价值。针对复杂信号的频率估计,典型的频率估计方法往往存在较大误差,且不同的应用需求对频率估计方法的性能存在差异性要求,需要考虑信号差异区别对待。因此,随着频率估计方法的研究深入和应用推广,针对复杂信号的频率估计研究已成为当前研究的前沿和热点。

由于信号参数的复杂特性,针对简单信号的频率估计方法难以适用于复杂信号,存在精度不高、实时性不好等诸多不足,甚至丢失信号重要信息。并且,复杂信号亦有多种类型,对不同类型复杂信号进行频率估计时需采用不同的方法。本书在归纳总结现有频率估计方法的基础上,着重从短时信号频率估计、端频信号频率估计(本书将信号频率低于一个离散傅里叶变换(Discrete Fourier Transform, DFT)频率分辨率的极低频分量和频率接近奈奎斯特频率的极高频分量称为极端频率信号,简称端频信号)、时变信号频率估计方面论述复杂信号的频率估计方法,并以科氏流量计和 LFMCW 雷达测距系统为对象阐述复杂信号频率估计方法的应用。

1.2　频率估计基本方法

以硬件电路为基础的测频法和以离散傅里叶变换为基础的频谱分析法,是频率估计的两类基本方法。前者通过硬件电路检测信号波形估计频率,受噪声影响较大,难以适应高精度要求,且成本较高;后者因 FFT 提高了运算速度而得到广泛应用。由于 FFT 只能对有限长信号进行分析,时域截断产生的能量泄漏使频谱分析精度降低,需要对离散频谱进行校正以得到更为精确的频率、幅值和相位信息。频谱分析与校正采用各种数学模型对信号频谱进行校正,以提高频率估计精度。

1.2.1　能量重心法

能量重心法起源于三点卷积法,它利用各种窗函数离散频谱的能量重心无穷逼近坐标原点的特点进行离散频谱分析和频率估计。

以汉宁(Hanning)窗为例,$G(f^1 + i)$ 表示窗函数功率谱,$f^1 + i$ 为信号归一化频率,窗函数离散频谱的能量重心为坐标原点,即有 $\sum\limits_{i=-n}^{n} G(f^1 + i) \times (f^1 + i) = 0, n = \infty$。设采样频率为 f_s,窗长为 N,f_0 为主瓣中心,从而可得到能量校正法校正频率的通用公式:

2

$$f_0 = f'_0 \Delta f = \frac{\sum\limits_{i=-n}^{n} G(k+i) \times (k+i)}{\sum\limits_{i=-n}^{n} G(k+i)} f_s/N, \quad n = \infty \qquad (1-1)$$

能量重心法适用于各种对称窗函数,简单易实现、计算速度快,较多地应用于小噪声工程中。该方法的频率估计精度与窗函数类型有关,如加汉宁窗时频率估计精度较高,加矩形窗时频率估计精度较低,对不同窗要分别分析,通用性较差,且不适用于频率较密集(小于四个频率分辨率)的场合。

1.2.2　相位差法

相位差法利用两次 FFT 频谱峰值的相位差抑制频谱泄漏。为提高相位差法的精度,先后出现了多种改进的相位差法,如时移相位差估计法、分段 FFT 相位差法、重叠 FFT 相位差法、加窗的相位差估计法等。基于窗中心平移,得到相位差法的统一公式。

设周期信号 $x(t) = A\cos(2\pi f_0 t + \theta)$,加长度为 T 的窗函数做 FFT,分析点数为 N_1,对应峰值谱线的相位为 $\Delta\phi_0 = \theta - \pi\Delta\delta$,将 $x(t)$ 平移 βT(βT 为平移量,右移为负,左移为正),再加长度为 γT 的窗函数做 FFT,分析点数为 N_2,将窗函数中心移动 αT,最后得到相位差为

$$\Delta\phi = (2\pi\beta + 2\pi\alpha\gamma + \pi\gamma)k_1 - (2\pi\alpha + \pi)k_2 - (2\pi\beta + 2\pi\alpha\gamma + \pi\gamma - \pi)\Delta\delta$$

$$(1-2)$$

谱线修正量为

$$\Delta\delta = \frac{\Delta\phi - (2\pi\beta + 2\pi\alpha\gamma + \pi\gamma)k_1 + (2\pi\alpha + \pi)k_2}{-(2\pi\beta + 2\pi\alpha\gamma + \pi\gamma - \pi)} \qquad (1-3)$$

相位差法适合各种对称窗函数,通用性较好,抗噪能力强,实现方便,精度较高,便于实时处理。其缺点是必须已知对称窗的频谱函数,且不适用于频率密集的场合。

1.2.3　幅度比值法

当信号频率不是 FFT 频率分辨率的整数倍时,信号的实际频率位于其幅度谱主瓣内两条最大谱线之间。幅度比值法通过幅度谱次大谱线和最大谱线的比值计算出频率偏差 δ,然后进行频谱校正抑制频谱泄漏。其关键在于估计 DFT 谱线最大值与实际频率谱线的差值 δ,然后利用 δ 修正最大谱线处的频率和相位。其原理如下:

对于含噪单频信号的离散采样序列 $x(n) = a\cos(2\pi f_0 Tn/N + \theta_0) + z(n)$(其中:$n = 0,1,2,\cdots,N-1$;$\theta_0$ 为初相;$z(n)$ 为零均值高斯白噪声),在不考虑负频率情

3

况下,其离散频谱的前 $N/2$ 点,有

$$X(k) = \frac{a \cdot \sin[\pi(k - f_0 T)]}{2\sin[\pi(k - f_0 T)/N]} e^{j[\theta_0 - \frac{N-1}{N}(k - f_0 T)\pi]} + Z(k) \qquad (1-4)$$

式中:$k = 0, 1, 2, \cdots, N/2 - 1$,记 $X(k)$ 最大值和次大值处的谱线序列号分别为 k_1 和 k_2,$k_2 = k_1 \pm 1$,对于较大 N,最大谱线幅度 $X_1 = |X(k_1)| = |Na\sin(\pi\delta)|/(2\pi\delta)$,次大谱线幅度为 $X_2 = |X(k_2)| = Na|\sin(\pi\delta)|/(2\pi(1 - |\delta|))$。

根据 X_2 和 X_1 的比值 α,可得到频率偏差 δ 的估计值 $|\hat{\delta}| = \alpha/(1 + \alpha)$。从而,可得到更准确的频率估计值 $\hat{f}_0 = (k_1 \pm |\hat{\delta}|)\Delta f$,若 $k_2 = k_1 + 1$ 取加号,反之取减号。

幅度比值法虽有效避开了频率分辨率的限制,但其精度与信号观测时长有关,且在实际应用中受噪声干扰。当 $|\delta|$ 很小时容易出现对次大谱线的误判,致使估计的 δ 与实际值符号相反,造成插值方向错误,从而导致较大误差。频率插值法利用离散傅里叶变换主瓣内谱线次大值与最大值之比的实部代替幅值之比,可避免 δ 较小时的插值方向错误,但计算量增大。多点插值法进一步提高了计算效率和精度。

1.2.4 分段 FFT 法

信号实际频率和最大谱值对应频率之间的偏差与初始相位有关,但通常信号的初相未知,因此不能直接利用 FFT 最大谱线的相位估计频率。采用分段 FFT 的方法可以消除初相的影响,从而实现利用相频特性提高频率估计精度。

设信号 $x(n)$ 的 N 点 FFT 记为 $X(k)$,最大谱值对应的谱线序列号为 m,相位为 $\phi_m = \theta_0 - (N-1)(k - f_0 T)\pi/N$。当 $N \gg 1$ 时,可近似认为 $\phi_m \approx \theta_0 - (k - f_0 T)\pi = \theta_0 + \delta\pi$,可见 FFT 幅度最大谱线的相位中含有相对频率偏差 δ 的信息。通常初相 θ_0 未知,因此并不能直接利用 ϕ_m 估计 δ。为了消除 θ_0 的影响,可以将采样序列分为前、后两段长度各为 $N/2$ 的序列,并分别做 FFT。设两个序列经 FFT 后得到的频谱幅度最大值处的相位分别为 ϕ_1 和 ϕ_2,则 δ 的估计为

$$\hat{\delta} = \frac{\phi_2 - \phi_1}{2\pi}\Delta f' = \frac{\Delta\phi}{\pi T} \qquad (1-5)$$

式中:$\Delta f' = 2/T$ 为 $N/2$ 点 FFT 的频率分辨率,得到估计的频率为 $f_0 = (m + \delta)\Delta f'$。

该方法在信噪比大于零(SNR > 0)的条件下,基本不出现频率插值方向错误,因此精度较高。

1.2.5 黄金分割法

黄金分割法根据主瓣内谱线的关系,通过黄金分割法原理确定频率偏移量 δ。设 Δf 为频率分辨率,$f(k)$ 与 $f(k+1)$ 为主瓣内两个相邻峰值,其对应频率为 $k\Delta f$ 与 $(k+1)\Delta f$,则有

$$\frac{f(k+1)}{f(k)} = \frac{W(\delta)}{W(\Delta f - \delta)} \qquad (1-6)$$

式中:$W(\cdot)$为矩形窗函数的傅里叶变换;δ为真实谱峰和右侧谱峰所对应的频差,即谱线号校正量。信号的真实频率为$f_0 = (k+1)\Delta f - \delta$,这样估计问题就归结为求$\delta$。

从优化的角度出发,将式(1-6)转化为下列优化问题:

$$\min(f(\delta))$$
$$\text{s. t. } 0 \leqslant \delta \leqslant \Delta f \qquad (1-7)$$

式中:$f(\delta) = \left| \dfrac{W(\delta)}{W(\Delta f - \delta)} - \dfrac{f(k+1)}{f(k)} \right|$。

常见窗函数的傅里叶谱$W(\delta)$在$[0, \Delta f]$内仅有唯一极大值。对于$g(\delta) = W(\delta)/W(\Delta f - \delta)$而言,随着$\delta$的减小,$g(\delta)$函数单调增加,所以相应的优化函数$f(\delta)$在上述区间只有唯一的极小值点,即$f(\delta)$在上述区间有唯一解。为此,可以采用黄金分割法进行一维搜索,求得相应的δ,进一步可以对频率、幅值和相位进行估计。该方法不局限于某一特定的窗函数,因此通用性较好,精度较高;缺点是计算量偏大,实时性较差。

1.2.6 三角形法

三角形法根据几何原理对信号频谱进行分析校正,实现频率估计。当用直线分别连接主瓣内谱峰左、右谱线时,可近似认为形成一个三角形,通过三角形的比例关系,推导出频率偏移为

$$\delta = \frac{\dfrac{n+1}{4}\left[\dfrac{1}{n}\sum_{i=1}^{n} L(k+i) - \dfrac{1}{n}\sum_{i=1}^{n} L(k-i) \right]}{L(k) - \dfrac{1}{n}\sum_{i=1}^{n} L(k-i)} \qquad (1-8)$$

式中:$|\delta| \leqslant 0.5$;$L(k)$为第k根谱线对应的幅值;n为主瓣内用于计算的谱线的个数。最后得估计的频率为$f_0 = (k+\delta) \cdot f_s/N$。

三角形法具有原理简单、计算量小、易于实现等优点。该方法与能量重心法相比,受信噪比变化影响较小,适合于对实时性要求较高的场合,且达到了较高的精度,适用于连续波雷达测速等领域。

1.2.7 DTFT 法

DTFT 与线性调频 Z 变换(Chirp Z Transform,CZT)都具有频谱细化特性。根据 CZT 定义,R 点的 CZT:

$$X(z_r) = \text{CZT}[x(n)] = \sum_{n=0}^{N-1} x(n)z_r^{-n} = \sum_{n=0}^{N-1} x(n)A^{-n}W^{nr}$$

$$= \sum_{n=0}^{N-1} x(n) e^{-jn(2\pi f_{\min}/f_s + 2\pi \Delta fr/f_s)}; \quad r = 0, 1, \cdots, R-1 \quad (1-9)$$

若信号频率成分的粗略范围 $(f_{\min}, f_{\max})$，频率分辨率 Δf 以及输出点数 $M = (f_{\max} - f_{\min})/\Delta f$，根据 DTFT 定义，$M$ 点 DTFT 为

$$X(e^{j\Omega T_s}) = \sum_{n=0}^{N-1} x(n) e^{-j\Omega T_s} \sum_{n=0}^{N-1} x(n) e^{-jn(2\pi f_{\min}/f_s + 2\pi \Delta fm/f_s)}; \quad m = 0, 1, \cdots, M-1$$

$$(1-10)$$

式(1-9)和式(1-10)具有相同的数学解析式及参数意义，且当 $A_0 = 1$，$W_0 = 1$ 时，CZT 与 DTFT 完全等价。理论上而言，DTFT 中频率分辨率 Δf 不受信号采样点数 N 的限制，可任意设定。其作谱点数 M 仅和频率分辨率 Δf 有关，与信号采样点数 N 无关。当 $M = N$ 时，M 点 DTFT 谱和 N 点 FFT 谱具有相同的频率分辨率($\Delta f = f_s / N$)；当 $M > N$ 时，M 点 DTFT 谱的频率分辨率 $\Delta f' = f_s / M$，获得了比 N 点 FFT 谱更精确的频谱，达到了频谱细化分析的效果。

1.2.8 全相位法

全相位数字信号处理方法应用已涉及数字图像处理、高精度频率计设计、旋转机械故障诊断、信号重构、自适应信号处理、离散频谱校正、密集频谱细化等众多研究领域。

常用的时域滤波器(Finite Impulse Response，FIR)频谱分析只考虑输入信号分割的一种情况，若将输入信号分割的全部可能情况都计入，可明显改善频谱分析性能，这就是全相位概念。全相位法通过对采样数据进行预处理以提高频谱分析精度，其原理为：将截取数据长度为 N 的频谱分析视为 N 阶频谱分析，对于离散后采样信号 $x(n)$，长度为 $2N-1$，将 $x(n)$ 分成 N 个长度为 N 的数据段，并以中心样本点(第 N 点)参照将每段数据循环移位对齐，依次将相对应的相位叠加后归一化得到样本长度为 N 的数据段 $y(n)$，再对 $y(n)$ 进行频谱分析。图 1-1 给出了 $N = 4$ 全相位 DFT 频谱分析流程。

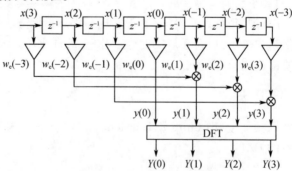

图 1-1　全相位 DFT 频谱分析流程

6

全相位法考虑了数据段中心样本点的所有可能截断组合,从而减小信号的截断误差,因此具有较好的频谱泄漏抑制性能和水平相位特性,对间隔较远的单频率信号和密集频谱的情况均适用,特别是对两个间隔较近的频率成分有较好的效果,但该方法受噪声影响较大。

1.2.9 最大熵谱法

最大熵谱估计(Maximum Entropy Spectral Estimation,MESE)对观测以外的数据不做任何确定性假设,而是在信息熵最大的前提下根据已知数据,用外推法求得自相关序列以外的数据,并估计出待检测信号的功率谱密度。

设信源由属于集合 $X = \{x_1, x_2, \cdots, x_M\}$ 的 M 个事件组成,信源产生事件 x_j 的概率为 $P(x_j)$,则 $\sum_{j=1}^{M} P(x_j) = 1$。定义在集合 X 中事件 x_j 的信息量为 $I(x_j) = -\ln P(x_j)$,整个信源 M 个事件的平均信息量,即信源 X 的熵为

$$H(X) = -\sum_{j=1}^{M} P(x_j) \ln P(x_j) \qquad (1-11)$$

假设信源 X 是一个高斯(Gauss)随机过程,可以证明,它的每个样本的熵正比于 $\int_{-\pi}^{\pi} \ln P_{\text{MEM}}(e^{j\omega}) d\omega$。式中 $P_{\text{MEM}}(e^{j\omega})$ 是信号 X 的最大熵功率谱。Burg 对 $P_{\text{MEM}}(e^{j\omega})$ 施加了一个制约条件,即它的傅里叶反变换所得到的前 $p+1$ 个自相关函数应等于所给定的信号 X 的前 $p+1$ 个自相关函数,即

$$\int_{-\pi}^{\pi} P_{\text{MEM}}(e^{j\omega}) e^{j\omega m} d\omega = r_x(m); \quad m = 0, 1, \cdots, p \qquad (1-12)$$

若 X 是高斯型随机信号,则利用拉格朗日(Lagrange)乘子法,在式(1-12)的制约下令下式最大,得到最大熵功率谱,即

$$P_{\text{MEM}}(e^{j\omega}) = \frac{\sigma^2}{\left| 1 + \sum_{k=1}^{p} a_k e^{-j\omega k} \right|^2} \qquad (1-13)$$

式中: $\sigma^2, a_1, a_2, \cdots, a_p$ 为通过 Yule – Walker 方程求出的 AR 模型的参数。

由于最大熵谱的递推特性,使得它具有许多优点:可预测观测区间外的数据,以填补出一个长得多的时区,适用于短时间序列谱估计,且不受采样点必须是 2^N 的限制,对非平稳信号的分析具有重要意义;频率分辨率较高,不受信号时间长度的影响,因此求出的功率谱是频率的连续函数,频率分辨率理论上可达无穷小;没有窗函数影响,谱线旁瓣极小,抗噪能力强。

1.3 时变信号频率跟踪方法

针对不同类型复杂信号的频率估计方法存在明显差异,本书从时变信号、短时

信号、端频信号三方面对复杂信号的频率估计方法进行归纳总结。本书讨论的时变信号主要指频率时变信号,并将时变信号频率跟踪方法分为瞬时频率估计和随机时变频率跟踪两个方面。

瞬时频率最早由 Carson 与 Fry 和 Gabor 分别定义,后来 Ville 给出了瞬时频率的经典定义方法。自瞬时频率被提出以来,吸引了大批学者进行研究,涌现了大量瞬时频率估计算法,目前已广泛应用于雷达工程、电子对抗、设备故障诊断、语音信号识别等众多领域。

1.3.1 Wigner - Ville 分布法

Wigner - Ville 分布(Wigner - Ville Distributing, WVD)法和短时傅里叶变换(Short Time Fourier Transform, STFT)是两种典型的时频联合分布方法。时频联合分布方法是利用时间 - 频率联合函数分析非平稳信号的方法,其基本思想是设计时间和频率的联合函数,同时描述信号在不同时间、不同频率的能量密度或强度,其最大特点是通过能量分布函数联合表示信号时间与频率。

信号 $x(t)$ 的 Wigner - Ville 分布是一种最基本、应用最为广泛的时频联合分布,定义为

$$W(t,f) = \int_{-\infty}^{\infty} x\left(t + \frac{\tau}{2}\right) x^*\left(t - \frac{\tau}{2}\right) \exp(-j2\pi\tau f)\,\mathrm{d}\tau \qquad (1-14)$$

式中:$x(t)$ 是经过 Hilbert 变换后的解析复信号。

设有单分量线性调频信号为

$$x(t) = \exp[j2\pi(f_0 t + kt^2/2)] \qquad (1-15)$$

则 Wigner - Ville 分布中的自相关部分为

$$x\left(t + \frac{\tau}{2}\right) x^*\left(t - \frac{\tau}{2}\right)$$

$$= \exp\left\{j2\pi\left[f_0\left(t + \frac{\tau}{2}\right) + k\left(t + \frac{\tau}{2}\right)^2/2\right] - j2\pi\left[f_0\left(t - \frac{\tau}{2}\right) + k\left(t - \frac{\tau}{2}\right)^2/2\right]\right\}$$

$$= \exp\{j2\pi[f_0 + mt]\tau\} \qquad (1-16)$$

将结果代入 Wigner - Ville 分布积分表达式,得到

$$W_x(t,f) = \int_{-\infty}^{+\infty} x\left(t + \frac{\tau}{2}\right) x^*\left(t - \frac{\tau}{2}\right) \exp(-j2\pi\tau f)\,\mathrm{d}\tau$$

$$= \int_{-\infty}^{+\infty} \exp\{j2\pi[(f_0 + mt)\tau - f\tau]\}\,\mathrm{d}\tau$$

$$= \delta[f - (f_0 + mt)] \qquad (1-17)$$

单分量调频信号在 Wigner - Ville 分布中表现为一个冲激响应函数,这个函数响应为起始频率为 f_0、斜率为 m 的一条斜直线。因此,从最佳展现线性调频的调制规律这一意义上讲,Wigner - Ville 分布具有理想的时频聚集性。并且由此也就

得到了该调频信号的时频分布。

Wigner – Ville 分布作为一种二次型时频函数，应用于多分量调频信号分析时，不可避免地存在交叉项干扰。为抑制交叉项干扰，出现了伪 Wigner – Ville 分布（PWVD），平滑 Wigner – Ville 分布（SWVD），平滑伪 Wigner – Ville 分布（SP-WVD），修正平滑伪 Wigner – Ville 分布（MSPWVD）等多种算法。单分量及多分量调频信号的 Wigner – Ville 分布时频联合谱如图 1 – 2 所示。

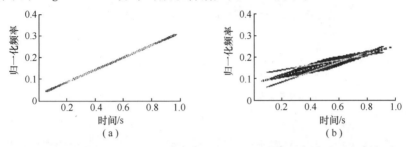

图 1 – 2　单分量及多分量调频信号的 Wigner – Ville 分布时频联合谱图
（a）单分量调频信号仿真结果；（b）多分量调频信号仿真结果。

在线性调频检测应用中，基于 Wigner – Ville 分布方法检测线性调频信号并不能直接输出线性调频斜率，只能通过输出不同时刻频率来间接地获得线性调频斜率，在频率变化不是很大的情况下，检测出的调频斜率会有较大的误差。

1.3.2　短时傅里叶变换法

短时傅里叶变换（STFT）思想来源于微元法，它是在傅里叶变换的基础上，结合窗函数对信号进行分段，通过窗函数在时域和频域上的平移，得到信号的"局部频谱"，从而克服了傅里叶变换及其逆变换只能对信号进行全局变换的不足。在其他时频分析工具出现之前，短时傅里叶变换是分析非平稳信号的有力工具。

信号 $x(t)$ 的 STFT 定义为

$$\text{STFT}_x(t,f) = \int_{-\infty}^{+\infty} x(t')w^*(t'-t)\exp(-j2\pi ft')\,dt' \qquad (1-18)$$

式中：$w(t)$ 为窗函数，值得注意的是其逆变换为二维变换，即

$$x(t) = \int_{-\infty}^{+\infty}\int_{-\infty}^{+\infty} \text{STFT}_x(t',f')w(t-t')\exp(j2\pi f't)\,dt'df' \qquad (1-19)$$

由式（1 – 18）可知，选择不同的窗函数及其长度将得到不同频谱。事实上，窗函数及其长度的选择正是 STFT 研究的主要内容。图 1 – 3 是对同一线性调频信号选用不同窗函数及长度下的 STFT 时频分析实验结果。由图 1 – 3 可知：对同一窗函数，窗长大则其对应的 STFT 频率分辨率高、时间分辨率低，反之，窗长小则其对应的 STFT 时间分辨率高、频率分辨率低；对同一窗长，频率分辨率随窗函数选择

的不同而不同,选择汉宁窗的频率分辨率高于矩形窗,但是汉宁窗实现较复杂,在特定的条件下将影响该方法的实时性。在实际应用中,该法需在时间分辨率和频率分辨率之间进行权衡——牺牲时间分辨率以获得高的频率分辨率或者牺牲频率分辨率以获得高的时间分辨率。

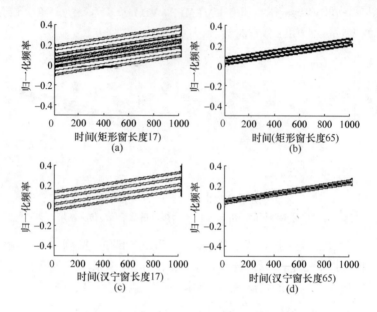

图1-3　同一线性调频信号不同窗函数及长度的 STFT 时频分布

1.3.3　小波变换法

小波变换是时间－尺度方法的典型代表。时间－尺度方法是利用时间－尺度联合函数分析非平稳信号的方法,将信号的频域表征改为另一个域(如尺度域)表征。小波变换的定义为

$$\mathrm{WT}(a,b) = \frac{1}{\sqrt{a}}\int_{-\infty}^{\infty} x(t)h^*\left(\frac{t-b}{a}\right)\mathrm{d}t \qquad (1-20)$$

式中:$a \neq 0$ 为尺度因子;b 为时移因子;函数 $h(t)$ 称为母小波。

用不同的 a、b 构成了小波基函数。当尺度因子 a 取大于 1 的值时,小波基对应于信号时域展宽、频域缩窄,信号的时间分辨率低,频率分辨率高;当尺度因子 a 取小于 1 的值时,则与之刚好相反,信号的时间分辨率提高,频率分辨率降低。而这种小波变换的多分辨特性,正好对应于实际信号分析的要求,即信号的低频段需要较高的频率分辨率,信号的高频段需要较高的时间分辨率。

典型的母小波有 Haar 母小波、高斯母小波、Morlet 母小波、dB 小波等。图1-4给出了 Morlet 复小波检测线性调频信号的仿真实验结果。

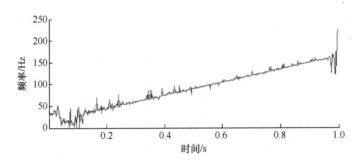

图 1－4　基于小波检测线性调频信号的仿真实验结果

从仿真实验结果可以看出,基于小波方法的检测线性调频信号频率在端点处出现较大的边界效应,并且该方法毛刺较多,需要进行曲线拟和或背脊提取运算。在分析频率渐变信号时,十分有效。主要用于边缘检测、图像压缩等。由于基小波函数长度有限,产生了泄漏,很难定量地定义能量－频率－时间分布。另外,小波分析不具备自适应性。基小波一旦选定,就要对所有数据使用同一个基小波。由于绝大多数 Morlet 是基于傅里叶的,所以也具有傅里叶谱分析的缺点。

1.3.4　Radon－Wigner 变换法

对信号进行时频联合分析时,以时域为横轴,以频域为纵轴,建立了一个笛卡儿坐标系。信号的时频联合分布就落在这个坐标系内,构建了信号频率与时间的一一对应关系。对这个坐标系做不同的旋转方式,可得到一类很具特色的时频分析工具:对两个坐标轴同时做同角度旋转,则得到 Radon－Wigner 变换(Radon Wigner Transform,RWT);仅对横轴旋转并忽略纵轴,则得到分数阶傅里叶变换。

Radon－Wigner 变换是一种直线积分的投影变换。设信号 $x(t)$ 的 Wigner－Ville 分布用 $W_x(t,\omega)$ 表示。现将笛卡儿坐标系逆时针旋转 α 角度,得到新的坐标系 (u,v),新坐标系 (u,v) 与原笛卡儿坐标系 (t,ω) 之间存在着如下的映射关系:

$$\begin{cases} t = u\cos\alpha - v\sin\alpha \\ \omega = u\sin\alpha + v\cos\alpha \end{cases} \tag{1-21}$$

及

$$W_x(t,\omega) = W_x(u\cos\alpha - v\sin\alpha, u\sin\alpha + v\cos\alpha) = W_x(u,v) \tag{1-22}$$

Radon－Wigner 变换定义为

$$\mathrm{RW}_x(u,\alpha) = \int_{-\infty}^{+\infty}\int_{-\infty}^{+\infty} W_x(u'\cos\alpha - v'\sin\alpha, u'\sin\alpha + v'\cos\alpha)\delta(u-u')\mathrm{d}u'\mathrm{d}v'$$

$$\tag{1-23}$$

式中:$\delta(u-u')$ 函数表示对不同的 u 值做平行于 v 轴的积分。

与 Wigner－Ville 分布相类似,Radon－Wigner 变换也具有较优秀的时频聚集特性。若有线性调频信号 $x(t) = \exp[\,\mathrm{j}2\pi(f_0 t + kt^2/2)\,]$，则其 Radon – Wigner 变换会在对应坐标 $(f_0\sin[\,\mathrm{arccot}(\,-k)\,]\,,\,\mathrm{arccot}(\,-k))$ 处出现尖峰；而在远离这个坐标的其他位置，$\mathrm{RW}_x(u,\alpha)$ 值出现迅速下降。图 1 – 5 给出了基于 Radon – Wigner 变换的线性调频信号检测。从仿真实验结果来看，该方法能有效地克服 WVD 方法检测多分量会产生交叉项这一不足，但该方法是建立在 WVD 方法基础之上，因此其检测精度必然受到 WVD 方法的影响。

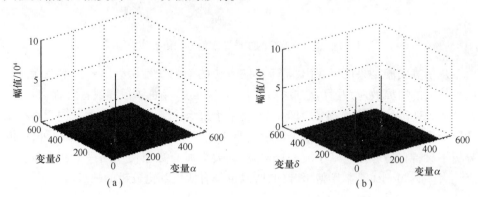

图 1 – 5　基于 Radon – Wigner 变换的线性调频信号检测
(a)单分量线性调频信号仿真结果；(b)多分量线性调频信号仿真结果。

1.3.5　分数阶傅里叶变换法

分数阶傅里叶变换(Fractional Fourier Transform,FrFT)是传统傅里叶变换的广义形式。FrFT 可理解为信号在时频平面绕坐标系原点逆时针旋转任意角后在分数阶域的表示，兼具了信号在时域和频域的信息。FrFT 有多种不同定义，但它们彼此等价，这里给出一种最常用的定义。设信号 $x(t)$ 的 p 阶分数阶傅里叶变换用 $X_p(u)$ 表示，则

$$
\begin{cases}
X_p(u) = \{F^p[x(t)]\}(u) = \displaystyle\int_{-\infty}^{\infty} K_p(t,u)x(t)\,\mathrm{d}t \\[2mm]
K_p(t,u) = A_\phi \exp[\,\mathrm{j}\pi(u^2\cot\phi - 2ut\csc\phi + t^2\cot\phi)\,] \\[2mm]
A_\phi = \dfrac{\exp(-\mathrm{j}\pi\mathrm{sgn}(\sin\phi)/4 + \mathrm{j}\phi/2)}{|\sin\phi|^{1/2}}
\end{cases}
\tag{1 – 24}
$$

式中：$\phi = \dfrac{p\pi}{2}$；$K_p(t,u)$ 为 FrFT 的内核函数；p 为变换的阶数；j 为虚数单位；sgn 为符号函数。

FrFT 特别适合于处理线性调频(Linear Frequency Modulated,LFM)信号,LFM 信号进行 FrFT 在特定的分数阶比(最佳分数阶比)下表现为一冲击函数,易于其参数检测。图 1 – 6 给出了一个 LFM 信号在 0.5～1.5 的分数阶比内进行 FrFT 扫

12

描的幅值分布情况,其中幅值峰值对应的分数阶比就是最佳分数阶比,最佳分数阶比容易通过幅度峰值的二维搜索获取。

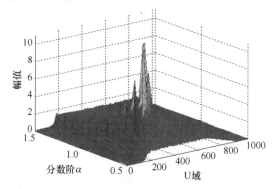

图 1-6 某 LFM 信号的 FrFT

分数阶傅里叶变换作为一种典型的时频分析工具,克服了传统傅里叶变换不能获得信号局部谱的缺点,在分析非平稳信号方面具有优势,近年来在信号处理领域得到广泛应用。由于 FrFT 在某个分数阶傅里叶域对给定的 LFM 信号具有最好的能量聚集特性,利用这一特性,可实现 LFM 信号的检测和参数估计。

1.3.6 局域波分解法

信号频率特性平稳分布在整个时间域内,这类信号称为全域波。离散傅里叶变换分析法适用于全域波。而非线性与非平稳信号的主要特征是时变性,其频率是瞬变的,仅仅是在某一局部时间内才存在的,这类信号称为局域波。把局域波分解(信号局部特征分解)引入到非平稳信号,产生了一种新的时频分析方法——局域波分解法。

局域波分解法的目的就是要得到使瞬时频率有意义的基本模式分量,这个基本模式分量是一个时间序列,它必须满足条件:

(1)信号的极值点的数量与过零点的数量必须相等,或最多相差一个;

(2)任意时间点上,由信号局部最大值和局部最小值定义的包络均值为零。

局域波分解及时频检测原理:首先提取信号 $x(t)$ 的极大值点和极小值点,通过插值方法或其他方法求取出信号的上下包络;其次计算出信号的局部均值,并应用迭代的方法提取出信号基本模式分量,得到一个基于基本模式分量表示的信号形式,至此,信号实现了局域波分解;对分解后的各个基本模式进行 Hilbert 变换,获得了各个基本模式的幅度与相位之间的函数,对这些函数进行相位求导(连续信号)或相位差分(离散信号)即可得到信号的瞬时频率。

实际上,基于局域波分解方法得到了一个用于信号分解的自适应广义基函数,这种广义基函数依赖于信号本身,即是自适应的。不同信号分解后的广义基函数不相同,它不同于傅里叶变换中的基分解,后者的基是由一系列恒定幅值的正余弦

13

函数基组成；也不同于小波变换中的基函数，小波变换的基函数也是事前确定的，分解效果取决于母小波的选择，不易保证获得最优的分解，另外小波分解是截止频率，是固定(0.5倍归一化频率)的滤波器库，而局域波则是根据信号特点的一种自适应滤波器库。然而这类方法也存在着一定的不足，比如：信号基本模式分解算法直接影响到方法精度；目前常用的基于三次样条插值算法在不同程度上带来了过冲或欠冲，且在端点处会出现不正常的摆动；作为一种新的时频分析方法，其数学上的基础理论还有待进一步完善。

除上述方法外，还有其他的瞬时频率估计方法，如：线调频小波变换，它是一种多维空间表示，可以看作小波变换的直接推广；Gabor变换，将时间与频率转换为另外两个独立参数的表示，并按照信号形状的先验知识选择合适的基函数，从而使得只用少数几个系数的Gabor展开，就能够对信号做出比较精确的频率检测；针对循环平稳信号的分析则不是在时频平面上，而是在所谓的频率-滞后平面上进行，它应用的是循环统计量的理论与方法。限于篇幅，在此不再赘述。

1.3.7　自适应陷波器法

随机时变频率跟踪主要采用自适应陷波器(Adaptive Notch Filter, ANF)实现。自适应陷波器根据被处理信号的特点进行参数优化，自动调节自身模型参数，令误差函数达到最小值，使陷波频率与信号频率相等，从而估计出信号频率值。该方法从时域角度进行迭代频率估计，不仅可以估计频率恒定的时不变信号，还可以估计频率发生变化的时变信号，具有结构简单、计算量小、抗噪性好的优点，在生物医学工程、控制工程、雷达、声纳以及通信系统等领域有着广泛应用。

1) 自适应有限冲激响应陷波器(FIR-ANF)

现有ANF可根据结构和实现方法的差异，分为自适应有限冲激响应陷波器(FIR-ANF)和自适应无限冲激响应陷波器(IIR-ANF)。FIR-ANF一般结构简单，可实现线性相位，在信噪比高时所需参数较少，但受信噪比影响较大。其传递函数为

$$H(z,\omega) = 1 - 2\cos\omega z^{-1} + z^{-2} \qquad (1-25)$$

式中：ω 为 ω_0 的估计值。

ANF输出信号为

$$e(k) = x(k)H(z,\omega) = x(k) - 2\cos\omega x(k-1) + x(k-2) \qquad (1-26)$$

则频率 ω 的估计迭代式为

$$\omega(k+1) = \omega(k) - \frac{\mu}{2}\frac{\partial e^2(k)}{\partial \omega(k)} = \omega(k) - \mu e(k)s(k) \qquad (1-27)$$

式中：$s(k) = \partial e(k)/\partial \omega(k) = 2\sin\omega x(k-1)$，故 $s(k)$ 可看作 $x(k)$ 通过 $G(z,\omega) = 2\sin\omega z^{-1}$ 所得。

14

但由于噪声的存在,式(1-27)的估计是有偏的,即 $\delta_\omega(k) = \omega(k) - \omega_0$,其理论估计偏差为

$$E[\delta_\omega(k+1)] = E[\delta_\omega(k)] - \mu E[e(k)s(k)] = (1-\mu\Psi_{11})E[\delta_\omega(k)] - \mu R_{1,2}$$

$$(1-28)$$

由式(1-28)可知,造成偏差的因素为 $R_{1,2}$,即噪声分别通过 $H(z,\omega)$ 和 $G(z,\omega)$ 后的相关函数。通过推导, $R_{1,2} \approx -2x(k)e(k)\sin(2\omega(k))$,于是消除偏差后的迭代式为

$$\omega(k+1) = \omega(k) - \mu e(k)s(k) + \mu R_{1,2}(k) \qquad (1-29)$$

其稳定状态下的理论估计偏差为

$$E[\delta_\omega(\infty)] = (1-\mu[\psi_{11}+\psi_{12}])E[\delta_\omega(\infty)] \qquad (1-30)$$

$$E[\delta_\omega^2(\infty)] = \frac{\mu\psi_{25}}{\psi_{22}-\mu\psi_{21}} \qquad (1-31)$$

一般来说,ANF 的重要作用是提高输出输入信噪比增益,为取得相同的输出输入信噪比增益值,IIR-ANF 相对于 FIR-ANF 要结构简单,估计效果好,且计算量小,故应用较多。

2) 自适应无限冲激响应陷波器(IIR-ANF)

IIR-ANF 相对于 FIR-ANF 结构更简单,计算量小,估计精度高,可实现在线估计,因而研究和应用较多。IIR-ANF 根据结构及具体计算侧重点的不同又可分为四类,即零极点约束 IIR 陷波器、格型 IIR 陷波器、IIR 带通滤波器和广义自适应陷波滤波器(GANF)。

(1) 零极点约束 IIR 陷波器。零极点约束陷波器由 Nehorai 等人于 1985 首先提出,要求 ANF 的每对零极点满足:零点在单位圆上,且位于陷波频率处;极点在单位圆内,尽可能靠近零点,且与零点有相同角度。该 ANF 的零极点如图 1-7 所

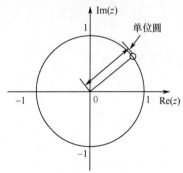

图 1-7　陷波器的零极点

15

示,其传递函数为

$$H(z,a) = N(z,a) \cdot \frac{1}{D(z,a)} = (1 + az^{-1} + z^{-2})\frac{1}{1 + \rho az^{-1} + \rho^2 z^{-2}} \quad (1-32)$$

式中:ρ 为极点半径,决定 ANF 陷波带宽;$a = -2\cos\omega$,当 $\omega = \omega_0$ 时,$a_0 = -2\cos\omega_0$。

若对 a 进行迭代计算,则为间接型 ANF;若直接迭代计算频率 ω,则为直接型陷波器。基于梯度下降的自适应迭代算法是当前研究热点,以间接型为例,零极点约束陷波器的梯度下降迭代算法为

$$a(k+1) = a(k) - \frac{\mu}{2}\frac{\partial J(a(k))}{\partial a(k)} \quad (1-33)$$

零极点约束 ANF 的陷波宽度窄、计算量小,是一种使用较为广泛的成熟 ANF,但也存在收敛速度较慢等问题。

(2) 格型 IIR 陷波器。格型 IIR 陷波器由一个全零点和一个全极点滤波器级联组成,通过最小化输出方差来确定迭代系数,进而估计出信号频率。其结构如图 1-8 所示,传递函数为

$$H(z^{-1}) = \frac{1 + 2k_0 z^{-1} + z^{-2}}{1 + k_0(1 + \rho)z^{-1} + \rho z^{-2}} \quad (1-34)$$

式中:权系数 k_0 决定陷波器的陷波频率,k_0 在经过一段时间的自适应后应该收敛到 $-\cos\omega$,ω 为被处理信号 $y(n)$ 的归一化频率;去偏置参数 ρ 决定陷波器陷阱的带宽。

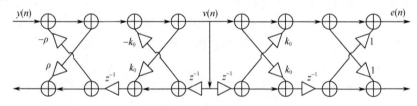

图 1-8　格型 IIR 陷波器的结构

整个自适应算法如下:
① 求中间变量。

$$v(n) = \frac{y(n)}{1 + \hat{k}_0(n-1)(1+\rho)z^{-1} + \rho z^{-2}} \quad (1-35)$$

式中:$\hat{k}_0(n)$ 为 $k_0(n)$ 的估计值。
② 调整 k_0。

$$C(n) = \lambda C(n-1) + (1-\lambda)v(n-1)[v(n) + v(n-2)] \quad (1-36)$$

$$D(n) = \lambda D(n-1) + 2(1-\lambda)v^2(n-1) \quad (1-37)$$

16

$$\hat{k}_0(n) = -C(n)/D(n) \qquad (1-38)$$

式中:λ 为遗忘因子。

为保证算法的稳定性,加入以下检测环节:

$$\hat{k}_0(n) = \begin{cases} \hat{k}_0(n), & -1 \leq \hat{k}_0(n) \leq 1 \\ 1, & \hat{k}_0(n) > 1 \\ -1, & \hat{k}_0(n) < -1 \end{cases} \qquad (1-39)$$

再对 $\hat{k}_0(n)$ 进行如下平滑处理:

$$\hat{k}_0(n) = 0.5\,\hat{k}_0(n-1) + 0.5\,\hat{k}_0(n) \qquad (1-40)$$

③ 求陷波器的输出:

$$e(n) = v(n) + 2\,\hat{k}_0(n)v(n-1) + v(n-2) \qquad (1-41)$$

④ 计算信号估计频率:

$$\hat{\omega}(n) = \arccos(-\hat{k}_0(n)) \qquad (1-42)$$

在输入信号的先验知识未知的情况下,为有助于陷波器在开始阶段尽快捕捉到信号,可将滤波器的陷阱带宽先设得略微大一些,再慢慢地变小。

格型 IIR 陷波器的归一化实现方法更简单,无须预滤波,可以改善计算速度。归一化格型 IIR 陷波器传递函数为 $F(z) = [1 + A(z)]/2$,其原理如图 1-9 所示。

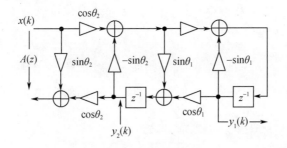

图 1-9 归一化格型 IIR 陷波器

设 ω_0 为陷波频率,B 为 3dB 衰减带宽,则 $\theta_1 = \omega_0 - \pi/2$,$\omega_0 \in [0, \pi]$,$\sin\theta_2 = \dfrac{1 - \tan(B/2)}{1 + \tan(B/2)}$。归一化格型 ANF 的迭代算法为

$$\theta_1(k+1) = \theta_1(k) - \mu(k)e(k)y_1(k) \qquad (1-43)$$

式中:$e(k)$ 为滤波器 $F(z)$ 的输出。

该陷波器输出为

$$y_1(k) = \frac{z^{-1}\cos\theta_2\cos\theta_1}{1 + \sin\theta_1(1 + \sin\theta_2)z^{-1} + \sin\theta_2 z^{-2}}x(k) \tag{1-44}$$

（3）IIR 带通滤波器。如图 1-10 所示，IIR 滤波器为谱线增强器，采用 IIR-BPF 实现，输出参考信号，而自适应装置则根据参考信号更新系数。其系数更新算法是由离散振荡器所激发的，同时与谱线增强器的结构不相关。

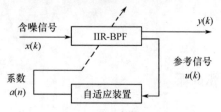

图 1-10　BPF 结构自适应陷波滤波器

考虑信号

$$d(k) = A\cos(\omega_0 k + \theta) \tag{1-45}$$

则

$$d(k) = 2\cos\omega_0 d(k-1) - d(k-2) = 2\alpha_0 d(k-1)d(k-2) \tag{1-46}$$

式中：$0 < \omega_0 < \pi$；$\alpha_0 = \cos\omega_0$。则

$$\omega_0 = \arccos\alpha_0 = \arccos\left[\frac{1}{2}\frac{d(k) + d(k-2)}{d(k-1)}\right] \tag{1-47}$$

通过对各个信号成分定义权值，IIR 带通滤波器还可实现多个频率的迭代估计。设多频率信号为

$$x_m(k) = d_m(k) + v_m(k) ; \quad m = 1,2,\cdots,M \tag{1-48}$$

式中：$d_m(k)$ 为具有同一频率 ω_0，但幅值和相位不同的多频率信号；$v_m(k)$ 为加性噪声。

频率迭代式为

$$\omega(k+1) = \omega(k) - 2\mu\sum_{m=1}^{M} W_m(k)[x_m(k)u_m(k-1)\sin\omega(k)$$

$$+ x_m(k)u_m(k)\sin(2\omega(k))] \tag{1-49}$$

$$\alpha(k+1) = \alpha(k) + \sum_{m=1}^{M} W_m(k)\frac{1-\delta}{2P_m(k)}y_m(k-1)\{y_m(k)$$

$$- 2\alpha(k)y_m(k-1) + y_m(k-2)\} \tag{1-50}$$

式中：$W_m(k)(m=1,2,\cdots,M)$ 为各个信号的权值。

18

不过该方法有一定的局限性,其多频率信号指的是频率一样但幅值和相位不同的多信号,所以比较适合应用于同一时刻可获得多组信号采样的场所。

(4) 广义自适应陷波滤波器(GANF)。GANF 是更一般的 ANF 模型,设表征时变系统信号为

$$y(k) = \sum_{l=1}^{n} \theta_l \varphi_l(k) + v(k) = \boldsymbol{\varphi}^{\mathrm{T}}(k)\boldsymbol{\theta}(k) + v(k) \qquad (1-51)$$

式中:$y(k)$ 为系统输出;$\boldsymbol{\varphi}(k) = [\varphi_1(k), \varphi_2(k), \cdots, \varphi_n(k)]^{\mathrm{T}}$ 为回归向量;$v(k)$ 为加性噪声;$\boldsymbol{\theta}(k) = [\theta_1(k), \theta_2(k), \cdots, \theta_n(k)]^{\mathrm{T}}$ 为表征时变系数的向量,$\theta_l(k) = \sum_{i=1}^{k} a_{li}(k)\mathrm{e}^{\mathrm{j}\sum_{s=1}^{t}\omega_i(s)}$ $(l = 1,2,\cdots,n)$。

同时,定义 $\boldsymbol{\alpha}_i(k) = [\alpha_{1i}(k), \alpha_{2i}(k), \cdots, \alpha_{ni}(k)]^{\mathrm{T}}$,使

$$\beta_i(k) = f_i(k)\alpha_i(k), \quad f_i(k) = \mathrm{e}^{\mathrm{j}\sum_{s=1}^{t}\omega_i(s)} \qquad (1-52)$$

于是,式(1-51)可改为

$$y(k) = \sum_{i=1}^{k} \boldsymbol{\varphi}^{\mathrm{T}}(k)\beta_i(k) + v(k) \qquad (1-53)$$

则针对单频信号的频率估计迭代算法为

$$\varepsilon(k) = y(k) - \mathrm{e}^{\mathrm{j}\hat{\omega}(t)}\phi(k)\hat{\beta}(k-1) \qquad (1-54)$$

$$\hat{\beta}(k) = \mathrm{e}^{\mathrm{j}\hat{\omega}(k)}\hat{\beta}(k-1) + \mu\boldsymbol{\Phi}^{-1}\boldsymbol{\varphi}^*(k)\varepsilon(k) \qquad (1-55)$$

$$g(k) = \mathrm{Im}\left[\frac{\varepsilon^*(k)\mathrm{e}^{\mathrm{j}\hat{\omega}(k)}\boldsymbol{\varphi}^{\mathrm{T}}(k)\hat{\beta}(k-1)}{\hat{\beta}^{\mathrm{H}}(k-1)\boldsymbol{\Phi}\hat{\beta}(k-1)}\right] \qquad (1-56)$$

$$\hat{\omega}(k+1) = \hat{\omega}(k) - \gamma g(k) \qquad (1-57)$$

$$\hat{\boldsymbol{\theta}}(k) = \hat{\beta}(k) \qquad (1-58)$$

可将自适应增益(单一频率估计算法采用可调整的自适应增益)同并行估计计算(几种自适应算法同时计算,但采用不同的固定增益)相结合,综合二者的优点,提高估计算法的自适应性与鲁棒性,同时推广到多频率的情形。

1.4 短时信号频率估计方法

受采样条件等限制,在频率估计中经常会遇到一类采样时长很短的信号,本书称为短时信号。由于短时信号有效数据较少,受环境噪声等干扰相对更为严重,信号特征亦表现出复杂特性。此外,从信息论角度来看,由于短时正弦信号的时宽

短,包含的信息量有限,主瓣展宽、旁瓣变高,频谱泄漏严重,抗噪性差,基本的频率估计方法难以克服短时信号信息量不足、频谱泄漏严重对估计精度的影响。因此,不少学者提出信息融合法,通过对信号频谱信息进行融合处理实现信号参数的高精度估计,这类方法尤其适用于短时信号。

1.4.1 相干平均法

相干平均法在确保各段采样信号时域全相关(相关系数为1)的基础上,在时域上对多段信号进行平均,之后再使用频谱校正法对信号进行频率估计。

对全相关的 M 段信号进行时域平均有

$$\bar{x}(n) = \frac{1}{M}\sum_{m=1}^{M} x_m(n) + \frac{1}{M}\sum_{m=1}^{M} \varepsilon_m(n); \quad n = 0,1,\cdots,N-1 \qquad (1-59)$$

式中:$x_m(n)$ 表示无噪信号;$\varepsilon_m(n)$ 表示高斯白噪声。

由于多段无噪信号完全相关而噪声互不相关,所以时域平均后无噪信号的功率保持不变,而噪声的方差减小为原来的 $1/M$,即时域平均后,M 段信号的信噪比有所提高,有利于频谱分析。

相干平均法通过时域平均来提高信噪比,以达到提高频率估计精度的目的,主要用于从强背景噪声中提取弱信号,其信噪比增益与参与相干平均的信号段数目成正比,但该方法要求多段信号具有相同的频率和采样点数,且必须完全相关,这在工程应用中较难满足。

1.4.2 频谱平均法

频谱平均法的指导思想是把一个长度为 N 的信号 $x(n)$ 分成 L 段,分别求每一段信号的功率谱,然后对所求功率谱加以平均,以达到改善频率估计方差性能的目的。典型的方法主要有 Bartlett 法、Welch 法和 Nuttall 法。

Bartlett 法将采样信号 $x(n)$ 分成 L 段互不重叠的信号,每段信号长度均为 M,即 $N = LM$,然后分别计算每一段信号的功率谱 $\hat{P}_{\mathrm{PER}}^i(\omega)$,将 $\hat{P}_{\mathrm{PER}}^i(\omega)$ 对应相加后取平均,得到渐进无偏估计的平均周期图 $\bar{P}_{\mathrm{PER}}(\omega)$。该方法每段数据长度 M 的选择主要取决于所需的分辨率,分的段数越多,方差越小,但方差性能的改善是以牺牲偏差和分辨率为代价的。

Welch 法又称为加权交叠平均法,该方法改进了 Bartlett 法的信号分段方式。一是在对 $x(n)$ 进行分段时,允许每一段数据有部分交叠;二是对信号进行分段时,使用其他窗(如汉宁窗、汉明窗)代替矩形窗,以改善由于矩形窗旁瓣较大所产生的谱失真。然后按 Bartlett 法求取上述方法获得的每一个分段信号的功率谱,进而得到平均后的渐进无偏功率谱 $\bar{P}_{\mathrm{PER}}(\omega)$。由于 Welch 法允许各段信号交叠,增大了信号段数 L,从而有效改善了方差性能,但数据交叠又减小了每一段信号之间的不相关性,使得方差的减小并不会达到理论计算的程度。由于 Welch 法增加了段数 L,因此也增加了傅里叶变换次数,再加上使用的数据窗为非矩形窗,从而造成了 Welch 法的运算量较大。

Nuttall 法对 Welch 法做了进一步改进,具体步骤如下:

步骤 1:与 Welch 法相同,对 $x(n)$ 加矩形窗分段,且不交叠,得到平均后的功率谱 $\bar{P}_{PER}(\omega)$。

步骤 2:对 $\bar{P}_{PER}(\omega)$ 做傅里叶逆变换,得到该平均功率谱对应的自相关函数 $\bar{r}(m)$。

步骤 3:对 $\bar{r}(m)$ 加延迟窗,得到 $\bar{r}_{M1}(m)$。

步骤 4:对 $\bar{r}_{M1}(m)$ 做傅里叶变换,得到渐进无偏的功率谱 $\bar{P}_{PBT}(\omega)$。

此方法把平滑和平均结合起来以减小方差,并使得计算量小于 Welch 法。在相同的采样长度和分辨率条件下,此方法的方差小于 Bartlett 法和 Welch 法的方差。

平均法对多段信号的功率谱进行算术平均,有效改善了频率估计值的方差特性,但只适用于具有相同频率的多段信号。

1.4.3　相位相关法

相位相关法的基本思想是通过展宽信号幅频特性对各段信号相关函数形状施加影响,从而最大可能地利用相频响应信息来获得峰值尖锐的相关函数。此方法虽然实现简单、实时性较好,但抗噪性较弱、普适性较差,只适用于某些特殊的多段同频等长信号,不能分析多段异频信号,不适用于信噪比很低的情况,且采用的近似处理较粗略,难以实际应用。

1.4.4　相位积累法

相位积累法包括直接相位积累和旋转相位积累。直接相位积累的基本思想是通过换算各段信号的到达时间来实现多段信号的相位相参,抗噪能力强,但计算量大,且要求各段信号之间的空闲间隔时间已知,应用范围较小。旋转相位积累法中,每段信号旋转因子的产生需要上一段信号的最后一个采样点的值,虽然计算量相对较小,但抗噪性较差。直接相位积累法和旋转相位积累法均不能分析多段异频信号。

1.4.5　卡布分布法

卡布分布法利用卡布分布对多段短时正弦信号进行信息融合,进而估计出信号频率,但要求各段信号是相参的,在工程应用中较难满足,因此实用性不强,且不能处理多段异频信号。Sill J. A. 等人提出一种基于 Yule-Walker 公式的卡布分布改进法,该方法虽然不要求各段信号相参,但要求各段信号满足特定迭代关系,在工程应用中较难满足,仍不能处理多段异频信号。

1.4.6 多段信号频谱融合法

短时信号频率估计的多段信号频谱融合法,根据多段信号之间的内在联系进行频谱融合,得到数倍于单段信号的信息量,从而有效提高频率估计精度。多段信号频谱融合法通过同频化处理,克服多段信号频率不等的问题;通过相位关系克服多段信号相位不连续的问题;通过构造加权因子对多段信号频谱进行加权积累,得到最优加权积累频谱;通过多段信号的最优加权积累频谱与其累加频谱的相关运算,得到频谱相关谱,由此实现信号频率的精确估计。具体原理和步骤将在第 2 章详细论述。

1.5 端频信号频率估计方法

当信号持续时间较短,采样频率较高时,信号特征频率相对处于频谱的低频位置。例如,许多设备出现故障后一般呈现出周期平稳特性,要求频谱分析所截取的每段采样信号的时间长度应尽量短,一般不超过一个信号周期。用 FFT 进行频谱分析时,在采样频率 f_s 固定的情况下,当 N 较小时,频率分辨率 Δf 的值变大,当待测特征频率相对采样频率较低时,就可能落入第一根谱线以内(小于一个 DFT 频率分辨率),由此导致故障信号特征频率相对位于频谱的低频位置。本书将特征频率位于频谱 $(0, \pi)$ 两端(频率接近一个 DFT 频率分辨率或接近奈奎斯特(Nyquist)频率)的信号统称为极端频率信号,简称端频信号。

端频信号普遍存在于各类机械振动中,例如:离心泵发生油膜涡动的振动信号频率约为 20Hz(0.4 倍基频);发动机在低频振动信号转频、怠速工况下的频率一般在 20Hz 以内;离心式和轴流式压缩机发生喘振故障时的信号频率通常为 1 ～ 30Hz(见图 1 - 11)。在低频干扰情况下,由于所分析第一谐波的频率成分非常靠近低频干扰的滚振频率成分,产生的主瓣干涉会对幅值分析带来较大的误差。此外,受硬件设计及成本因素影响,各种在用系统(设备)中配属的信号采集装置的采样频率调整范围相对有限与固定,当设备故障信号中含高倍频分量时,故障信号特征频率则往往位于频谱的极端高频部分。例如,当现有采集装置的采样频率为 1024Hz 时,旋转机械转子系统松动故障产生的 10 倍频间谐分量(基频 50Hz,10 × 50Hz = 500Hz,接近奈奎斯特频率 512Hz)则属于极端高频信号范畴(见图 1 - 12 中的③)。

目前,专门针对端频信号的频率估计方法研究较少,但密集频谱细化技术在处理端频信号时具有优势,以下简要介绍典型的频谱细化技术,为研究端频信号频率估计提供参考。

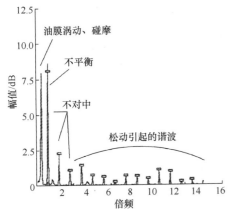

图 1-11　带滑动轴承机械故障的
极低频信号频谱

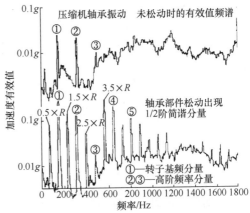

图 1-12　旋转机械松动故障的
极端高频信号简谐分量频谱

1.5.1　CZT 法

CZT 法是离散信号和离散系统分析与综合的重要工具,可以用来计算 Z 平面上任意一段螺线的 Z 变换。

已知 $x(n)$ 为有限长序列,其 Z 变换为 $X(z) = \sum_{n=0}^{N-1} x(n)z^{-n}, 0 \leq n \leq N-1$。沿 Z 平面上一段螺线做等分角抽样,抽样点为 $z_k = A \cdot W^{-k}, 0 \leq k \leq M-1$,其中,$M$ 为所要分析的复频谱点数。A、W 都是任意复数,可表示为 $A = A_0 e^{j\theta_0}$,$W = W_0 e^{-j\phi_0}$,从而可得

$$X(z_k) = \sum_{n=0}^{N-1} x(n)z_k^{-n} = \sum_{n=0}^{N-1} x(n)A^{-n}W^{nk}, \quad 0 \leq k \leq M-1 \quad (1-60)$$

取 $W = W_0 e^{-j\varphi_0} = e^{-j2\pi/N}$、$A = A_0 e^{j\theta_0} = 1$、$M = N$ 时,各 z_k 均匀等间隔地分布在单位圆上,相当于计算序列的 DFT,其中,A_0、θ_0 分别表示起始抽样点 z_0 的向量半径长度和相角,φ_0 表示两相邻抽样点之间的角度差,W_0 表示螺线伸展率。

CZT 可以用来计算单位圆上任一段曲线上的 Z 变换。做 DFT 时输入的点数 N 和输出点数 M 可不相等,从而实现频率"细化",提高频率估计精度。这种算法虽然在计算复杂度方面不是最优的,但在许多场合十分有用,因此具有较为广泛的适用性。

1.5.2　Zoom-FFT 法

Zoom-FFT 法通过移频、低通滤波和降低采样率来提高分辨率。Zoom-FFT 算法步骤如下(图 1-13):

23

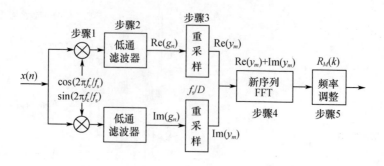

图 1 - 13 Zoom - FFT 算法流程

步骤 1:复调制移频,用频率为 $-f_c$ 的复指数序列 $\mathrm{e}^{-\mathrm{j}2\pi f_c}$ 与 $x(n)$ 相乘,频移后将待分析频带平移到零频率周围。

步骤 2:低通滤波,将已调制序列经过双边带宽为前置带宽 $1/D$ 的低通滤波器,使待分析信号频带变窄。

步骤 3:D 倍重采样,对滤波后信号的实部 $\mathrm{Re}(g_n)$ 和虚部 $\mathrm{Im}(g_n)$ 进行同步取样,即每间隔 D 个取样间隔取 g_n 的一个样点作为新序列 y_m 的样点,使采样率降低 $1/D$。

步骤 4:新序列 FFT,对新序列 $\mathrm{Re}(y_m)+\mathrm{lm}(y_m)$ 计算 M 点 FFT,得到输出谱 $R_M(k)$。

步骤 5:将 $R_M(k)$ 的前 $M/2$ 个点平移交换位置,得到整序后的输出谱。

与 FFT 相比较,Zoom - FFT 能在序列变换点数相同的情况下获得更高的频率分辨率,或者在相同的频率分辨率下只需更少的变换点数。因此,Zoom - FFT 非常适合要求大频率分析范围、高频率分辨率和少变换点数的场合。Zoom - FFT 省去了窄带外的谱线计算,但复调制和数字滤波时仍需要很大的运算量。此外在细化时不能保存原始信号,改变中心频率和细化带宽时,均需重复整个处理过程,因此要求分析信号稳定,否则可比性和重现性较差。

基于复解析带通滤波器的复调制细化选带法,先构造复解析带通滤波器,再进行选抽滤波和移频分析。复解析带通滤波器实部为偶对称,虚部为奇对称:

$$h_{\mathrm{R}}^0(k)=\frac{2}{\pi k}\sin\left(k\frac{\omega_2^1-\omega_1^1}{2}\right)\cos\left(k\frac{\omega_2^1+\omega_1^1}{2}\right)=\frac{1}{\pi k}\left[\sin(k\omega_2^1)-\sin(k\omega_1^1)\right]$$

$$(1-61)$$

$$h_{\mathrm{I}}^0(k)=\frac{2}{\pi k}\sin\left(k\frac{\omega_2^1-\omega_1^1}{2}\right)\sin\left(k\frac{\omega_2^1+\omega_1^1}{2}\right)=\frac{1}{\pi k}\left[\sin(k\omega_1^1)-\cos(k\omega_2^1)\right]$$

$$(1-62)$$

设信号的采样频率为 f_s,FFT 作谱点数为 N,D 为细化倍数,M 为滤波器半阶数,采样序列为 $x(n)(n=0,1,2,\cdots,DN+2M)$。可采用三种方法实现复解析带通

24

滤波细化谱分析,代表性的方法原理和步骤如下:

步骤1:确定中心频率及细化倍数。设待分析的频带中心为 $f_e = (f_1 + f_2)/2$, 选抽后的采样频率为 f_s/D, 分析频带为 $[-f_s/(2D), f_s/(2D)]$, 对应区间 $[f_1, f_2]$, 所以细化倍数为 $D = f_s/(f_2 - f_1)$。

步骤2:复解析带通滤波器构造。构造一个截止频率为 $f_s/(2D)$ 的实低通滤波器 $h_L(n)$, 将 $h_L(n)$ 进行 $\omega_e = 2\pi f_e$ 的复调制移频得到一个复解析带通滤波器 $h^0(n)$, 宽度为 f_s/D。

步骤3:选抽滤波。用复解析带通滤波器 $h^0(n)$ 对样本信号 $x_0(n)$ 做选抽滤波,选抽比为 D, 选抽出 N 点, 并对选抽点进行复解析带通滤波。实信号经复解析带通滤波后,成为频率在 $f_1 \sim f_2$ 范围内的复解析信号。选抽点数和 FFT 运算点数均为 N, 设选抽后的复信号为 $\bar{x}(n)$。

步骤4:复调制移频。对选抽后的 $\bar{x}(n)$ 进行复调制移频,将细化的起始频率移到零频点。移频量 $\bar{\omega}_1^1 = D\omega_1^1 = D2\pi f_1/f_s$, 故有 $\omega_D^1 = 2\pi/(2D)$, 则归一化周期为 $2\omega_D^1 D = 2\pi$, 2π 表示选抽后的分析带宽 $2\omega_D^1 D$。对选抽后的信号 $\bar{x}(n)$ 移频 $\bar{\omega}_1^1$ 后得到复调制信号 $\bar{y}(n):\bar{y}(n) = \bar{x}(n)s(n)$;(其中: $n = 0, 1, \cdots, N-1; s(n) = \mathrm{e}^{-j\omega_1^{-1}n}$ 为复载波信号)。

步骤5:对 $\bar{y}(n)$ 做 N 点 FFT 和谱分析,无须频率调整就可得到 N 条独立谱线的细化频谱。

基于复解析带通滤波器的复调制细化选带方法具有下列特点:速度快,需要存放中间数据的内存小;精度高,最大细化倍数可达 2000 以上;不需要进行复杂的频率调整,可避免低通抗混滤波器的边缘误差造成的频率混叠。

1.5.3 FFT + FT 法

FFT + FT 法的实质是用 FFT 做全景谱,针对要细化的局部再用改进的连续 FT 进行运算,细化密度可以任意设定,从而得到局部细化频谱,提高频率分辨率和分析精度。FFT + FT 法的基本原理如下:

(1)设单频谐波信号 $x(n) = A_0 \cos(2\pi f_0 n/f_s + \theta_0) = A_0 \cos(2\pi f_0' n/N + \theta_0)$, 其中, f_0、A_0、θ_0 分别为信号频率、幅值和初相位, f_s 为采样频率, N 为采样点数, f_0' 为归一化频率 $f_0' = f_0/\Delta f$, Δf 为频率分辨率, $\Delta f = f_s/N$。对于 $x(n)$ 的连续傅里叶变换经过积分变求和、时域离散和截断得到时域离散的连续频谱:

$$X(f) = \sum_{n=0}^{N-1} x(n) \exp(-j2\pi nf/f_s); \quad n = 0, 1, \cdots, N-1 \quad (1-63)$$

(2)对于待细化的频率区间 $[f_1, f_2]$, 设细化倍数 D, 则细化后的频率分辨率为 $\Delta f' = \Delta f/D$, 从而细化的频率序列为 $\{f_1, f_1 + \Delta f', f_1 + 2\Delta f', \cdots, f_2\}$。各条细化谱线中幅值最大的一条对应频率估计值。

1.5.4 牛顿法

牛顿法利用局部谱峰附近的 3 条谱线构建约束方程组,然后用牛顿迭代求解方程组,获得各频率参数。DFM 的 2 条谱线含 2 组频率、幅值和相位共 6 个独立参数,利用 3 条谱线有可能求解出 6 个信号参数。设实际频率为 ω_a 和 ω_b,选择的 3 条谱线频率分别为 ω_1、ω_2、ω_3,相应的幅值为 $X(\omega_1)$、$X(\omega_2)$、$X(\omega_3)$,窗谱函数为 $W(\omega)$,可得方程组:

$$
\begin{cases}
A_a W(\omega_1 - \omega_a) + A_b W(\omega_1 - \omega_b) - X(\omega_1) = 0 \\
-A_a W(\omega_2 - \omega_a) - A_b W(\omega_2 - \omega_b) - X(\omega_2) = 0 \\
A_a W(\omega_3 - \omega_a) + A_b W(\omega_3 - \omega_b) - X(\omega_3) = 0
\end{cases}
\tag{1-64}
$$

将该方程组看作一个齐次线性方程组,其存在非零解的充要条件为系数矩阵行列式为零,构建新的方程 $D(\omega_a, \omega_b) = 0$,对该方程采用牛顿迭代法近似求解获得待测频率 ω_a、ω_b,而后再求得幅值 A_a、B_b 和相位 Φ_a、Φ_b。仿真结果表明,除了某些奇异点(行列式为零的点)外,基本可达到双精度运算的下限。

1.5.5 Goertzel 细化法

Goertzel 细化法利用旋转因子序列 W_N^{-kN} 的周期性,将 DFT 运算表示为线性滤波运算。由于 $W_N^{-kN} = e^{(-j2\pi/N)(-Nk)} = 1$,用该因子乘 DFT,则

$$
X(k) = W_N^{-kN} X(k) = \sum_{m=0}^{N-1} x(m) W_N^{-k(N-m)}
\tag{1-65}
$$

定义 $y_k(n)$ 为长度为 N 的序列 $x(n)$ 和单位脉冲响应滤波器 $h_k(n) = W_N^{-kN} u(n)$ 的卷积:

$$
y_k(n) = \sum_{m=0}^{N-1} x(m) W_N^{-k(N-m)} = x(n) \otimes W_N^{-k(n)}
\tag{1-66}
$$

滤波器 $h_k(n)$ 在 $n = N$ 点的输出就是 DFT 在频点 $\omega_k = 2\pi k/N$ 的值,即 $X(k) = y_k(n)|_{n=N}$。单位脉冲响应为 $h_k(n)$ 的滤波器的系统函数为

$$
H_k(k) = \frac{1}{1 - W_N^{-k} z^{-1}} = \frac{1 - W_N^{k} z^{-1}}{(1 - W_N^{-k} z^{-1})(1 - W_N^{k} z^{-1})}
$$

$$
= \frac{1 - W_N^{k} z^{-1}}{1 - 2\cos(2\pi k/N) z^{-1} + z^{-2}}
\tag{1-67}
$$

该滤波器只有一个位于单位圆上频率为 $\omega_k = 2\pi k/N$ 的极点,因此,在计算时可使输入数据块通过 N 个并行的单极点滤波器(谐振器)组来计算全部 DFT。可

见 Goertzel 的优势不在于节省时间,而在于节省空间。

1.5.6 频率抽取法

频率抽取法的基本思想是每次从包含多个谐波分量的信号中抽取一个频率成分,然后对剩下的信号分量进行修正,再用最小二乘法原则进行抽取,如此反复,直到抽取出满足最小误差的信号分量。

设 $x[n]$ 为包含 m 个余弦分量的信号:

$$x[n] = \sum_{i=1}^{m} A_i \cos(2\pi f_i n + \theta_i)$$

式中:A_i、f_i、θ_i 分别为第 i 个分量的幅值、频率和相位。

对该信号进行 FFT 后搜索幅值最大的信号分量:

$$x_1[n] = A_1 \cos(2\pi f_1 n + \theta_1)$$

A_1 和 θ_1 由下式确定:

$$r[n] = \min \sum_{n=0}^{N-1} (x[n] - x_1[n])^2 = \min \sum_{n=0}^{N-1} \{x[n] - A_1 \cos(2\pi f_1 n + \theta_1)\}^2$$

$$= \min \sum_{n=0}^{N-1} (x[n] - A_1 \cos(2\pi f_1 n) \cos\theta_1 + A_1 \sin(2\pi f_1 n) \sin\theta_1)^2 \quad (1-68)$$

令 $a = A_1 \cos\theta_1$,$b = A_1 \sin\theta_1$,则

$$(x[n] - x_1[n])^2 = (x[n] - a\cos(2\pi f_1 n)\cos\theta_1 + b\sin(2\pi f_1 n_1))^2 \quad (1-69)$$

利用最小二乘法求得 a 和 b:

$$\begin{pmatrix} G_1 & G_2 \\ G_3 & G_4 \end{pmatrix} \begin{pmatrix} a \\ b \end{pmatrix} = \begin{pmatrix} \sum_{n=1}^{N} x[n]\cos(2\pi f_1 n) \\ \sum_{n=1}^{N} x[n]\sin(2\pi f_1 n) \end{pmatrix} \quad (1-70)$$

式 中:$G_1 = \sum_{n=1}^{N} (\cos^2 f_1 n)$;$G_2 = -\sum_{n=1}^{N} \cos(2\pi f_1 n)\sin(2\pi f_1 n)$;$G_3 = \sum_{n=1}^{N} \cos(2\pi f_1 n)\sin(2\pi f_1 n)$;$G_4 = -\sum_{n=1}^{N} \sin^2(2\pi f_1 n)$。

则 $A_1 = \sqrt{a^2 + b^2}$,$\theta_1 = \arctan(b/a)$,从而可求得 $x_1[n]$。

令 $r_1[n] = x[n] - x_1[n]$,重复前面的抽取过程,求得 $x_2[n] = A_2 \cos(2\pi f_2 n + \theta_2)$,以此类推循环,直至通过 r_i 求出的 f_i 达到所需的误差范围。

1.5.7 相位补偿细化法

相位补偿细化方法的基本思想是将待分析序列分成 D 段长度均为 M 的序列,然后分别对这 D 段序列进行 FFT,以便得到其细化的频谱。算法过程如图 1-14 所示。

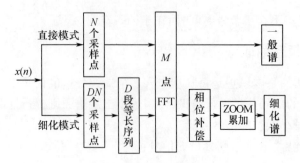

图 1–14　相位补偿细化算法流程

算法基本原理如下：对于长度为 $N = DM(M$ 为 2 的幂) 的序列 $x(n)$，DFT 为

$$X(k) = \sum_{n=0}^{DM-1} x(n) W_{DM}^{kn}; \quad k = 0, 1, \cdots, DM - 1 \qquad (1-71)$$

频率分辨率 $\Delta f = f_s/DM$。现将 $x(n)$ 分成 D 个子序列，并令 $n = D_r, D_r + 1, \cdots,$ $D_r + D - 1$，则

$$X(k) = \sum_{r=0}^{M-1} x(Dr) W_{DM}^{kDr} + \sum_{r=0}^{M-1} x(Dr + 1) W_{DM}^{k(Dr+1)} + \cdots$$

$$+ \sum_{r=0}^{M-1} x(Dr + D - 1) W_{DM}^{k(Dr+D+1)}$$

$$= \sum_{d=0}^{D-1} W_{DM}^{dk} \sum_{r=0}^{M-1} x(Dr + d) W_{DM}^{kDr} = \sum_{d=0}^{D-1} W_{DM}^{dk} \sum_{r=0}^{M-1} x_d(r) W_M^{kr} \qquad (1-72)$$

式中：$W_{DM}^{kDr} = W_M^{kr}$。设 $x_d(r) = x(Dr + d)$。

子序列 $X_d(r)(d = 0, 1, \cdots, D - 1)$ 的采样率为 f_s/D，长度为 M，DFT 为

$$X_d(k) = \sum_{r=0}^{M-1} X_d(r) W_M^{kr}; \quad k = 0, 1, \cdots, M - 1$$

故有

$$X(k) = \sum_{d=0}^{D-1} X_d(k) W_{DM}^{dk}; \quad k = 0, 1, \cdots, DM - 1 \qquad (1-73)$$

$X_d(k)$ 的分辨率为 $\Delta f' = f_s/(DM) = \Delta f$，$X_d(k)$ 与 $X(k)$ 具有相同的频率分辨率。此时，根据时移特性，W_{DM}^{dk} 相当于求 $X(k)$ 时，对各个 $X_d(k)$ 所做的相位补偿，且有 $W_{DM}^{dk} = \mathrm{e}^{-\mathrm{j}2\pi f t_0}$。

1.5.8　频域增采样内插法

频域增采样内插法用于对差拍信号离散频谱进行细化，以降低整个频域内的采样间隔，从而以较小的运算量实现差拍信号频谱的全程细化。该方法基本思想是将信号 $x(n)$ 的采样率增加 L 倍后的输出信号 $x_e(n)$，通过截止频率为 $\omega_c/L(\omega_c$

为 $x(n)$ 的归一化截止频率)的近似低通滤波器,较准确地恢复因较低采样间隔丢失的频谱样本,相当于降低频域采样间隔。

设差拍信号 $S_R(t) = K_r A_0^2 \exp[j2\pi\phi(t)]/2, t \in T_e$,经 A/D 采样后,FFT 得到 N 点离散频谱:

$$S_R(n) \approx A_r Sa(f_s n/N - f_R), \quad n \in [0, N-1] \qquad (1-74)$$

设 $h_i(n)$ 表示低通滤波器的冲击响应,理想情况下 $h_i(n) = \sin(\pi n/L)/(\pi n/L)$。$x_e(n)$ 通过滤波器后的输出信号:

$$x_i(n) = \sum_{k=-\infty}^{\infty} x(k) h_i(n-kL) = \sum_{k=-\infty}^{\infty} x(k) \frac{\sin[\pi(n-kL)/L]}{\pi(n-kL)/L} \qquad (1-75)$$

设计长度为 $2ML+1$ 的 FIR 低通滤波器,将 $x_i(n)$ 通过该滤波器,可得增采样内插后的差拍信号离散频谱:

$$S_{iR}(n) = \sum_{k=0}^{LN-1} S_R(k) h_i(n-kL) = \sum_{k=0}^{LN-1} A_r Sa(f_s n/N - f_R) h_i(n-kL)$$

$$(1-76)$$

比较式 $(1-75)$ 和式 $(1-76)$ 可知:离散频谱 $S_{iR}(n)$ 较准确地恢复出了 $S_R(n)$ 由于较低采样间隔所丢失的频谱样本,达到了频谱细化的目的。

1.5.9　基于小波变换的频谱细化法

该方法利用小波的频域带通特性,把待分析频带分离出来进行细化。由于小波具有良好的时频局部化特性,对于任一函数 $x(t)$,其积分小波变换为

$$W_{\psi(a,b)}[x(t)] = (1/\sqrt{a}) \int_{-\infty}^{\infty} x(t) \bar{\psi}[(t-b)/a] \mathrm{d}t \qquad (1-77)$$

式中:a 为伸缩参数;b 为平移参数;$\bar{\psi}$ 为 ψ 的共轭函数小波簇 $\psi_{a,b}(t) = \psi[(t-b)/a]$,是由基本小波 $\psi(t)$ 经平移和伸缩得到的一簇小波。

基于小波变化的频谱细化方法就是利用组合小波提取信号所需成分,算法步骤如下:

步骤 1:滤波。通过调节 a 和 Δf 得到合适的滤波特性,然后使用小波 $x(t)$ 进行变换 $W(t) = x(t) * \psi_c(t)$。

步骤 2:频移。对 $\psi(t)$ 乘以频移因子 $\mathrm{e}^{-j2\pi f_l t}$,使频谱左移 f_L,即 $W_1(t) = W(t)\mathrm{e}^{-j2\pi f_l t}$。

步骤 3:重采样。对 $W_1(t)$ 进行再采样,采样间隔为 $m\Delta t$(m 为细化倍数,Δt 为原采样间隔)。数据长度 N 不变,但分析信号变为原来的 m 倍。

步骤 4:FFT。对重采样后的信号进行 FFT 变换,可得频段 $f_L \sim f_H$ 的 m 倍细化频谱。

1.6　本书内容与组织

频率估计是数字信号处理领域的基本问题,多年来众多学者开展了大量研究,针对典型信号的频率估计方法相对成熟;而对复杂信号的频率估计研究较为不足,现有方法存在估计精度不高、实时性不好等问题,已成为频率估计技术应用的重要制约因素。因此,研究复杂信号的频率估计是未来频率估计技术发展的重要方向。

本书针对复杂信号的频率估计问题开展研究,重点论述短时信号频率估计的频谱融合法、端频信号频率估计的计及负频率法、时变频率估计的自适应陷波器法以及瞬时频率估计法与 VCO 非线性度检测,并以 LFMCW 雷达和科氏流量计为对象论述复杂信号频率估计方法应用。本书共 7 章,各章内容与说明如下:

第 1 章,绪论。介绍复杂信号频率估计研究的背景与意义,阐述以频谱分析为基础的频率估计基本方法,从时变信号、短时信号和端频率信号三方面归纳总结现有复杂信号频率估计方法研究现状。

第 2 章,短时信号频率估计的频谱融合方法。针对短时信号的频率估计问题,在介绍信号模型的基础上,重点论述频谱融合原理、频谱融合法及其快速算法、交叉信息融合法及其快速算法,并通过实验分析方法性能。

第 3 章,端频信号频率估计的计及负频率方法。针对端频信号的频率估计,在分析负频率对频谱分析影响的基础上,重点论述计及负频率的端频信号频谱校正方法、端频信号相位差估计方法,并通过实验分析方法性能。

第 4 章,时变频率估计的自适应陷波器方法。针对时变信号的频率估计,在分析 ANF 频率估计原理基础上,分析 FIR-ANF 和 IIR-ANF 两类典型 ANF 频率估计方法及性能,论述间接型和直接型两类联合误差 ANF 的频率估计方法,此外,还论述基于 Steiglitz – McBride 系统辨识的 ANF 和反馈修正 ANF 的频率估计方法,并分别进行实验验证和性能分析。

第 5 章,瞬时频率估计与 VCO 非线性度检测。针对瞬时频率估计问题,重点论述自适应窗长的 PWVD 瞬时频率估计和基于 FrFT 的瞬时频率估计,为减小噪声对瞬时频率估计的影响,提出基于 SVD 的非平稳信号重叠分段降噪算法,并将上述方法应用于 VCO 非线性度检测。

第 6 章,LFMCW 雷达测距应用。该章是复杂信号频率估计方法的应用验证之一,以 LFMCW 雷达为应用对象,在介绍 LFMCW 雷达测距系统基础上,通过测距应用实验重点对频谱融合法和交叉信息融合法进行应用验证。此外,提出能快速实现的双线幅度测距方法,并基于研制的 FPGA 信号处理模块进行准仪表化实验。

第 7 章,科里奥利质量流量计应用。该章是复杂信号频率估计方法的应用验证之二,以科氏流量计为应用对象,在科氏流量计信号处理中对 ANF 频率跟踪方法、端频信号相位差估计方法进行应用验证,并基于研制的 DSP 变送器进行准仪表化实验。

本书第 1 章是研究现状总结和概述。第 2~5 章是理论方法研究,分别探讨短时信号、端频信号、时变信号的频率估计方法,各章之间呈并列关系,其中第 4 章和第 5 章是时变信号频率估计的两种不同类型。第 6、7 章是应用验证研究,分别以 LFMCW 雷达测距系统和科氏流量计为对象,对第 2~4 章频率估计方法进行应用验证。第 5 章瞬时频率估计方法在 VCO 非线性度检测应用中给出实验验证。

1.7　小　　结

本章阐述了研究复杂信号频率估计方法的背景和意义,重点归纳总结了现有频率估计方法,包括频率估计的基本方法,以及时变信号频率跟踪方法、短时信号频率估计方法和极端信号频率估计方法三类复杂信号的频率估计方法,最后介绍了本书的内容和组织。

第2章 短时信号频率估计的频谱融合方法

短时信号持续时间短,包含信息量有限,导致频谱泄漏严重,抗噪性差,即使采用频谱校正法也难以克服信息量不足对频率估计精度的影响。本章利用信号段间的内在联系将多段短时信号进行频谱融合,提出短时信号频率估计的频谱融合方法,具体包括多段信号频谱融合法和交叉信息融合法。该方法能够实现信号间的信息积累,得到数倍于单段短时信号的信息量,从源头上为提高短时信号频率估计精度创造条件。

2.1 信 号 模 型

2.1.1 多段信号概念

多段信号是指以单段采样信号为元素构成的一个集合,该集合有如下两个特征:①包含的元素个数 $M \geq 2$;②相邻元素的相位可以不连续。

按每个元素的频率是否相等进行分类,可将多段信号分为同频信号和异频信号。按每个元素的采样点数是否相等进行分类,可将多段信号分为等长信号和不等长信号。

图 2 – 1 和图 2 – 2 分别给出 $M = 4$ 时同频、异频信号的示意图。其中,异频不等长信号最具普适性,其他三类信号均可看作其特殊形式,为便于叙述,本节以异频不等长信号为例进行推导说明,所述方法同样适用于其他三类信号。

2.1.2 多段信号获取

同频信号和异频信号是一种常见的多段信号,在工程应用中十分易于获取。例如,LFMCW 雷达对储油罐液位测量获得的多个周期的差拍信号、电子侦察中相参雷达获得的多段侦收数据、单一雷达对侦查目标反复扫描获得的多个数据,以及多个雷达对同一目标进行扫描获得的多个数据均表现为多段信号。

1)同频信号获取

同频信号可以通过选用相同采样频率对同一信号多次重复采样获得,或选用相同采样频率对频率相等的多个信号采样获得。例如,在图 2 – 3 所示的 LFMCW 雷达测距实例中:E 表示平行于 $Y - Z$ 平面的一平面物体,其 X 坐标为 R';Lr 表示

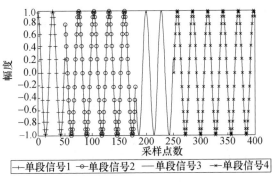

(a)

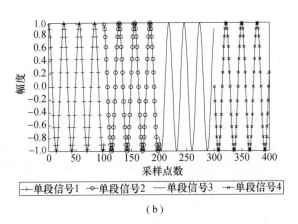

(b)

图 2 - 1　同频信号示意图

(a)同频不等长信号；(b)同频等长信号。

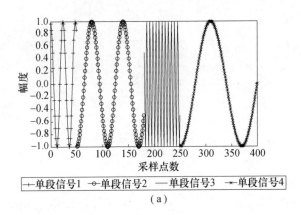

(a)

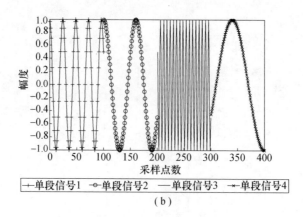

（b）

图 2-2　异频信号示意图

（a）异频不等长信号；（b）异频等长信号。

M 台 LFMCW 雷达，分别位于 X 坐标为 $R_1, R_2, \cdots, R_{M-1}, R_M(M \geqslant 2)$ 的平面内。Lr
以相同工作参数（即相同的调频周期、调频带宽和采样频率）测量自身与 E 间的距
离。当 $R_1 = R_2 = \cdots = R_{M-1} = R_M$ 时，根据 LFMCW 雷达测距原理，M 台 LFMCW 雷
达 Lr 获得的规则区差拍采样信号的频率相等，即构成同频信号。该信号实质上是
通过选用相同采样频率对频率相等的多个信号采样获得的。或者仅利用其中一台
LFMCW 雷达，将其固定在 X 坐标为 R_1 的位置，以相同的工作参数连续 M 次测量
E 与自身的距离。由于 R_1 恒定，每次测量获得的规则区差拍信号的频率仍然相
等，仍可构成同频信号。该信号实质上是通过选用相同采样频率对同一信号多次
重复采样获得。

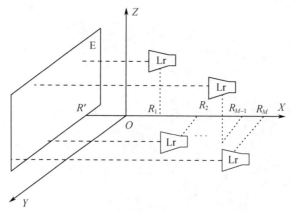

图 2-3　LFMCW 雷达测距实例

2）异频信号获取

在异频信号中，当任意两个元素间的频率不等且差值已知时，称其为差频信
号；当任意两个元素间的频率不等且比值已知时，称其为分频信号。差频信号和分

频信号统称为异频信号。

异频信号可以通过选用相同参数对多个具有不同频率的信号采样获得,或选用不同参数对多个具有相同频率的信号采样获得。例如,在图 2-3 所示的 LFM-CW 雷达测距实例中,$M(M \geqslant 2)$ 台 LFMCW 雷达 Lr 分别位于 X 坐标为 $R_1, R_2, \cdots, R_{M-1}, R_M$ 的平面内,以相同工作参数(相同的调频周期、调频带宽和采样频率)测量自身与平面物体 E 间的距离。当 $R_1 = R_2 = \cdots = R_{M-1} = R_M$ 时,根据 LFMCW 雷达测距原理可知,M 台 LFMCW 雷达获得的规则区差拍信号频率相等;当 $R_1 \neq R_2 \neq \cdots \neq R_{M-1} \neq R_M$,且任意两者间的差值 $\Delta R_{ba}(\Delta R_{ba} = R_b - R_a, b \in [1, M], a \in [1, M])$ 已知时,虽然 M 台 LFMCW 雷达规则区差拍信号的频率不等,但根据 ΔR_{ba} 可以计算出任意两台 LFMCW 雷达的规则区差拍信号频率间的差值 $\Delta f_{ba}(\Delta f_{ba} = f_b - f_a, f_b$ 和 f_a 分别表示距离为 R_b 和 R_a 时对应的差拍信号频率)。因此,M 台 LFMCW 雷达可以获得 M 段频率差已知的采样信号,即差频信号。

在图 2-3 所示的 LFMCW 雷达测距应用实例中,每台 LFMCW 雷达选用不同的采样频率(均满足奈奎斯特采样频率)测量自身与平面物体 E 间的距离,且任意两台雷达选用的采样频率的比值已知。当 $R_1 = R_2 = \cdots = R_{M-1} = R_M$ 时,根据 LFM-CW 雷达测距原理可知,M 台 LFMCW 雷达获得的规则区差拍信号表现为 M 段频率不同但频率比值已知的采样信号,即分频信号。

从上述理论分析和各个示意图可知,异频信号是同频信号的推广形式,具有"局部平稳"与"全局非平稳"二重特性。一方面,它是一类局部平稳信号,由多段具有已知频率关系的采样信号构成,包含同频信号所不具备的局部频域特征,有助于改善信号频率估计精度;另一方面,它是一类全局非平稳信号,近似于跳频信号,基于频率间的特定关系,其频率估计过程的复杂度将类似于平稳信号,比其他非平稳信号处理计算量小,且具有良好的抗噪性,特别是具有较强的抑制邻近频率干扰的能力。"异频信号"概念的提出,将多段信号从简单的同频重复测量(同频信号)扩展到更具一般性的异频测量(异频信号),同时将处理对象从同频信号扩展到异频信号,可用于频率估计、瞬时频率估计、LFM 信号参数估计、跳频信号参数估计和 VCO(Voltage Controlled Oscillator)非线性度校正等诸多方面,具有重要的研究意义和应用价值。

2.2 频谱融合原理

多段信号具有数倍于单段信号的信息量,从信息论观点来看,对多段短时信号进行频谱融合能有效提高短时信号的频率估计精度。如图 2-4 所示,在相同采样频率和信噪比条件下对同一被测信号分别进行 5 次采样,得到 5 段采样信号,对应的幅频响应依次如曲线 1~5 所示。其中,前 4 次采样过程的持续时间相同,而第

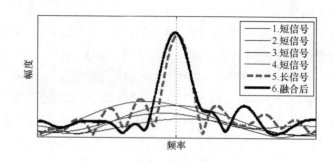

图 2-4 信号持续时间对功率谱主瓣宽度的影响

5 次采样过程的持续时间为前 4 次之和。可以看出，由于前 4 段采样信号的持续时间短，所以各段采样信号包含的信息量较少，导致曲线 1～4 的主瓣较宽，抗噪性差。将此 4 段采样信号构成一个同频等长信号并进行信息融合处理之后，则得到的功率谱将类似于曲线 6 所示，其主瓣宽度比曲线 1～4 都窄，甚至接近于曲线 5 的主瓣宽度（由于第 5 段采样信号和同频等长信号长度相等，所以曲线 6 的主瓣宽度不可能小于曲线 5）。因此，对多段信号进行频谱融合式频率估计是提高短时信号频率估计精度的一条有效途径。

2.2.1 邻近频率信号对短时信号频率估计的影响

短时信号持续时间短，频谱泄漏严重，抗噪性差。当信噪比较低时，邻近频率信号和冲击噪声等对短时信号频率估计精度的影响更严重。例如，为测量图 2-3 中物体 E 的距离，雷达 Lr 重复测量了 5 次，得到的采样信号如图 2-5 所示，其中包括频率为 fx、幅度为 2 的回波信号（如图 2-5 中的灰色直线），幅度分别为 4 和 3 的两个邻近频率信号（如图 2-5 中的两条黑色直线），幅度为 10、分别出现于第 1"伪平稳"时间段和第 5"伪平稳"时间段的两段冲击噪声（如图 2-5 中的两个黑色圆圈）。

此时，使用现有频率估计方法较难检测出被测频率 fx。例如，基于 DFT 的频谱校正类方法均不能反映局部时域信息，所以不能区分出冲击噪声。再例如，STFT 类时频分析方法仅能从幅度特征区分被测频率，所以邻近频率信号将淹没被测频率信号。

包含邻近频率信号的采样信号如图 2-6 所示。同样为测量图 2-3 中物体 E 的距离，雷达 Lr 重复测量了 5 次，得到的采样信号如图 2-6 所示，其中包括频率为 fx_2、幅度为 2 的回波信号（如图 2-6 中的灰色直线），幅度为 3、频率为 fx_1 的邻近频率信号（如图 2-6 中的黑色直线），幅度为 10、出现在第 2"伪平稳"时间段的一段冲击噪声（如图 2-6 中的黑色圆圈）。显然，采用基于 DFT 的频谱校正法、STFT 法等现有频率估计方法，同样也难以检测出被测频率 fx_2。

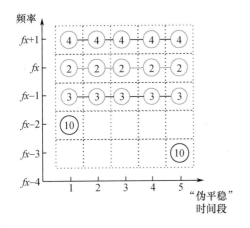

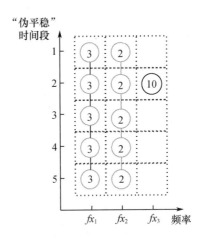

图 2-5　包含邻近频率信号的　　　　　图 2-6　包含邻近频率信号的
　　　采样信号示例之一　　　　　　　　　　采样信号示例之二

2.2.2　现有信号分解结构

　　信号分解结构是进行频谱融合的关键。从本质上看,可以将信号分解结构视作一种特征识别工具。频率估计中的信号分解结构是用来将采样信号分解成多个单频信号之和的形式,使每个单频信号分别对应不同的频域或时频域位置。常用的两种信号分解结构是一维频域分解结构和二维时频域分解结构,本节分别以DFT 法和 STFT 法中的信号分解结构为例,说明现有信号分解结构的特点。

　　1) 一维频域分解结构

　　利用 DFT 进行频率估计是信号分析领域的重要方法。DFT 方法可以从整体上将采样信号在某个离散频域空间内分解成多个单频信号,再根据被测频率的已知信息(如“具有最大幅值的单频信号对应的频率值即为被测频率的估计值”等)可以将被测频率从噪声和干扰频率中区分出来。可以看出,DFT 方法采用了一维信号分解结构,即将采样信号在频率维空间分解,然后利用被测频率的频域特征信息对单频信号进行区分。

　　如图 2-7 所示,DFT 方法将采样信号分解成独立的单频信号构成测试模板序列,测试模板数量为离散频域空间长度 P,分别对应离散频域空间中的每个频率点,表示采样信号在该频率点处的信号分量。然后基于各单频信号的特征参数(如“信号幅值”)之间的差别,并结合噪声、干扰频率和被测频率在该频域空间内的先验知识(如“具有最大幅值的单频信号对应的频率值即为被测频率的估计值”),找出与先验知识匹配最好的测试模板(如“具有最大幅值的单频信号”),则该测试模板对应的频率即为被测频率估计结果。

　　DFT 方法的分解结构简单,计算量较小,但它不能描述不同时域局部内的频率分量分布,所以不能利用被测频率在时域空间的特征信息,不适用于非平稳信号且

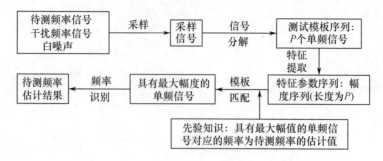

图 2 - 7 DFT 方法中的信号分解结构工作原理

存在频率分辨率低、抗噪性不高等不足。

2) 二维时频域分解结构

在基于 STFT 的谱峰检测、基于时频分布（TFD）的谱峰检测、基于线性调频小波变换（CT）的谱峰检测等频率估计方法中，通过设计时间和频率的联合函数以描述采样信号在各时域、频域局部内的能量密度或强度，从而将信号分解结构从一维频域分解拓展到二维的时频域分解，得到的各个单频信号分别对应不同的频率和时间。

如图 2 - 8 所示，以 STFT 方法中信号分解结构为代表的二维时频域分解结构具有如下特点：

（1）一维频域分解结构和二维时频域分解结构的测试模板都是单频信号，但后者的每个测试模板表示采样信号在某"伪平稳"时间段内某频率点处的信号分量，即测试模板与频率和时间组成的实数对构成二维的一一映射。

（2）由于测试模板中包含有时域信息，所以在模板匹配过程中可利用时域辅助信息，以提高测试模板之间的区分度。

（3）设 Q 为"伪平稳"时间段数量，由于测试模板数量成 Q 倍增加，所以特征提取和模板匹配环节的计算量也成 Q 倍增加。通过对采样信号进行更细致的分解，可以利用时域的已知信息以提高各单频信号之间的区分度。此类方法抗噪性较好，但计算量较大。

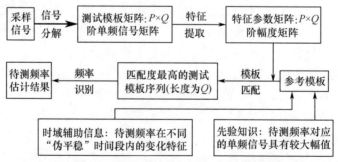

图 2 - 8 STFT 方法中的信号分解结构的工作原理图

2.2.3　异频域信号分解结构

为更好地抑制邻近频率信号等对短时信号频率估计的影响,本节在分析现有信号分解结构优缺点的基础上,针对异频信号,提出异频域信号分解结构,具体包括降频域分解结构和分频域分解结构两种新型信号分解结构。

1)降频域分解结构

结合上述现有两种信号分解结构的优点,针对差频信号,提出一种适用于频率估计的降频域分解结构(Frequency-Shift-Domain Decomposition Structure,FSDDS)。

在 FSDDS 中,将对应不同时间的多个单频信号融合构成一个组合信号,使得每个组合信号能对应一个频率和多个时间,从而可以利用时域已知信息。并且同一组合信号中包含的多个单频信号之间将形成信息积累作用,即这些单频信号经过融合和积累之后,冲击噪声将被相互削弱,强干扰信号将被相互抑制,被测频率信号的幅度将变大。

FSDDS 的设计目标是:其计算量与一维频域分解结构相当,并且与二维时频域分解结构一样可以利用时域的已知信息,且适用于非平稳信号。

(1)降频域分解结构的工作原理。由现有信号分解结构的经验可知:为利用时域辅助信息,要求信号分解得到的单频信号能与频率和时间组成的实数对构成二维的一一映射;为减小运算量,需要尽量减少测试模板的数量以减小特征提取和模板匹配环节的计算量。

因此,在 FSDDS 的工作过程中(图 2-9),在进行二维时频域分解得到 $P \times Q$ 阶单频信号矩阵之后,基于时域的频率差信息,将 Q 个单频信号组合成一个测试模板,从而构成长度为 P 的测试模板序列。该结构的特点是,基于时域辅助信息(频率差关系)构建测试模板,既能够利用时域信息以提高频率估计精度,又可以减少测试模板的数量以减小计算量。

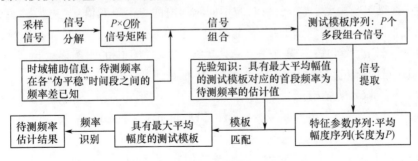

图 2-9　降频域分解结构的工作原理图

(2)降频域分解结构的关键步骤与举例。如图 2-9 所示,信号分解之后的信号组合步骤是 FSDD 的关键,即将 $P \times Q$ 阶单频信号矩阵"压缩"成为 P 个测试模板。下面,结合图 2-10 举例说明信号组合步骤的执行方法。

设采样信号可划分为 5 段"伪平稳"信号,各段信号中均包含一个幅度为 2(图 2 – 10 中圆圈内的数字表示幅度)的被测频率信号 Sx(如图 2 – 10 中的虚折线所示),Sx 在第一段信号中的被测频率 fx 未知,但 fx 与 Sx 在各段信号中的被测频率的差为 $[0\ \ 0\ \ 2\ \ 1\ \ -1]$(MHz)(如图 2 – 10 中的纵坐标)已知,即多段信号 Sx 的各段信号之间构成降频关系。为求取 Sx 的频率,实质上只需得到 fx 即可。

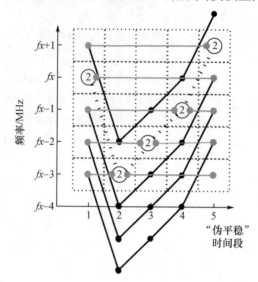

图 2 – 10　FSDDS 的信号组合步骤的执行方法示例

若采用二维时频域分解结构,则得到的测试模板(图 2 – 10 中的每个虚线方格所在位置对应的单频信号)数量为 5 × 5 个,计算量大。若采用一维频域分解结构,即将对应同一频率的 5 个方格对应的单频信号组合成一个多段组合信号,则得到的测试模板(如图 2 – 10 中的 5 条灰色实直线)的幅度均为 2,不能区分出 fx。

而在 FSDDS 中,同样需要将对应不同时间段的 5 个单频信号组合成一个测试模板,但不同于一维频域分解结构,此时的 5 个单频信号不再是同频的、直线型的,而是按照已知的降频关系构成一个降频折线(图 2 – 10 中的 5 条黑色折线),其中首段频率对应 fx 的虚线折线的幅度最大,从而得到 Sx 的频率。

2)分频域分解结构

针对分频信号,提出分频域分解结构(Frequency – Division – Domain Decomposition Structure,FDDDS)。

(1)FDDDS 的工作原理与 FSDDS 基本相同,都是在进行二维时频域分解得到 $P × Q$ 阶单频信号矩阵之后,基于时域辅助信息,将 Q 个单频信号组合成一个测试模板,从而构成长度为 P 的测试模板序列。不同之处在于:FSDDS 中的时域辅助信息为各段信号中的被测频率构成了频率差关系,而在 FDDDS 中,各段信号中的被测频率构成了频率比关系。这种差异集中体现在信号分解之后的信号组合步骤

40

中,该步骤也是分频域分解的关键步骤。

（2）分频域分解结构的关键步骤与举例。信号分解之后的信号组合步骤是FDDDS的关键,即将$P \times Q$阶单频信号矩阵"压缩"成为P个测试模板。接下来,结合图2-11举例说明信号组合步骤的执行方法。

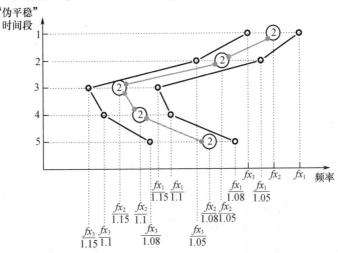

图2-11　FDDDS信号组合步骤的执行方法示例

设$P=3$,即需要从三个频率fx_1、fx_2和fx_3中找出被测频率的真实值fx_2,设$Q=5$,即采样信号可划分为5段"伪平稳"信号,且各段信号中均包含一个幅度为2（图2-11中圆圈内的数字表示幅度）的被测频率信号Sx（图2-11中的灰色折线）,Sx在第一段信号中的被测频率fx_2未知,但fx_2与Sx在各段信号中的被测频率的比值为$[1 \quad 1.05 \quad 1.15 \quad 1.1 \quad 1.08]$（图2-11中的横坐标）已知,即多段信号$Sx$的各段信号之间构成分频关系。为求取$Sx$的频率,实质上只需得到$fx_2$即可。若采用二维时频域分解结构,则得到的测试模板（图2-11中的每个圆圈所在位置对应的单频信号）数量为3×5个,计算量大。若采用一维频域分解结构,即将对应同一频率的5个"伪平稳"时间段内的单频信号组合成一个多段组合信号,则不能区分出fx。而采用FDDDS,则将对应不同时间段的5个单频信号组合成一个测试模板,且这5个单频信号不是同频的、直线型的,而是按照已知的分频关系构成一个分频折线（图2-11中的3条折线）,其中首段频率对应fx_2的灰色折线的幅度最大,从而得到Sx的频率。测试模板数量为3个,计算量较小。

2.3　频谱融合法

为改善短时信号频率估计的精确性和普适性,基于异频域分解结构,提出的多段信号频谱融合法的基本思路如图2-12所示。

41

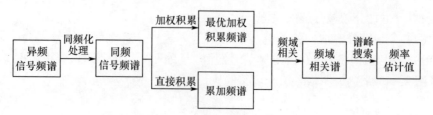

图 2 - 12　多段信号频谱融合法基本思路

算法基本步骤如下:

步骤1:异频信号模型建立。该过程分为以下两步:①信号采集。异频信号可以通过选用相同的采样频率对频率不相同的多个正弦信号采样获取;或选用不同的采样频率对同一信号或相同信号对象多次重复采样获取。详细说明见2.2.1节相关内容。②频谱计算。利用具有频谱细化特性的离散时间傅里叶变换(DTFT)计算异频信号的频谱。

步骤2:异频同频化处理。根据异频信号中各段信号间的频率关系构建异频修正矩阵,对异频信号频谱进行异频同频化处理,使之与同频信号频谱基本相同,消除信号间频率不等对频谱融合的影响。

步骤3:最优加权融合频谱生成。根据单段信号频谱不同的泄漏程度,构造加权因子对同频信号频谱进行加权融合,用以实现多段信号的信息积累,间接增大短时信号的观测时间,生成最优加权融合频谱。最优加权融合频谱近似于与同频信号采样点数相同的相位连续信号频谱,从而解决任意相邻段信号相位不连续、时宽较短导致的频谱泄漏严重、抗噪性差等问题。

步骤4:频域相关性分析。将最优加权融合频谱与同频化后的异频信号累加频谱进行相关性分析,得到频域相关谱。

步骤5:相关谱峰值搜索。由于频域相关谱在保留最优加权融合频谱主瓣窄而高特性的基础上,能够利用累加频谱的降噪特性,因此谱峰搜索频域相关谱即可实现频率的精确估计。

为便于叙述,以单频信号为例进行说明。所述方法具有线性,同样适用于多频信号。

2.3.1　异频修正矩阵设计

假设 x 表示异频信号, $x_m(m \in [1,M])$ 表示 x 中第 m 段信号,即

$$x_m(n_m) = \cos\left[\frac{2\pi n_m(f+d(m))}{p(m)f_s} + \theta(m)\right]; \quad n_m \in [1,N_m] \quad (2-1)$$

式中: f 、 f_s 、 N_m 和 $\theta(m)$ 分别表示 x_m 的频率(被测频率)、采样频率、采样点数、初相; $d(m)$ 和 $p(m)$ 分别为第 m 段信号与首段信号的频率差和采样频率比;则 x 的采样点数为 $N = \sum_{m=1}^{M} N_m$ 。

42

工程应用中易知被测频率 f 的大致取值范围 $f_{\text{scope}} = [f_{\min}, f_{\max}]$。将 f_{cope} 线性等分构成长度为 $P(P \geqslant 1)$ 的序列 f_P 和长度为 $Q(Q \geqslant 1)$ 的序列 f_Q；$f_P(p)$ 表示 f_P 中第 p 个元素，$p \in [1, P]$；$f_Q(q)$ 表示 f_Q 中第 q 个元素，$q \in [1, Q]$；$f_P(p_q)$ 表示 f_P 中与 $f_Q(q)$ 最接近的元素，$f_P(p_q) \approx f_Q(q)$，$p_q \in [1, P]$。

由于异频信号各段信号频率不等，所以无法利用异频信号在同一频率点的频谱进行信息融合。为消除异频信号频率不等对其频谱的影响，实现异频信号的同频化处理，生成异频修正参数 $F_A(m, p)$

$$F_A(m, p) = \frac{[1 - p(m)]f' + d(m)}{p(m)} + f_P(p) \tag{2-2}$$

式中：$F_A(m, p)$ 为异频修正矩阵 $\boldsymbol{F}_A$ 的第 (m, p) 个元素；f' 表示被测频率 f 的一个估计值。

由于实信号的频谱为共轭对称，故只考虑频谱的正频率部分。计算 x_m 在频率点 $F_A(m, p)$ 的 DTFT，其正频率部分为

$$
\begin{aligned}
X_m[f_P(p)] &\approx \frac{1}{2} \sum_{n_m = 1}^{N_m} e^{j\{\theta(m) + 2\pi[f_m - F_A(m, p)]n_m/f_s\}} \\
&= \frac{1}{2} \sum_{n_m = 1}^{N_m} e^{j\{\theta(m) + 2\pi[\frac{f + d(m)}{p(m)} - \frac{f - p(m)f' + d(m)}{p(m)} - f_P(p)]n_m/f_s\}} \\
&\approx \frac{1}{2} \sum_{n_m = 1}^{N_m} e^{j\{\theta(m) + 2\pi[f - f_P(p)]n_m/f_s\}} \\
&= \frac{\sin[N_m g(p)]}{2 \sin g(p)} e^{j[\theta(m) + g(p)(N_m + 1)]}
\end{aligned} \tag{2-3}
$$

式中：$g(p) = \pi[f - f_P(p)]/f_s$。

由所有 $X_m[f_P(p)]$ 依次构成的一维向量 $\boldsymbol{X}_m(f_P)$ 称为 x_m 的频谱，其表达式为

$$\boldsymbol{X}_m(f_P) = \{X_m[f_P(1)], \cdots, X_m[f_P(P)]\} \tag{2-4}$$

式（2-3）中不包括第 m 段信号与首段信号的频率差 $d(m)$ 和采样频率 $p(m)$，即 F_A 消除了频率差不等对异频信号频谱的影响，实现了同频化处理。

不失一般性，考虑噪声和干扰对信号的影响，$\theta_z(m, p)$ 表示考虑噪声和干扰后 $X_m[f_P(p)]$ 的相位特性，则

$$
\begin{aligned}
\theta_z(m, p) &= \text{angle}\{X_m[f_P(p)] + Z_m[f_P(p)]\} \\
&= \frac{\text{Im}\{X_m[f_P(p)] + Z_m[f_P(p)]\}}{\text{Re}\{X_m[f_P(p)] + Z_m[f_P(p)]\}}
\end{aligned} \tag{2-5}
$$

式中：$\text{angle}(t)$ 表示计算复数 t 相位的函数；$Z_m[f_P(p)]$ 表示随机噪声和干扰对 $X_m[f_P(p)]$ 的影响；$f_P(p_0)$ 表示序列 f_P 中 f 的一个估计值，即 $f_P(p_0) \approx f$，$p_0 \in [1, P]$。在信噪比不是很低的情况下有 $\theta_z(m, p_0) \approx \theta(m)$，因此在随机噪声干扰情况下可

以用 $\theta_z(m,p_0)$ 代替式（2-3）中的 $\theta(m)$。

2.3.2　最优加权融合频谱生成

由于 x_m 的长度不等且普遍较短，任意相邻两段的相位一般不连续，因此导致 $X_m(f_P)$ 的主瓣较宽、泄漏严重程度不同、抗噪性较差。为此，根据 $X_m(f_P)$ 不同的频谱泄漏程度，设计加权因子 e^{-jD} 对 M 段 $X_m(f_P)$ 进行加权融合，得到最优加权融合频谱，使其近似于与 x 采样点数相同的相位连续信号 s 的频谱 $S(f_P)$。

s 表示一段与 x 采样点数相同的相位连续信号，表达式为

$$s(n_s) = \cos[\theta(1) + 2\pi n_s f/f_s], n_s \in [1, N] \tag{2-6}$$

将 s 分为 M 段采样点数依次为 $N_m(m \in [1, M])$ 的相位连续信号，计算 s 在频率点 $f_P(p)$ 的 DTFT，其正频率部分为

$$\begin{aligned}
S[f_P(p)] &= \sum_{m=1}^{M} \sum_{n_m=1}^{N_m} 0.5 e^{j[\theta(1) + 2g(p)(\sum_{m'=1}^{m} N_{m'} - N_m + n_m)]} \\
&= \sum_{m=1}^{M} \frac{\sin[N_m g(p)]}{2\sin g(p)} e^{j[\theta(1) + g(p)(2\sum_{m'=1}^{m} N_{m'} - N_m + 1)]} \tag{2-7}
\end{aligned}$$

由所有 $S[f_P(p)]$ 依次构成的一维向量 $\boldsymbol{S}(f_P)$ 称为 s 的频谱，其表达式为

$$\boldsymbol{S}(f_P) = \{S[f_P(1)], \cdots, S[f_P(P)]\} \tag{2-8}$$

1）加权因子设计

s_q 表示一段与 s 采样点数相同的相位连续正弦信号，表达式为

$$s_q(n_s) = \cos[\theta_z(1, p_q) + 2\pi f_Q(q) n_s/f_s], \quad n_s \in [1, N] \tag{2-9}$$

将 s_q 分为 M 段采样点数依次为 $N_m(m \in [1, M])$ 的相位连续信号，计算 s_q 在频率点 $f_P(p)$ 的 DTFT，其正频率部分为

$$\begin{aligned}
S_q[f_P(p)] &= \sum_{m=1}^{M} \sum_{n_m=1}^{N_m} 0.5 e^{j[\theta_z(1, p_q) + 2g_p(p)(\sum_{m'=1}^{m} N_{m'} - N_m + n_m)]} \\
&= \sum_{m=1}^{M} \frac{\sin[N_m g_q(p)]}{2\sin g_q(p)} e^{j[\theta_z(1, p_q) + g_q(p)(2\sum_{m'=1}^{m} N_{m'} - N_m + 1)]}
\end{aligned}$$

$$\tag{2-10}$$

式中：$g_q(p) = \pi[f_Q(q) - f_P(p)]/f_s$。

由所有 $S_q[f_P(p)]$ 依次构成的一维向量 $\boldsymbol{S}_q(f_P)$ 称为 s_q 的频谱；其表达式为

$$\boldsymbol{S}_q(f_P) = \{S_q[f_P(1)], \cdots, S_q[f_P(P)]\} \tag{2-11}$$

y_q 表示 M 段同频信号，其采样点数与 s_q 相同。y_{mq} 表示 y_q 中第 $m(m \in [1, M])$ 段信号，表达式为

$$y_{mq}(n_m) = \cos[\theta_z(m, p_q) + 2\pi f_Q(q) n_m/f_s], \quad n_m \in [1, N_m] \tag{2-12}$$

计算 y_{mq} 在频率点 $f_P(p)$ 的 DTFT，其正频率部分为

$$Y_{mq}[f_P(p)] = 0.5\sum_{n_m=1}^{N_m}\mathrm{e}^{\mathrm{j}[\theta_z(m,pq)+2\pi n_m f_Q(q)/f_s]}\mathrm{e}^{-\mathrm{j}2\pi n_m f_P(p)/f_s}$$

$$= \frac{\sin[N_m g_q(p)]}{2\sin g_q(p)}\mathrm{e}^{\mathrm{j}[\theta_z(m,pq)+g_q(p)(N_m+1)]} \tag{2-13}$$

由所有 $Y_{mq}[f_P(p)]$ 依次构成的一维向量 $\boldsymbol{Y}_{mq}(f_P)$ 称为 y_{mq} 的频谱，其表达式为

$$\boldsymbol{Y}_{mq}(f_P) = \{Y_{mq}[f_P(1)],\cdots,Y_{mq}[f_P(P)]\} \tag{2-14}$$

由于 y_{mq} 的长度不等且普遍较短，导致 $\boldsymbol{Y}_{mq}(f_P)$ 的频谱主瓣较宽、频谱泄漏严重程度不同、抗噪性较差。若按式（2-15）对 M 段 $\boldsymbol{Y}_{mq}(f_P)$ 进行直接累加，得到其累加频谱 $Y_q(f_P)$，虽然能从一定程度上增大主瓣高度，提高频谱抗噪性，但由于任意相邻两段 y_{mq} 间的相位一般不连续，与 y_q 采样点数相同的相位连续信号频谱 $S_q(f_P)$ 相比，$Y_q(f_P)$ 的主瓣仍较宽，频谱泄漏仍较严重，则

$$Y_q(f_P) = \sum_{m=1}^{M}\mathrm{abs}[\boldsymbol{Y}_{mq}(f_P)] \tag{2-15}$$

设计加权因子 $\mathrm{e}^{-\mathrm{j}D}$ 对 M 段 $\boldsymbol{Y}_{mq}(f_P)$ 进行加权融合，得到 y_q 的加权融合频谱 $\boldsymbol{Y}'_q(f_P)$，使其与 y_q 采样点数相同的相位连续信号频谱 $S_q(f_P)$ 近似。令 $\mathrm{e}^{-\mathrm{j}D(m,p,q)}$ 表示 $\mathrm{e}^{-\mathrm{j}D}$ 中第 (m,p,q) 处的元素，$Y'_q[f_P(p)]$ 表示 $\boldsymbol{Y}'_q(f_P)$ 中第 p 个元素，$Y'_q[f_P(p)]$ 和 $\boldsymbol{Y}'_q(f_P)$ 的表达式分别为

$$Y'_q[f_P(p)] = \sum_{m=1}^{M}\{\mathrm{e}^{-\mathrm{j}D(m,p,q)}Y_{mq}[f_P(p)]\}$$

$$= \sum_{m=1}^{M}\frac{\sin[N_m g_q(p)]}{2\sin g_q(p)}\mathrm{e}^{\mathrm{j}[\theta_z(m,pq)+g_q(p)(N_m+1)-D(m,p,q)]}$$

$$\tag{2-16}$$

$$\boldsymbol{Y}'_q(f_P) = \{Y'_q[f_P(1)],\cdots,Y'_q[f_P(P)]\} \tag{2-17}$$

欲使 y_{mq} 的加权融合频谱 $\boldsymbol{Y}'_q(f_P)$ 近似于与 y_q 采样点数相同的相位连续信号 s_q 的频谱 $S_q(f_P)$，应有

$$\boldsymbol{Y}'_q(f_P) = S_q(f_P) \tag{2-18}$$

联立式（2-16）~式（2-18）即可生成：

$$\mathrm{e}^{-\mathrm{j}D(m,p,q)} = \mathrm{e}^{-\mathrm{j}[\theta_z(m,pq)-\theta_z(1,pq)-2g_q(p)(\sum_{m'=1}^{m}N_{m'}-N_m)]} \tag{2-19}$$

2）频谱加权融合

利用加权因子 $\mathrm{e}^{-\mathrm{j}D}$ 对 M 段 $\boldsymbol{X}_m(f_P)$ 进行加权融合，得到 x 的 $P\times Q$ 阶加权融合频谱矩阵 $\boldsymbol{X}'(f_P)$。$\boldsymbol{X}'_q(f_P)$ 代表 $\boldsymbol{X}'(f_P)$ 中第 q 列所有元素，表示由 $\mathrm{e}^{-\mathrm{j}D(:,:,q)}$（$\mathrm{e}^{-\mathrm{j}D(:,:,q)}$ 表示 $\mathrm{e}^{-\mathrm{j}D}$ 中第 q 页所有元素）对 M 段 $\boldsymbol{X}_m(f_P)$ 加权融合得到的加权融合频谱；$X'_q[f_P(p)]$ 代表 $\boldsymbol{X}'_q(f_P)$ 中第 p 个元素，即 $\boldsymbol{X}'_q(f_P)$ 在频率点 $f_P(p)$ 处的值。

$X'_q[f_P(p)]$、$X'_q(f_P)$和$X'(f_P)$的表达式分别为

$$X'_q[f_P(p)] = \sum_{m=1}^{M} \{e^{-jD(m,p,q)} X_m[f_P(p)]\} \qquad (2-20)$$

$$\boldsymbol{X}'_q(f_P) = \{X'_q[f_P(1)], \cdots, X'_q[f_P(P)]\} \qquad (2-21)$$

$$\boldsymbol{X}'(f_P) = [X'_1(f_P), \cdots, X'_Q(f_P)] = \left\{ \begin{matrix} X'_1[f_P(1)], \cdots, X'_Q[f_P(1)] \\ \vdots \qquad\qquad \vdots \\ X'_1[f_P(P)], \cdots, X'_Q[f_P(P)] \end{matrix} \right\} \qquad (2-22)$$

性质1：序列f_Q中必存在一元素$f_Q(q_0)$，$q_0 \in [1,Q]$，其在加权因子中的对应值$e^{-jD(:,:,q_0)}$对$X_m[f_P(p)]$加权融合后，应有

$$X'_{q_0}(f_P) \approx S(f_P) \qquad (2-23)$$

即频谱$X'_{q_0}(f_P)$近似于与x采样点数相等的相位连续信号s的频谱$S(f_P)$。

证明：因为f_Q由f_{scope}线性等分生成，因此f_Q中必存在元素$f_Q(q_0) \approx f$。又$f_P(p_{q_0}) \approx f_Q(q_0)$，$f_P(p_0) \approx f$，所以$f_P(p_0) \approx f_Q(q_0) \approx f_P(p_{q_0}) \approx f$，$\theta_z(m, p_0) \approx \theta_z(m, p_{q_0}) \approx \theta(m)$，故有

$$\begin{aligned} X'_{q_0}[f_P(p)] &= \sum_{m=1}^{M} \{e^{-jD(m,p,q_0)} X_m[f_P(p)]\} \\ &\approx \sum_{m=1}^{M} \{e^{-jD(m,p,q_0)} Y_{mq_0}[f_P(p)]\} = Y'_{q_0}[f_P(p)] \qquad (2-24) \end{aligned}$$

$$\begin{aligned} S[f_P(p)] &= \sum_{m=1}^{M} \frac{\sin[N_m g_q(p)]}{2\sin g_q(p)} e^{j[\theta(1) + g_q(p)(2\sum_{m'=1}^{m} N_{m'} - N_m + 1)]} \\ &\approx \sum_{m=1}^{M} \frac{\sin[N_m g_{q_0}(p)]}{2\sin g_{q_0}(p)} e^{j[\theta_z(1, p_{q_0}) + g_{q_0}(p)(2\sum_{m'=1}^{m} N_{m'} - N_m + 1)]} \\ &= S_{q_0}[f_P(p)] \qquad (2-25) \end{aligned}$$

因为式(2-18)对任意$q, q \in [1, Q]$成立，所以应有

$$Y'_{q_0}[f_P(p)] \approx S_{q_0}[f_P(p)] \qquad (2-26)$$

联立式(2-24)~式(2-26)，应有

$$X'_{q_0}[f_P(p)] \approx S[f_P(p)] \qquad (2-27)$$

因为$X'_{q_0}[f_P(p)]$和$S[f_P(p)]$分别表示$X'_{q_0}(f_P)$和$S(f_P)$中第p个元素，所以式(2-23)成立。

2.3.3　频域相关性分析

信号的时域相关主要是指通过衡量两个信号的相似度来实现信号的检测、识别与提取，频域相关表现为同频成分乘积的累积。频域相关技术主要是利用信号

真实频率位于频谱峰值的特点,通过分析同一信号的两个不同类型频谱(即2.3.2节提及的最优加权融合频谱和累加频谱)的相关性,在继承最优加权融合频谱主瓣窄而高特性的基础上,利用累加频谱的降噪特性抑制噪声干扰,提高信号参数估计精度。

将 M 段 $X_m(f_P)$ 直接累加,得到 x 的累加频谱:

$$X(f_P) = \sum_{m=1}^{M} \mathrm{abs}\big[X_m(f_P) \big] \qquad\qquad (2-28)$$

将 $X_m(f_P)$ 按式(2-28)进行直接累加,得到其累加频谱 $X(f_P)$,虽然能增大主瓣高度,从一定程度上降噪。由于 x_m 的时宽长度不等且普遍较短,导致 $X_m(f_P)$ 频谱泄漏严重,$X(f_P)$ 存在主瓣较宽、频谱泄漏严重等问题。通过对同频信号的最优加权融合频谱 $X'_{q_0}(f_P)$ 和累加频谱 $X(f_P)$ 的相关性进行分析,在继承最优加权融合频谱主瓣窄而高特性的基础上,利用累加频谱的降噪特性,抑制噪声干扰和虚假谱峰,大幅度提高频谱分析精度。

对 $X'_{q_0}(f_P)$ 和 $X(f_P)$ 进行相关性分析,计算其频域相关谱 $r(f_P)$,$r[f_P(p)]$ 表示 $r(f_P)$ 中第 p 个元素,其表达式分别为

$$r[f_P(p)] = \{ X[f_P(p)] + Z[f_P(p)] \} \times \{ X'_{q_0}[f_P(p)] + Z_{q_0}[f_P(p)] \}$$

$$= X[f_P(p)] Z_{q_0}[f_P(p)] + X'_{q_0}[f_P(p)] Z[f_P(p)]$$

$$+ Z_{q_0}[f_P(p)] Z[f_P(p)] + X[f_P(p)] X'_{q_0}[f_P(p)] \qquad (2-29)$$

$$r(f_P) = \{ r[f_P(1)], \cdots, r[f_P(P)] \} \qquad\qquad (2-30)$$

式中:$Z[f_P(p)]$ 和 $Z_{q_0}[f_P(p)]$ 分别表示随机噪声对 $X[f_P(p)]$ 和 $X'_{q_0}[f_P(p)]$ 的影响。

2.3.4　相关谱峰值搜索

由于噪声和干扰的随机性,可以认为 $X(f_P)$ 和 $Z_{q_0}(f_P)$、$X'_{q_0}(f)$ 和 $Z(f_P)$ 不相关。受加权因子 e^{-jD} 的加权作用,同样可以认为相对于 $X(f_P)$ 和 $X'_{q_0}(f_P)$ 的相关性、$Z_{q_0}(f_P)$ 和 $Z(f_P)$ 的相关性很小。即式(2-29)主要考虑无噪声干扰情况下 $X(f_P)$ 和 $X'_{q_0}(f_P)$ 的相关性。因此通过计算 $X(f_P)$ 和 $X'_{q_0}(f_P)$ 的频域相关谱 $r(f_P)$ 可以抑制噪声干扰。由于 $X(f_P)$ 和 $X'_{q_0}(f_P)$ 由同一信号 x 在序列 f_P 上生成,在无噪声干扰情况下,频谱 $X(f_P)$ 和 $X'_{q_0}(f_P)$ 会在最接近被测频率 f 的同一频率点达到峰值,此时 $X(f_P)$ 和 $X'_{q_0}(f_P)$ 的相关性最强,同时也达到 $r(f_P)$ 的峰值。因此可认为 $r(r_P)$ 谱峰对应的频率点即为被测频率 f 的最优频率估计值 f_{00}。

2.4　频谱融合快速算法

为进一步提高上述多段信号频谱融合法的实时性,设计频谱融合的快速算法。

快速算法在几乎不损失频率估计精度的前提下,能够大幅度减小算法计算量,增强算法的实用价值。

由2.3节分析推导可知,频谱融合法的计算量主要集中在异频信号频谱计算和最优加权融合频谱生成分析部分。为此,通过采用 DTFT 快速算法计算异频信号频谱和降维处理加权融合频谱矩阵分别降低上述两个环节的计算量。

2.4.1 DTFT 快速算法设计

1) DTFT 定义

在多数数字信号处理的文献中,DTFT 的定义式均是针对离散信号的,但是在科学研究和工程实践中处理的信号大多数是模拟的,因此无法直接运用上述 DTFT 定义式进行频谱分析,必须先将其转换为离散信号。下面,针对模拟信号介绍 DTFT 的另一种等价定义式。

对任意在$(-\infty, +\infty)$上绝对可积的连续时间信号 $x_a(t)$,其傅里叶变换存在,定义为

$$X(e^{j\Omega}) = \int_{-\infty}^{\infty} x_a(t) e^{-j\Omega t} dt \qquad (2-31)$$

式中:$\Omega = 2\pi F$ 为模拟角频率(rad/s);F 为模拟频率(Hz)。

利用连续信号采样的数学模型,用一个采样序列 $\delta(t)$ 与 $x_a(t)$ 相乘将其离散化,其表达式分别为

$$\delta(t) = \sum_{n=-\infty}^{\infty} \delta(t - nT_s) \qquad (2-32)$$

$$x_a(nT_s) = x(n) = x_a(t)\delta(t) = x_a(t) \sum_{n=-\infty}^{\infty} \delta(t - nT_s) \qquad (2-33)$$

式中:T_s 表示两个连续样本之间的时间间隔,即采样周期;其倒数 $1/T_s = f_s$,为采样频率;$\delta(t - nT_s)$ 是一个 Dirac 函数。对于任意连续函数 $y(t)$,有

$$\int_{-\infty}^{\infty} y(t)\delta(t - nT) dt = y(nT) \qquad (2-34)$$

将式(2-33)和式(2-34)代入式(2-31),可得

$$X(e^{j\Omega T_s}) = \sum_{n=-\infty}^{\infty} x(n) e^{-j\Omega T_s n} = \sum_{n=-\infty}^{\infty} x(n) e^{-j2\pi nF/f_s} = \sum_{n=-\infty}^{\infty} x(n) e^{-j\omega n} \qquad (2-35)$$

在实际工程中,一般仅考虑 $n = 0, 1, 2, \cdots, N'-1$ 的有限长序列,故工程中 DTFT 定义为

$$X(e^{j\Omega T_s}) = \sum_{n=0}^{N'-1} x(n) e^{-j\Omega T_s n} = \sum_{n=0}^{N'-1} x(n) e^{-j2\pi nF/f_s} = \sum_{n=0}^{N'-1} x(n) e^{-j\omega n} \qquad (2-36)$$

2) DTFT 快速算法分析

根据需要确定被测频率 f 的大致取值范围 $f_{scope} = [f_{min}, f_{max}]$、频率分辨率 Δf、

采样频率 f_s 和输出点数 $K = (f_{\max} - f_{\min})/\Delta f + 1$，代入式（2-36），可得

$$X(\mathrm{e}^{j\Omega T_s}) = \sum_{n=0}^{N'-1} x(n)\,\mathrm{e}^{-j\Omega T_s n} = \sum_{n=0}^{N'-1} x(n)\,\mathrm{e}^{-jn(2\pi f_{\min}/f_s + 2\pi\Delta f k/f_s)}; k = 0,1,\cdots,K-1$$

$$(2-37)$$

令

$$ab = \frac{1}{2}\big[a^2 + b^2 - (a-b)^2\big] \qquad (2-38)$$

为 DTFT 设计快速算法，则式（2-37）可以表示为

$$X(\mathrm{e}^{j\Omega T_s}) = \mathrm{e}^{-j\pi k^2\Delta f/f_s} = \sum_{n=0}^{N'-1} g(n)h(k-n); k = 0,1,\cdots,K-1 \qquad (2-39)$$

式中

$$g(n) = x(n)\,\mathrm{e}^{-j2\pi n(f_{\min}+0.5n\Delta f)/f_s}; n = 0,1,\cdots,N'-1 \qquad (2-40)$$

$$h(n) = \mathrm{e}^{j\pi n^2\Delta f/f_s} \qquad (2-41)$$

由式（2-39）可知，计算 K 点 DTFT 可以通过计算序列 $g(n)$ 和 $h(n)$ 的线性卷积与表达式 $\mathrm{e}^{-j\pi k^2\Delta f/f_s}$ 的乘积获得。由于 $g(n)$ 为长度为 N' 的序列，$h(n)$ 为一无穷长的序列。为计算 $g(n)$ 和 $h(n)$ 的线性卷积，只需取 $h(n)$ 在 $-N'+1 \leqslant n \leqslant K-1$ 内的值即可，因此可以把 $h(n)$ 看成是长度为 $L = K + N' - 1$ 的有限长序列。因为在时域计算线性卷积效率很低，而当循环卷积的循环长度大于或等于 $L + N' - 1$ 时，计算循环卷积和线性卷积的结果相同，且计算循环卷积可以利用 FFT 算法，因此可将 $g(n)$ 和 $h(n)$ 的线性卷积转换为循环卷积。由于计算 K 点 DTFT 只需要输出 $0,1,\cdots,K-1$ 共 K 个点的卷积值，即使后面 $N'-1$ 个点发生混叠也不会影响前面的值，因此可将循环卷积的周期缩短为 L。

3）DTFT 快速算法实现

由以上分析可知，DTFT 快速算法的基本思想如图 2-13 所示。

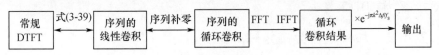

图 2-13　DTFT 快速算法的基本思想

具体实现步骤如下：

步骤1：确定 $g(n)$ 和 $h(n)$ 循环卷积的周期 $L(L \geqslant K + N' - 1)$，且 L 为 2 的整数次幂。

步骤2：将 $h(n)$ 按式（2-42）转化为一个长度为 L 点的新序列

$$h_L(n) = \begin{cases} h(n), & 0 \leqslant n \leqslant K-1 \\ 0, & K \leqslant n \leqslant L - N' \\ h(L-n), & L - N' + 1 < n < L - 1 \end{cases} \qquad (2-42)$$

步骤 3:根据已知参数按式(2-40)计算出序列 $g(n)$。

步骤 4:将 $g(n)$ 进行补零处理,使之成为长度为 L 的序列 $g_1(n)$,利用 FFT 算法计算 $g_1(n)$ 的 L 点 DFT,记为 $G(l)$。

步骤 5:利用 FFT 算法计算 $h_L(n)$ 的 L 点的 DFT,记为 $H(l)$。

步骤 6:将 $G(l)$ 与 $H(l)$ 相乘,得到 $g(n)$ 和 $h(n)$ 的循环卷积,记为 $Y(l)$,并对其进行 L 点快速傅里叶逆变换(Inverse Fast Fourier Transform, IFFT)得到序列 $y'(n)$,只取 $y'(n)$ 在 $0 \leqslant n \leqslant K-1$ 范围内的值,即为 $g(n)$ 和 $h(n)$ 的线性卷积,记为 $y''(n)$。

步骤 7:将 $y''(n)$ 与表达式 $e^{-j\pi k^2 \Delta f/f_s}$ 相乘,得到 K 点 DTFT 的值。

4) DTFT 快速算法计算量分析

在 DTFT 快速算法中:

(1) 计算 $g(n)$:根据式(2-40)可知,需要 N' 次复数乘法。

(2) 3 次计算 L 点 FFT(步骤 4~6):共需 $1.5L\log_2 L$ 次复数乘法和 $3L\log_2 L$ 次复数加法。

(3) 计算 $g(n)$ 和 $h(n)$ 的循环卷积 $Y(l)$:需要 L 次复数乘法。

(4) 计算 $y''(n)$ 与 $e^{-j\pi k^2 \Delta f/f_s}$ 的乘积:需要 K 次复数乘法。

故计算 K 点 DTFT 快速算法总的计算量约为 $S'_{\text{DTFT}\times}$ 次复数乘法和 $S'_{\text{DTFT}+}$ 次复数加法:

$$S'_{\text{DTFT}\times} = 1.5L\log_2 L + N' + L + K \qquad (2-43)$$

$$S'_{\text{DFTF}+} = 3L\log_2 L \qquad (2-44)$$

计算 K 点 DTFT 需要复数乘法次数 $S_{\text{DTFT}\times} = KN'$,需要复数加法次数 $S_{\text{DTFT}+} = (N'-1)K$。以 $K=150, N'=50, L=256$ 为例进行计算,则 $S_{\text{DTFT}\times} = 7500, S_{\text{DTFT}+} = 7350, S'_{\text{DTFT}\times} = 3528, S'_{\text{DTFT}+} = 6144$。当 K, N' 取值变大时,DTFT 快速算法的计算量将远小于常规 DTFT 算法。

2.4.2 加权融合频谱矩阵降维处理

虽然利用设计的 DTFT 快速算法能大幅降低计算 M 段 $X_m(f_P)$ 的计算量,但随着 M、P、Q 值的增大,计算加权融合频谱矩阵 $X'(f_P)$ 的运算仍较大。为进一步降低算法的计算量,提高其实时性,通过降维处理来削减计算 $X'(f_P)$ 的计算量。

由上述推导可知,$X'(f_P)$ 是由 $P \times 1$ 阶矩阵 $X'_m(f_P)$ 经 $M \times P \times Q$ 阶矩阵 e^{-jD} 加权融合得到的,因此 $X'(f_P)$ 是一个 $P \times Q$ 阶的矩阵,用图 2-14 所示的图形表示。图 2-14 是由 P 根横线和 Q 根竖线编制的一个网格图,用第 p 条横线和第 q 条竖线的交点表示 $X'(f_P)$ 中第 (p,q) 个元素 $X'_q[f_P(p)]$,则最优加权融合频谱 $X'_{q_0}(f_P)$ 由第 q_0 条竖线上所有交点表示。由于 f_P 和 f_Q 均由 f_{scope} 线性等分产生,当 $P \neq Q$ 时,$X'_{q_0}(f_P)$ 可能位于 $X'(f_P)$ 任意列上,因此 $X'_{q_0}(f_P)$ 只能通过峰值搜索

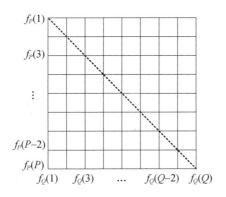

图 2 – 14 加权融合频谱矩阵降维原理示意图

$\mathrm{abs}[X'_q(f_P)]$,根据峰值元素 (p_0,q_0) 所在列确定。为了确定 $X'_{q_0}(f_P)$,必须计算 $X'(f_P)$ 中所有元素值。当 M,P 和 Q 取值较大时,计算量将很大。若设置 $P=Q$,当信号被测频率 f 恰好等于序列 f_P 中第 $p_1(p_1\in[1,P])$ 个元素,即 $f=f_P(p_1)$ 时,在无噪声干扰条件下,由 DTFT 频率估计原理可知,$\mathrm{abs}[X'_q(f_P)]$ 的峰值元素 (p_0,q_0) 必定位于矩阵 $X'(f_P)$ 的 (p_1,q_1) 处,此时 $p_1=q_1$,即在 $X'(f_P)$ 的对角线元素上。当 f 等于序列 f_P 中第 p_1 个元素和第 $p_2(p_2\in[1,P])$ 个元素之间的某个值时,假设 f 更接近 $f_P(p_1)$,即 $f\approx f_P(p_1)$,由 DTFT 频率估计原理可知,在无噪声情况下,$\mathrm{abs}[X'_q(f_P)]$ 的峰值元素 (p_0,q_0) 也必定位于矩阵 $X'(f_P)$ 的 (p_1,q_1) 处,即在 $X'(f_P)$ 对角线元素上。因此,只要设置 $P=Q$,$\mathrm{abs}[X'_q(f_P)]$ 峰值元素 (p_0,q_0) 必位于矩阵 $X'(f_P)$ 的对角线元素上。为减少计算量,只需设置 $P=Q$,仅计算 $X'(f_P)$ 对角线上 P 个元素 $\{X'_1[f_P(1)],\cdots,X'_Q[f_P(Q)]\}$,$X'_{pq}(f_P)$ 表示用这 P 个元素依次组成的一个 $P\times1$ 阶矩阵,即

$$X'_{pq}(f_P)=\{X'_1[f_P(1)],\cdots,X'_Q[f_P(Q)]\} \qquad (2-45)$$

因此通过峰值搜索 $\mathrm{abs}[X'_{pq}(f_P)]$ 即可确定最优加权融合频谱 $X'_{q_0}(f_P)$ 在 $X'(f_P)$ 的列数 q_0。按此方法可将原算法计算 $P\times Q$ 阶矩阵 $X'(f_P)$ 降维为计算 $P\times1$ 阶矩阵的 $X'_{pq}(f_P)$,从而大幅度减少计算量。

同时对 $X'(f_P)$ 进行降维处理还可提高算法的抗噪性。因为当 $P=Q$ 时,虽然由上述理论分析 $X'_{q_0}(f_P)$ 对应的 q_0 出现在 $X'(f_P)$ 的对角线元素上,但受噪声干扰,若通过直接峰值搜索 $\mathrm{abs}[X'_q(f_P)]$ 来确定的 q_0 很可能不在 $X'(f_P)$ 的对角线上。但采用上述降维处理后,即使在噪声干扰情况下,也能确保 q_0 来源于 $X'(f_P)$ 对角线元素,从一定程度上提高了算法的抗噪性。

2.4.3　算法计算量分析

由于复数运算比较耗时,且是多段正弦频谱融合算法的主要运算,因此本节根据算法所需的复数乘法次数和复数加法次数作为衡量计算量的标准。

1）频谱融合法计算量分析

多段信号频谱融合法的计算量以复数运算为主，主要体现在以下几方面。

（1）计算 M 段 $X_m(f_P)$：由式（2-2）和式（2-3）可知，计算单段信号频谱 $X_m(f_P)$ 需要 $N_m \times P$ 次复数乘法，$(N_m-1) \times P$ 次复数加法，所以计算 M 段 $X_m(f_P)$，需要 $N \times P$ 次复数乘法，$(N-M) \times P$ 次复数加法。

（2）计算 $X'(f_P)$：由式（2-19）可知，计算 $X'_q[f_P(p)]$ 需要 M 次复数乘法和 $M-1$ 次复数加法，所以根据式（2-21）计算 $X'(f_P)$ 需要 $P \times Q \times M$ 次复数乘法和 $(M-1) \times P \times Q$ 次复数加法。

（3）计算 $X(f_P)$：根据式（2-27），共需要 $M-1$ 次复数加法。

（4）计算 $r(f_P)$：根据式（2-29），需要 P 次复数乘法。

多段信号频谱融合法的计算量约为 $SS_\times$ 次复数乘法和 SS_+ 次复数加法：

$$SS_\times = P(QM+N+1) \tag{2-46}$$

$$SS_+ = (M-1)(PQ+1) + P(N-M) \tag{2-47}$$

2）快速频谱融合算法计算量分析

通过采用 DTFT 快速算法计算多段正弦信号频谱、降维处理加权融合频谱矩阵和 1/3 主瓣相关性分析处理后，将大幅降低多段信号频谱融合法的计算量，具体分析如下。

（1）计算 M 段 $X_m(f_P)$：计算单段 $X_m(f_P)$ 可以利用4.1.1节设计的 DTFT 快速算法，需要 $1.5L_m\log_2 L_m + N_m + L_m + P$ 次复数乘法，$3L_m\log_2 L_m$ 次复数加法；其中，$L_m \geqslant P + N_m - 1$，且 L_m 为 2 的整数次幂；故计算 M 段 $X_m(f_P)$ 共需 $\sum_{m=1}^{M}(1.5L_m\log_2 L_m + N_m + L_m + P)$ 次复数乘法，$\sum_{m=1}^{M}3L_m\log_2 L_m$ 次复数加法。

（2）计算 $X'_{pq}(f_P)$：由于对 $X'(f_P)$ 进行降维处理后，只需计算由 $X'(f_P)$ 对角线上 P 个元素 $\{X'_1[f_P(1)], \cdots, X'_Q[f_P(Q)]\}$ 组成的 $P \times 1$ 阶矩阵 $X'_{pq}(f_P)$。由式（2-19）可知，计算单个 $X'_q[f_P(P)]$ 需要 M 次复数乘法，$M-1$ 次复数加法，所以计算 $X'_{pq}(f_P)$ 共需 $M \times P$ 次复数乘法，$(M-1) \times P$ 次复数加法。

（3）计算 $X'_{q0}(f_P)$：由式（2-20）可知，需 $M \times P$ 次复数乘法，$(M-1) \times P$ 次复数加法。

（4）计算 $X[f_P(pp)]$：根据式（2-27），需要 $M-1$ 次复数加法。

（5）计算 $r_{1/3}(f_P)$：根据式（2-46），需要 $P_{l_1 l_2}$ 次复数乘法。

频谱融合快速算法的计算量约为 $SS'_\times$ 次复数乘法和 SS'_+ 次复数加法：

$$SS_\times = \sum_{m=1}^{M}(1.5L_m\log_2 L_m + L_m) + 3MP + N + P_{l_1 l_2} \tag{2-48}$$

$$SS_+ = \sum_{m=1}^{M}3L_m\log_2 L_m + (M-1)(2P+1) \tag{2-49}$$

将频谱融合快速算法所需的复数乘法和复数加法次数按如下关系转化为实数乘法和实数加法：一次复数乘法需要四次实数乘法和两次实数加法，一次复数加法需两次实数加法。设置 $M=4$，$P=150$，$Q=150$，$N_1=N_2=N_3=N_4=50$，$N=200$，$L_m=256(m\in[1,M])$，$P_{l_1l_2}=P/5$，采用 DSP2812 为核心处理器，设置其主频 40MHz 为（其峰值可达 150MHz）。以计算一次实数乘法运算需要四个机器周期，计算一次实数加法运算需要一个机器周期为例对本节算法进行分析，分析结果如表 2-1 所列。多段信号频谱融合法的总耗时均为 22.868ms，能够满足实时性需求。频谱融合快速算法的总耗时约为 3.575ms，较原相应频谱融合算法运算速度提高了约 84.37%，更能够满足实时性需求。当提高 DSP 的主频时，上述算法的耗时将进一步降低。

表 2-1　算法计算量和耗时说明

计算量	多段信号频谱融合法	频谱融合快速算法
复数加法次数/次	96903	25479
复数加法耗时/ms	10.853	2.041
复数乘法次数/次	120150	15342
复数乘法耗时/ms	12.015	1.534
合计耗时/ms	22.868	3.575

2.5　交叉信息融合法

2.5.1　方法原理

本节以多段信号频谱融合法为基础，提出频率估计的交叉信息融合法。该方法将异频信号作为研究对象，通过各段信号间的关系进行交叉信息融合以提高信息利用率、减少信息损失、充分挖掘信息资源，在扩展方法适用范围的同时进一步提高信号频率估计精度。

1）基本思想

在多段信号频谱融合法的基础上展开研究：首先按照组合的思想，将异频信号交叉分成若干个信号组；然后对每个信号组内的多段信号进行信号融合，以近似达到成倍延长被测信号采样时长的效果；最后，从多个信息融合后的信号中提取频率信息，以有效提高信号的频率估计精度。

2）方法步骤

交叉信息融合法的实现步骤如图 2-15 所示。①构造聚焦矩阵，将异频信号聚焦到同一频率处，构成同频信号；②对同频信号进行零相位失真滤波；③根据相位关系粗测待估信号的频率范围；④使用基于希尔伯特变换的互相关相位差算法求得各段信号间的相位关系；⑤将多段信号按照组合的准则进行交叉分组，以获得

53

不同组合方式的信号组,并分别融合每个信号组内的多段信号,从而获得交叉信息融合频谱;⑥取交叉信息融合频谱中具有相对最高主瓣峰值和最窄主瓣宽度的频谱作为最优交叉信息融合频谱,利用最优交叉信息融合频谱与单段信号频谱的关系迭代细化待估信号的频率范围,并在该频率范围内求取新的交叉信息融合频谱;⑦根据维纳—辛钦定理对新的交叉信息融合频谱做傅里叶逆变换得到自相关矩阵,进而得到 Capon 方法的功率谱,该功率谱最大幅值处对应频率即为频率估计值。

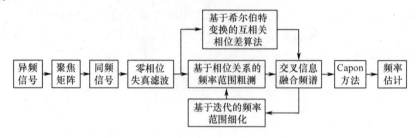

图 2-15　频率估计的交叉信息融合法步骤

2.5.2　交叉信息融合

1) 信号模型

设 $m(m \in [2, M])$ 段经聚焦矩阵聚焦(见"聚焦矩阵构造")和零相位失真滤波(见"零相位失真滤波")后的同频信号的时域表达式为

$$
\begin{aligned}
x_m(n_m) &= \cos[\omega n_m + \theta(m)] \\
&= \cos[2\pi f_0 n_m / f_s + \theta(m)] \\
&= \cos[2\pi f_0 T_m n_m / N_m + \theta(m)] \\
&= \cos[\phi_m(n_m)]; \quad
\begin{array}{l}
n_m = 1, 2, \cdots, N_m \\
m = 1, 2, \cdots, M
\end{array}
\end{aligned}
\tag{2-50}
$$

式中:ω、f_0、f_s、T_m 和 N_m 分别为信号 $x_m(n_m)$ 的圆周频率、频率、采样频率、采样时长和采样点数;$\phi_m(1) = 2\pi f_0 / f_s + \theta(m)$ 为第 m 段信号的初始相位;M 为单段信号的总数。

鉴于实信号频谱具有对称性,对各段信号 $x_m(n_m)$ 做 DFT 得到相应的频谱为

$$
X_m(k_m) = \frac{\sin[\pi(f_0 T_m - k_m)]}{2\sin[\pi(f_0 T_m - k_m)/N_m]} e^{j\left[\frac{N_m+1}{N_m}\pi(f_0 T_m - k_m) + \theta(m)\right]}
\tag{2-51}
$$

式中:$k_m = 1, 2, \cdots, K_m$;$K_m = N_m / 2$;$m = 1, 2, \cdots, M$。

组合信号 $z(n)$ 是以上述 M 段信号 $x_m(n_m)$ 为元素构成的集合,有

$$
z(n) = \{x_1(n_1), x_2(n_2), \cdots, n_M(n_M)\}; \quad n = 1, 2, \cdots, N
\tag{2-52}
$$

54

式中：$N = \sum\limits_{m=1}^{M} N_m$ 为 M 段信号采样点数的总数。

2）交叉组合准则

按照组合的准则，从 M 段信号中取出 $(M-1)$ 段信号构成 C_M^{M-1} 种具有不同组合方式的信号组，即

$$
\begin{cases}
z_1(m_1) = \{x_1(n_1), x_2(n_2), \cdots, x_{M-1}(n_{M-1})\}; & m_1 = 1, 2, \cdots, \sum\limits_{m=1}^{M-1} N_m \\[3mm]
z_{C_M^{M-1}}(m_{C_M^{M-1}}) = \{x_2(n_2), x_3(n_3), \cdots, x_M(n_M)\}; & m_{C_M^{M-1}} = 1, 2, \cdots, \sum\limits_{m=2}^{M} N_m
\end{cases}
\tag{2-53}
$$

为使每个信号组中的 $(M-1)$ 段信号基本达到同等采样长度的连续信号的效果，必须参照采样点数和采样长度相同的连续信号。现以其中一个信号组 $z_1(m_1)$ 为例进行说明。

3）交叉信息融合频谱

假设连续信号 $s(n_s)$ 的表达式为

$$
s(n_s) = \cos[2\pi f_0 n_s / f_s + \theta_s(m)]; \quad n_s = 1, 2, \cdots, N_s
\tag{2-54}
$$

式中：$N_s = \sum\limits_{m=1}^{M-1} N_m$ 为连续信号 $s(n_s)$ 的采样点数，与该信号组内 $(M-1)$ 段信号采样点数的总和相等；$2\pi f_0 / f_s + \theta_s(m)$ 为连续信号 $s(n_s)$ 的初始相位，与该信号组内第 1 段信号的初始相位保持一致。

将信号 $s(n_s)$ 分成 $M-1$ 段，即分成 $M-1$ 个信号 $s(n_m)$（$m=1,2,\cdots,M-1$），各分段信号 $s(n_m)$ 长度与该信号组 $z_1(m_1)$ 内各段信号 $x_m(n_m)$ 的长度 N_m 一一对应，现用 n_m 替换 n_s，有

$$
s(n_s) = \sum\limits_{m=1}^{M-1} s(n_m) = \sum\limits_{m=1}^{M-1} \cos\left[\frac{2\pi f_0}{f_s}\left(\sum\limits_{m'=1}^{m} N_{m'} - N_m + n_m\right) + \theta_s(m)\right]
\tag{2-55}
$$

式中：$n_m = 1, 2, \cdots, N_m$，$N_{m'}$ 为 $(M-1)$ 段信号中任意 1 段信号的采样点数。

对式（2-55）做 DFT，有

$$
\begin{aligned}
S(k_m) &= \sum\limits_{n_m=1}^{N_m} \left[\sum\limits_{m=1}^{M-1} s(n_m)\right] e^{-j2\pi \frac{\left(\sum\limits_{m'=1}^{m} N_{m'} - N_m + n_m\right) k_m}{N_m}} \\
&= \frac{1}{2} \sum\limits_{n_m=1}^{N_m} \sum\limits_{m=1}^{M-1} e^{-j\left[2\pi\left(\frac{f_0}{f_s} + \frac{k_m}{N_m}\right)\left(\sum\limits_{m'=1}^{m} N_{m'} - N_m + n_m\right) + \theta_s(m)\right]} \\
&\quad + \frac{1}{2} \sum\limits_{n_m=1}^{N_m} \sum\limits_{m=1}^{M-1} e^{j\left[2\pi\left(\frac{f_0}{f_s} - \frac{k_m}{N_m}\right)\left(\sum\limits_{m'=1}^{m} N_{m'} - N_m + n_m\right) + \theta_s(m)\right]}
\end{aligned}
\tag{2-56}
$$

式中：$k_m = 1, 2, \cdots, K_m$；$K_m = N_m/2$。

只考虑该信号频谱的正频率部分，有

$$S(k_m) = \frac{1}{2} \sum_{n_m=1}^{N_m} \sum_{m=1}^{M-1} e^{j\left[2\pi\left(\frac{f_0}{f_s} - \frac{k_m}{N_m}\right)\left(\sum_{m'=1}^{m} N_{m'} - N_m + n_m\right) + \theta_s(m)\right]}$$

$$= \frac{1}{2} \sum_{m=1}^{M-1} e^{j\left[2g(k_m)\left(\sum_{m'=1}^{m} N_{m'} - N_m\right) + \theta_s(m)\right]} \sum_{n_m=1}^{N_m} e^{j[2g(k_m)n_m]}$$

$$= \frac{1}{2} \sum_{m=1}^{M-1} e^{j\left[2g(k_m)\left(\sum_{m'=1}^{m} N_{m'} - N_m\right) + \theta_s(m)\right]} \frac{e^{j[2g(k_m)]} - e^{j[2g(k_m)(N_m+1)]}}{1 - e^{j[2g(k_m)]}}$$

$$= \sum_{m=1}^{M-1} \frac{\sin[g(k_m)N_m]}{2\sin[g(k_m)]} e^{j\left[g(k_m)\left(2\sum_{m'=1}^{m} N_{m'} - N_m + 1\right) + \theta_s(m)\right]} \qquad (2-57)$$

式中

$$g(k_m) = \frac{\pi(f_0 - k_m f_s/N_m)}{f_s} = \frac{\pi(f_0 - k_m \Delta f_m)}{f_s} = \frac{\pi(f_0 - f_{mk})}{f_s} \qquad (2-58)$$

式中：$f_{mk} = k_m \Delta f_m$ 为各采样点 k_m 对应的频率，其频率范围为 $[0, f_s]$；为便于求解，设其频率范围与未知的信号频率 f_0 相同，均为 $[f_{min}, f_{max}]$，该频率范围可以通过"基于相位关系的频率范围粗测"求得。

按 CZT 思想对该频率范围 $[f_{min}, f_{max}]$ 进行细化，构建频率序列 $f_Q(q)$ 和 $f_P(p)$。

对 f_0 进行 $Q(Q \geq 1)$ 倍细化，即频率分辨率为 $\Delta f_Q = (f_{max} - f_{min})/Q$，有

$$f_Q(q) = f_{min} + q \cdot \Delta f_Q; \quad q = 1, 2, \cdots, Q \qquad (2-59)$$

对 f_0 进行 $P(P \geq 1)$ 倍细化，即频率分辨率为 $\Delta f_P = (f_{max} - f_{min})/P$，有

$$f_P(p) = f_{min} + p \cdot \Delta f_P; \quad p = 1, 2, \cdots, P \qquad (2-60)$$

将式（2-59）和式（2-60）代入式（2-58），可得

$$g(k_m) = \frac{\pi[f_{min} + q \cdot \Delta f_Q - (f_{min} + p \cdot \Delta f_P)]}{f_s}$$

$$= \frac{\pi(q \cdot \Delta f_Q - p \cdot \Delta f_P)}{f_s}$$

$$= g(p, q) \qquad (2-61)$$

根据 DFT 的移位性，有

$$\text{DFT}[(n + m_0)] = e^{j2\pi km_0/N} X(k) = W^{-km_0} X(k) \qquad (2-62)$$

可知，在频域内信号频谱 $X(k)$ 与旋转因子 W^{-km_0} 做乘积，表现在时域上为信号 $x(n)$ 移位 m_0 位，由此得到使该信号组内的多段信号近似达到连续信号 $s(n_s)$ 效果的方法。

将该信号组内各段信号的频谱 $X_m(k_m)$ 乘以对应的旋转因子 $W^{-D(m)}$ 后再累

加,可将该信号组内的各段信号进行移位,即

$$\sum_{m=1}^{M-1} W^{-D(m)} X_m(k_m) = S(k_m) \tag{2-63}$$

将式(2-51)和式(2-57)代入式(2-63),求得旋转因子为

$$W^{-D(m)} = e^{-j[\theta(m)-\theta_s(m)-2g(p,q)(\sum\limits_{m'=1}^{m} N_{m'}-N_m)]} \tag{2-64}$$

通过"基于希尔伯特变换的互相关相位差算法"得到 $\theta(m)-\theta_s(m)$,并将 $g(p,q)$ 代入式(2-64)求得旋转因子为 $W^{-D(m,p,q,k_m)}$,再对该信号组内的 $(M-1)$ 段信号进行融合,求得频谱为

$$X_{m-1}(p,q) = \sum_{m=1}^{M-1} W^{-D(m,p,q,k_m)} X_m(k) \tag{2-65}$$

式中:$p=1,2,\cdots,P$;$q=1,2,\cdots,Q$;$k_m=1,2,\cdots,K_m$。

以 p 为频谱采样点数可得到 Q 个交叉信息融合频谱 $X_{m-1}(p)$,由 C_M^{M-1} 个信号组可得到 $Q \cdot C_M^{M-1}$ 个交叉信息融合频谱 $X_{m-1}(p)$,取其中具有相对最高主瓣峰值和最窄主瓣宽度的频谱作为最优交叉信息融合频谱,通过"基于迭代的频率范围细化",得到细化后的频率范围 $[f'_{min}, f'_{max}]$,根据这一频率范围重新计算式(2-59)至式(2-65),以获得新的 $Q \cdot C_M^{M-1}$ 个交叉信息融合频谱 $X_{m-1}(p)$。

4)Capon 方法求频率值

由交叉信息融合频谱 $X_{m-1}(p)$ 求信号功率谱为

$$P_{m-1}(p) = \frac{1}{P} |X_{m-1}(p)|^2; \quad p=1,2,\cdots,P \tag{2-66}$$

由维纳 - 辛钦定理得到信号功率谱的另一种表达式为

$$\hat{P}_{m-1}(p) = \sum_{m=-MM}^{MM} r_{m-1}(m) e^{-j\omega m}, \ |MM| \leqslant P-1 \tag{2-67}$$

式中,$r_{m-1}(m)$ 为自相关函数;MM 为自相关函数的最大延迟。

当 $MM=P-1$ 时,有 $P_{m-1}(p) = \hat{P}_{m-1}(p)$,对 $P_{m-1}(p)$ 做 IDFT 求得 $r_{m-1}(m)$。

每个交叉信息融合频谱的采样点数为 P,可求得 $1 \times P$ 阶的 $r_{m-1}(m)$,由 QC_M^{M-1} 个交叉信息融合频谱,构成 $QC_M^{M-1} \times P$ 阶自相关矩阵,将自相关矩阵依次补零构成 $(QC_M^{M-1}) \times (QC_M^{M-1})$ 阶的自相关矩阵 $\boldsymbol{R}_X$。

因为 Capon 方法涉及求逆运算,要求其滤波器长度(频率点数)小于数据长度的 $1/2$,所以将所求频率范围 $[f_{min}, f_{max}]$ 划分为 $[P/3]$(其中,$[\cdot]$ 表示取整运算)等分作为 Capon 方法的滤波频率点 $f_k(k=1,2,\cdots,K)$。根据上述频率点 f_k 构建该方法的滤波器系数矩阵为

$$\boldsymbol{E}_X = [1, e^{j\omega_k}, \cdots, e^{j\omega_k(QC_M^{M-1}-1)}]^T; \quad k=1,2,\cdots,K \tag{2-68}$$

式中:$\omega_k = 2\pi f_k/f_s$;$f_k = f_{min} + \dfrac{k(f_{max}-f_{min})}{[P/3]}$;$K=[P/3]$;$[\cdot]^T$ 表示转置运算。

将自相关矩阵 $\pmb{R}_X$ 和构造的滤波器系数矩阵 $\pmb{E}_X$ 代入 Capon 方法中(见 Capon 方法),得到 $(P/3) \times (P/3)$ 阶的功率谱为

$$G_X(\omega) = \frac{1}{\pmb{E}_X^{\mathrm{H}} \pmb{R}_X^{-1} \pmb{E}_X} \tag{2-69}$$

$G_X(\omega)$ 对 ω 积分并不等于信号功率,即 $G_X(\omega)$ 并不是真正的信号功率谱,但它描述了信号真正功率谱的相对强度,即 $G_X(\omega)$ 正比于信号的功率谱。由此,可取该功率谱最大峰值处对应的频率作为本节方法的频率估计值 $\hat{f}_0$。

2.5.3 关键技术

对于频率估计的交叉信息融合法中的关键技术,本节重点阐述聚焦矩阵构造、零相位失真滤波、基于相位关系的频率范围粗测、基于希尔伯特变换的互相关相位差算法、基于迭代的频率范围细化和 Capon 方法。

1)聚焦矩阵构造

设 $m(m \in [2, M])$ 段异频信号的时域表达式为

$$\pmb{Y}(n_m) = \pmb{S}(n_m) + \pmb{N}(n_m) ; \quad n_m = 1, 2, \cdots, N_m \tag{2-70}$$

式中:m 为单段信号的序号;M 为单段信号的总数;N_m 为第 m 段单段信号的采样点数;$\pmb{Y}(n_m)$ 为采样信号向量;$\pmb{S}(n_m)$ 为无噪信号向量;$\pmb{N}(n_m)$ 为噪声向量,是与信号不相关的零均值高斯白噪声。

对式(2-70)进行傅里叶变换得到 m 段异频信号的频域表达式为

$$\pmb{Y}(\omega_m) = \pmb{S}(\omega_m) + \pmb{N}(\omega_m) ; \quad m = 1, 2, \cdots, M \tag{2-71}$$

式中:$\pmb{Y}(\omega_m)$、$\pmb{S}(\omega_m)$、$\pmb{N}(\omega_m)$ 分别为 $\pmb{Y}(n_m)$、$\pmb{S}(n_m)$、$\pmb{N}(n_m)$ 的频域表达式。

频率 ω_m 处的谱密度矩阵为

$$\pmb{R}_Y(\omega_m) = E[\pmb{Y}(\omega_m)\pmb{Y}^{\mathrm{H}}(\omega_m)] = \pmb{R}_S(\omega_m) + \pmb{R}_N(\omega_m) \tag{2-72}$$

式中:$E[\cdot]$ 表示取期望值;$[\cdot]^{\mathrm{H}}$ 表示共轭转置运算;$\pmb{R}_S(\omega_m) = E[\pmb{S}(\omega_m)\pmb{S}^{\mathrm{H}}(\omega_m)]$ 表示频率 ω_m 处的无噪信号谱密度矩阵;$\pmb{R}_N(\omega_m) = E[\pmb{N}(\omega_m)\pmb{N}^{\mathrm{H}}(\omega_m)]$ 表示频率 ω_m 处的噪声谱密度矩阵。

m 段信号通过聚焦矩阵 $\pmb{T}_\beta(\omega_m)$ 聚焦后,得到 m 个变换数据矩阵,即聚焦后的信号频谱矩阵为

$$\pmb{Z}(\omega_m) = \pmb{T}_\beta(\omega_m)\pmb{Y}(\omega_m) ; \quad m = 1, 2, \cdots, M \tag{2-73}$$

假设聚焦矩阵 $\pmb{T}_\beta(\omega_m)$ 满足

$$\pmb{\Gamma}(\omega_0) = \pmb{T}_\beta(\omega_m)\pmb{\Gamma}(\omega_m) \tag{2-74}$$

式中:ω_0 为聚焦矩阵 $\pmb{T}_\beta(\omega_m)$ 进行变换时的参考频率点。

令式(2-74)中 $\pmb{\Gamma}(\omega_m) = \pmb{Y}(\omega_m)$,$\pmb{\Gamma}(\omega_0) = \pmb{Y}(\omega_0)$ 则有

$$Y(\omega_0) = T_\beta(\omega_m) Y(\omega_m) \tag{2-75}$$

将式(2-75)两边各取其协方差矩阵,可得

$$R_Y(\omega_0) = T_\beta(\omega_m) R_Y(\omega_m) T_\beta^H(\omega_m) \tag{2-76}$$

将式(2-76)进一步改写为

$$\min_{T_\beta(\omega_m)} \| R_Y(\omega_0) - T_\beta(\omega_m) R_Y(\omega_m) T_\beta^H(\omega_m) \|_F^2; \quad m = 1, 2, \cdots, M \tag{2-77}$$

式中: $\| \cdot \|_F^2$ 表示二范数。

从式(2-77)可知,该算法的核心是找各频率点 ω_m 与参考频率点 ω_0 的关系,即求取聚焦矩阵 $T_\beta(\omega_m)$。

假设聚焦矩阵 $T_\beta(\omega_m)$ 带有如下归一化约束条件:

$$T_\beta^H(\omega_m) T_\beta(\omega_m) = C \tag{2-78}$$

当时 $C = I$,约束条件 $T_\beta^H(\omega_m) T_\beta(\omega_m) = I$ 的解为

$$T_\beta(\omega_m) = \overline{Q}_\beta(\omega_0) \overline{Q}_\beta^H(\omega_m) \tag{2-79}$$

将 $R_Y(\omega_m)$ 和 $R_Y(\omega_0)$ 进行特征分解,有

$$R_Y(\omega_m) = U(\omega_m) \Lambda(\omega_m) U^H(\omega_m) \tag{2-80}$$

$$R_Y(\omega_0) = U(\omega_0) \Lambda(\omega_0) U^H(\omega_0) \tag{2-81}$$

式中: $\Lambda(\omega_m)$ 和 $\Lambda(\omega_0)$ 分别为 $R_Y(\omega_m)$ 和 $R_Y(\omega_0)$ 的奇异值对角阵; $U(\omega_m)$ 和 $U(\omega_0)$ 分别为 $R_Y(\omega_m)$ 和 $R_Y(\omega_0)$ 的特征向量。

若 $\overline{Q}_\beta(\omega_0)$ 是 $R_Y(\omega_0)$ 的特征向量矩阵 $U(\omega_0)$, $\overline{Q}_\beta(\omega_m)$ 是 $R_Y(\omega_m)$ 的特征向量矩阵 $U(\omega_m)$,根据式(2-79),可将聚焦矩阵 $T_\beta(\omega_m)$ 表示为

$$T_\beta(\omega_m) = U(\omega_0) U^H(\omega_m) \tag{2-82}$$

将式(2-82)代入式(2-73)求得聚焦后的信号频谱矩阵 $Z(\omega_m)$,即将不同频率的数据聚焦成同一频率的数据,形成同频信号。

2)零相位失真滤波

经聚焦后的各段信号 $z_m(n_m)$ 均淹没在噪声中,对其进行数字滤波,可以在不增加硬件成本的情况下提高信号信噪比。但使用数字滤波器对信号进行滤波会造成信号的相位失真或相位延迟,不利于后续求取各段信号间的相位关系,因此设计零相位失真滤波,以避免相位失真或相位延迟。

设滤波器 $h_m(n_m)$ 的频域表达式为

$$H_m(e^{j\omega}) = |H_m(e^{j\omega})| e^{j\varphi(\omega)} \tag{2-83}$$

式中: $|H_m(e^{j\omega})|$ 和 $\varphi(\omega)$ 分别为该滤波器的幅频响应和相频响应。

假设各段信号的表达式为 $z_m(n_m) = \cos[\omega n_m + \theta(m)]$ $(m = 1, 2, \cdots, M; n_m = 1, 2, \cdots, N_m)$,将其通过该滤波器 $h_m(n_m)$ 后,输出信号为

$$xx_m(n_m) = z_m(n_m) * h_m(n_m) = \sum_{k_m = -\infty}^{\infty} h_m(k_m) \cos[(n_m - k_m)\omega + \theta(m)]$$

$$= \sum_{k_m = -\infty}^{\infty} h_m(k_m) \mathrm{Re}\{e^{j[(n_m-k_m)\omega+\theta(m)]}\} = \mathrm{Re}\left\{e^{j[\omega n_m+\theta(m)]} \sum_{k_m = -\infty}^{\infty} h_m(k_m) e^{-j\omega k_m}\right\}$$

$$= \mathrm{Re}\{e^{j[\omega n_m+\theta(m)]} H(e^{j\omega})\} \tag{2-84}$$

将式(2-83)代入式(2-84),可得

$$xx_m(n_m) = \mathrm{Re}\{e^{j[\omega n_m+\theta(m)]} H(e^{j\omega})\} = \mathrm{Re}\{e^{j[\omega n_m+\theta(m)]} |H(e^{j\omega})| e^{j\varphi(\omega)}\}$$

$$= \mathrm{Re}\{|H(e^{j\omega})| e^{j[\omega n_m+\theta(m)+\varphi(\omega)]}\}$$

$$= |H(e^{j\omega})| \cos[\omega n_m + \theta(m) + \varphi(\omega)] \tag{2-85}$$

由式(2-85)可知,滤波器输出 $xx_m(n_m)$ 与输入 $z_m(n_m)$ 具有相同的信号频率,但产生了相位延迟 $\varphi(\omega)$。为避免相位延迟,设计一种反转滤波再反转滤波后顺序输出(Reverse Reverse Filtering Forward Output,RRF)的零相位失真滤波。其基本思想是先将输入信号反转后滤波,然后将滤波的结果又反转后再送入同一滤波器,最后将第二次滤波的结果顺序输出,即得到没有相位失真的滤波信号。

在时域表示上述过程如下:

(1) 将输入信号 $z_m(n_m)$ 进行反转,得到

$$z_{m1}(n_m) = z_m(N_m - 1 - n_m) \tag{2-86}$$

(2) 信号 $z_{m1}(n_m)$ 经滤波器 $h_m(n_m)$ 滤波后,得到

$$x_{m1}(n_m) = z_{m1}(n_m) * h_m(n_m) \tag{2-87}$$

(3) 将信号 $x_{m1}(n_m)$ 进行反转,得到

$$x_{m2}(n_m) = x_{m1}(N_m - 1 - n_m) \tag{2-88}$$

(4) 将信号 $x_{m2}(n_m)$ 通过同一滤波器 $h_m(n_m)$ 滤波,得到

$$x_m(n_m) = x_{m2}(n_m) * h_m(n_m) \tag{2-89}$$

将式(2-88)~式(2-89)进行傅里叶变换,得到相应的频域表达式为

$$Z_{m1}(e^{j\omega}) = e^{-j\omega(N_m-1)} Z_m(e^{-j\omega}) \tag{2-90}$$

$$X_{m1}(e^{j\omega}) = e^{-j\omega(N_m-1)} Z_m(e^{-j\omega}) H_m(e^{j\omega}) \tag{2-91}$$

$$X_{m2}(e^{j\omega}) = e^{-j\omega(N_m-1)} X_{m1}(e^{-j\omega}) \tag{2-92}$$

$$X_m(e^{j\omega}) = X_{m2}(e^{j\omega}) H_m(e^{j\omega}) \tag{2-93}$$

式中: $Z_m(e^{j\omega})$、$Z_{m1}(e^{j\omega})$、$X_{m1}(e^{j\omega})$、$X_{m2}(e^{j\omega})$、$X_m(e^{j\omega})$ 分别为 $z_m(n_m)$、$z_{m1}(n_m)$、$x_{m1}(n_m)$、$x_{m2}(n_m)$、$x_m(n_m)$ 的频域表达式。

由式(2-90)~(2-93),可得

$$X_m(e^{j\omega}) = X_{m2}(e^{j\omega})H_m(e^{j\omega})$$
$$= e^{-j\omega(N_m-1)}X_{m1}^*(e^{j\omega})H_m(e^{j\omega})$$
$$= e^{-j\omega(N_m-1)}\left[e^{-j\omega(N_m-1)}Z_m(e^{-j\omega})H_m(e^{j\omega})\right]^*H_m(e^{j\omega})$$
$$= e^{-j\omega(N_m-1)}e^{j\omega(N_m-1)}Z_m^*(e^{-j\omega})H_m^*(e^{j\omega})H_m(e^{j\omega})$$
$$= Z_m^*(e^{-j\omega})|H_m(e^{j\omega})|^2 \tag{2-94}$$

由于 $z_m(n_m)$ 为实信号,所以 $z_m(n_m) = z_m^*(n_m)$,进而有

$$Z_m^*(e^{-j\omega}) = \left(\sum_{n_m=-\infty}^{\infty}z_m(n_m)e^{-j(-\omega)n_m}\right)^* = \sum_{n_m=-\infty}^{\infty}z_m^*(n_m)e^{-j\omega n_m}$$
$$= \sum_{n_m=-\infty}^{\infty}z_m(n_m)e^{-j\omega n_m} = Z_m(e^{j\omega}) \tag{2-95}$$

将式(2-95)代入式(2-94),可得

$$X_m(e^{j\omega}) = Z_m^*(e^{-j\omega})|H_m(e^{j\omega})|^2 = Z_m(e^{j\omega})|H_m(e^{j\omega})|^2 \tag{2-96}$$

由式(2-96)可知,输出 $X_m(e^{j\omega})$ 与输入 $Z_m(e^{j\omega})$ 相差一个常数 $|H_m(e^{j\omega})|^2$,即两者之间不存在相移。信号 $z_m(n_m)$ 经零相位失真滤波后,既增强了抗噪性,又避免了相位失真,为后续求取各段信号间的相位关系奠定了基础。

3)基于相位关系的频率范围粗测

设 $m(m\in[2,M])$ 段聚焦和滤波后的信号 $x_m(n_m)$ 的表达式为

$$x_m(n_m) = \cos[\omega n_m + \theta(m)] = \cos[2\pi f_0 T_m n_m/N_m + \theta(m)]$$
$$= \cos[\phi_m(n_m)]; \quad \begin{array}{l} n_m = 1,2,\cdots,N \\ m = 1,2,\cdots,M \end{array} \tag{2-97}$$

式中:ω、f_0、T_m 和 N_m 分别为信号 $x_m(n_m)$ 的圆周频率、频率、采样时长和采样点数;$\phi_m(1) = 2\pi f_0 T_m/N_m + \theta(m)$ 为各段信号的初始相位。

信号 $x_m(n_m)$ 的获取相当于用长度为 N_m 的矩形窗 $d(n_m)$ 乘以无限长的信号。

矩形窗 $d(n_m)$ 的表达式为

$$d(n_m) = \begin{cases} 1; & n_m = 1,2,\cdots,N_m \\ 0; & 其他 \end{cases} \tag{2-98}$$

式中:N_m 为矩形窗窗长,即为信号最大采样点数。

矩形窗 $d(n_m)$ 的频谱为

$$D(e^{j\omega}) = \sum_{n_m=-\infty}^{\infty}d(n_m)e^{-j\omega n_m} = \sum_{n_m=1}^{N_m}e^{-j\omega n_m}$$
$$= \frac{e^{-j\omega} - e^{-j\omega(N_m+1)}}{1 - e^{-j\omega}} = \frac{e^{-j\omega}\cdot e^{-j\omega N_m/2}(e^{j\omega N_m/2} - e^{-j\omega N_m/2})}{e^{-j\omega/2}(e^{j\omega/2} - e^{-j\omega}/2)}$$
$$= \frac{\sin(\omega N_m/2)}{\sin(\omega/2)}e^{-j\omega(N_m+1)/2} \tag{2-99}$$

记 $D_g(e^{j\omega}) = \dfrac{\sin(\omega N_m/2)}{\sin(\omega/2)}$，$D_g(e^{j\omega})$ 可理解为 $D(e^{j\omega})$ 的增益，可正可负。当 $\omega = 0$ 时，$D_g(e^{j\omega}) = N_m$；当 $\omega N_m/2 = \pi k$，即 $\omega = 2\pi k/N_m$ 时，$D_g(e^{j\omega}) = 0$。

$D(e^{j\omega})$ 的主瓣为 $D_g(e^{j\omega})$ 在 $\omega = 0$ 左右两边第 1 个过零点之间的部分，所以该主瓣宽度为 $B = 4\pi/N_m$；$D(e^{j\omega})$ 的旁瓣则为主瓣以外的部分（$|\omega| > 2\pi/N_m$）。

鉴于实信号频谱的对称性，对加矩形窗的各段信号 $x_m(n_m)$ 做 DFT，有

$$X_m(k_m) = \frac{\sin[\pi(f_0 T_m - k_m)]}{2\sin[\pi(f_0 T_m - k_m)/N_m]} e^{j[\frac{N+1}{N_m}\pi(f_0 T_m - k_m) + \theta(m)]}$$

$$= \frac{\sin[\pi(k_{m0} - k_m)]}{2\sin[\pi(k_{m0} - k_m)/N_m]} e^{j[\frac{N_m+1}{N_m}\pi(k_{m0} - k_m) + \theta(m)]} \qquad (2-100)$$

式中：$k_{m0} = f_0 T_m$ 为信号真实频率 f_0 在各频谱 $X_m(k_m)$ 中对应的序号，为未知参数；$k_m = 1,2,\cdots,K_m$，$K_m = N_m/2$，$m = 1,2,\cdots,M$。其频率分辨率为 $2\pi/N_m$，由此可知，该信号频谱的主瓣内只有 2 条谱线。

设 $X_m(k_m)$ 最大谱线、第二大谱线和第三大谱线对应的频率分别为 f_{m1}、f_{m2} 和 f_{m3}，对应的序号分别为 k_{m1}、k_{m2} 和 k_{m3}，对应的相位分别为 θ_{m1}、θ_{m2} 和 θ_{m3}。

这 3 条谱线对应的频率关系有 2 种：$f_{m3} < f_{m1} < f_{m2}$ 和 $f_{m2} < f_{m1} < f_{m3}$。当 $f_{m3} < f_{m1} < f_{m2}$ 时，即第二大谱线在最大谱线的右侧时，谱线关系示意如图 2-16 所示。

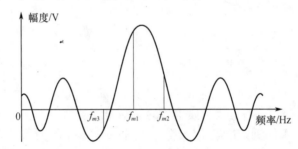

图 2-16　最大谱线、第二大谱线和第三大谱线对应的频率

由式（2-100）可知最大谱线对应的相位为

$$\theta_{m1} = \theta(m) + (N_m + 1)(k_{m0} - k_{m1})\pi/N_m \qquad (2-101)$$

第二大谱线对应的相位为

$$\theta_{m2} = \theta(m) + (N_m + 1)(k_{m0} - k_{m2})\pi/N_m \qquad (2-102)$$

则最大谱线与第二大谱线之间的相位差为

$$\theta_{m1} - \theta_{m2} = \frac{N_m + 1}{N_m}\pi(k_{m2} - k_{m1}) = \frac{N_m + 1}{N_m}\pi \approx \pi \qquad (2-103)$$

由于该信号频谱的主瓣内只有 2 条谱线，因此第三大谱线必位于靠近最大谱

线的第一旁瓣内,且为负值,所以第三大谱线的频谱可表示为

$$X_m(k_{m3}) = \left| \frac{\sin[\pi(k_{m0} - k_{m3})]}{2\sin[\pi(k_{m0} - k_{m3})/N_m]} \right| e^{j[\theta(m) + \frac{N_m+1}{N_m}(k_{m0} - k_{m3})\pi]} \cdot e^{j\pi} \qquad (2-104)$$

由式(2-104)可得第三大谱线对应的相位为

$$\theta_{m3} = \pi + \theta(m) + (N_m + 1)(k_{m0} - k_{m3})\pi/N_m \qquad (2-105)$$

则最大谱线与第三大谱线之间的相位差为

$$\theta_{m1} - \theta_{m3} = \frac{N_m+1}{N_m}\pi(k_{m3} - k_{m1}) - \pi \approx \pi - \pi = 0 \qquad (2-106)$$

同理,当$f_{m2} < f_{m1} < f_{m3}$时,最大谱线与第二大谱线之间的相位差为

$$\theta_{m1} - \theta_{m2} = \frac{N_m+1}{N_m}\pi(k_{m2} - k_{m1}) \approx -\pi = -\pi + 2\pi = \pi \qquad (2-107)$$

最大谱线与第三大谱线之间的相位差为

$$\theta_{m1} - \theta_{m3} = \frac{N_m+1}{N_m}\pi(k_{m3} - k_{m1}) + \pi \approx 2\pi = 2\pi - 2\pi = 0 \qquad (2-108)$$

由式(2-103)和式(2-107)可知,最大谱线与第二大谱线之间的相位差为π;由式(2-106)和式(2-108)可知,最大谱线与第三大谱线之间的相位差为0,即第二大谱线与第三大谱线的相位之差为π,以此避免第二大谱线的误判,确保真实频率对应的谱线位于最大谱线与第二大谱线之间。

根据该相位关系,可求得各单段信号$x_m(n_m)$的粗略频率范围为$[f_{m\min}, f_{m\max}]$ ($m = 1, 2, \cdots, M$)。为确保粗测频率范围的准确性,将信号频率f_0限定在频率范围$[f_{\min}, f_{\max}]$内,$f_{\min} = \min(f_{m\min})$,$f_{\max} = \max(f_{m\max})$,$\min(\cdot)$表示最小值运算,$\max(\cdot)$表示最大值运算。粗略选取最大谱线对应的信号频率为$f_h = \frac{1}{M-1}\sum_{m=1}^{M-1} f_{m1}$。

在频域内根据最大谱线与第二、三大谱线的相位关系确定待估信号频率的粗略范围,降低了频率修正方向的误判概率,为进一步准确估计信号频率奠定了基础。

4)基于希尔伯特变换的互相关相位差算法

根据希尔伯特变换法可以对信号进行90°相移这一特性得到参考信号,然后利用不同频率信号不相关的思想,将具有相同频率的参考信号与被测信号进行互相关,以消除被测信号的干扰,进而提取相位信息。该算法不需要预先估计信号频率,就可以准确测量出信号的相位差。

设$m(m \in [2, M])$段信号$x_m(n_m)$的时域表达式为

$$x_m(n_m) = \cos[\omega n_m + \theta(m)] = \cos[2\pi f_0 n_m/f_s + \theta(m)]$$
$$= \cos[2\pi f_0 T_m n_m/N_m + \theta(m)]$$

$$= \cos[\phi_m(n_m)] ; \quad \begin{array}{l} n_m = 1,2,\cdots,N_m \\ m = 1,2,\cdots,M \end{array} \qquad (2-109)$$

式中：ω、f_0、f_s、T_m 和 N_m 分别为信号 $x_m(n_m)$ 的圆周频率、频率、采样频率、采样时长和采样点数；$\phi_m(1) = 2\pi f_0/f_s + \theta(m)$ 为各段信号的初始相位；M 为单段信号的总数。

从上述 M 段信号 $x_m(n_m)$ 中任取 3 段信号，并取相同的采样点数：

$$x_1(n) = \cos[\omega n + \theta(1)], x_2(n) = \cos[\omega n + \theta(2)], x_3(n) = \cos[\omega n + \theta(3)]$$

式中：ω 为信号的圆周频率；$\omega + \theta(1)$、$\omega + \theta(2)$ 和 $\omega + \theta(3)$ 分别为 3 路信号的初始相位。

令 $\Omega_0 = \omega n + \theta(3)$，则信号 $x_3(n)$ 的傅里叶变换为

$$X_3(j\Omega) = \pi[\delta(\Omega + \Omega_0) + \delta(\Omega - \Omega_0)] \qquad (2-110)$$

其希尔伯特变换为

$$\begin{aligned} \hat{X}_3(j\Omega) &= \pi[j\delta(\Omega + \Omega_0) - j\delta(\Omega - \Omega_0)] \\ &= j\pi[\delta(\Omega + \Omega_0) - \delta(\Omega - \Omega_0)] \end{aligned} \qquad (2-111)$$

由式（2-111）可知，$\hat{X}_3(j\Omega)$ 对应的时域信号为 $\hat{x}_3(n) = \sin[\omega n + \theta(3)]$，$x_3(n)$ 与 $\hat{x}_3(n)$ 与两者仅在相位上相差 $\pi/2$。

将 x_1 与 $x_3(n)$ 做互相关，有

$$R_{x_1 x_3}(\tau) = \frac{1}{N}\sum_{n=0}^{N-1} x_1(n) x_3(n+\tau) = \frac{1}{2}\frac{1}{N}\sum_{n=0}^{N-1} \cos[-\omega\tau + \theta(1) - \theta(3)]$$

$$\qquad (2-112)$$

式中：τ 为时间延迟。

当 $\tau = 0$ 时，式（2-112）可进一步表示为

$$R_{x_1 x_3}(0) = \frac{1}{2}\cos[\theta(1) - \theta(3)] \qquad (2-113)$$

同理，将 $x_1(n)$ 与 $\hat{x}_3(n)$ 做互相关，根据 $R_{x_1\hat{x}_3}(\tau) = \frac{1}{N}\sum_{n=0}^{N-1} x_1(n) \hat{x}_3(n+\tau)$，可得

$$R_{x_1\hat{x}_3}(0) = -\frac{1}{2}\sin[\theta(1) - \theta(3)]$$

将 $x_2(n)$ 与 $x_3(n)$ 做互相关，根据 $R_{x_2 x_3}(\tau) = \frac{1}{N}\sum_{n=0}^{N-1} x_2(n) x_3(n+\tau)$，可得

$$R_{x_2 x_3}(0) = \frac{1}{2}\cos[\theta(2) - \theta(3)]$$

将 $x_2(n)$ 与 $\hat{x}_3(n)$ 做互相关，根据 $R_{x_2\hat{x}_3}(\tau) = \frac{1}{N}\sum_{n=0}^{N-1} x_2(n) \hat{x}_3(n+\tau)$，可得

$$R_{x_2\hat{x}_3}(0) = -\frac{1}{2}\sin[\theta(2) - \theta(3)]$$

根据三角公式,有

$$\cos[\theta(1) - \theta(2)]$$

$$= \cos[\theta(1) - \theta(3)]\cos[\theta(2) - \theta(3)] + \sin[\theta(1) - \theta(3)]\sin[\theta(2) - \theta(3)]$$

$$= 2R_{x_1 x_3}(0) \cdot 2R_{x_2 x_3}(0) + (-2)R_{x_1\hat{x}_3}(0) \cdot (-2)R_{x_2\hat{x}_3}(0)$$

$$= 4[R_{x_1 x_3}(0)R_{x_2 x_3}(0) + R_{x_1\hat{x}_3}(0)R_{x_2\hat{x}_3}(0)] \qquad (2-114)$$

同理可得

$$\sin[\theta(1) - \theta(2)]$$

$$= \sin[\theta(1) - \theta(3)]\cos[\theta(2) - \theta(3)] - \cos[\theta(1) - \theta(3)]\sin[\theta(2) - \theta(3)]$$

$$= (-2)R_{x_1\hat{x}_3}(0) \cdot (2)R_{x_2 x_3}(0) - (2)R_{x_1 x_3}(0) \cdot (-2)R_{x_2\hat{x}_3}(0)$$

$$= 4[R_{x_1 x_3}(0)R_{x_2\hat{x}_3}(0) - R_{x_1\hat{x}_3}(0)R_{x_2 x_3}(0)] \qquad (2-115)$$

将式(2-115)与式(2-114)做比值,有

$$\frac{\sin[\theta(1) - \theta(2)]}{\cos[\theta(1) - \theta(2)]} = \frac{R_{x_1 x_3}(0)R_{x_2\hat{x}_3}(0) - R_{x_1\hat{x}_3}(0)R_{x_2 x_3}(0)}{R_{x_1 x_3}(0)R_{x_2 x_3}(0) + R_{x_1\hat{x}_3}(0)R_{x_2\hat{x}_3}(0)}$$

$$= \tan[\theta(1) - \theta(2)]$$

$$= G \qquad (2-116)$$

反正切变换的范围为$[-\pi/2, \pi/2]$,由此可得 2 路信号 $x_1(n)$ 与 $x_2(n)$ 之间的相位差关系为

$$\Delta\theta = \theta(1) - \theta(2)$$

$$= \begin{cases} \pi/2, & \cos[\theta(1) - \theta(2)] = 0; \sin[\theta(1) - \theta(2)] > 0 \\ -\pi/2, & \cos[\theta(1) - \theta(2)] = 0; \sin[\theta(1) - \theta(2)] < 0 \\ \arctan(G), & \cos[\theta(1) - \theta(2)] > 0 \\ \arctan(G) - \pi, & \cos[\theta(1) - \theta(2)] < 0; \sin[\theta(1) - \theta(2)] < 0 \\ \arctan(G) + \pi, & \cos[\theta(1) - \theta(2)] < 0; \sin[\theta(1) - \theta(2)] > 0 \end{cases}$$

$$(2-117)$$

式中:$\Delta\theta$ 为 2 段信号间的相位差。

5)基于迭代的频率范围细化

根据 2.5.2 节可知,由 C_M^{M-1} 个信号组可得到 $Q \cdot C_M^{M-1}$ 个交叉信息融合频谱 $X_{m-1}(p)$,取其中具有相对最高主瓣峰值和最窄主瓣宽度的频谱作为最优交叉信息融合频谱 $X_{optm-1}(p)$,由此获得 C_M^{M-1} 个最优交叉信息融合频谱 $X_{optm-1}(p)$。

假设各最优交叉信息融合频谱 $X_{optm-1}(p)$ 最大幅值处对应的频率分别为 f'_{optm}

$(m = 1, 2, \cdots, J, J = C_M^{M-1})$，取其均值作为最优交叉信息融合频谱的频率估计值：

$$f_{\text{opt}}' = \frac{1}{J} \sum_{m=1}^{J} f_{\text{opt}m}', \quad J = C_M^{M-1} \tag{2-118}$$

通过"基于相位关系的频率范围粗测"可以得到信号频率 f_0 的频率范围为 $[f_{\min}, f_{\max}]$，最大谱线对应的信号频率为 f_{h}。假设所有的最优交叉信息融合频谱都在 $[f_{\min}', f_{\max}']$ 这一频率范围内，则有

$$\frac{f_{\min}' - f_{\text{opt}}'}{B/2} = \frac{f_{\min} - f_{\text{h}}}{B_m/2} \tag{2-119}$$

式中：B 为最优交叉信息融合谱的主瓣宽度；B_m 为单段信号频谱的主瓣宽度。

根据式(2-100)的单段信号的频谱 $X_m(k_m)$ 得到其幅度谱为

$$|X_m(k_m)| = \frac{\sin[\pi N_m(f_0 - f_m)/f_{\text{s}}]}{2\sin[\pi(f_0 - f_m)/f_{\text{s}}]} = \frac{\sin[\omega N_m/2]}{2\sin[\omega/2]} \tag{2-120}$$

当 $\frac{\omega N_m}{2} = \pi k$，即 $\omega = \frac{2\pi k}{N_m}$ 时，$|X_m(k_m)| = 0$。$|X_m(k_m)|$ 在 $\omega = 0$ 左右两边第一个过零点之间的部分称为 $X_m(k_m)$ 的主瓣，该主瓣宽度为 $B_m = 4\pi/N_m$。

同理可证明，最优交叉信息融合频谱的主瓣宽度为 $B = 4\pi/N_{\text{s}} (N_{\text{s}} = \sum_{m=1}^{M-1} N_m)$。

将 $B = 4\pi/N_{\text{s}}$ 和 $B_m = 4\pi/N_m$ 代入式(2-119)，可得

$$f_{\min}' = f_{\text{opt}}' + (f_{\min} - f_{\text{h}}) N_m/N_{\text{s}} \tag{2-121}$$

同理可以求得

$$f_{\max}' = f_{\text{opt}}' + (f_{\max} - f_{\text{h}}) N_m/N_{\text{s}} \tag{2-122}$$

将 $[f_{\min}', f_{\max}']$ 作为新的频率范围，重新计算得到新的 $Q \cdot C_M^{M-1}$ 个交叉信息融合频谱 $X_{m-1}(p)$，直到 $\text{scale}' = f_{\max}' - f_{\min}'$ 小于 $\text{scale} = f_{\max} - f_{\min}$。

6）Capon 方法

Capon 方法设计一种有限冲激响应（Finite Impulse Response, FIR）数字滤波器，保证输入信号中的某个特定频率成分完全通过的同时该滤波器输出功率最小，此时的滤波器输出功率可以作为该频率的功率谱估计。由于这种滤波器可以使频谱的旁瓣最小，因此可取得较好的功率谱估计效果。

Capon 方法的功率谱表达式为

$$G_X(\omega) = \frac{1}{E_X^{\text{H}} R_X^{-1} E_X} \tag{2-123}$$

式中：E_X 为 Capon 方法的滤波器系数矩阵；R_X 为输入信号的自相关矩阵；$[\cdot]^{\text{H}}$ 表示共轭转置运算；$[\cdot]^{-1}$ 表示求逆运算。

2.6 交叉信息融合快速算法

2.6.1 基本思想

为提高交叉信息融合法的实时性,提出频率估计的快速交叉信息融合法。该方法同样以异频信号为研究对象,采用"基于 Teager 算子的希尔伯特相位差算法"和"平均交叉信息融合频谱"分别替换原算法中计算量较大的"基于希尔伯特变换的互相关相位差算法"和"Capon 方法求频率",以减小计算量。在保持原有适用范围的基础上,以较小的频率估计精度损失换取较大的计算量减少。快速算法步骤如图 2 – 17 所示。

①构造"聚焦矩阵"将异频信号聚焦成同频信号;②采用"零相位失真滤波"对聚焦后的同频信号进行滤波;③根据"基于相位关系的频率范围粗测"求得待估信号粗略的频率范围;④根据"基于 Teager 算子的希尔伯特相位差算法"求得聚焦和滤波后各段信号间的相位关系;⑤根据各段信号的相位关系,在上述频率范围内求取"最优交叉信息融合频谱";⑥根据"基于迭代的频率范围细化"缩小待估信号的频率范围,并在该频率范围内求取新的"最优交叉信息融合频谱";⑦平均新的最优交叉信息融合频谱得到"平均交叉信息融合频谱",取该频谱峰值处对应的频率作为"频率估计"值。

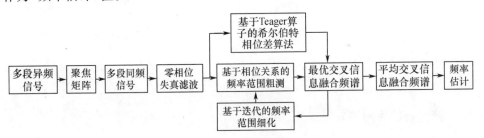

图 2 – 17 频率估计的交叉信息融合快速算法

2.6.2 关键技术

对于频率估计的快速交叉信息融合法,重点阐述基于 Teager 算子的希尔伯特相位差算法和平均交叉信息融合频谱两个关键技术。

1) 基于 Teager 算子的希尔伯特相位差算法

(1) 希尔伯特变换法。设离散时间信号 $x(n)$ 的表达式为

$$x(n) = a(n)\cos[\phi(n)] = a(n)\cos(\omega n + \theta) \qquad (2-124)$$

式中:$a(n)$ 为信号 $x(n)$ 的瞬时幅值;$\phi(n)$ 为瞬时相位;ω 为圆周频率;θ 为初始相位。

$x(n)$的希尔伯特变换为

$$\hat{x}(n) = a(n)\sin[\phi(n)] = a(n)\sin(\omega n + \theta) \qquad (2-125)$$

对比式$(2-124)$和式$(2-125)$可知,$x(n)$与$\hat{x}(n)$两者的幅度保持不变,仅在相位上相差$\pi/2$。

定义$z(n) = x(n) + j\hat{x}(n)$为信号$x(n)$的解析信号,其极坐标表达式为

$$z(n) = a(n)e^{j\phi(n)} \qquad (2-126)$$

式中:

$$a(n) = \sqrt{x^2(n) + \hat{x}^2(n)} \qquad (2-127)$$

$$\phi(n) = \arctan\left[\frac{\hat{x}(n)}{x(n)}\right] \qquad (2-128)$$

(2)Teager算子。离散时间信号$x(n)$的Teager算子定义为

$$\varphi_{\mathrm{d}}[x(n)] = x^2(n) - x(n+1)x(n-1) \qquad (2-129)$$

假设信号幅度的关系为$a(n) \approx a(n-1) \approx a(n+1)$,圆周频率$\omega$定义为相位函数$\phi(n)$的后向差分,即$\omega = \phi(n) - \phi(n-1)$,则可将离散时间信号的Teager算子进一步表示为

$$
\begin{aligned}
\varphi_{\mathrm{d}}[x(n)] &= x^2(n) - x(n-1)x(n+1) \\
&= a^2(n)\cos^2\phi(n) - a(n-1)\cos\phi(n-1)a(n+1)\cos\phi(n+1) \\
&\approx a^2(n)\cos^2(\omega n + \theta) - a^2(n)\cos(\omega n + \theta - \omega)\cos(\omega n + \theta + \omega) \\
&= a^2(n) \cdot \frac{1}{2}\{\cos[2(\omega n + \theta)] + 1\} - a^2(n) \cdot \frac{1}{2}\{\cos[2(\omega n + \theta)] + \cos(2\omega)\} \\
&= a^2(n)[1 - \cos(2\omega)]/2 \\
&= a^2(n)\sin^2\omega \qquad (2-130)
\end{aligned}
$$

令$x(n)$的后向差分为

$$y(n) = x(n) - x(n-1) \qquad (2-131)$$

将式$(2-131)$代入式$(2-129)$,得到

$$
\begin{aligned}
\varphi_{\mathrm{d}}[y(n)] &= y^2(n) - y(n-1)y(n+1) \\
&= [x(n) - x(n-1)]^2 - [x(n-1) - x(n-2)][x(n+1) - x(n)] \\
&\approx 2a^2(n)\sin^2\omega - \frac{1}{2}a^2(n)[\cos(2\omega n - \omega + 2\theta) + \cos\omega] \\
&\quad + \frac{1}{2}a^2(n)\cos2\phi(n)\cos\omega + \frac{1}{2}a^2(n)\sin2\phi(n)\sin\omega + \frac{1}{2}a^2(n)\cos3\omega \\
&= 4a^2(n) \cdot \sin^2[\omega/2] \cdot \sin^2\omega \qquad (2-132)
\end{aligned}
$$

将式$(2-132)$与式$(2-130)$做比值,有

$$\frac{\varphi_d[y(n)]}{\varphi_d[x(n)]} = 2[1 - \cos\omega] \qquad (2-133)$$

由式（2-130）、式（2-132）和式（2-133）求得圆周频率 ω 和幅值 $|a(n)|$ 的表达式分别为

$$\omega = \arccos\left\{1 - \frac{\varphi_d[y(n)]}{2 \cdot \varphi_d[x(n)]}\right\} \qquad (2-134)$$

$$|a(n)| = \sqrt{\frac{\varphi_d[x(n)]}{1 - \left[1 - \frac{\varphi_d[y(n)]}{2 \cdot \varphi_d[x(n)]}\right]^2}} \qquad (2-135)$$

（3）Teager 算子求希尔伯特变换。经对比分析发现，希尔伯特变换法和 Teager 算子均可在时域上对信号的圆周频率 ω 进行表征，利用这一特性可以进一步求取信号的相位差。

将希尔伯特变换的相位表达式（2-136）两边同时做二阶中心差商，求得圆周频率为

$$\omega = \frac{x(n)[\hat{x}(n+1) - \hat{x}(n-1)] - \hat{x}(n)[x(n+1) - x(n-1)]}{2 \cdot [x^2(n) + \hat{x}^2(n)]} \qquad (2-136)$$

式中

$$\hat{x}(n+1) \approx a(n)\sin[\omega n + \omega + \theta] = a(n)\sin[\phi(n) + \omega] \qquad (2-137)$$

$$\hat{x}(n-1) \approx a(n)\sin[\omega n - \omega + \theta] = a(n)\sin[\phi(n) - \omega] \qquad (2-138)$$

将式（2-137）与式（2-138）做差，有

$$\hat{x}(n+1) - \hat{x}(n+1) = a(n)\sin[\phi(n) + \omega] - a(n)\sin[\phi(n) - \omega]$$

$$= 2a(n)\cos\phi(n) \cdot \sin\omega = 2x(n) \cdot \sin\omega$$

$$= 2x(n) \cdot \sqrt{1 - \cos^2\omega} \qquad (2-139)$$

将式（2-137）和式（2-139）代入式（2-136），可得

$$\omega = \frac{x(n) \cdot 2 \cdot x(n) \cdot \sqrt{1 - \cos^2\omega}}{2 \cdot [x^2(n) + \hat{x}^2(n)]} - \frac{\hat{x}(n)[x(n+1) - x(n-1)]}{2 \cdot [x^2(n) + \hat{x}^2(n)]}$$

$$= \frac{2x^2(n) \cdot \sqrt{1 - \cos^2\omega}}{2 \cdot |a(n)|^2} - \frac{\hat{x}(n)[x(n+1) - x(n-1)]}{2 \cdot |a(n)|^2} \qquad (2-140)$$

根据 Teager 算子求得式（2-134），有

$$\cos\omega = 1 - \frac{\varphi_d[y(n)]}{2 \cdot \varphi_d[x(n)]} \qquad (2-141)$$

将式（2-134）、式（2-135）、式（2-141）代入式（2-140），可得

$$\hat{x}(n) = \frac{2x^2(n) \cdot \sqrt{1 - \cos^2\omega} - 2 \cdot |a(n)|^2 \cdot \omega}{x(n+1) - x(n-1)}$$

$$= \frac{2x^2(n) \cdot \sqrt{1 - \left\{1 - \dfrac{\varphi_d[y(n)]}{2 \cdot \varphi_d[x(n)]}\right\}^2}}{x(n+1) - x(n-1)}$$

$$- \frac{2 \cdot \dfrac{\varphi_d[x(n)]}{1 - \left[1 - \dfrac{\varphi_d[y(n)]}{2 \cdot \varphi_d[x(n)]}\right]^2} \cdot \arccos\left\{1 - \dfrac{\varphi_d[y(n)]}{2 \cdot \varphi_d[x(n)]}\right\}}{x(n+1) - x(n-1)}$$

$$(2-142)$$

式中:$x(n)$、$x(n+1)$、$x(n-1)$ 为已知信息,而 $\varphi_d[x(n)]$ 和 $\varphi_d[y(n)]$ 均可通过 Teager 算子求得,由此得到信号的希尔伯特变换 $\hat{x}(n)$。

(4) 相位差计算。假设 $x_m(n_m)$ 和 $\hat{x}_m(n_m)$ 分别表示第 m 段信号及其希尔伯特变换,$x_{m'}(n_{m'})$ 和 $\hat{x}_{m'}(n_{m'})$ 分别表示第 m' 段信号及其希尔伯特变换,$\phi_m(n_m)$ 表示第 m 段信号的相位,$\phi_{m'}(n_{m'})$ 表示第 m' 段信号的相位。

根据三角公式,可得

$$\begin{aligned}
\tan[\phi_m(n_m) - \phi_{m'}(n_m)] &= \frac{\tan[\phi_m(n_m)] - \tan[\phi_{m'}(n_{m'})]}{1 + \tan[\phi_m(n_m)]\tan[\phi_{m'}(n_{m'})]} \\
&= \frac{\hat{x}_m(n_m)x_{m'}(n_{m'}) - \hat{x}_{m'}(n_{m'})x_m(n_m)}{x_m(n_m)x_{m'}(n_{m'}) + \hat{x}_m(n_m)\hat{x}_{m'}(n_{m'})} \\
&= \frac{BB}{AA} = G
\end{aligned} \qquad (2-143)$$

反正切变换的范围为 $[-\pi/2, \pi/2]$,由此求得信号 $x_m(n_m)$ 与信号 $x_{m'}(n_{m'})$ 的相位差为

$$\Delta\phi_{mm'} = \phi_m(n_m) - \phi_{m'}(n_{m'}) = \begin{cases} \pi/2, & AA=0; BB>0 \\ -\pi/2, & AA=0; BB<0 \\ \arctan(G), & AA>0 \\ \arctan(G) - \pi, & AA<0; BB<0 \\ \arctan(G) + \pi, & AA<0; BB>0 \end{cases} \qquad (2-144)$$

式中:$\Delta\phi_{mm'}$ 为第 m 段与第 m' 段信号之间的相位差。

通过 Teager 算子求 $\hat{x}(n)$,避免了希尔伯特变换,无需复数运算,计算量小,可更好地满足实时性要求。

(5) 基于 Teager 算子的希尔伯特相位差算法的计算量分析。希尔伯特变换是其相关相位差算法中最基本的运算,其运算量相对最小。通过对比希尔伯特变换法与本算法的计算量来说明本算法的实时性。

① 希尔伯特变换法的计算量分析如下：

利用 DFT 可方便地求出 $x(n)$ 的希尔伯特变换 $\hat{x}(n)$ 及解析信号 $z(n)$，主要步骤如下。

先对 $x(n)$ 做 DFT，有

$$X(k) = \text{DFT}[x(n)]; \quad k = 0,1,\cdots,N-1 \tag{2-145}$$

再令

$$Z(k) = \begin{cases} X(k); & k=0 \\ 2X(k); & k=1,2,\cdots,N/2 \\ 0; & k=N/2,\cdots,N-1 \end{cases} \tag{2-146}$$

对 $Z(k)$ 做 IDFT，得到 $x(n)$ 的解析信号为

$$z(n) = \text{IDFT}[Z(k)]; \quad n = 0,1,\cdots,N-1 \tag{2-147}$$

由此得到 $x(n)$ 的希尔伯特变换为

$$\hat{x}(n) = -\text{j}[z(n) - x(n)]; \quad n = 0,1,\cdots,N-1 \tag{2-148}$$

由式(2-145)可知，求 1 点 $X(k)$ 需要 N 次复数乘法、$(N-1)$ 次复数加法，即求 N 点 $X(k)$ 需要 N^2 次复数乘法、$N(N-1)$ 次复数加法；同理，从式(2-147)可知，求 N 点 $z(n)$ 需要 N^2 次复数乘法、$N(N-1)$ 次复数加法；根据式(2-148)可知，求得 $\hat{x}(n)$ 需要 N 次复数乘法、N 次复数加法。假设复数乘法通式可以表示为 $(a+\text{j}b)(c+\text{j}d)$（j 为虚数单位），展开为 $(a \times c - b \times d) + \text{j}(a \times d + b \times c)$，由此可知 1 次复数乘法相当于 4 次实数乘法和 2 次实数加法，1 次复数加法相当于 2 次实数加法。

综上所述，用希尔伯特变换法求 $\hat{x}(n)$ 需要 $N(2N+1)$ 次复数乘法和 $N(2N-1)$ 次复数加法，即希尔伯特变换法的计算量为 $4N(2N+1)$ 次实数乘法和 $8N^2$ 次实数加法。

② 本算法的计算量分析如下：

由式(2-130)可知，求 1 点 $\varphi_\text{d}[x(n)]$ 需要 2 次实数乘法、1 次实数加法；由式(2-132)可知，求 1 点 $\varphi_\text{d}[y(n)]$ 需要 2 次实数乘法、4 次实数加法；由式(2-142)可知，求 1 点 $\hat{x}(n)$ 需要 9 次实数乘法、6 次实数加法。由此可知，用本算法求 N 点 $\hat{x}(n)$ 需要 $13N$ 次实数乘法、$11N$ 次实数加法。

通过比较可知，对于实数乘法运算，希尔伯特变换法与本算法的运算量关系为 $4(2N+1)/13$，即只要满足采样点数 $N>1$，本算法的乘法运算量就小于希尔伯特变换法。对于实数加法运算，希尔伯特变换法与本算法的运算量关系为 $8N/11$，即当采样点数 $N>1$ 时，本算法的加法运算量小于希尔伯特变换法。

显然信号采样点数 N 始终大于 1，即 Teager 算子总体运算量比希尔伯特变换法小，随着采样点数 N 的增大，本算法的运算量将远远小于希尔伯特变换法的运算量。由此可见，与希尔伯特变换法求信号相位相比，本算法无需进行复数运算，

计算量小,可更好地满足实时性要求。

（6）实验验证。

① 不同信噪比条件下的实验验证。为比较本算法和第 2 章所提算法——基于希尔伯特变换的互相关相位差算法在不同信噪比条件下的相位差估计性能,进行 41 组实验,每组实验进行 5000 次蒙特卡罗（Monte Carlo）计算。每次实验包含的噪声均为随机的加性高斯白噪声,信噪比在 0 ~ 40dB 之间变化,计算参数设置如表 2 – 2 所列,得到的相位差均方根误差曲线如图 2 – 18 所示。

表 2 – 2　计算参数设置

参数名	f_0/MHz	f_s/MHz	N/点	$\Delta\varphi$/rad
设定值	10	41	1024	$[-\pi,\pi]$的随机值

从图 2 – 18 可知,随着信噪比的提高,两种算法的性能均趋于平稳。基于希尔伯特变换的互相关相位差算法的均方根误差在 0 ~ 10dB 之间抖动幅度较大,随着信噪比的增大,该算法的均方根误差小于本算法的均方根误差。虽然本算法的均方根误差稍大于基于希尔伯特变换的子相关的相位差算法,但整体性能较为稳定,鲁棒性较好。

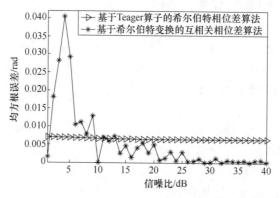

图 2 – 18　不同信噪比条件下的相位差均方根误差对比

② 不同采样频率条件下的实验验证。为测试本算法在不同采样频率条件下的相位差估计精度,在信噪比为 30dB 的条件下进行 10 组实验,各组实验的采样频率 f_s 取值如图 2 – 19 横坐标所示,得到图 2 – 19 中的均方根误差曲线。

计算结果表明,希尔伯特变换的互相关相位差算法和本算法的均方根误差均较为平稳,说明在满足奈奎斯特采样定理的条件下,两种算法对采样频率的依赖程度均不高。虽然本算法的均方根误差低于希尔伯特变换的互相关相位差算法,但整体相位差均方根误差保持在 10^{-3} 这个数量级上,基本能够达到实际工程的需求。

本算法可以在信号频率未知的情况下,较为准确地测量出信号的瞬时相位及相位差。随着采样点数的增大,本算法的运算量大大减少,实时性增强,且受噪声影响较小,鲁棒性较好,适用于实时性和稳定性要求高的场合。但本算法的相位差

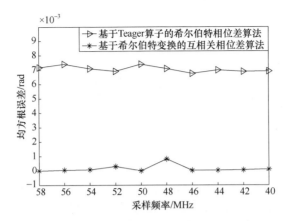

图 2 - 19　不同采样频率条件下的相位差均方根误差对比

估计精度稍逊于基于希尔伯特变换的互相关相位差算法,因此基于希尔伯特变换的互相关相位差算法更适用于相位精度要求较高的场合。

2) 平均交叉信息融合频谱

设有 L 个独立随机变量 $X_1, X_2, \cdots, X_L$ 具有相同均值 μ 和方差 σ^2,对上述变量做算术平均后得到新随机变量,即

$$X = (X_1 + X_2 + \cdots + X_L)/L \qquad (2-149)$$

由概率论可知,该随机变量 X 的均值保持不变,仍为 μ,但方差减小了 L 倍,为 σ^2/L,由此得到改善交叉信息融合法方差特性的方法。

对每个信号组进行交叉信息融合可获得 Q 个交叉信息融合频谱,从中选取具有相对最高主瓣峰值和最窄主瓣宽度的频谱作为该信号组的最优交叉信息融合频谱 $X_{\text{opt}m-1}(p)$,由 C_M^{M-1} 个信号组可获得 C_M^{M-1} 个最优交叉信息融合频谱 $X_{\text{opt}m-1}(p)$。对 C_M^{M-1} 个最优交叉信息融合频谱 $X_{\text{opt}m-1}(p)$ 做算术平均,得到平均交叉信息融合频谱为

$$\overline{X}_{m-1}(p) = \frac{1}{J} \sum_{j=1}^{J} X_{\text{opt}m-1}(p); \quad p = 1, 2, \cdots, P; J = C_M^{M-1} \qquad (2-150)$$

取平均交叉信息融合频谱 $\overline{X}_{m-1}(p)$ 峰值处对应的频率 $\hat{f}_0$ 作为交叉信息融合快速算法的频率估计值。

2.6.3　算法流程及计算量分析

1) 算法流程

基于上述的理论推导得出算法流程如图 2 - 20 所示,其实现步骤如下:

步骤 1:构造聚焦矩阵 $\boldsymbol{T}_\beta(\omega_m)$ 将多段信号 $\boldsymbol{y}_m(n_m)$ 聚焦成同频信号 $\boldsymbol{z}_m(n_m)$。

步骤 2:零相位失真滤波聚焦后的多段信号 $\boldsymbol{z}_m(n_m)$,得到同频信号 $x_m(n_m)$。

步骤 3:根据"基于相位关系的频率范围粗测"中的式(2 - 55)求得各段信号

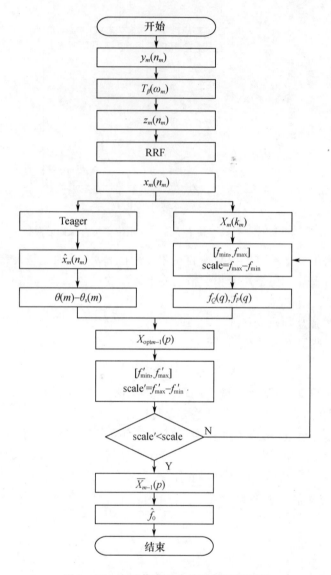

图 2-20　交叉信息融合快速算法的流程

的频谱 $X_m(k_m)$，并测得待估信号粗略的频率范围 $[f_{min}, f_{max}]$，根据该频率范围，通过式（2-10）和式（2-11）构建频率序列 $f_Q(q)$ 和 $f_P(Q)$。

　　步骤4：同时，根据"基于 Teager 算子的希尔伯特相位差算法"求 $\hat{x}_m(n_m)$，并进一步求得聚焦和滤波后各段信号彼此间的相位差关系 $\theta(m) - \theta_s(m)$。

　　步骤5：按照组合的准则对多段信号进行交叉分组，获得 C_M^{M-1} 个信号组，再根据步骤 1~4 和式（2-16）求得每个信号组的 Q 个交叉信息融合频谱，取其中具有相对最高主瓣峰值和最窄主瓣宽度的频谱作为最优交叉信息融合频谱，由 C_M^{M-1} 个

74

信号组可得到 C_M^{M-1} 个最优交叉信息融合频谱 $X_{\text{opt}m-1}(p)$。

步骤6：根据"基于迭代的频率范围细化"中的式(2-76)和式(2-77)重新确定待估信号的频率范围为 $[f'_{\min}, f'_{\max}]$，并将该频率范围代入步骤3~5重新计算 C_M^{M-1} 个最优交叉信息融合频谱 $X_{\text{opt}m-1}(p)$。

步骤7：根据式(2-150)对新的最优交叉信息融合频谱 $X_{\text{opt}m-1}(p)$ 做算术平均得到平均交叉信息融合频谱 $\overline{X}_{m-1}(p)$，取该频谱峰值处对应的频率 $\hat{f}_0$ 作为快速交叉信息融合法的频率估计值。

2）算法计算量分析

根据乘法运算和加法运算的次数衡量方法的计算量。聚焦矩阵、零相位失真滤波、FFT及基于迭代的频率范围细化的计算量不变，改进如下：

（1）由基于希尔伯特变换的互相关相位差算法计算 $C_M^{M-1}C_{M-1}^{M-2}$ 种相位关系需要的运算量为

$$复数乘法：4C_M^{M-1}C_{M-1}^{M-2}N_m^2$$

$$复数加法：4C_M^{M-1}C_{M-1}^{M-2}N_m(N_m-1)$$

1次复数乘法相当于4次实数乘法和2次实数加法，1次复数加法相当于2次实数加法，因此换算为

$$实数乘法：16C_M^{M-1}C_{M-1}^{M-2}N_m^2$$

$$实数加法：8C_M^{M-1}C_{M-1}^{M-2}N_m^2 + 8C_M^{M-1}C_{M-1}^{M-2}N_m(N_m-1)$$

采用基于 Teager 算子的希尔伯特相位差算法计算 $C_M^{M-1}C_{M-1}^{M-2}$ 种相位关系需要的运算量为

$$实数乘法：13C_M^{M-1}C_{M-1}^{M-2}N_m + 20$$

$$实数加法：11C_M^{M-1}C_{M-1}^{M-2}N_m + 14$$

基于 Teager 算子的希尔伯特相位差算法的计算量几乎是基于希尔伯特变换的互相关相位差算法的计算量的 $1/N_m$。

（2）使用 Capon 方法求频率的计算量为

$$复数乘法：2K(QC_M^{M-1})^2$$

$$复数加法：2K(QC_M^{M-1})(QC_M^{M-1}-1)$$

采用平均交叉信息融合频谱的方法求频率的计算量为

$$复数乘法：1$$

$$复数加法：(C_M^{M-1}-1)P$$

由此可知，频率估计的快速交叉信息融合法的计算量为

实数乘法：$4 \times [M(N_mM + 2N_m^3 + 3N_m^2) + 2MN_m^2 + M(N_m(\log_2 N_m)/2) + 2C_M^{M-1}$

$$(M-1)(PQ+2)+1]+(13C_M^{M-1}C_{M-1}^{M-2}N_m+20)$$

实数加法:$2\times\big[M(N_mM+2N_m^3+3N_m^2)+2MN_m^2+M(N_m(\log_2N_m)/2)+2C_M^{M-1}(M$

$$-1)(PQ+2)+1\big]+2\times\begin{bmatrix}N_mM(M-1)+2MN_m^2(N_m-1)+2MN_m(N_m-1))+\\2MN_m(N_m-1)+M(N_m(\log_2N_m)+2)+\\2C_M^{M-1}(M-2)(PQ+3)+(C_M^{M-1}-1)P\end{bmatrix}+$$

$$11C_M^{M-1}C_{M-1}^{M-2}N_m+14$$

综上所述,频率估计的快速交叉信息融合法减小了运算量,可更好地满足实时性要求。

2.7   实 验 验 证

为测试本章所述方法的性能,在 MATLAB7.0 仿真环境从以下几个方面进行对比实验验证:①信噪比变化条件下;②各单段信号采样点数不等条件下;③多段信号采样点数变化条件下;④信号频率变化条件下;⑤采样频率变化条件下。针对异频信号,将 2.3 节讲述的多段信号频谱融合法、2.5 节所述交叉信息融合法、单段信号频率估计值的克拉美罗下限(Cramér – Rao Low Bound,CRLB)和与异频信号总采样点数相同的连续信号频率估计值的 CRLB 进行计算对比验证。其中,异频信号融合法扩展了多段分频等长信号融合法的适用范围,使其适用于各段信号采样点数不等的情况;单段信号频率估计值的 CRLB 是用异频信号中采样点数最多的一段单段信号进行频率估计所得到的 CRLB;和异频信号总采样点数相同的连续信号频率估计值的 CRLB 为连续信号频率估计的均方根误差下界,指示该方法所能达到的最优性能。

2.7.1   信噪比变化条件下的实验验证

采用 4 段频率各不相同且频率关系未知的实正弦信号作为输入信号,包含的噪声均为随机的加性高斯白噪声,信噪比在 – 10 ～ 10dB 之间变化,其余计算参数设置如表 2 – 3 所列。以第 1 段信号的频率 f_1 为聚焦矩阵的参考频率点。当各段信号采样点数不等,取 $N_m=[40,60,80,100]$ 时的计算结果如图 2 – 21 所示;当各段信号采样点数相等,均为 100 点时的计算结果如图 2 – 22 所示。

表 2 – 3   计算参数设置

参数名	f_1/MHz	f_2/MHz	f_3/MHz	f_4/MHz	f_s/MHz	M/段	P/点	Q/点
设定值	10	9.97	9.93	10.05	41	4	100	100

从图 2 – 21 和图 2 – 22 可知,交叉信息融合法与快速交叉信息融合法的均方根误差明显小于多段信号融合法的均方根误差。由图 2 – 21 可知,当信号采样点数不相等、信噪比为 – 10dB 时,交叉信息融合法的均方根误差为 3.964×10^4 Hz,快

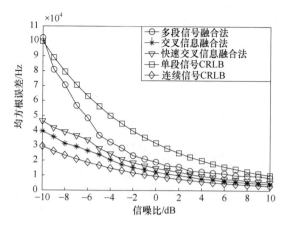

图 2 - 21　信噪比变化条件下多段异频不等长信号的频率估计均方根误差对比

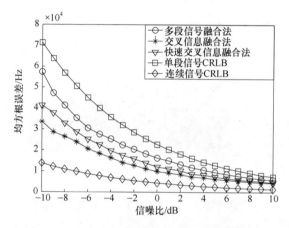

图 2 - 22　信噪比变化条件下多段异频等长信号的频率估计均方根误差对比

速交叉信息融合法的均方根误差为 4.651×10^4 Hz；信噪比为 10dB 时，交叉信息融合法的均方根误差为 4135Hz，快速交叉信息融合法的均方根误差为 5400Hz。由图 2 - 22 可知，当信号采样点数相等，同样在信噪比为 - 10dB 的情况下，交叉信息融合法和快速交叉信息融合法的均方根误差分别为 3.367×10^4 Hz 和 4.139×10^4 Hz；信噪比为 10dB 时，交叉信息融合法和快速交叉信息融合法的均方根误差分别为 4250Hz 和 4533Hz。以上数据说明，信噪比在 - 10 ~ 10dB 的范围内，无论多段信号是否相等，两种方法的频率估计均方根误差都随着信噪比的提高而不断降低，信噪比越高越接近连续信号 CRLB。快速交叉信息融合法的均方根误差稍大于交叉信息融合法，但整体性能仍保持稳定，鲁棒性较好。

　　从图 2 - 21 和图 2 - 22 可以看出，当信噪比较低时(- 10 ~ 0dB)，交叉信息融合法和快速交叉信息融合法明显优于多段信号融合法。为验证在低信噪比条件下的性能，在信噪比为 - 10dB 的情况下，分别针对信号采样点数不相等和采样点数相等两种情况进行计算。针对异频不等长信号,得到两种方法的 1000 次频率估计值如图 2 – 23 所示。针对异频等长信号,得到两种方法的 1000 次频率估计值如图 2 –24所示。

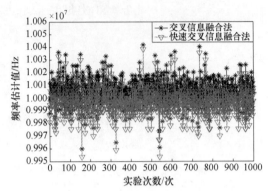

图 2 – 23　低信噪比条件下异频不等长信号的频率估计值对比

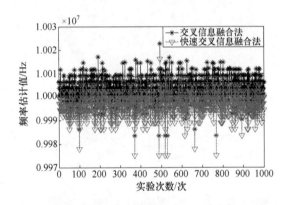

图 2 – 24　低信噪比条件下异频等长信号的频率估计值对比

从图 2 – 24 可以看出,针对异频不等长信号,交叉信息融合法的频率估计值范围为$[9.9598 \times 10^6, 1.0042 \times 10^7]$Hz,最大值与最小值的差值为 82200Hz,最大误差为 42000Hz;快速交叉信息融合法的频率估计值范围为$[9.9534 \times 10^6, 1.0038 \times 10^7]$Hz,最大值与最小值的差值为 84600Hz,最大误差为 46600Hz。从图 2 – 22 可以看出,针对多段异频等长信号,交叉信息融合法和快速交叉信息融合法的频率估计值范围分别为$[9.9836 \times 10^6, 1.0023 \times 10^7]$Hz、$[9.9753 \times 10^6, 1.00163 \times 10^7]$Hz,最大值与最小值的差值分别为 39400Hz 和 41000Hz,最大误差分别为 23000Hz 和 24700Hz。

从上述数据可知,快速交叉信息融合法的频率估计值的最大值与最小值之间的差值及最大误差均略大于交叉信息融合法,即其频率估计值偏离真实频率的程度稍大于交叉信息融合法。但从最大误差的数值可以看出,快速交叉信息融合法的频率估计值能平稳地分布在真实频率值附近,性能仍然较为稳定。

2.7.2　各单段信号采样点数不等条件下的实验验证

在 M 段信号采样点数各不相等、信噪比为 $-10\mathrm{dB}$ 的情况下,对多段信号融合法、交叉信息融合法和快速交叉信息融合法进行 10 组实验。每组实验中 M(此处 M 取为4)段信号的采样点数如表 2 - 2 所列,每组数据最大值均为 100 点,其余信号采样点数呈线性递增,所得计算结果如图 2 - 25 所示。当各段信号采样点数设置如表 2 - 3 所列,即每组数据最大值均为 200 点,其余信号采样点数呈线性递增时的计算结果如图 2 - 26 所示。

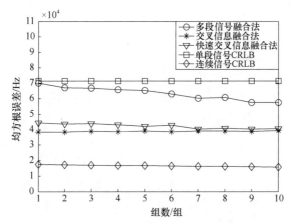

图 2 - 25　各单段信号采样点数不等条件下的频率估计
均方根误差对比(最大采样点为 100)

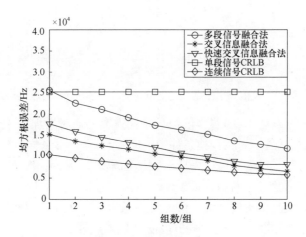

图 2 - 26　各单段信号采样点数不等条件下的频率
估计均方根误差对比(最大采样点为 200)

从图 2 - 25 可以看出,在信号采样点数增加幅度较小的情况下,3 种方法频率估计的均方根误差变化均不大,整体趋势较为平稳,说明当采样点数较少时,小幅增加或减少信号采样点数对 3 种方法的影响均不大。从图 2-26 可知,随着采样点数的递增,3 种方法的频率估计均方根误差均有所下降,说明采样点数越多,包含的信息量越大,频率估计精度越高。

综合图 2-25 和图 2-26 可知,3 种方法性能均较为平稳,交叉信息融合法和快速交叉信息融合法的均方根误差小于多段信号融合法的均方根误差。虽然快速交叉信息融合法的性能略逊于交叉信息融合法,但在各单段信号采样点数不等的情况下,也能保持较高的频率估计精度。

2.7.3 多段信号采样点数变化条件下的实验验证

在 M(此处 M 取为 4)段信号采样点数均相等的情况下,测试信号采样点数对 3 种方法的影响。在信噪比为 -10dB、多段信号采样点数同时递增的情况下进行 10 组实验,每组实验包括 5000 次蒙特卡罗计算,得到的均方根误差曲线如图 2-27 所示,其中,图 2-27 的横坐标为每组实验中多段信号同时使用的采样点数,并同时以 100 个采样点为单位进行递增。

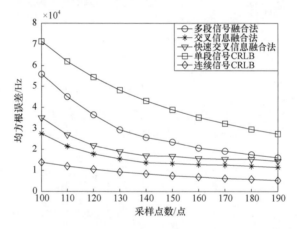

图 2-27 多段信号采样点数变化条件下的频率估计均方根误差对比

从图 2-27 可以看出,随着多段信号采样点数的同时增加,3 种方法的均方根误差均有所减小,这是因为在其他条件一定的情况下,信号采样点数的增加有利于提高频率估计精度。在多段信号采样点数增加幅度不大的情况下,交叉信息融合法和快速交叉信息融合法的均方根误差较多段信号融合法的均方根误差平稳。

虽然整体上快速交叉信息融合法的均方根误差稍大于交叉信息融合法,但从 3.4.2 节的实验验证可知,即使在各单段信号采样点数不相等的情况下,快速交叉信息融合法仍能保持较高的频率估计精度。从 3.4.3 节的实验验证可知,在多段信号采样点数相等的情况下,快速交叉信息融合法的频率估计性能也较好,且频率估计的均方根误差一直小于精度较好的多段信号融合法。以上表明,频率估计的快速交叉信息融合法同样适用于异频不等长信号和异频等长信号,不拘泥于各段信号的采样点数,具有较好的普适性。

2.7.4 信号频率变化条件下的实验验证

针对不同频率的信号,测试 3 种方法的频率估计精度,在信噪比为 $-10\mathrm{dB}$ 的条件下进行 10 组实验,实验依次以图 2-28 横坐标所示的频率作为聚焦的参考频率 f_1,其余 3 段信号频率保持不变,采样频率 f_s 取为 $50\mathrm{MHz}$ 以避免整周期采样,其余计算参数设置见表 2-3 所列,每组实验包括 5000 次蒙特卡罗计算。各段信号采样点数为 $N_m = [80,70,100,60]$ 的均方根误差曲线如图 2-28 所示;各段信号采样点数均取 100 点的均方根误差曲线如图 2-29 所示。

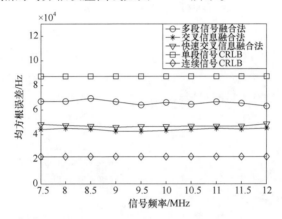

图 2-28 信号频率变化条件下异频不等长信号的频率估计均方根误差对比

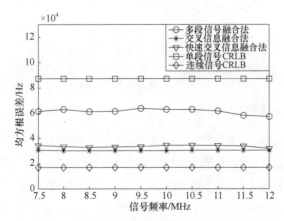

图 2-29 信号频率变化条件下异频等长信号的频率估计均方根误差对比

从图 2-28 和图 2-29 可知,交叉信息融合法和快速交叉信息融合法的均方根误差明显小于多段信号融合法的均方根误差。由图 2-28 可知,信号采样点数不相等时,交叉信息融合法的均方根误差范围为 $[4.2757 \times 10^4, 4.5165 \times 10^4]\mathrm{Hz}$,频率差为 $2.4083 \times 10^3\mathrm{Hz}$,而快速交叉信息融合法的均方根误差范围为 $[4.5822 \times$

10^4, 4.8637×10^4]Hz,频率差为 2.8151×10^3Hz。从图 2 - 29 可知,信号采样点数相等时,交叉信息融合法的均方根误差范围为[3.0047×10^4, 3.0637×10^4]Hz,频率差为 589. 9341Hz,而快速交叉信息融合法的均方根误差范围为[3.1923×10^4, 3.4771×10^4]Hz,频率差为 2.8479×10^3Hz。

综上所述,当被测信号频率在 7.5 ~ 12MHz 之间变化时,2 种方法的均方根误差一直保持平稳,即在满足奈奎斯特采样定理的条件下,2 种方法均能较好地适用于不同的被测信号,具有良好的普适性。其中,快速交叉信息融合法的均方根误差稍大于交叉信息融合法。

2.7.5 采样频率变化条件下的实验验证

为测试在不同采样频率条件下的频率估计精度进行 10 组实验,每组实验包括 5000 次蒙特卡罗计算,且均在信噪比为 - 10dB 的条件下进行。各组实验的采样频率 f_s 取值如图 2 - 30 横坐标所示,其余参数如表 2 - 3 所列。当各段信号采样点数为 $N_m = [80,70,100,60]$ 时,计算的均方根误差曲线如图 2 - 30 所示;当各段信号采样点数均为 100 点时,求得的均方根误差曲线如图 2 - 31 所示。

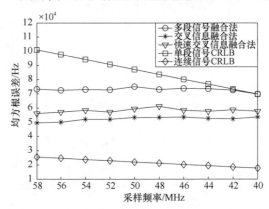

图 2 - 30   采样频率变化条件下异频不等长信号的频率估计均方根误差对比

从图 2 - 30 和图 2 - 31 可知,交叉信息融合法和快速交叉信息融合法的均方根误差明显小于多段信号融合法的均方根误差。从图 2 - 30 可知,交叉信息融合法的均方根误差范围为[4.9526×10^4, 5.3630×10^4]Hz,频率差为 4.1035×10^3Hz,而快速交叉信息融合法法的均方根误差范围为[5.6244×10^4, 6.1110×10^4]Hz,频率差为 4.8661×10^3Hz。从图 2 - 31 可知,交叉信息融合法及其快速法的均方根误差范围分别为[3.8137×10^4, 4.2762×10^4]Hz 和[4.5077×10^4, 5.0731×10^4]Hz,对应的频率差分别为 4.6250×10^3Hz 和 5.6542×10^3Hz。

从图 2 - 30 和图 2 - 31 可以看出,当采样频率在 58 ~ 40MHz 之间变化时,无论采样点数是否相等,交叉信息融合法和快速交叉信息融合法的均方根误差均小

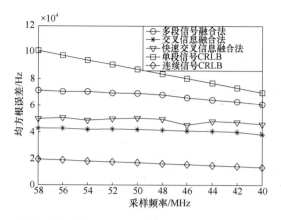

图 2 - 31　采样频率变化条件下异频等长信号的频率估计均方根误差对比

于多段信号融合法的均方根误差,且始终保持平稳,即满足奈奎斯特采样定理时,交叉信息融合法和快速交叉信息融合法对信号采样频率的依赖程度不高,适用范围较广。

2.8　小　　结

　　针对短时信号持续时间短、包含信息量有限、频谱泄漏严重、抗噪性差等问题,利用信号段间的内在联系将多段短时信号进行频谱融合,提出短时信号频率估计的频谱融合法,具体包括多段信号频谱融合法和交叉信息融合法。多段信号频谱融合法通过对异频信号频谱进行加权融合实现多段短时信号的信息积累,从而解决单段短时信号包含信息量不足、抗噪性差的问题,从源头上为提高短时正弦信号频率估计精度创造条件。并通过 DTFT 快速算法设计、加权融合频谱矩阵降维等措施改善算法的普适性和实时性。交叉信息融合法在多段信号频谱融合法的基础上,构造"聚焦矩阵"处理信号拓展为未知频率关系的多段信号,在无需任何先验知识的情况下,提升了方法的相关性能。仿真结果表明该方法能够在估计精度、抗噪性和普适性等方面较好地兼顾,适用于各种类型的短时信号。

第 3 章　端频信号频率估计的计及负频率方法

本章主要介绍计及负频率的端频信号频率估计方法,首先分析频谱中的负频率影响,提出计及负频率的端频信号离散频谱校正方法;进而探讨负频率成分对相位差估计的影响,在对相位差估计的 FFT 法和 DTFT 法进行误差分析的基础上,提出计及负频率的端频信号相位差估计方法,并推导不同类型窗函数下的相位差计算公式。

3.1　频谱分析中的负频率影响

在实际的信号处理中,对信号进行截短是不可避免的。将一个无限长的信号截短,最简单的方法是用一个窗函数去乘该信号。常见的窗函数包括矩形窗、三角窗、汉宁(Hanning)窗、汉明(Hamming)窗、布莱克曼(Blackman)窗、凯塞(Kaiser)窗、切比雪夫(Chebyshev)窗、高斯(Gauss)窗等。其中,矩形窗是最简单的窗函数,对信号的自然截短就意味着使用了矩形窗,窗的宽度即是信号的长度。

图 3 - 1(a)所示为单一频率正弦信号加矩形窗后得到的幅度频谱。图中,区间$(0,2\pi)$为信号的真实谱图,区间$(-2\pi,0)$为频谱的周期延拓。区间$(0,\pi)$包含信号的真实频率,称为正频率区间;区间$(-\pi,0)$和$(\pi,2\pi)$分别是正频率区间关于 $\omega=0$ 和 $\omega=\pi$ 对称的频谱镜像,称为负频率区间。

正频率区间的谱峰 A 反映了信号的真实频率,但由于加窗所造成的频谱泄漏,负频率区间的谱峰 A'的旁瓣会延伸到正频率区间,并叠加到谱峰 A 的主瓣和旁瓣上,造成旁瓣干涉。当谱峰 A 位于区间$(0,\pi)$的中点时,即当信号频率等于奈奎斯特频率的 1/2(即采样频率的 1/4)时,旁瓣干涉最小;当谱峰 A 靠近$(0,\pi)$的两端时,即当信号频率较低或接近奈奎斯特频率时,旁瓣干涉迅速增大;当谱峰 A 的位置十分接近 $\omega=0$ 或 $\omega=\pi$ 时,谱峰 A 与 A'的主瓣将会发生部分重叠,造成主瓣干涉,分别如图 3 - 1(b)和图 3 - 1(c)所示。此时,如果仍采用常规方法进行频谱分析,将会造成很大误差,甚至无法分析。

同样,在对密集频率成分信号进行频谱分析时,也存在负频率谱线干涉的问题。此外,通过选择旁瓣较低的窗函数(如汉宁窗、汉明窗等),可以有效降低旁瓣干涉,但由于主瓣变宽,当信号频率很低或接近奈奎斯特频率时,更容易发生主瓣干涉。

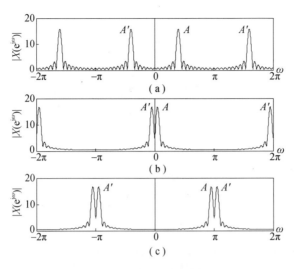

图 3 - 1　单一频率正弦信号的幅度频谱

　　综上所述,在进行频谱分析时,当信号频率接近奈奎斯特频率的一半时,负频率成分的影响可以忽略不计;而当信号频率很低或接近奈奎斯特频率时,就必须考虑负频率成分的影响。课题组将上述特征频率位于频谱$(0,\pi)$两端(频率接近一个 DFT 频率分辨率或接近奈奎斯特频率)的信号统称为"极端频率信号",简称"端频信号"。当信号频率接近一个 DFT 频率分辨率时,称为"极端低频信号";当信号频率接近奈奎斯特频率时,称为"极端高频信号"。

3.2　计及负频率的端频信号离散频谱校正方法

　　3.1 节分析了频谱中负频率的影响,为提高端频信号的离散频谱校正精度,本节分别针对极端低频信号和极端高频信号,提出了两种计及负频率影响的离散频谱校正方法。

3.2.1　极端低频信号的离散频谱校正方法

　　基于布莱克曼窗,利用局部谱峰附近的三条谱线,推导了频率、幅值和相位校正公式。

　　1) 基本思想

　　该方法的基本思想是利用布莱克曼窗滚降率大、频谱泄漏较小的特点,首先建立极端低频信号的频谱模型并进行加窗处理,同时对窗函数变形,接着建立包含正负频率贡献的离散频谱校正模型,然后基于窗函数性质,选择局部谱峰附近的三条谱线建立方程组,通过方程组的求解获得待测频率,最后利用待测频率进行幅值和相位校正。

2）频谱模型

设极端低频信号 $x(t)$ 的数学模型如下：

$$x(t) = A\cos(\omega_0 t + \varphi_0) + D \tag{3-1}$$

式中：A、ω_0、φ_0、D 分别为信号的幅值、圆频率、初相位及直流分量。

假设信号的观测时长为 T，在 $[0, T]$ 时间段内对信号加布莱克曼窗，求其频谱：

$$X(\omega) = \int_0^T x(t)w(t - T/2)e^{-j\omega t}dt \tag{3-2}$$

式中：$w(t)$ 为布莱克曼窗函数，其表达式为

$$w(t) = 0.42 + 0.5\cos(2\pi t/T) + 0.08\cos(4\pi t/T) \tag{3-3}$$

将式（3-1）代入式（3-2），可得

$$X(\omega) = \int_0^T [A\cos(\omega_0 t + \varphi_0) + D]w(t - T/2)e^{-j\omega t}dt \tag{3-4}$$

由时间位移特性，可得

$$X(\omega) = A\int_{-T/2}^{T/2} \cos[\omega_0(t + T/2) + \varphi_0]w(t)e^{-j\omega(t+T/2)}dt + D\int_{-T/2}^{T/2} w(t)e^{-j\omega(t/T/2)}dt \tag{3-5}$$

根据欧拉公式，有

$$X(\omega) = \frac{A}{2}\int_{-T/2}^{T/2} e^{j\omega_0(t+T/2)+j\varphi_0}w(t)e^{-j\omega(t+T/2)}dt$$
$$+ \frac{A}{2}\int_{-T/2}^{T/2} e^{-j\omega_0(t+T/2)-j\varphi_0}w(t)e^{-j\omega(t+T/2)}dt + D\int_{-T/2}^{T/2} w(t)e^{-j\omega(t+T/2)}dt \tag{3-6}$$

进一步整理，可得

$$X(\omega) = \frac{A}{2}e^{-j(\omega-\omega_0)T/2+j\varphi_0 0}W(\omega - \omega_0)$$
$$+ \frac{A}{2}e^{-j(\omega+\omega_0)T/2-j\varphi_0}W(\omega + \omega_0) + DW(\omega - T/2) \tag{3-7}$$

式中：$W(\omega)$ 为布莱克曼窗谱，其表达式为

$$W(\omega) = 0.42\frac{\sin(\omega T/2)}{\omega/2} + 0.25\left[\frac{\sin(\omega+2\pi/T)T/2}{(\omega+2\pi/T)/2} + \frac{\sin(\omega-2\pi/T)T/2}{(\omega-2\pi T)/2}\right]$$
$$+ 0.04\left[\frac{\sin(\omega+4\pi/T)T/2}{(\omega+4\pi/T)/2} + \frac{\sin(\omega-4\pi/T)T/2}{(\omega-4\pi/T)/2}\right] \tag{3-8}$$

式（3-8）可改写为

$$W(\omega) = \frac{N(\omega)}{M(\omega)} \tag{3-9}$$

式中

$$M(\omega) = \omega\left[\omega^2 - (2\pi/T)^2\right]\left[\omega^2 - (4\pi/T)^2\right] \qquad (3-10)$$

$$N(\omega) = 0.84\sin\left(\frac{\omega T}{2}\right) \times \left[\omega^2 - \left(\frac{2\pi}{T}\right)^2\right]\left[\omega^2 - \left(\frac{4\pi}{T}\right)^2\right]$$

$$+ 0.5\sin\left[\frac{T}{2}\left(\omega + \frac{2\pi}{T}\right)\right] \times \omega\left(\omega - \frac{2\pi}{T}\right)\left[\omega^2 - \left(\frac{4\pi}{T}\right)^2\right]$$

$$+ 0.5\sin\left[\frac{T}{2}\left(\omega - \frac{2\pi}{T}\right)\right] \times \omega\left(\omega + \frac{2\pi}{T}\right)\left[\omega^2 - \left(\frac{4\pi}{T}\right)^2\right]$$

$$+ 0.08\sin\left[\frac{T}{2}\left(\omega + \frac{4\pi}{T}\right)\right] \times \omega\left(\omega - \frac{4\pi}{T}\right)\left[\omega^2 - \left(\frac{2\pi}{T}\right)^2\right]$$

$$+ 0.08\sin\left[\frac{T}{2}\left(\omega - \frac{4\pi}{T}\right)\right] \times \omega\left(\omega + \frac{4\pi}{T}\right)\left[\omega^2 - \left(\frac{2\pi}{T}\right)^2\right] \qquad (3-11)$$

令

$$Z(\omega) = \mathrm{e}^{-\mathrm{j}\omega T/2} N(\omega) \qquad (3-12)$$

式中：$\mathrm{e}^{-\mathrm{j}\omega T/2}$ 表示积分区间平移。

设 ω_1、ω_2、ω_3 为谱峰附近的三条谱线，k_1、k_2、k_3 为谱线号，则根据式（3-12），有

$$\begin{cases} Z(\omega_1 - \omega_0) = Z(\omega_2 - \omega_0) = Z(\omega_3 - \omega_0) & (3-13) \\ Z(\omega_k) = 0 & (3-14) \end{cases}$$

式（3-13）、式（3-14）证明如下：

证明：信号在 $[0,T]$ 时间段内截断，频率分辨率为

$$\Delta\omega = 2\pi/T \qquad (3-15)$$

则局部谱峰附近的三条谱线 ω_1、ω_2、ω_3 及原信号频率可表示为

$$\omega_1 = k_1\Delta\omega, \omega_2 = k_2\Delta\omega, \omega_3 = k_3\Delta\omega, \omega_0 = k_0\Delta\omega \qquad (3-16)$$

由式（3-12）、式（3-15）和式（3-16），可得

$$Z(\omega_1 - \omega_0) = \mathrm{e}^{-\mathrm{j}(\omega_1-\omega_0)T/2} N(\omega_1 - \omega_0) = \mathrm{e}^{-\mathrm{j}(k_1-k_0)\Delta\omega T/2} N((k_1-k_0)\Delta\omega)$$

$$= \mathrm{e}^{-\mathrm{j}(k_1-k_0)\pi} N((k_1-k_0)2\pi/T) \qquad (3-17)$$

由式（3-11）知，$N(\omega)$ 由 5 个算式叠加，得到

$$N(\omega) = N_1(\omega) + N_2(\omega) + N_3(\omega) + N_4(\omega) + N_5(\omega) \qquad (3-18)$$

式中

$$N_1(\omega) = 0.84\sin\left(\frac{\omega T}{2}\right) \times \left[\omega^2 - \left(\frac{2\pi}{T}\right)^2\right]\left[\omega^2 - \left(\frac{4\pi}{T}\right)^2\right] \qquad (3-19)$$

$$N_2(\omega) = 0.5\sin\left[\frac{T}{2}\left(\omega + \frac{2\pi}{T}\right)\right] \times \omega\left(\omega - \frac{2\pi}{T}\right)\left[\omega^2 - \left(\frac{4\pi}{T}\right)^2\right] \qquad (3-20)$$

依此类推,可得

$$N_1(\omega_1 - \omega_0) = 0.84\sin\left(\frac{(\omega_1 - \omega_0)T}{2}\right)$$

$$\times\left[(\omega_1 - \omega_0)^2 - \left(\frac{2\pi}{T}\right)^2\right]\left[(\omega_1 - \omega_0)^2 - \left(\frac{4\pi}{T}\right)^2\right]$$

$$= 0.84\sin((k_1 - k_0)\pi)$$

$$\times\left[(k_1 - k_0)^2\left(\frac{2\pi}{T}\right)^2 - \left(\frac{2\pi}{T}\right)^2\right]\left[(k_1 - k_0)^2\left(\frac{2\pi}{T}\right)^2 - \left(\frac{4\pi}{T}\right)^2\right]$$

$$= \left[0.84\sin(k_1\pi)\cos(k_0\pi) - 0.84\cos(k_1\pi)\sin(k_0\pi)\right]\Delta$$

$$= -0.84\sin(k_0\pi)\Delta \tag{3-21}$$

因为 k_1 为整数,则

$$N_1(\omega_1 - \omega_0) = -0.84\sin(k_0\pi)\Delta \tag{3-22}$$

$$\Delta = \left[(k_1 - k_0)^2\left(\frac{2\pi}{T}\right)^2 - \left(\frac{2\pi}{T}\right)^2\right]\left[(k_1 - k_0)^2\left(\frac{2\pi}{T}\right)^2 - \left(\frac{4\pi}{T}\right)^2\right] \tag{3-23}$$

同理

$$N_2(\omega_1 - \omega_0) = 0.05\sin((k_1 - k_0)\pi + \pi)\Delta = 0.05\sin(k_0\pi)\Delta \tag{3-24}$$

依此方法可证得 $N_3(\omega)$、$N_4(\omega)$、$N_5(\omega)$ 为定值,与 ω_0 的取值密切相关,且其符号随 k_1 的取值不同而变换。

对于 $Z(\omega)$ 的前半部分: $\mathrm{e}^{-\mathrm{j}(\omega_1 - \omega_0)T/2} = \mathrm{e}^{-\mathrm{j}(k_1 - k_0)\pi}$,同样,其大小不变,符号随 k_1 的取值不同而变换。

综合上述方法即可证明

$$Z(\omega_1 - \omega_0) = Z(\omega_2 - \omega_0) = Z(\omega_3 - \omega_0) \text{ 为定值}。$$

当 k 为整数时,对于谱线 ω_k,有

$$N(\omega_k) = \sin(k\pi)\Delta' = 0 \tag{3-25}$$

从而

$$Z(\omega_k) = 0$$

3) 频率校正

令

$$S(\omega) = \mathrm{e}^{\mathrm{j}\varphi_0}Z(\omega) \tag{3-26}$$

$$Q(\omega) = \mathrm{e}^{-\mathrm{j}\varphi_0}Z(\omega) \tag{3-27}$$

选择局部谱峰附近的三条谱线 ω_1、ω_2、ω_3,设 ω_0' 表示待测信号频率 ω_0 的估计值,则由式(3-13),可得

$$\begin{cases} S(\omega_1 - \omega_0') = S(\omega_2 - \omega_0') = S(\omega_3 - \omega_0') & (3-28) \\ Q(\omega_1 - \omega_0') = Q(\omega_2 - \omega_0') = Q(\omega_3 - \omega_0') & (3-29) \end{cases}$$

则 S、Q 满足下式所示三元方程组,其中 ω_0' 表示待测频率 ω_0 的估计值,即

$$\begin{cases} \dfrac{1}{M(\omega_1 - \omega_0')}S + \dfrac{1}{M(\omega_1 + \omega_0')}Q - X(\omega_1) = 0 \\[3mm] \dfrac{1}{M(\omega_2 - \omega_0')}S + \dfrac{1}{M(\omega_1 + \omega_0')}Q - X(\omega_2) = 0 \\[3mm] \dfrac{1}{M(\omega_3 - \omega_0')}S + \dfrac{1}{M(\omega_3 + \omega_0')}Q - X(\omega_3) = 0 \end{cases} \qquad (3-30)$$

方程组(3-30)可视为关于 S、Q 的非齐次线性方程组,其存在非零解的条件是系数行列式的值为零,即

$$\begin{vmatrix} \dfrac{1}{M(\omega_1 - \omega_0')} & \dfrac{1}{M(\omega_1 + \omega_0')} & X(\omega_1) \\[3mm] \dfrac{1}{M(\omega_2 - \omega_0')} & \dfrac{1}{M(\omega_2 + \omega_0')} & X(\omega_1) \\[3mm] \dfrac{1}{M(\omega_3 - \omega_0')} & \dfrac{1}{M(\omega_3 + \omega_0')} & X(\omega_1) \end{vmatrix} = 0 \qquad (3-31)$$

令

$$f_M = M(\omega_1 - \omega_0')M(\omega_2 - \omega_0')M(\omega_3 - \omega_0')M(\omega_1 + \omega_0')M(\omega_2 + \omega_0')M(\omega_3 + \omega_0')$$
$$(3-32)$$

$$f_N = M(\omega_1 - \omega_0')M(\omega_2 - \omega_0')M(\omega_1 + \omega_0')M(\omega_2 + \omega_0')X(\omega_1) + M(\omega_1 - \omega_0')$$
$$M(\omega_3 - \omega_0')M(\omega_1 + \omega_0')M(\omega_3 + \omega_0')X(\omega_1) - M(\omega_1 - \omega_0')M(\omega_2 - \omega_0')$$
$$M(\omega_2 + \omega_0')M(\omega_3 + \omega_0')X(\omega_2) + M(\omega_2 - \omega_0')M(\omega_3 - \omega_0')M(\omega_1 + \omega_0')$$
$$M(\omega_2 + \omega_0')X(\omega_2) + M(\omega_1 - \omega_0')M(\omega_3 - \omega_0')M(\omega_2 + \omega_0')M(\omega_3 + \omega_0')$$
$$X(\omega_3) - M(\omega_2 - \omega_0')M(\omega_3 - \omega_0')M(\omega_1 + \omega_0')M(\omega_3 + \omega_0')X(\omega_3) \quad (3-33)$$

则由行列式(3-31)可得到关于 ω_0' 的函数,即

$$f(\omega_0') = \frac{f_N}{f_M} = 0 \qquad (3-34)$$

联立式(3-7)、式(3-8)、式(3-33)、式(3-34),可求得待测频率 ω_0'。

在仿真实验中,ω_0' 的求解可利用 MATLAB 工具中的 fzero 函数求得。

4)幅值和相位校正

频率的校正精度对幅值和相位校正有决定性影响。在求得 ω_0' 的基础上,选择 ω_0' 附近最高的一条谱线 ω_m,利用 $X(\omega_m)$ 进行幅值和相位校正。

根据式(3-6),可得

$$X(\omega_m) = \frac{A}{2}e^{-j(\omega_m - \omega_0')T/2 + j\varphi_0}W(\omega - \omega_0') + \frac{A}{2}e^{-j(\omega_m + \omega_0')T/2 - j\varphi_0}W(\omega + \omega_0')$$

$$(3-35)$$

令 $Y(\omega) = e^{-j\omega T/2}W(\omega)$,则

$$X(\omega_m) = \frac{A}{2} \left[e^{j\varphi_0} Y(\omega_m - \omega_0') + e^{-j\varphi_0} Y(\omega_m + \omega_0') \right] \qquad (3-36)$$

$$X^*(\omega_m) = \frac{A}{2} \left[e^{-j\varphi_0} Y^*(\omega_m - \omega_0') + e^{j\varphi_0} Y^*(\omega_m + \omega_0') \right] \qquad (3-37)$$

联立式(3-36)、式(3-37),可得

$$\frac{A e^{j\varphi_0}}{2} = \frac{Y^*(\omega_m - \omega_0') X(\omega_m) - Y(\omega_m + \omega_0') X^*(\omega_m)}{|Y(\omega_m - \omega_0')|^2 - |Y(\omega_m + \omega_0')|^2} \qquad (3-38)$$

进而可得幅值校正公式:

$$A' = \frac{2Y^*(\omega_m - \omega_0') X(\omega_m) - 2Y(\omega_m + \omega_0') X^*(\omega_m)}{e^{j\varphi_0} |Y(\omega_m - \omega_0')|^2 - |Y(\omega_m + \omega_0')|^2} \qquad (3-39)$$

相位校正公式:

$$\varphi_0' = \frac{1}{m} \ln \frac{2Y^*(\omega_m - \omega_0') X(\omega_m) - 2Y(\omega_m + \omega_0') X^*(\omega_m)}{A |Y(\omega_m - \omega_0')|^2 - |Y(\omega_m + \omega_0')|^2} \qquad (3-40)$$

式(3-37)、式(3-38)中,$\omega_m = m\Delta\omega$。

在低频阶段:

① 当 $m \leqslant 1$ 时,取 $\omega_1 = \omega_3$,ω_2 为极大值谱线;

② 当 $1 < m < 3$ 时,有 $|Y(\omega_m - \omega_0')| \gg |Y(\omega_m + \omega_0')|$;

③ 当 $m \geqslant 3$ 时,根据布莱克曼窗的幅值谱特性,$Y(\omega_m + \omega_0')$ 随着 m 的增大很快趋近于零。

3.2.2 极端高频信号的离散频谱校正方法

该方法依据离散频谱的周期性,将极端高频信号变形为沿频率轴正负方向传播的波形叠加,加布莱克曼窗处理后利用局部谱峰附近的三条谱线推导频率、幅值和相位的校正公式。

1) 基本思想

首先建立极端高频信号的频谱模型并进行加窗处理,根据离散频谱的周期性,将极端高频信号表示为沿频率轴正反方向传播的波形叠加;然后建立包含正负频率贡献的离散频谱校正模型,依据窗函数性质对其变形,选择局部谱峰附近的三条谱线建立近似线性方程组,通过方程组的求解获得待测频率;最后利用待测频率进行幅值和相位校正。

2) 频谱模型

设极端高频信号 $x(t)$ 的数学模型为

$$x(t) = A\cos(\omega_0 t + \varphi_0) + D \qquad (3-41)$$

式中:A、ω_0、φ_0、D 分别为信号的幅值、圆频率、初相位和直流分量。

根据信号周期性,设 β 为正整数,式(3-41)具有如下性质:

$$y(t) = A\cos\left[(\omega_0 + \beta 2\pi N)t + \varphi_0\right] + D = x(t) \tag{3-42}$$

假设信号的观测时长为 T，在 $[0, T]$ 时间段内对信号加布莱克曼窗，求其频谱：

$$X(\omega) = \int_0^T x(t)w(t - T/2)e^{-j\omega t}dt \tag{3-43}$$

式中：$w(t)$ 为布莱克曼窗函数，其表达式为

$$w(t) = 0.42 + 0.5\cos(2\pi t/T) + 0.08\cos(4\pi t/T) \tag{3-44}$$

将式(3-41)代入式(3-43)，可写成

$$X(\omega) = \int_0^T \left[A\cos(\omega_0 t + \varphi_0) + D\right]w(t - T/2)e^{-j\omega T}dt \tag{3-45}$$

由时间位移特性，可得

$$X(\omega) = A\int_{-T/2}^{T/2} \cos\left[\omega_0(t + T/2) + \varphi_0\right]w(t)e^{-j\omega(t+T/2)}dt$$
$$+ D\int_{-T/2}^{T/2} w(t)e^{-j\omega(t+T/2)}dt \tag{3-46}$$

令 $D = 0$（隔直处理），根据欧拉公式，有

$$X(\omega) = \frac{A}{2}\int_{-T/2}^{T/2} e^{-j\omega_0(t+T/2)-j\varphi_0}w(t)e^{-j\omega(t+T/2)}dt$$
$$+ \frac{A}{2}\int_{-T/2}^{T/2} e^{j\omega_0(t+T/2)+j\varphi_0}w(t)e^{-j\omega(t+T/2)}dt \tag{3-47}$$

根据式(3-42)性质，有

$$X(\omega) = \frac{A}{2}\int_{-T/2}^{T/2} e^{-j(\omega_0+\beta_1 2\pi N)(t+T/2)-j\varphi_0}w(t)e^{-j\omega(t+T/2)}dt$$
$$+ \frac{A}{2}\int_{-T/2}^{T/2} e^{j(\omega_0+\beta_2 2\pi N)(t/T/2)+j\varphi_0}w(t)e^{-j\omega(t+T/2)}dt \tag{3-48}$$

整理可得

$$X(\omega) = \frac{A}{2}\int_{-T/2}^{T/2} e^{-j(\omega+\omega_0)(t/T/2)-j(\varphi_0+\beta_1+2\pi N)}w(t)dt$$
$$+ \frac{A}{2}\int_{-T/2}^{T/2} e^{-j(\omega-\omega_0)(t+T/2)+j(\varphi_0++\beta_2 2\pi N)}w(t)dt \tag{3-49}$$

再次利用式(3-42)性质，可得

$$X(\omega) = \frac{A}{2}\int_{-T/2}^{T/2} e^{-j(\omega+\omega_0+\beta_3 2\pi N)(t+T/2)-j(\varphi_0+\beta_1 2\pi N)}w(t)dt$$
$$+ \frac{A}{2}\int_{-T/2}^{T/2} e^{-j(\omega-\omega_0+\beta_4 2\pi N)(t+T/2)+j(\varphi_0+\beta_2 2\pi N)}w(t)dt \tag{3-50}$$

式(3-50)所表示的离散频谱可看作以 $\omega = -\beta_3 2\pi N$ 和 $\omega = -\beta_4 2\pi N$ 为起点，沿频率轴正负方向传播的波形叠加，通常取 $[0, N/2]$ 区间进行频谱分析，故取 $\beta_1 =$

$\beta_2 = \beta_4 = 0$,则式(3 - 50)可改写为

$$X(\omega) = \frac{A}{2} \int_{-T/2}^{T/2} e^{-j(\omega + \omega_0 + \beta_3 2\pi N)(t + T/2) - j\varphi_0} w(t) dt$$

$$+ \frac{A}{2} \int_{-T/2}^{T/2} e^{-j(\omega - \omega_0)(t + T/2) + j\varphi_0} w(t) dt \tag{3 - 51}$$

$$谱线号: k = \frac{\omega}{\Delta \omega} + \beta_3 N \tag{3 - 52}$$

当待测频率接近奈奎斯特频率(采样频率的 1/2 时),为极端高频信号,谱线区间为 $[N/4, N/2]$,取 $\beta_3 = -1$。

将 $\beta_3 = -1$ 代入式(3 - 51),可得

$$X(\omega) = \frac{A}{2} \int_{-T/2}^{T/2} e^{-j(\omega + \omega_0 - 2\pi N)(t + T/2) - j\varphi_0} w(t) dt + \frac{A}{2} \int_{-T/2}^{T/2} e^{-j(\omega - \omega_0)(t + T/2) + j\varphi_0} w(t) dt$$

$$= \frac{A}{2} e^{-jT/2 - j\varphi_0} W(\omega + \omega_0 - 2\pi N) + \frac{A}{2} e^{-jT/2 + j\varphi_0} W(\omega - \omega_0) \tag{3 - 53}$$

式中: $W(\omega)$ 为布莱克曼窗谱,其表达式为

$$W(\omega) = 0.42 \frac{\sin(\omega T/2)}{\omega/2} + 0.25 \left[\frac{\sin(\omega + 2\pi/T) T/2}{(\omega + 2\pi/T)/2} + \frac{\sin(\omega - 2\pi/T) T/2}{(\omega - 2\pi/T)/2} \right]$$

$$+ 0.04 \left[\frac{\sin(\omega + 4\pi/T) T/2}{(\omega + 4\pi/T)/2} + \frac{\sin(\omega - 4\pi/T) T/2}{(\omega - 4\pi/T)/2} \right] \tag{3 - 54}$$

3) 频率校正

选择 $[N/4, N/2]$ 区间局部谱峰附近的三条谱线 $\omega_1, \omega_2, \omega_3$,根据式(3 - 54),容易验证

$$W(\omega_1 - \omega_0) = W(\omega_2 - \omega_0) = W(\omega_3 - \omega_0) \tag{3 - 55}$$

将式(3 - 54)改写为

$$W(\omega) = \frac{N(\omega)}{M(\omega)} \tag{3 - 56}$$

式中

$$M(\omega) = \omega \left[\omega^2 - (2\pi/T)^2 \right] \left[\omega^2 - (4\pi/T)^2 \right] \tag{3 - 57}$$

$$N(\omega) = 0.84 \sin\left(\frac{\omega T}{2}\right) \times \left[\omega^2 - \left(\frac{2\pi}{T}\right)^2 \right] \left[\omega^2 - \left(\frac{4\pi}{T}\right)^2 \right]$$

$$+ 0.5 \sin\left[\frac{T}{2}\left(\omega + \frac{2\pi}{T}\right) \right] \times \omega\left(\omega - \frac{2\pi}{T}\right) \left[\omega^2 - \left(\frac{4\pi}{T}\right)^2 \right]$$

$$+ 0.5 \sin\left[\frac{T}{2}\left(\omega - \frac{2\pi}{T}\right) \right] \times \omega\left(\omega + \frac{2\pi}{T}\right) \left[\omega^2 - \left(\frac{4\pi}{T}\right)^2 \right]$$

$$+0.08\sin\left[\frac{T}{2}\left(\omega+\frac{4\pi}{T}\right)\right]\times\omega\left(\omega-\frac{4\pi}{T}\right)\left[\omega^2-\left(\frac{2\pi}{T}\right)^2\right]$$

$$+0.08\sin\left[\frac{T}{2}\left(\omega-\frac{4\pi}{T}\right)\right]\times\omega\left(\omega+\frac{4\pi}{T}\right)\left[\omega^2-\left(\frac{2\pi}{T}\right)^2\right] \quad (3-58)$$

令

$$S=\mathrm{e}^{\mathrm{j}\varphi_0}\mathrm{e}^{-\mathrm{j}\omega T/2}N(\omega_k-\omega_0) \quad (3-59)$$

$$Q=\mathrm{e}^{-\mathrm{j}\varphi_0}\mathrm{e}^{-\mathrm{j}\omega T/2}N(\omega_k+\omega_0-2\pi N) \quad (3-60)$$

根据前面所选择的三条谱线 ω_1、ω_2、ω_3，其幅值满足下式所示三元方程组，其中 ω_0' 表示待测频率 ω_0 的估计值，即

$$\begin{cases} \dfrac{1}{M(\omega_1-\omega_0')}S+\dfrac{1}{M(\omega_1+\omega_0'-2\pi N)}Q-X(\omega_1)=0 \\[2mm] \dfrac{1}{M(\omega_2-\omega_0')}S+\dfrac{1}{M(\omega_2+\omega_0'-2\pi N)}Q-X(\omega_2)=0 \\[2mm] \dfrac{1}{M(\omega_3-\omega_0')}S+\dfrac{1}{M(\omega_3+\omega_0'-2\pi N)}Q-X(\omega_3)=0 \end{cases} \quad (3-61)$$

方程组（3-61）可视为关于 S、Q 的非齐次线性方程组，其存在非零解的条件是系数行列式的值为零，即

$$\begin{vmatrix} \dfrac{1}{M(\omega_1-\omega_0')} & \dfrac{1}{M(\omega_1+\omega_0'-2\pi N)} & X(\omega_1) \\[2mm] \dfrac{1}{M(\omega_2-\omega_0')} & \dfrac{1}{M(\omega_2+\omega_0'-2\pi N)} & X(\omega_1) \\[2mm] \dfrac{1}{M(\omega_3-\omega_0')} & \dfrac{1}{M(\omega_3+\omega_0'-2\pi N)} & X(\omega_1) \end{vmatrix}=0 \quad (3-62)$$

行列式（3-62）中，ω_0' 为唯一未知量，可化为关于 ω_0' 的方程，对 $f(\omega_0')=0$ 进行求解，即可获得 ω_0'。

在仿真实验中，ω_0' 的求解可利用 MATLAB 中的 fzero 函数求得。

4）幅值和相位校正

幅值和相位校正精度取决于频率校正精度。在求得 ω_0' 的基础上，选择 ω_0' 附近最高的一条谱线 ω_m，利用 $X(\omega_m)$ 进行幅值和相位校正。

根据式（3-51），可得

$$X(\omega_m)=\frac{A}{2}\mathrm{e}^{-\mathrm{j}(\omega_m-\omega_0')T/2+\mathrm{j}\varphi_0}W'(\omega-\omega_0')$$

$$+\frac{A}{2}\mathrm{e}^{-\mathrm{j}(\omega_m+\omega_0'-2\pi N)T/2-\mathrm{j}\varphi_0}W'(\omega+\omega_0'-2\pi N) \quad (3-63)$$

令 $Y(\omega) = \mathrm{e}^{-j\omega T/2} W'(\omega)$，则

$$X(\omega_m) = \frac{A}{2} \mathrm{e}^{j\varphi_0} Y(\omega_m - \omega_0') + \frac{A}{2} \mathrm{e}^{-j\varphi_0} Y(\omega_m + \omega_0' - 2\pi N) \qquad (3-64)$$

$$X^*(\omega_m) = \frac{A}{2} \left[\mathrm{e}^{-j\varphi_0} Y^*(\omega_m - \omega_0') + \mathrm{e}^{j\varphi_0} Y^*(\omega_m + \omega_0') \right] \qquad (3-65)$$

联立式(3-64)、式(3-65)，可得

$$\frac{A\mathrm{e}^{j\varphi_0}}{2} = \frac{Y^*(\omega_m - \omega_0') X(\omega_m) - Y(\omega_m + \omega_0' - 2\pi N) X^*(\omega_m)}{|Y(\omega_m - \omega_0')|^2 - |Y(\omega_m + \omega_0' - 2\pi N)|^2} \qquad (3-66)$$

式(3-66)即为幅值和相位校正公式，式中 $\omega_m = m\Delta\omega$。

3.2.3 实验验证

采用单一频率实正弦信号叠加高斯白噪声，对本节给出的端频信号离散频谱校正法进行了仿真验证。由于极端低频信号和极端高频信号的离散频谱校正法的仿真结果类似，为节省篇幅，这里仅给出极端低频信号的离散频谱校正法的仿真结果。

仿真信号按下式产生：

$$x(t) = A\cos(\omega_0 t + \varphi_0) + D + B \qquad (3-67)$$

式中：D 为信号的直流分量；B 为高斯白噪声。

采用频段内扫描的方式对校正公式进行验证。幅值和初相设为固定值，频率根据样本中包含的 CiR 数量而变化。设定一个起始频率和终止频率，采用一定的频率变化步长对该频段内的频率进行扫描，根据频率校正公式(3-34)获得校正频率，而后考察校正频率和原始频率的误差。有关实验参数设置如表 3-1 所列。

表 3-1 仿真实验参数设置

参数名	设定值	参数名	设定值
幅值	$A = 1$	起始频率	$0.5/T$
相位	$\varphi_0 = 26°$	扫描步长	$0.02/T$
采样间隔	$\Delta t = 1$	终止频率	$10/T$
采样频率	$f_s = 1024\mathrm{Hz}$	作谱点数	$N = 1024$

仿真结果如图 3-2 至图 3-5 所示。由图 3-2 可知：SNR = -5dB 噪声条件下，比值校正法和相位差校正法的仿真结果十分接近，易受噪声干扰，校正频率的误差曲线均有较多的"毛刺"现象。本节方法也受到一定的干扰，但频率误差要明显低于比值校正法和相位差校正法，较好地控制在 $0.3\Delta\omega$ 以内，表明本节方法具有较好的抗噪声性能。

图 3-3 所示为噪声条件下本节方法的幅值校正相对误差。由图 3-3 可知，随着待测频率的增大，幅值校正相对误差呈降低的趋势。当极端低频区间超过 3

个频率分辨率时,本节方法的幅值校正抗噪声性能与比值校正法接近。但在 3 个频率分辨率以内,本节方法的幅值校正抗噪声性能要略优于比值校正法。

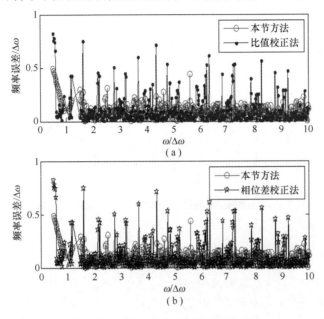

图 3 - 2　噪声条件下的频率校正误差
(a)与比值校正法的比较;(b)与相位差校正法的比较。

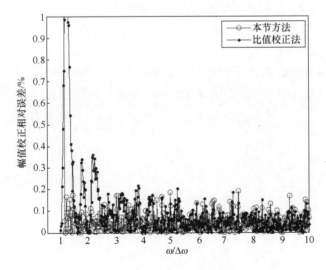

图 3 - 3　噪声条件下的幅值校正相对误差

SNR = -5dB 噪声条件下的相位校正相对误差如图 3 - 4 所示。由图 3 - 4 可知,初相 φ_0 = 25°时,相位差校正法的相位校正相对误差主体控制在 3% 以内,但相对误差在部分频点出现了跳变点,误差接近 6% ,其原因是相位差校正法中用到的相位信息对噪声较为敏感,本节方法的误差上限不超过 2.6% ,本节方法的相位校正效果要优于相位差校正法。

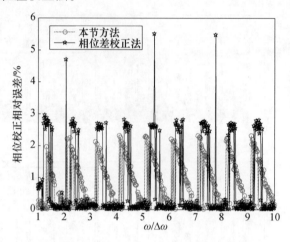

图 3 - 4   噪声条件下的相位校正相对误差($\varphi_0 = 25°$)

为进一步测试本节方法的抗噪性能,设置了不同的信噪比条件,针对极端低频区间的不同频点进行蒙特卡罗独立实验。图 3 - 5 所示为待测频率 $1.5\Delta\omega$,每一种信噪比条件进行 1000 次蒙特卡罗独立实验所得的频率校正均方根误差。由图 3 - 5可知,随着信噪比的线性递增,FFT 法、相位差校正法、比值校正法和本节方法的 RMSE 不断降低,且本节方法的 RMSE 显著低于其他三种方法。在不同的信噪比条件下,FFT 法 RMSE 始终是最大的,插值方向错误是其主要的原因之一。当信噪比 SNR < -5dB 时,相位差校正法的 RMSE 显著增大,要高于比值校正法和本节方法,主要原因是相位差校正法中的相位信息对噪声敏感。当 SNR > -5dB 时,相位差校正法、比值校正法和本节方法的 RMSE 逐渐接近,但本节方法始终是

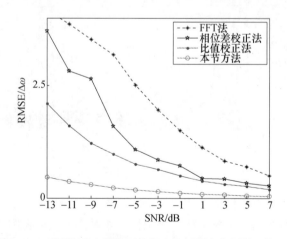

图 3 - 5   不同信噪比条件下的频率校正均方根误差(RMSE)

最低的。蒙特卡罗独立实验从一定程度上体现了本节方法在抗噪声干扰方面的优越性。

3.3 基于 FFT 的端频信号相位差估计方法

为进一步探讨负频率成分对相位差估计的影响,本节针对相位差估计中应用较多的 FFT 法进行了研究,在对 FFT 法误差分析的基础上,提出了基于 FFT 的计及负频率的端频信号相位差估计方法,并推导了不同类型窗函数下的相位差计算公式。

3.3.1 FFT 法测量原理及误差分析

1)测量原理

在各种基于 DFT 频谱分析的相位差估计方法中,最简单和最基本的方法就是 FFT 法,即通过 FFT 得到两路同频信号的离散频谱,分别求出其在最大谱线处的相位,相减之后得到两路信号的相位差。

设观测信号为两路单一频率的实正弦信号为

$$\begin{cases} s_1(t) = A_1\cos(2\pi f_0 t + \theta_1) \\ s_2(t) = A_2\cos(2\pi f_0 t + \theta_2) \end{cases} \tag{3-68}$$

式中:A_1、A_2 为信号幅度;f_0 为信号频率;θ_1、θ_2 为信号初相。不失一般性,f_0 可表示为

$$f_0 = (k_0 + \delta) \cdot f_d \tag{3-69}$$

式中:k_0 为整数;δ 为泄漏误差系数,$|\delta| \leqslant 0.5$;f_d 为频率分辨率,$f_d = f_s/N$;f_s 为采样频率,$f_s \geqslant 2f_0$;N 为采样点数。

以 f_s 同时对两路信号进行采样,得到采样序列

$$\begin{cases} s_1(n) = A_1\cos[2\pi(k_0 + \delta) \cdot n/N + \theta_1] \\ s_2(n) = A_2\cos[2\pi(k_0 + \delta) \cdot n/N + \theta_2] \\ n = 0,1,\cdots,N-1 \end{cases} \tag{3-70}$$

对 $s_1(n)$ 进行 FFT,得到离散频谱 $S_1(k)$($k=0,1,\cdots,N-1$),则 $S_1(k)$ 在 $k = k_0$ 处具有最大谱线。由 DFT 的定义,得

$$\begin{aligned} S_1(k_0) &= \sum_{n=0}^{N-1} A_1\cos\left[2\pi(k_0 + \delta) \cdot \frac{n}{N} + \theta_1\right] \cdot e^{-j\frac{2\pi}{N}nk_0} \\ &= \sum_{n=0}^{N-1} \frac{A_1}{2}\left\{ e^{j[2\pi(k_0+\delta)\cdot\frac{n}{N}+\theta_1]} + e^{-j[2\pi(k_0+\delta)\cdot\frac{n}{N}+\theta_1]} \right\} \cdot e^{-j\frac{2\pi}{N}nk_0} \end{aligned} \tag{3-71}$$

忽略负频率成分,只计算正频率部分,则有

$$S_1(k_0) = \sum_{n=0}^{N-1} \frac{A_1}{2} e^{j[2\pi(k_0+\delta)\cdot\frac{n}{N}+\theta_1]} \cdot e^{-j\frac{2\pi}{N}nk_0} = \frac{A_1}{2} e^{j\theta_1} \cdot \sum_{n=0}^{N-1} e^{j\frac{2\pi}{N}n\delta}$$

$$= \begin{cases} \dfrac{A_1}{2} \cdot \dfrac{\sin(\pi\delta)}{\sin(\pi\delta/N)} \cdot e^{j(\theta_1+\pi\delta-\pi\delta/N)}, \delta \neq 0 \\ \dfrac{A_1}{2} \cdot N \cdot e^{j\theta_1}, \delta = 0 \end{cases} \tag{3-72}$$

用 φ_1 表示 $S_1(k_0)$ 的相位,则 φ_1 可统一表示为

$$\varphi_1 = \theta_1 + \pi\delta - \pi\delta/N \tag{3-73}$$

同理,用 φ_2 表示 $s_2(n)$ 的离散频谱 $S_2(k)$ 在最大谱线 k_0 处的相位,则有

$$\varphi_2 = \theta_2 + \pi\delta - \pi\delta/N \tag{3-74}$$

用 $\Delta\theta$ 表示两路信号之间的相位差,则

$$\Delta\theta = \theta_2 - \theta_1 = \varphi_2 - \varphi_1 \tag{3-75}$$

即两路信号之间的相位差等于其离散频谱在最大谱线处的相位之差,此即为 FFT 法估计相位差的基本原理。

由式(3-73)或式(3-74)还可以看出,直接用 FFT 求信号初相往往存在较大的误差。为此,可采用离散频谱校正方法对求得的信号初相进行校正,以得到准确的信号初相值。目前,国内外常见的离散频谱校正方法主要有比值校正法(内插法)、能量重心校正法、FFT + FT 谱局部细化法和相位差校正法,这些方法通常用于信号频率、幅值及初相的校正。需要指出的是,离散频谱校正方法虽可以对 FFT 求得的信号初相进行校正,但对于两路同频信号,采用离散频谱校正方法得到的初相校正量是相同的,因而相减之后正好抵消,其相位差计算结果与 FFT 法完全相同。因此,一般的离散频谱校正方法并不能直接用于提高相位差的估计精度。

2)高斯白噪声背景下 FFT 法的误差分析

在加性噪声背景下,第一路观测信号的采样序列为

$$r_1(n) = s_1(n) + z_1(n); \quad n = 0,1,\cdots,N-1 \tag{3-76}$$

式中:$s_1(n)$ 为纯正弦信号的采样序列;$z_1(n)$ 是均值为零、方差为 σ_z^2 的实高斯白噪声序列。

$r_1(n)$ 的 N 点 DFT 可表示为

$$R_1(k) = S_1(k) + Z_1(k) = A_k e^{j\varphi_k} + b e^{j\varphi_z}; \quad k = 0,1,\cdots,N-1 \tag{3-77}$$

式中:$S_1(k)$ 为 $s_1(n)$ 的 DFT,A_k 和 φ_k 分别为 $S_1(k)$ 的幅度和相位;$Z_1(k)$ 为 $z_1(n)$ 的 DFT,b 和 φ_z 分别为 $Z_1(k)$ 的幅度和相位。由 DFT 的定义,有

$$Z_1(k) = \sum_{n=0}^{N-1} z_1(n) \cdot e^{-j\frac{2\pi}{N}nk} \tag{3-78}$$

对 $z_1(n)$ 进行 DFT 变换相当于 $z_1(n)$ 通过一个线性系统的输出。由于 $z_1(n)$ 是高斯白噪声,所以 $Z_1(k)$ 也服从高斯分布,其均值和方差分别为

$$E[Z_1(k)] = \sum_{n=0}^{N-1} E[z_1(n)] \cdot e^{-j\frac{2\pi}{N}nk} = 0 \qquad (3-79)$$

$$var[Z_1(k)] = E[|Z_1(k)|^2] = var[z_1[n]] \cdot \sum_{n=0}^{N-1} |e^{-j\frac{2\pi}{N}nk}|^2$$

$$= var[z_1(n)] \cdot N = N\sigma_z^2 \qquad (3-80)$$

根据式(3-78),$Z_1(k)$ 的自相关函数为

$$E[Z_1(k) \cdot Z_1^*(l)] = E\left[\sum_{m=0}^{N-1} z_1(m) e^{-j\frac{2\pi}{N}mk} \cdot \sum_{n=0}^{N-1} z_1(n) e^{j\frac{2\pi}{N}nl}\right]$$

$$= E\left[\sum_{m=0}^{N-1} \sum_{n=0}^{N-1} z_1(m) z_1(n) \cdot e^{j\frac{2\pi}{N}(nl-mk)}\right]$$

$$= \sum_{m=0}^{N-1} \sum_{n=0}^{N-1} E[z_1(m) z_1(n)] \cdot e^{j\frac{2\pi}{N}(nl-mk)} \qquad (3-81)$$

对于白噪声序列 $z_1(n)$,当 $m \neq n$ 时,有 $E[z_1(m)z_1(n)] = 0$,故式(3-81)可简化为

$$E[Z_1(k) \cdot Z_1^*(l)] = \sum_{n=0}^{N-1} E[z_1(n)z_1(n)] \cdot e^{j\frac{2\pi}{N}(l-k)n}$$

$$= \sigma_z^2 \cdot \sum_{n=0}^{N-1} e^{j\frac{2\pi}{N}(l-k)n}$$

$$= \begin{cases} N\sigma_z^2, & l = k \\ 0, & l \neq k \end{cases} \qquad (3-82)$$

可见,对于不同的离散频率 k,虽然 $Z_1(k)$ 是由同一组随机变量线性组合而成,但由于 DFT 基函数的正交特性,$Z_1(k)$ 是不相关的。而对于 $z_1(n)$ 的不同次实现,由于 $z_1(n)$ 本身的不相关性,$Z_1(k)$ 也是不相关的。因此,$Z_1(k)$ 为复高斯白噪声序列。显然,$Z_1(k)$ 的实部 $b\cos\varphi_z$ 和虚部 $b\sin\varphi_z$ 也均为高斯白噪声序列,且有

$$E[b\cos\varphi_z] = E[b\sin\varphi_z] = E[Z_1(k)] = 0 \qquad (3-83)$$

$$var[b\cos\varphi_z] = var[b\sin\varphi_z] = var[Z_1(k)]/2 = N\sigma_z^2/2 \qquad (3-84)$$

在最大谱线 k_0 处,$r_1(n)$ 的 DFT 可表示为

$$R_1(k_0) = S_1(k_0) + Z_1(k_0) = A_{k1} e^{j\varphi_1} + b e^{j\varphi_z} \qquad (3-85)$$

式中:A_{k1} 为 $S_1(k_0)$ 的幅度,由式(3-72),有

$$A_{k1} = \frac{A_1}{2} \cdot \frac{\sin(\pi\delta)}{\sin(\pi\delta/N)} \approx \frac{A_1}{2} N \cdot \mathrm{sinc}\delta \qquad (3-86)$$

φ_1 为 $S_1(k_0)$ 的相位，$\varphi_1 = \theta_1 + \pi\delta - \pi\delta/N$；$\mathrm{sinc}\delta = \sin(\pi\delta)/(\pi\delta)$，称为 sinc 函数。式(3-85)可进一步整理为

$$R_1(k_0) = A_{k1}\mathrm{e}^{\mathrm{j}\varphi_1}\left[1 + \frac{b}{A_{k1}}\mathrm{e}^{\mathrm{j}(\varphi_z - \varphi_1)}\right]$$

$$= A_{k1}\mathrm{e}^{\mathrm{j}\varphi_1}\left[1 + \frac{b}{A_{k1}}\cos(\varphi_z - \varphi_1) + \mathrm{j}\frac{b}{A_{k1}}\sin(\varphi_z - \varphi_1)\right]$$

$$= A_{k1}\sqrt{1 + \left(\frac{b}{A_{k1}}\right)^2 + \frac{2b}{A_{k1}}\cos(\varphi_z - \varphi_1)} \cdot \mathrm{e}^{\mathrm{j}\varphi_1'} \quad (3-87)$$

式中：φ_1' 为 $R_1(k_0)$ 的相位，其表达式为

$$\varphi_1' = \varphi_1 + \arctan\left[\frac{\dfrac{b}{A_{k1}}\sin(\varphi_z - \varphi_1)}{1 + \dfrac{b}{A_{k1}}\cos(\varphi_z - \varphi_1)}\right] \quad (3-88)$$

当信噪比不是特别低时，对于较大的 N，b/A_{k1} 的取值接近或大于 1 的概率极小，在讨论 φ_1' 的方差时可以忽略这种极小概率情况，即可以认为 $b/A_{k1} \ll 1$，于是有

$$\varphi_1' \approx \varphi_1 + \arctan\left[\frac{b}{A_{k1}}\sin(\varphi_z - \varphi_1)\right] \approx \varphi_1 + \frac{b}{A_{k1}}\sin(\varphi_z - \varphi_1) \quad (3-89)$$

式中：b 和 φ_z 为随机变量；A_{k1} 和 φ_1 为非随机变量。

于是式(3-89)可表示为

$$\varphi_1' = \varphi_1 + \varphi_{z1} \quad (3-90)$$

式中：φ_{z1} 为叠加在 φ_1 上的噪声，其表达式为

$$\varphi_{z1} = b\sin(\varphi_z - \varphi_1)/A_{k1} \quad (3-91)$$

显然，φ_{z1} 为高斯白噪声，其均值和方差分别为

$$E[\varphi_{z1}] = E[b\sin\varphi_z\cos\varphi_1 - b\cos\varphi_z\sin\varphi_1]/A_{k1}$$

$$= (E[b\sin\varphi_z]\cos\varphi_1 - E[b\cos\varphi_z]\sin\varphi_1)/A_{k1}$$

$$= 0 \quad (3-92)$$

$$\mathrm{var}[\varphi_{z1}] = \mathrm{var}[b\sin\varphi_z\cos\varphi_1 - b\cos\varphi_z\sin\varphi_1]/A_{k1}^2$$

$$= (\mathrm{var}[b\sin\varphi_z]\cos^2\varphi_1 + \mathrm{var}[b\cos\varphi_z]\sin^2\varphi_1)/A_{k1}^2$$

$$= \frac{N\sigma_z^2/2}{[A_1 \cdot N \cdot \mathrm{sinc}\delta/2]^2} = \frac{1}{N \cdot \mathrm{sinc}^2\delta \cdot \mathrm{SNR}_0} \quad (3-93)$$

式中：SNR_0 为采样序列的信噪比，$\mathrm{SNR}_0 = A_1^2/(2\sigma_z^2)$。

同理,对于第二路观测信号 $r_2(n) = s_2(n) + z_2(n)(n = 0,1,\cdots,N-1)$,设其在最大谱线 k_0 处的 DFT 相位为 φ'_2,则近似有

$$\varphi'_2 = \varphi_2 + \varphi_{z2} \qquad (3-94)$$

式中: $\varphi_2 = \theta_2 + \pi\delta - \pi\delta/N$; φ_{z2} 为叠加在 φ_2 上的噪声。

根据 FFT 法的测量原理,两路信号之间的相位差可由下式求得,即

$$\Delta\theta = \varphi'_2 - \varphi'_1 \qquad (3-95)$$

则 $\Delta\theta$ 的估计方差为

$$\mathrm{var}\left[\Delta\theta\right] = \mathrm{var}\left[\varphi_2 - \varphi_1 + \varphi_{z2} - \varphi_{z1}\right] = \mathrm{var}\left[\theta_2 - \theta_1 + \varphi_{z2} - \varphi_{z1}\right]$$

$$= \mathrm{var}\left[\varphi_{z2} - \varphi_{z1}\right] \qquad (3-96)$$

通常情况下,叠加在两路观测信号上的高斯白噪声可以认为是互不相关的,因而 φ_{z1} 和 φ_{z2} 也是不相关的,于是有

$$\mathrm{var}\left[\Delta\theta\right] = \mathrm{var}\left[\varphi_{z1}\right] + \mathrm{var}\left[\varphi_{z2}\right] \qquad (3-97)$$

假设两路观测信号具有相同信噪比 SNR_0,则 $\mathrm{var}\left[\varphi_{z1}\right] = \mathrm{var}\left[\varphi_{z2}\right]$,由式(3-97),可得

$$\mathrm{var}\left[\Delta\theta\right] = \frac{2}{N \cdot \mathrm{sinc}^2\delta \cdot \mathrm{SNR}_0} \qquad (3-98)$$

则相位差估计的均方根误差为

$$\sigma_{\Delta\theta} = \frac{\sqrt{2}}{\sqrt{N \cdot \mathrm{SNR}_0} \cdot \mathrm{sinc}\delta} \qquad (3-99)$$

由式(3-99)可见,用 FFT 法估计相位差的均方根误差与信噪比、采样序列长度与泄漏误差系数有关。提高信噪比或增加采样序列长度,可以降低相位差估计的均方根误差;且 $|\delta|$ 越小,相位差估计的均方根误差也越小。

3)仿真验证

采用单一频率实正弦信号叠加高斯白噪声,对本节给出的相位差估计均方根误差计算公式进行了仿真验证。两路信号所叠加的是互不相关的高斯白噪声。离散频谱校正方法采用算法简单、运算量小的比值校正法。

在 $N = 1024, k_0 = 200, \mathrm{SNR} = 20\mathrm{dB}$ 条件下,经 200 次独立仿真得到的 FFT 法相位差估计均方根误差与泄漏误差系数 δ 的关系如图 3-6 所示。图 3-6 中,"·"代表计算机仿真结果,实线为按式(3-99)得出的理论计算结果。从图 3-6 中可以看出,仿真结果与理论计算结果基本吻合。从变化趋势上看,$|\delta|$ 越小,FFT 法的相位差估计均方根误差越小。

在 $N = 1024, k_0 = 200, \delta = 0.4$ 条件下,FFT 法的相位差估计均方根误差与信噪比的关系如图 3-7 所示;在 $k_0 = 30, \delta = 0.4, \mathrm{SNR} = 20\mathrm{dB}$ 条件下,FFT 法的相位差

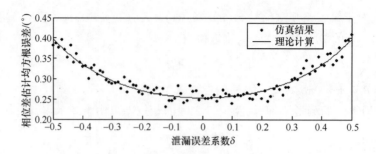

图 3 - 6   FFT 法相位差估计均方根误差与泄漏误差系数 δ 的关系

估计均方根误差与采样序列长度 N 的关系如图 3 - 8 所示。从图中可以看出,仿真结果与公式计算结果是吻合的,且 SNR 越高或 N 越大,相位差估计的均方根误差越小。

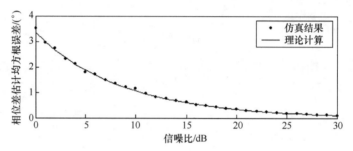

图 3 - 7   FFT 法相位差估计均方根误差与信噪比的关系

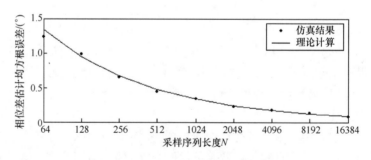

图 3 - 8   FFT 法相位差估计均方根误差与采样序列长度 N 的关系

3.3.2   加矩形窗的相位差计算公式

由传统 FFT 法的测量原理可知,FFT 法在计算中忽略了频谱中的负频率成分。当负频率成分的影响很小时,采用 FFT 法能够较准确地求得相位差;但当信号频率很低(如低于一个 DFT 频率分辨率)或接近奈奎斯特频率时,负频率成分的影响显著增大,导致 FFT 法估计精度明显下降,甚至无法估计。为此,本节基于 FFT 法,提出了一种计及负频率影响的相位差估计方法,分别推导出了加矩形窗和加汉

102

宁窗的相位差计算公式。

对于式(3-71),不忽略负频率成分,有

$$S_1(k_0) = \sum_{n=0}^{N-1} \frac{A_1}{2} e^{j[2\pi(k_0+\delta)\cdot\frac{n}{N}+\theta_1]} \cdot e^{-j\frac{2\pi}{N}nk_0} + \sum_{n=0}^{N-1} \frac{A_1}{2} e^{-j[2\pi(k_0+\delta)\cdot\frac{n}{N}+\theta_1]} \cdot e^{-j\frac{2\pi}{N}nk_0}$$

$$= \frac{A_1}{2} e^{j\theta_1} \sum_{n=0}^{N-1} e^{j\frac{2\pi}{N}n\delta} + \frac{A_1}{2} e^{-j\theta_1} \sum_{n=0}^{N-1} e^{-j\frac{2\pi}{N}n(2k_0+\delta)} \tag{3-100}$$

经推导后可得

$$\tan(\theta_1 + \pi\delta) = \frac{c_2 \cdot \tan\varphi_1}{c_1 - c_3 \cdot \tan\varphi_1} \tag{3-101}$$

式中:$c_1 = \sin(2\pi k_0/N)$;$c_2 = \sin[2\pi(k_0+\delta)/N]$;$c_3 = 2\sin(\pi\delta/N)\sin[\pi(2k_0+\delta)/N]$;$\varphi_1$ 为 $S_1(k_0)$ 的相位。

同理,对于第二路正弦采样序列 $s_2(n)$,有

$$\tan(\theta_2 + \pi\delta) = \frac{c_2 \cdot \tan\varphi_2}{c_1 - c_3 \cdot \tan\varphi_2} \tag{3-102}$$

式中:φ_2 为 $s_2(n)$ 在最大谱线 k_0 处的 DFT 的相位。

由式(3-101)和式(3-102),可求得两路信号之间的相位差为

$$\Delta\theta = \arctan\left[\frac{c_1 c_2(\tan\varphi_2 - \tan\varphi_1)}{c_1^2 - c_1 c_3(\tan\varphi_1 + \tan\varphi_2) + (c_2^2 + c_3^2)\tan\varphi_1\tan\varphi_2}\right] \tag{3-103}$$

此即为新方法在加矩形窗时的相位差计算公式。

当 $\delta = 0$ 时,$c_1 = c_2$,$c_3 = 0$,由式(3-103)可得 $\Delta\theta = \varphi_2 - \varphi_1$,此即为 FFT 法的相位差计算公式(式(3-75))。因此,在加矩形窗时,FFT 法是本节方法在 $\delta = 0$ 时的特例。

归纳起来,本节提出的相位差估计方法在加矩形窗时的计算步骤如下:

步骤1:对采样序列 $s_1(n)$ 求 FFT,确定最大谱线的位置 k_0,并求出 $\tan\varphi_1$,$\tan\varphi_1 = \dfrac{\mathrm{Im}[S_1(k_0)]}{\mathrm{Re}[S_1(k_0)]}$。

步骤2:采用离散频谱校正方法求出 δ 的估计值 $\hat{\delta}$,$\hat{\delta} = \sqrt{\dfrac{\mathrm{Re}[S_1(1)]}{\mathrm{Re}[S_1(1)] - S_1(0)}} - k_0$。

步骤3:计算采样序列 $s_2(n)$ 在 k_0 处的 DFT,即 $S_2(k_0)$,求出 $\tan\varphi_2$,$\tan\varphi_2 = \dfrac{\mathrm{Im}[S_2(k_0)]}{\mathrm{Re}[S_2(k_0)]}$。

步骤4:由 k_0、$\hat{\delta}$、N 求出 c_1、c_2、c_3,并同 $\tan\varphi_1$、$\tan\varphi_2$ 一起代入式(3-103),从而求得相位差。

需要指出的是，式（3 – 103）在推导过程中未做任何近似和省略，因而是严格准确的。在无噪声背景下，k_0、$\tan\varphi_1$ 和 $\tan\varphi_2$ 可通过 FFT 准确求得，而 N 是已知量，因此在 δ 准确已知的情况下，通过式（3 – 103）求得的相位差在理论上误差为零；当 δ 的真实值未知时，$\hat\delta$ 估计越准确，则相位差精度越高。

此外，在 k_0 和 $\hat\delta$ 已获知的情况下，通过式（3 – 101）或（3 – 102）还能够准确求出信号的初相，而对于常规的参数估计方法，由于未考虑负频率成分的影响，当信号频率很低或接近奈奎斯特频率时，其初相估计误差明显增大，甚至失效。这也是本节方法的另一个重要贡献。

3.3.3　加汉宁窗的相位差计算公式

汉宁窗函数的时域表达式为

$$w(n) = [1 - \cos(2\pi n/N)]/2; \quad n = 0,1,\cdots,N-1 \qquad (3-104)$$

对采样序列 $s_1(n)$ 加汉宁窗后进行傅里叶变换，则有

$$S_{w1}(k_0) = \sum_{n=0}^{N-1} s_1(n) \cdot w(n) \cdot e^{-j\frac{2\pi}{N}nk_0} \qquad (3-105)$$

不忽略负频率成分，经推导后可得

$$\tan(\theta_1 + \pi\delta) = c_4 \cdot \tan\varphi_{w1} \qquad (3-106)$$

式中：φ_{w1} 为 $S_{w1}(k_0)$ 的相位；c_4 的表达式为

$$c_4 = \frac{\sin[2\pi(k_0+\delta)/N]}{\sin(2\pi k_0/N)}$$

$$\cdot \frac{1 + \cos(2\pi/N) - 2\cos(\pi\delta/N)\cos[\pi(2k_0+\delta)/N]\cos(2\pi k_0/N)}{1 + \cos(2\pi/N) - 2\cos(\pi\delta/N)\cos[\pi(2k_0+\delta)/N]\cos[2\pi(2k_0+\delta)/N]}$$

同理，对于第二路采样序列 $s_2(n)$，有

$$\tan(\theta_2 + \pi\delta) = c_4 \cdot \tan\varphi_{w2} \qquad (3-107)$$

式中：φ_{w2} 为加汉宁窗后的 $s_2(n)$ 在 k_0 处的 DFT 的相位。

由式（3 – 106）和式（3 – 107），可求得两路信号之间的相位差为

$$\Delta\theta = \arctan\left[\frac{c_4(\tan\varphi_{w2} - \tan\varphi_{w1})}{1 + c_4^2\tan\varphi_{w1}\tan\varphi_{w2}}\right] \qquad (3-108)$$

此即为新方法在加汉宁窗时的相位差计算公式。

当 $\delta = 0$ 时，$c_4 = 1$，由式（3 – 108）可得 $\Delta\theta = \varphi_{w2} - \varphi_{w1}$，此即为 FFT 法在加汉宁窗时的相位差计算公式。因此，在加汉宁窗时，未计及负频率影响的 FFT 法的相位差计算公式也是该方法在 $\delta = 0$ 时的特例。

归纳起来,本节提出的相位差估计方法在加汉宁窗时的计算步骤如下:

步骤1:对采样序列 $s_1(n)$ 和 $s_2(n)$ 加汉宁窗。

步骤2:对加窗后的 $s_1(n)$ 求 FFT,确定最大谱线的位置 k_0,并求出 $\tan\varphi_{w1}$,

$$\tan\varphi_{w1} = \frac{\mathrm{Im}[S_{w1}(k_0)]}{\mathrm{Re}[S_{w1}(k_0)]}。$$

步骤3:采用离散频谱校正方法求出 δ 的估计值 $\hat{\delta}$, $\hat{\delta} = \sqrt{\dfrac{4\mathrm{Re}[S_{w1}(1)] + 2S_{w1}(0)}{\mathrm{Re}[S_{w1}(1)] - S_{w1}(0)}} - k_0$。

步骤4:计算加窗后的 $s_2(n)$ 在 k_0 处的 DFT,即 $S_{w2}(k_0)$,求出 $\tan\varphi_{w2}$, $\tan\varphi_{w2} = \dfrac{\mathrm{Im}[S_{w2}(k_0)]}{\mathrm{Re}[S_{w2}(k_0)]}。$

步骤5:由 k_0、$\hat{\delta}$、N 求出 c_4,并同 $\tan\varphi_{w1}$、$\tan\varphi_{w2}$ 一起代入式(3 – 108),从而求得相位差。

需要指出的是,式(3 – 108)在推导过程中未作任何近似和省略,因此在无噪声背景下,当 δ 准确已知时,通过该公式求得的相位差在理论上误差为零;当 δ 的真实值未知时,$\hat{\delta}$ 估计越准确,则相位差精度越高。此外,在 k_0 和 $\hat{\delta}$ 已获知的情况下,通过式(3 – 106)或(3 – 107)还能够准确求出信号初相。

需要补充说明的是,在本节提出的相位差估计方法中,需要准确估计泄漏误差系数 δ。但目前发展的离散频谱校正方法基本上均未考虑频谱中负频率成分的影响,当信号频率很低或接近奈奎斯特频率时,其校正精度明显下降,甚至失效。作者推导了一种消除负频率影响的频谱校正方法,得出了正确的频率校正公式,可准确求得泄漏误差系数,适用于信号频率很低或接近奈奎斯特频率的场合。

3.3.4　实验验证

为验证本节所提算法的有效性,采用单一频率实正弦信号,分别在有无噪声、采样点数变化和频率变化的情况下,对本节算法进行了仿真验证。设定有关参数:$\Delta\theta = 3.6°$,$N = 1024$,$f_s = 1000\,\mathrm{Hz}$,$f_d = f_s/N = 0.9766\,\mathrm{Hz}$。

图 3 – 9 所示为在无噪声背景下,针对信号频率很低的情况,分别采用 FFT 法和本节方法,通过 MATLAB 仿真得到的相位差测量相对误差与信号频率的关系。信号频率 f_0 的取值范围为 0.5 ~ 2Hz,变化步长为 0.05Hz。从图 3 – 9 中可以看出,当信号频率很低时,FFT 法误差明显增大,而本节方法则具有很高的精度,尤其是加汉宁窗后,误差接近双精度运算的下限。仿真还表明,在无噪声背景下,相位差测量精度与 $\hat{\delta}$ 估计精度密切相关,$\hat{\delta}$ 估计越准确,则相位差精度越高。

图 3 – 10 所示为在无噪声背景下,针对信号频率接近奈奎斯特频率的情况,通过 MATLAB 仿真得到的相位差测量相对误差与信号频率的关系。信号频率 f_0

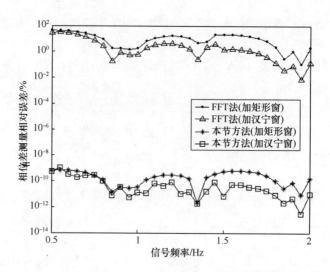

图 3 - 9　无噪声背景下的相位差测量相对误差(信号频率很低时)

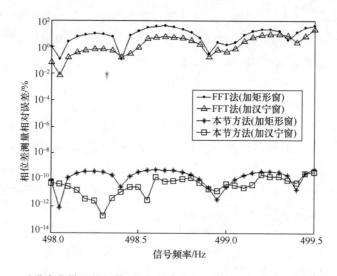

图 3 - 10　无噪声背景下的相位差测量相对误差(信号频率接近奈奎斯特频率时)

的取值范围为 498 ~ 499. 5Hz,变化步长为 0. 05Hz。从图 3 - 10 中同样可以看出,当信号频率接近奈奎斯特频率时,FFT 法误差明显增大,而本节方法则具有很高的精度。

在噪声背景下,本节方法的相位差估计均方误差为

$$\mathrm{mse}[\Delta\hat{\theta}] = (\overline{\Delta\theta} - \Delta\theta)^2 + \sigma_{\Delta\theta}^2 \qquad (3 - 109)$$

式中:$\overline{\Delta\theta}$ 为相位差估计的均值;$\Delta\theta$ 为相位差的真值;$\sigma_{\Delta\theta}^2$ 为相位差估计的方差。

仿真实验中,对两路信号分别叠加互不相关的零均值高斯白噪声。图 3 - 11 所示为当 SNR = 20dB 时,针对信号频率很低的情况,分别采用 FFT 法和本节方法,

106

经100次独立仿真得到的相位差估计均方误差与信号频率的关系。从图3－11中可以看出,加矩形窗时,本节方法的精度明显高于 FFT 法;加汉宁窗后,当 $f_0 <$ 0.85Hz 时,本节方法的精度仍明显高于 FFT 法,当 $f_0 > 0.85$Hz 时,本节方法的测量精度不低于 FFT 法。这主要是因为加汉宁窗导致有效数据长度缩短,降低了对正弦信号的信噪比增益,造成信噪比损失约 3～5dB,随着信号频率的增加,负频率的影响相比噪声影响而言较小。当信噪比较低时,负频率对相位差测量的影响相对也较小,仿真表明相位差测量精度与 $\hat{\delta}$ 的估计精度无显著关系。

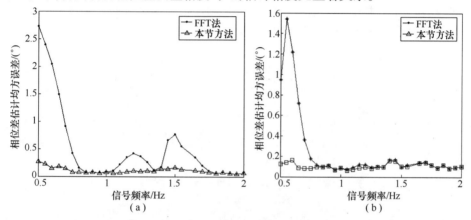

图3－11 噪声背景下的相位差估计均方误差(信号频率很低时)
(a)加矩形窗;(b)加汉宁窗。

图3－12 所示为当 SNR＝20dB 时,针对信号频率接近奈奎斯特频率的情况,经100次独立仿真得到的泄漏误差系数的估计均方误差与信号频率的关系。由图可见,由于频谱本身所具有的镜像特性,当信号频率接近奈奎斯特频率时与信号频

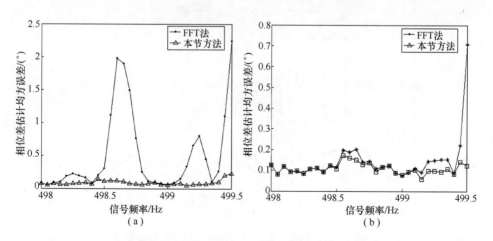

图3－12 噪声背景下的相位差估计均方误差(信号频率接近奈奎斯特频率时)
(a)加矩形窗;(b)加汉宁窗。

107

率很低时的实验结果具有相似规律。

为了更真实地反映信号频谱的内在规律,改变信号频率 f_0 的取值方式,即以频率分辨率为基本单位选取信号频率。仿真中,f_0 的取值范围为 $(0.5 \sim 2.5)f_d$ 和 $(497.5 \sim 499.5)f_d$,变化步长为 0.05 个频率分辨率,其他有关参数保持不变。图 3-13 和图 3-14 所示为在无噪声背景下,分别针对信号频率很低或接近奈奎斯特频率的情况,得到的相位差测量相对误差与信号频率的关系。从图中可以看出,当相对频率 f_0/f_d 为整数时,FFT 法的误差急剧下降,接近双精度运算的下限。这是因为当 f_0 等于 f_d 的整数倍时,负频率区间的谱峰 A' 的旁瓣在正频率区间的谱峰 A 处的值正好为零,谱峰 A 并未受到任何影响。

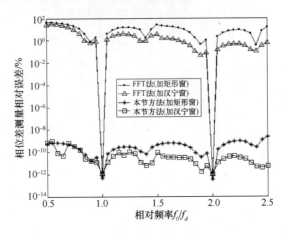

图 3-13　无噪声背景下的相位差测量相对误差
（信号频率很低时）

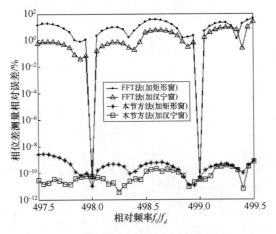

图 3-14　无噪声背景下的相位差测量相对误差
（信号频率接近奈奎斯特频率时）

108

3.4 基于余弦窗 DTFT 的端频信号相位差估计方法

由 3.3 节可知,FFT 法的估计精度受频谱泄漏的影响较大,频谱泄漏误差越小(即$|\delta|$越小),其相位差估计精度越高。为此,本节针对相位差估计精度较高的 DTFT 法进行了研究,在对 DTFT 法误差分析的基础上,提出了基于余弦窗 DTFT 的计及负频率的端频信号相位差估计方法,给出了加矩形窗和汉宁窗的相位差计算公式,并分别探讨了有无噪声和采样点数变化情况下对相位差测量精度的影响。其中,为了减小算法的计算量,还提出了滑动 DTFT 递推算法。

3.4.1 DTFT 法测量原理及误差分析

1)测量原理

由前可知,FFT 法的估计精度受频谱泄漏的影响较大,频谱泄漏误差越小(即$|\delta|$越小),其相位差估计精度越高。为此,又发展了一种基于离散频谱校正和 DTFT 的相位差测量方法(以下简称 DTFT 法),即首先采用离散频谱校正方法估计信号频率,然后分别计算两路信号在信号频率处的 DTFT,求出其 DTFT 相位,相减之后得到两路信号的相位差。

式(3-70)所示的采样序列可表示为

$$\begin{cases} s_1(n) = A_1\cos(\omega \cdot n + \theta_1) \\ s_2(n) = A_2\cos(\omega \cdot n + \theta_2) \end{cases}; \quad n = 0,1,\cdots,N-1 \qquad (3-110)$$

式中:ω 为圆周频率、圆频率、数字角频率或数字频率,$\omega = 2\pi f_0/f_s$。

应用离散频谱校正方法估计出 ω,设为 $\hat{\omega}$,则 $s_1(n)$ 在 $\hat{\omega}$ 处的 DTFT 为

$$\begin{aligned} S_1(\hat{\omega}) &= \sum_{n=0}^{N-1} A_1\cos(\omega \cdot n + \theta_1) \cdot e^{-j\hat{\omega}n} \\ &= \sum_{n=0}^{N-1} \frac{A_1}{2}\left[e^{j(\omega \cdot n + \theta_1)} + e^{-j(\omega \cdot n + \theta_1)} \right] \cdot e^{-j\hat{\omega}n} \end{aligned} \qquad (3-111)$$

忽略负频率成分,只计算正频率部分,则

$$\begin{aligned} S_1(\hat{\omega}) &= \sum_{n=0}^{N-1} \frac{A_1}{2}e^{j(\omega \cdot n + \theta_1)} \cdot e^{-j\hat{\omega}n} = \frac{A_1}{2}e^{j\theta_1}\sum_{n=0}^{N-1} e^{j(\omega-\hat{\omega})n} \\ &= \begin{cases} \dfrac{A_1}{2} \cdot \dfrac{\sin\left[(\omega-\hat{\omega})N/2\right]}{\sin\left[(\omega-\hat{\omega})/2\right]} \cdot e^{j\left[\theta_1 + \frac{(\omega-\hat{\omega})N}{2} - \frac{\omega-\hat{\omega}}{2}\right]}, \hat{\omega} \neq \omega \\ \dfrac{A_1}{2} \cdot N \cdot e^{j\theta_1}, \hat{\omega} \neq \omega \end{cases} \end{aligned}$$

$$(3-112)$$

用 ϕ_1 表示 $S_1(\hat{\omega})$ 的相位,则 ϕ_1 可统一表示为

$$\phi_1 = \theta_1 + \frac{(\omega - \hat{\omega})N}{2} - \frac{\omega - \hat{\omega}}{2} \tag{3-113}$$

同理,用 ϕ_2 表示 $s_2(n)$ 在 $\hat{\omega}$ 处的 DTFT 的相位,则有

$$\phi_2 = \theta_2 + \frac{(\omega - \hat{\omega})N}{2} - \frac{\omega - \hat{\omega}}{2} \tag{3-114}$$

用 $\Delta\theta$ 表示两路信号之间的相位差,则

$$\Delta\theta = \phi_2 - \phi_1 \tag{3-115}$$

即两路信号的相位差等于其在 $\hat{\omega}$ 处的 DTFT 相位之差,此即为 DTFT 法估计相位差的基本原理。

2)高斯白噪声背景下 DTFT 法的误差分析

在加性噪声背景下,式(3-76)所示的第一路采样序列 $r_1(n)$ 在 $\hat{\omega}$ 处的 DTFT 可表示为

$$R_1(\hat{\omega}) = S_1(\hat{\omega}) + Z_1(\hat{\omega}) = A_{p1} e^{j\phi_1} + b_1 e^{j\phi_{z1}} \tag{3-116}$$

式中:$S_1(\hat{\omega})$ 和 $Z_1(\hat{\omega})$ 分别为 $s_1(n)$ 和 $z_1(n)$ 在 $\hat{\omega}$ 处的 DTFT;ϕ_1 为 $S_1(\hat{\omega})$ 的相位,$\phi_1 = \theta_1 + (\omega - \hat{\omega})N/2 - (\omega - \hat{\omega})/2$;$b_1$ 和 ϕ_{z1} 分别为 $Z_1(\hat{\omega})$ 的幅度和相位;A_{p1} 为 $S_1(\hat{\omega})$ 的幅度,由式(3-112),有

$$A_{p1} = \frac{A_1}{2} \cdot \frac{\sin[(\omega - \hat{\omega})N/2]}{\sin[(\omega - \hat{\omega})/2]} \approx \frac{A_1}{2}N \cdot \mathrm{sinc}\left(\frac{\omega - \hat{\omega}}{2\pi}N\right) \tag{3-117}$$

式(3-116)可进一步整理为

$$\begin{aligned}
R_1(\hat{\omega}) &= A_{p1} e^{j\phi_1}\left[1 + \frac{b_1}{A_{p1}}e^{j(\phi_{z1}-\phi_1)}\right] \\
&= A_{p1} e^{j\phi_1}\left[1 + \frac{b_1}{A_{p1}}\cos(\phi_{z1}-\phi_1) + j\frac{b_1}{A_{p1}}\sin(\phi_{z1}-\phi_1)\right] \\
&= A_{p1}\sqrt{1 + \left(\frac{b_1}{A_{p1}}\right)^2 + \frac{2b_1}{A_{p1}}\cos(\phi_{z1}-\phi_1)} \cdot e^{j\phi_1'}
\end{aligned} \tag{3-118}$$

式中:ϕ_1' 为 $R_1(\hat{\omega})$ 的相位,其表达式为

$$\phi_1' = \phi_1 + \arctan\left[\frac{\dfrac{b_1}{A_{p1}}\sin(\phi_{z1}-\phi_1)}{1 + \dfrac{b_1}{A_{p1}}\cos(\phi_{z1}-\phi_1)}\right] \tag{3-119}$$

当信噪比不是特别低时,对于较大的 N,b_1/A_{p1} 的取值接近或大于 1 的概率极

小,在讨论 ϕ_1' 的方差时可以忽略这种极小概率情况,即可以认为 $b_1/A_{p1} \ll 1$,于是有

$$\phi_1' \approx \phi_1 + \arctan\left[\frac{b_1}{A}\sin(\phi_{z1} - \phi_1)\right] \approx \phi_1 + \frac{b_1}{A_{p1}}\sin(\phi_{z1} - \phi_1) \qquad (3-120)$$

需要指出的是,在噪声背景下,ω 的估计值 $\hat{\omega}$ 是一个随机变量,因而在式(3-120)中除了 b_1 和 ϕ_{z1} 是随机变量外,A_{p1} 和 ϕ_1 也同样是随机变量。如果按照式(3-90)那样把 ϕ_1' 分为随机变量和非随机变量两部分,则由于随机变量部分较为复杂,在进行误差分析时存在较大困难。考虑到在求相位差时,式(3-120)等号右边第一项(ϕ_1)中的随机变量部分相减正好抵消,因此在这里没有单独对 ϕ_1' 进行误差分析,而是直接对相减之后的相位差进行误差分析。

对于第二路采样序列 $r_2(n) = s_2(n) + z_2(n)$($n = 0, 1, \cdots, N-1$),同理有

$$\phi_2' \approx \phi_2 + \frac{b_2}{A_{p2}}\sin(\phi_{z2} - \phi_2) \qquad (3-121)$$

式中:ϕ_2' 为 $r_2(n)$ 在 $\hat{\omega}$ 处的 DTFT 相位;A_{p2} 和 ϕ_2 分别为 $s_2(n)$ 在 $\hat{\omega}$ 处的 DTFT(记为 $S_2(\hat{\omega})$)的幅度和相位,$A_{p2} \approx \frac{A_2}{2}N \cdot \text{sinc}\left(\frac{\omega - \hat{\omega}}{2\pi}N\right)$,$\phi_2 = \theta_2 + (\omega - \hat{\omega})N/2 - (\omega - \hat{\omega})/2$;$b_2$ 和 ϕ_{z2} 分别为 $z_2(n)$ 在 $\hat{\omega}$ 处的 DTFT(记为 $Z_2(\hat{\omega})$)的幅度和相位。

根据 DTFT 法的测量原理,两路信号之间的相位差为

$$\Delta\theta = \phi_2' - \phi_1' \qquad (3-122)$$

则 $\Delta\theta$ 的估计方差为

$$
\begin{aligned}
\text{var}[\Delta\theta] &= \text{var}\left[\phi_2 - \phi_1 + \frac{b_2}{A_{p2}}\sin(\phi_{z2} - \phi_2) - \frac{b_2}{A_{p1}}\sin(\phi_{z1} - \phi_1)\right] \\
&= \text{var}\left[\theta_2 - \theta_1 + \frac{b_2}{A_{p2}}\sin(\phi_{z2} - \phi_2) - \frac{b_1}{A_{p1}}\sin(\phi_{z1} - \phi_1)\right] \\
&= \text{var}\left[\frac{b_2}{A_{p2}}\sin(\phi_{z2} - \phi_2) - \frac{b_1}{A_{p1}}\sin(\phi_{z1} - \phi_1)\right] \qquad (3-123)
\end{aligned}
$$

一般情况下,当信噪比不是特别低时,对于较大的 N,应用离散频谱校正方法求得的信号频率值与真实值很接近,即可以认为 $\hat{\omega} \approx \omega$,于是式(3-123)可近似为

$$\text{var}[\Delta\theta] = \text{var}\left[\frac{b_2}{\frac{A_2}{2}N}\sin(\phi_{z2} - \theta_2) - \frac{b_1}{\frac{A_1}{2}N}\sin(\phi_{z1} - \theta_1)\right] \qquad (3-124)$$

由于 $z_1(n)$ 和 $z_2(n)$ 可以认为是不相关的,故有

$$\text{var}[\Delta\theta] = \text{var}\left[\frac{b_1}{\frac{A_1}{2}N}\sin(\phi_{z1} - \theta_2)\right] + \text{var}\left[\frac{b_2}{\frac{A_2}{2}N}\sin(\phi_{z2} - \theta_2)\right]$$

$$= \frac{\mathrm{var}\left[b_1\sin(\phi_{z1}-\theta_1)\right]}{\left(\dfrac{A_1}{2}N\right)^2} + \frac{\mathrm{var}\left[b_2\sin(\phi_{z2}-\theta_2)\right]}{\left(\dfrac{A_2}{2}N\right)^2}$$

$$= \frac{N\sigma_{z1}^2/2}{\left(\dfrac{A_1}{2}N\right)^2} + \frac{N\sigma_{z2}^2/2}{\left(\dfrac{A_2}{2}N\right)^2}$$

$$= \frac{1}{N\cdot\mathrm{SNR}_1} + \frac{1}{N\cdot\mathrm{SNR}_2} \tag{3-125}$$

式中:σ_{z1}^2和σ_{z2}^2分别为$z_1(n)$和$z_2(n)$的方差;SNR_1和SNR_2分别为两路采样序列的信噪比,$\mathrm{SNR}_1 = A_1^2/(2\sigma_{z1}^2)$,$\mathrm{SNR}_2 = A_2^2/(2\sigma_{z2}^2)$。

假设两路采样序列具有相同的信噪比SNR_0,则

$$\mathrm{var}\left[\Delta\theta\right] = \frac{2}{N\cdot\mathrm{SNR}_0} \tag{3-126}$$

相位差估计的均方根误差为

$$\sigma_{\Delta\theta} = \frac{\sqrt{2}}{\sqrt{N\cdot\mathrm{SNR}_0}} \tag{3-127}$$

由式(3-127)可见,DTFT法的相位差估计均方根误差仅与信噪比和采样序列长度有关,而与泄漏误差系数无关。提高信噪比或增加采样序列长度,可以降低相位差估计的均方根误差。

比较式(3-99)和式(3-127)不难发现,对于相同的信噪比和采样序列长度,DTFT法的相位差估计均方根误差在理论上为一恒定值,且始终等于FFT法估计误差的理论下限。

3) 仿真验证

采用单一频率实正弦信号叠加高斯白噪声,对本节给出的相位差估计均方根误差计算公式进行了仿真验证。两路信号所叠加的是互不相关的高斯白噪声。离散频谱校正方法采用算法简单、运算量小的比值校正法。

在$N=1024$,$k_0=200$,$\mathrm{SNR}=20\mathrm{dB}$条件下,经200次独立仿真得到的DTFT法相位差估计均方根误差与泄漏误差系数δ的关系如图3-15所示。图中,"·"代表计算机仿真结果,实线为按式(3-127)得出的理论计算结果。从图3-15中可以看出,仿真结果与理论计算结果基本吻合。从变化趋势上看,DTFT法的相位差估计均方根误差始终在一个固定值附近波动,与δ无关。在以上给定条件下,该恒定值约为$0.253°$。在相同条件下,DTFT法的相位差估计均方根误差均低于FFT法。

在$N=1024$,$k_0=200$,$\delta=0.4$条件下,DTFT法的相位差估计均方根误差与信噪比的关系如图3-16所示;在$k_0=30$、$\delta=0.4$、$\mathrm{SNR}=20\mathrm{dB}$条件下,DTFT法的相

112

位差估计均方根误差与采样序列长度 N 的关系如图 3 - 17 所示。从图中可以看出,仿真结果与公式计算结果是吻合的,且 SNR 越高或 N 越大,相位差估计的均方根误差越小。在相同条件下,DTFT 法的相位差估计均方根误差均明显低于FFT 法。

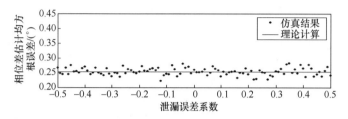

图 3 - 15　DTFT 法相位差估计均方根误差与泄漏误差系数 δ 的关系

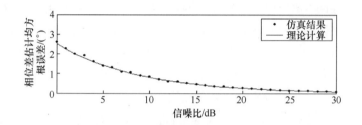

图 3 - 16　DTFT 法相位差估计均方根误差与信噪比的关系

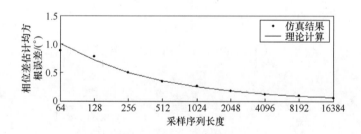

图 3 - 17　DTFT 法相位差估计均方根误差与采样序列长度 N 的关系

3.4.2　加矩形窗的相位差计算公式

由 DTFT 法的测量原理可知,DTFT 法在估计相位差时忽略了负频率成分的影响,当负频率成分影响较小时,采用 DTFT 法能够较准确地计算出相位差;但当信号频率较低或接近奈奎斯特频率时,负频率成分影响会显著增大,此时,若仍采用 DTFT 法估计端频信号的相位差,将导致其估计精度的下降,甚至出现无法估计的可能。为此,本节基于 DTFT 法,在计及负频率成分的基础上,首先提出一种基于加矩形窗 DTFT 的端频信号相位差估计方法,以提高端频信号的相位差估计精度。

对于式(3-111),计及负频率成分的影响,可得

$$S_{1N}(\hat{\omega}) = \sum_{n=0}^{N-1} \frac{A_1}{2} e^{j(\omega \cdot n + \theta_1)} \cdot e^{-j\hat{\omega}n} + \sum_{n=0}^{N-1} \frac{A_1}{2} e^{-j(\omega \cdot n + \theta_1)} \cdot e^{-j\hat{\omega}n}$$

$$= \frac{A_1}{2} e^{j\theta_1} \sum_{n=0}^{N-1} e^{j(\omega - \hat{\omega})n} + \frac{A_1}{2} e^{-j\theta_1} \sum_{n=0}^{N-1} e^{-j(\omega + \hat{\omega})n} \qquad (3-128)$$

假设 $\omega \neq \hat{\omega}$,经过推导可得

$$\tan\theta_1 = \frac{c_1 \cdot \tan\varphi_1 - c_2}{c_3 \cdot \tan\varphi_1 + c_4} \qquad (3-129)$$

式中:$c_1 = \sin\alpha_1\sin\alpha_2\cos(\alpha_1 - \alpha_3) + \sin\alpha_3\sin\alpha_4\cos(\alpha_4 - \alpha_2)$;$c_2 = \sin\alpha_1\sin\alpha_2\sin(\alpha_1 - \alpha_3) - \sin\alpha_3\sin\alpha_4\sin(\alpha_4 - \alpha_2)$;$c_3 = \sin\alpha_1\sin\alpha_2\sin(\alpha_1 - \alpha_3) + \sin\alpha_3\sin\alpha_4\sin(\alpha_4 - \alpha_2)$;$c_4 = \sin\alpha_1\sin\alpha_2\cos(\alpha_1 - \alpha_3) - \sin\alpha_3\sin\alpha_4\cos(\alpha_4 - \alpha_2)$;$\alpha_1 = N(\omega - \hat{\omega})/2$;$\alpha_2 = (\omega + \hat{\omega})/2$;$\alpha_3 = (\omega - \hat{\omega})/2$;$\alpha_4 = N(\omega + \hat{\omega})/2$;$\varphi_1$ 为 $S_{1N}(\hat{\omega})$ 的相位,$\tan\varphi_1 = \dfrac{\text{Im}[S_{1N}(\hat{\omega})]}{\text{Re}[S_{1N}(\hat{\omega})]}$。

同理,对于第二路信号 $s_2(n)$,可得

$$\tan\theta_2 = \frac{c_1 \cdot \tan\varphi_2 - c_2}{c_3 \cdot \tan\varphi_2 + c_4} \qquad (3-130)$$

式中:φ_2 为 $S_{2N}(\hat{\omega})$ 的相位,$\tan\varphi_2 = \dfrac{\text{Im}[S_{2N}(\hat{\omega})]}{\text{Re}[S_{2N}(\hat{\omega})]}$。

根据式(3-129)和式(3-130),可得到两路信号的相位差,其相位差计算公式为

$$\Delta\theta = \arctan\left[\frac{(c_1c_4 + c_2c_3)(\tan\varphi_2 - \tan\varphi_1)}{c_2^2 + c_4^2 + Z + (c_1^2 + c_3^2)\tan\varphi_1\tan\varphi_2}\right] \qquad (3-131)$$

式中:$Z = (c_3c_4 - c_1c_2)(\tan\varphi_1 + \tan\varphi_2)$。

通常情况下,当信噪比不是很低时,采用离散频谱校正法或自适应陷波滤波法求得的频率估计值与真实值十分接近,可近似认为 $\hat{\omega} \approx \omega$,$\sin\alpha_1/\sin\alpha_3 \approx N$,则式(3-131)可近似表示为

$$\Delta\theta = \arctan\left[\frac{m_1(\tan\varphi_2 - \tan\varphi_1)}{m_2 + m_3(\tan\varphi_1 + \tan\varphi_2) + m_4\tan\varphi_1\tan\varphi_2}\right] \qquad (3-132)$$

式中:$m_1 = N(\sin\hat{\omega})^2 - (\sin\alpha)^2/N$;$m_2 = N(\sin\hat{\omega})^2 + (\sin\alpha)^2/N - 2\sin\hat{\omega}\sin\alpha\cos(\alpha - \hat{\omega})$;$m_3 = 2\sin\hat{\omega}\sin\alpha\sin(\alpha - \hat{\omega})$;$m_4 = N(\sin\hat{\omega})^2 + (\sin\alpha)^2/N + 2\sin\hat{\omega}\sin\alpha\cos(\alpha - \hat{\omega})$;$\alpha = N\hat{\omega}$。

式(3-132)即为计及负频率的加矩形窗 DTFT 的相位差计算公式。当 $\omega = \hat{\omega}$

时,可推导计算得其相位差计算公式仍与式(3－132)完全相同。在公式的推导过程中,由于未作任何的近似和省略,因此在无噪声情况下,当 ω 准确已知时,通过式(3－132)求得的相位差在理论上误差为 0;当 ω 的值未知时,$\hat{\omega}$ 的估计值越准确,则相位差的计算精度越高。此外,公式的推导过程中考虑了负频率成分的影响,通过式(3－129)和式(3－130)还能准确求出两路信号的初始相位。

需要注意的是,针对时变信号,不能直接对其进行 DTFT 运算。但由于本节方法计及了负频率成分的影响,可选取短窗对信号进行截取,由于短窗内的信号频率变化较小,可近似认为窗内的信号频率是时不变的。采用短窗内最后一采样点处的频率估计值 $\hat{\omega}$ 进行 DTFT 运算,以求解短窗内两路信号的相位差,然后再利用滑动和重叠截取的思想,进而可实时计算求得每一个采样时刻的相位差。

3.4.3 加汉宁窗的相位差计算公式

不同的窗函数具有不同的频谱特性,与矩形窗相比,汉宁窗具有更好地抑制旁瓣泄漏的特性,为此,本节给出另一种加汉宁窗的相位差计算公式,其推导过程如下。

对于式(3－110),加汉宁窗后的 $s_1(n)$ 和 $s_2(n)$ 在 $\hat{\omega}$ 处的 DTFT 分别为

$$S_{w1}(\hat{\omega}) = \sum_{n=0}^{N-1} s_1(n) \cdot w_h(n) \cdot e^{-j\hat{\omega}n} \tag{3－133}$$

$$S_{w2}(\hat{\omega}) = \sum_{n=0}^{N-1} s_2(n) \cdot w_h(n) \cdot e^{-j\hat{\omega}n} \tag{3－134}$$

式中:$w_h(n)$ 为汉宁窗函数的时域表达式,即

$$w_h(n) = [1 - \cos(2\pi n/N)]/2; \quad n = 0,1,\cdots,N-1 \tag{3－135}$$

需要说明的是,根据频域卷积定理,时域相乘对应于频域卷积,因此,也可理解为

$$S_{w(1,2)N}(\hat{\omega}) = S_{(1,2)N}(\hat{\omega}) * W_H(\hat{\omega}) \tag{3－136}$$

式中:$W_H(\hat{\omega})$ 为 $w_h(n)$ 的频域表达式。

计及负频率成分的影响,经推导可得到两路信号的相位差计算公式为

$$\Delta\theta = \arctan\left[\frac{m_5(\tan\varphi_{w2} - \tan\varphi_{w1})}{m_6 + m_7(\tan\varphi_{w1} + \tan\varphi_{w2}) + m_8\tan\varphi_{w1}\tan\varphi_{w2}}\right] \tag{3－137}$$

式中:$m_5 = c_5^2 - c_6^2$;$m_6 = c_5^2 + c_6^2 - 2c_5c_6\cos(N\hat{\omega})$;$m_7 = 2c_5c_6\sin(N\hat{\omega})$;$m_8 = c_5^2 + c_6^2 + 2c_5c_6\cos(N\hat{\omega})$;$c_5 = N\sin\hat{\omega}\sin(\hat{\omega} + \pi/N)\sin(\hat{\omega} - \pi/N)$;$c_6 = -\sin(N\hat{\omega})\cos\hat{\omega}\sin^2(\pi/N)$;$\varphi_{w1}$、$\varphi_{w2}$ 分别表示 $S_{w1}(\hat{\omega})$ 和 $S_{w2}(\hat{\omega})$ 的相位,其中

$$\tan\varphi_{w1} = \frac{\text{Im}[S_{w1}(\hat{\omega})]}{\text{Re}[S_{w1}(\hat{\omega})]}, \quad \tan\varphi_{w2} = \frac{\text{Im}[S_{w2}(\hat{\omega})]}{\text{Re}[S_{w2}(\hat{\omega})]}$$

式(3 - 137)即为计及负频率的加汉宁窗 DTFT 的相位差计算公式。针对时变信号,同样利用滑动和重叠截取的思想,也可实时计算求得每一个采样时刻的相位差。

3.4.4　滑动 DTFT 递推算法

为了减小 DTFT 算法的计算量,增强算法的实时性和动态性,本节在 DTFT 递推算法的基础上,利用滑动递推的思想提出了一种滑动 DTFT 递推算法,并分别给出了适用于时不变信号和时变信号两种不同情况下的滑动 DTFT 递推公式,具体原理如下。

对于观测信号 $x(n)$,设在 m 时刻用长度为 N 的矩形窗对信号进行截取,可得到 N 个数据点分别为 $x(m)$,$x(m+1)$,$\cdots$,$x(m+N-1)$,则该有限长信号序列在频率点 $\hat{\omega}$ 处的 DTFT 为

$$X_m(\hat{\omega}) = \sum_{n=0}^{N-1} x(m+n) \cdot e^{-j\hat{\omega}n} \qquad (3-138)$$

在 $m+1$ 时刻,得到一个新的数据点 $x(m+N)$,则可组成一个新的含有 $N+1$ 个数据点的信号序列,则该新的信号序列在频率点 $\hat{\omega}$ 处的 DTFT 为

$$X_{m+1}(\hat{\omega}) = \sum_{n=0}^{N} x(m+n) \cdot e^{-j\hat{\omega}n} = X_m(\hat{\omega}) + x(m+N) \cdot e^{-j\hat{\omega}N} \quad (3-139)$$

式(3 - 139)即为"DTFT 递推算法"的计算公式。由式(3 - 139)可以看出,新的信号序列与前一个信号序列的 DTFT 之间存在着递推关系,然而,当 DTFT 递推算法用于处理实际系统时,随着采样点数 N 的不断增大,该 DTFT 递推算法存在着数值溢出问题。

为解决上述问题,本节利用滑动递推的思想对 DTFT 递推算法进行了改进。即在 $m+1$ 时刻,在得到一个新数据点 $x(m+N)$ 的同时,剔除掉原信号序列中的起始数据点 $x(m)$,再将此 N 个数据点 $x(m+1)$,$x(m+2)$,$\cdots$,$x(m+N-1)$,$x(m+N)$ 重新构成一个新的信号序列,则该新的信号序列在频率点 $\hat{\omega}$ 处的 DTFT 为

$$X_{m+1}(\hat{\omega}) = \sum_{n=0}^{N-1} x(m+1+n) \cdot e^{-j\hat{\omega}n}$$

$$= \left[X_m(\hat{\omega}) - x(m) + x(m+N) \cdot e^{-j\hat{\omega}N} \right] \cdot e^{j\hat{\omega}}, \qquad (3-140)$$

式(3 - 140)即为适用于信号频率时不变的"滑动 DTFT 递推算法"的计算公式。由式(3 - 140)可以看出,前后两个序列之间的递推关系依然存在,计算新序列的 DTFT 时,只需进行 2 次复数加法和 2 次复数乘法的运算,且不存在数值溢出问题。然而,观察式(3 - 140)可以发现,该滑动递推公式不适用于信号频率时变的情况。由于实际应用中的信号频率大都是随机缓慢变化的,为使算法更具普适性,本节对其加以改进如下。

对于时变的观测信号 $x(n)$，设在 m 时刻开始采样得到 N 个采样数据点分别为 $x(m),x(m+1),\cdots,x(m+N-1)$，这 N 个数据点可理解为采用宽度为 N 的矩形窗对信号进行截取所得到的，则该有限长信号序列在频率点 $\hat{\omega}_m$ 处的 DTFT 为

$$
\begin{aligned}
X_m(\hat{\omega}_m) &= \sum_{n=0}^{N-1} x(m+n)\cdot e^{-j\hat{\omega}_m n} \\
&= x(m) + x(m+1)*e^{-j\hat{\omega}_m} \\
&\quad + x(m+2)*e^{-2j\hat{\omega}_m} + \cdots + x(m+N-1)*e^{-j\hat{\omega}_m(N-1)}
\end{aligned}
$$
$$(3-141)$$

在 $m+1$ 时刻，得到一个新的采样点 $x(m+N)$，剔除掉 $x(m)$，则由此 N 个采样数据点 $x(m+1)$，$x(m+2)$，$\cdots$，$x(m+N-1)$，$x(m+N)$ 组成的新的采样序列在 $\hat{\omega}_{m+1}$ 处的 DTFT 为

$$
\begin{aligned}
X_{m+1}(\hat{\omega}_{m+1}) &= \sum_{n=0}^{N-1} x(m+1+n)\cdot e^{-j\hat{\omega}_{m+1} n} \\
&= x(m+1) + x(m+2)*e^{-j\hat{\omega}_{m+1}} + \cdots \\
&\quad + x(m+N-1)*e^{-j\hat{\omega}_{m+1}(N-2)} + x(m+N)*e^{-j\hat{\omega}_{m+1}(N-1)} \\
&= \Big[\sum_{n=0}^{N-1} x(m+n)\cdot e^{-j\hat{\omega}_{m+1} n} - x(m) \Big]*e^{j\hat{\omega}_{m+1}} + x(m+N)*e^{-j\hat{\omega}_{m+1}(N-1)}
\end{aligned}
$$
$$(3-142)$$

如图 3-18 所示，比较式(3-141)和式(3-142)可以看出，当 $\hat{\omega}_m$ 指定为信号在第 m 号矩形窗内最后一个采样点处的频率，则信号在第 $m+1$ 号矩形窗内完全用 $\hat{\omega}_{m+1}$ 计算 $X_{m+1,N}(\hat{\omega}_{m+1})$ 是不准确的，因为两个相邻窗有 $N-1$ 个采样点是相同的。由于矩形窗的宽度很短，相邻两点 $\hat{\omega}_m$ 和 $\hat{\omega}_{m+1}$ 的变化很小，于是对式(3-142)可修正为

$$
\begin{aligned}
X_{m+1}(\hat{\omega}_{m+1}) &= \sum_{n=0}^{N-1} x(m+1+n)\cdot e^{-j\hat{\omega}_{m+1} n} \\
&= \Big[\sum_{n=0}^{N-1} x(m+n)\cdot e^{-j\hat{\omega}_{m+1} n} - x(m) \Big]*e^{j\hat{\omega}_{m+1}} + x(m+N)*e^{-j\hat{\omega}_{m+1}(N-1)} \\
&\approx \Big[\sum_{n=0}^{N-1} x(m+n)\cdot e^{-j\hat{\omega}_m n} - x(m) \Big]*e^{j\hat{\omega}_{m+1}} + x(m+N)*e^{-j\hat{\omega}_{m+1}(N-1)} \\
&= \big[X_m(\hat{\omega}_m) - x(m) + x(m+N)*e^{-j\hat{\omega}_{m+1} N} \big]*e^{j\hat{\omega}_{m+1}}
\end{aligned}
$$
$$(3-143)$$

式(3-143)即为适用于信号频率时变的"滑动 DTFT 递推算法"的计算公式。

需要说明的是，对于传统的 DTFT 法，每计算一点新的 DTFT，均需要做 N 点常规的 DTFT 运算，共需要 N 次复数乘法和 $N-1$ 次复数加法，此外，由图 3-18 可以看出，由于采用的是重叠截取，计算过程中还存在 $N-1$ 点的冗余计算。滑动DTFT

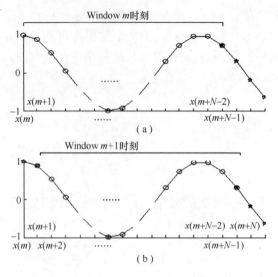

图 3 – 18 N 点滑动时间窗

递推算法由于利用了相邻两个矩形窗存在的递推关系,每采入一点新的数据后,只需进行 2 次复数加法和 2 次复数乘法,整个算法只需在第一个窗内进行常规的 DTFT 运算,消除了冗余计算,且不存在数值不断叠加溢出的问题,大大降低了计算量,并能反映实际信号频率变化的特性,增强了算法的动态性能。

综合上述分析可知,本节所提的滑动 DTFT 递推算法的计算量更小、计算效率更高,适用范围更广。当信号频率变化较小时,可采用适用于信号频率时不变的滑动 DTFT 递推算法计算公式(3 – 140)进行计算;当信号频率变化较大时,可采用适用于信号频率时变的滑动 DTFT 递推算法计算公式(3 – 143)进行计算。

综合上述可知,本节所提的基于余弦窗 DTFT 的相位差测量方法的实现步骤如下:

步骤 1:求出 ω 的估计值 $\hat{\omega}$。

步骤 2:对第一个矩形窗内的采样序列做常规 DTFT 运算。

步骤 3:在频域加矩形窗或汉宁窗进行卷积运算,分别求出 $\tan\varphi_1$ 和 $\tan\varphi_2$。

步骤 4:由 $\hat{\omega}$、N 求出 $m_1 \sim m_4$ 或 $m_5 \sim m_8$,并同 $\tan\varphi_1$ 和 $\tan\varphi_2$ 一起代入式(3 – 132)或(3 – 137),即可计算求得该短窗内两路信号的相位差。

步骤 5:利用滑动 DTFT 递推公式(3 – 140)或(3 – 143),求出两路信号在任意指定频率 $\hat{\omega}_i$ 处的 DTFT。

步骤 6:重复步骤 3、4、5,从而可求得两路信号在任意时刻处的相位差。

3. 4. 5 实验验证

为验证本节所提方法的有效性,采用单一频率实正弦信号,对 DTFT 法(加矩

118

形窗和加汉宁窗)和本节方法(加矩形窗和加汉宁窗),分别在无噪声、有噪声和采样点数变化的情况下进行了仿真验证。仿真分析中,采样点数取1024点,采样频率为1000Hz,频率分辨率为0.9766Hz,两路信号的相位差为30°。

1) 噪声的影响

为考察噪声对相位差测量精度的影响,图3-19给出了在无噪声条件下频率很低时,传统DTFT法(加矩形窗和加汉宁窗)和本节方法(加矩形窗和加汉宁窗)在不同频率处相位差测量的相对误差。图3-20给出了在无噪声条件下接近奈奎斯特频率时,传统DTFT法(加矩形窗和加汉宁窗)和本节方法(加矩形窗和加汉宁窗)在不同频率处相位差测量的相对误差。信号频率取值范围分别为:1~10Hz和490~499Hz,变化步长均为0.05Hz。

由图3-19和图3-20可以看出,当频率很低或接近奈奎斯特频率时,传统DTFT法的相位差测量误差均较大,而本节所提方法均具有很高的相位差测量精度,其原因为:在频率很低或接近奈奎斯特频率时,信号的旁瓣干涉较大,本节方法计及了负频率成分的影响,能有效地抑制频谱泄漏的影响,所以以能获得较高的相位差测量精度。从图3-19和图3-20还可以看出,随着信号频率远离低频或者奈奎斯特频率时,加汉宁窗的相位差测量精度明显高于加矩形窗的相位差测量精度,其原因为:汉宁窗的主瓣比矩形窗的主瓣宽,信号频率过于靠近两端时,汉宁窗比矩形窗更容易产生主瓣干涉,进而影响相位差的测量精度;随着信号频率远离低频或者奈奎斯特频率,主瓣干涉的影响将减小,汉宁窗将体现出比矩形窗更好的旁瓣泄漏抑制效果。另需说明的是,图形均呈现振荡趋势,是因为当信号频率靠近频率分辨率的整数倍时,负频率成分的影响较小。

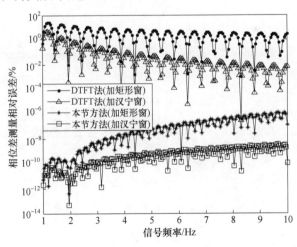

图3-19 无噪声条件下频率很低时的相位差测量相对误差

为更直观地比较上述几种方法的相位差测量精度,在加高斯白噪声的情况下,选取一段信号,在信号频率很低和接近奈奎斯特频率的信号频率取值范围内进行

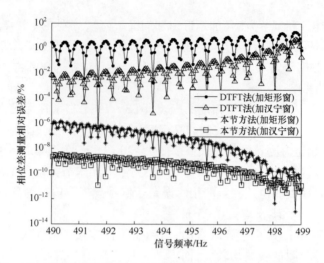

图 3-20 无噪声条件下接近奈奎斯特频率时的相位差测量相对误差

实验比较分析,频率取值范围分别为 0.5～2.5Hz 和 497.5～499.5Hz,变化步长均为 0.05Hz。图 3-21 所示为当信噪比 SNR=20dB,针对频率很低时,分别采用 DTFT 法(加矩形窗和加汉宁窗)和本节方法(加矩形窗和加汉宁窗),经 100 次独立仿真实验得到的相位差估计均方根误差随频率变化的曲线。图 3-22 所示为当

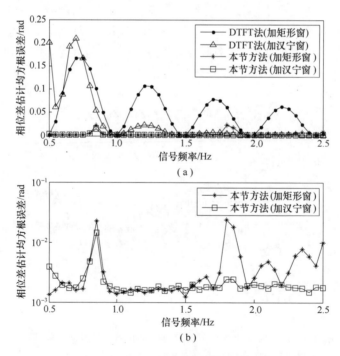

图 3-21 噪声条件下频率很低时的相位差估计均方根误差

(a) 4 种方法的比较值;(b) 本节 2 种方法的比较值。

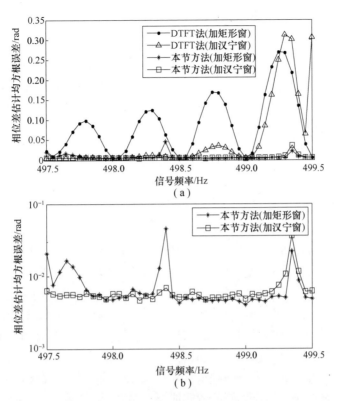

图 3 – 22　噪声条件下接近奈奎斯特频率时的相位差估计均方根误差
(a) 4 种方法的比较值；(b) 本节 2 种方法的比较值。

信噪比 SNR = 20dB，针对接近奈奎斯特频率时，分别采用 DTFT 法(加矩形窗和加汉宁窗)和本节方法(加矩形窗和加汉宁窗)，经 100 次独立仿真实验得到的相位差估计均方根误差随频率变化的曲线。

　　由图 3 – 21 和图 3 – 22 可以看出，频率在 0.5 ~ 2.5Hz 的变化过程中，DTFT 法的相位差测量精度随着频率的增大有逐渐提高的趋势，其中在靠近 0.5Hz、1Hz、1.5Hz、2Hz、2.5Hz 附近的精度较高，接近本节方法计算精度，而本节方法始终保持着较高的相位差测量精度；而频率在 497.5 ~ 499.5Hz 的变化过程中，DTFT 法的相位差测量精度随着频率的增大有逐渐减小的趋势，其中在靠近 497.5Hz、498.0Hz、498.5Hz、499.0Hz、499.5Hz 附近的精度较高，接近本节方法计算精度，而本节方法始终保持着较高的相位差测量精度。其原因为：在频率很低(靠近 0.5Hz 这端)或接近奈奎斯特频率(靠近 499.5Hz 这端)时，负频率成分会产生旁瓣干涉，进而影响传统 DTFT 法的相位差测量精度；在频率远离这两端时，尤其当信号频率靠近频率分辨率的整数倍时，负频率成分的影响较小，传统 DTFT 法接近本节方法测量精度；而本节方法考虑了负频率成分的影响，并施加了矩形窗或汉宁窗，有效地抑制了频谱泄漏的影响，所以能始终保持着较高的相位差测量精度。

此外,随着信号频率远离低频或者奈奎斯特频率时,加汉宁窗比加矩形窗的测量效果更好一些,其原因为:汉宁窗的主瓣比矩形窗的主瓣宽,信号频率过于靠近两端时,汉宁窗比矩形窗更容易产生主瓣干涉,进而影响相位差的测量精度;随着信号频率远离低频或者奈奎斯特频率,主瓣干涉的影响将减小,汉宁窗将体现出比矩形窗更好的旁瓣泄漏抑制效果,与图 3 – 19 和图 3 – 20 的分析结果是一致的。

2）采样点数变化的影响

为考察采样点数变化对相位差测量精度的影响,图 3 – 23 给出了在叠加高斯白噪声的情况下,取信号频率为 2.5Hz,采样点数在 100 ~ 1000 范围内变化时相位差均方根误差的变化曲线。由图 3 – 23 可以看出,当信号频率靠近频率分辨率的 1/2 的整数倍时,负频率成分的影响较小,DTFT 法精度接近本节方法精度;随着采样点数的增加,DTFT 法的测量精度有明显提高,而本节方法的测量精度提高较小;本节方法始终能保持着较高的测量精度,说明本节方法在较少采样点数的情况下也可获得较高的测量精度。此外,实验还表明,当采样点数增加到满足一定采样点数条件的情况下,再增加采样点数也不会明显改善相位差的测量精度。

由图 3 – 23 还可以看出,当采样点数较少时,容易产生主瓣干涉,这种情况下选择加矩形窗的测量效果将好于加汉宁窗的测量效果;随着采样点数的不断增加,频谱分析中的信号频率将远离低频或者奈奎斯特频率,负频率成分的影响也将逐渐减小,这种情况下加汉宁窗的测量效果比加矩形窗的测量效果更好一些。其原因为:汉宁窗具有比矩形窗更好的旁瓣泄漏抑制效果,与图 3 – 19 ~ 图 3 – 22 的分析是一致的。

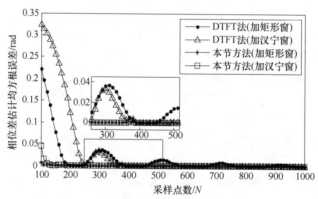

图 3 – 23　采样点数变化下的相位差估计均方根误差

3.5　基于卷积窗 DTFT 的端频信号相位差估计方法

近年来,一些国内学者常常利用组合余弦窗函数进行自卷积运算,从而可构建得到一类新的窗函数——自卷积窗函数。由于矩形自卷积窗构造简单,具有良好的谱泄漏抑制效果,且便于公式的推导和计算,本节在此仅以矩形自卷积窗为例进行阐述说明。

3.5.1 卷积窗的构造及特点

矩形自卷积窗的构造过程如下:设长度为 M 的矩形窗的时、频域表达式分别为

$$w_R(n) = 1, \quad 0 \leqslant n \leqslant M-1 \qquad (3-144)$$

$$W_R(\mathrm{e}^{\mathrm{j}\omega}) = \frac{\sin(M\omega/2)}{\sin(\omega/2)}\mathrm{e}^{-\mathrm{j}\frac{M-1}{2}\omega} \qquad (3-145)$$

通过将 2 个长度为 M 的矩形窗做卷积运算,得到一个长度为 $2M-1$ 的新序列,在新序列的首部或尾部加上一个 0,即可得到长度为 $2M$ 的矩形双窗。本节采用在首部加 0,并令 $N=2M$,可得矩形双窗的时、频域表达式分别为

$$w_{R^2}(n) = \begin{cases} n, & 0 \leqslant n \leqslant N/2-1 \\ N-n, & N/2 \leqslant n \leqslant N-1 \end{cases} \qquad (3-146)$$

$$W_{R^2}(\mathrm{e}^{\mathrm{j}\omega}) = \frac{\sin^2(N\omega/4)}{\sin^2(\omega/2)}\mathrm{e}^{-\mathrm{j}\frac{N}{2}\omega} \qquad (3-147)$$

需要说明的是,对于任一序列,在序列后面加 m 个 0 后构成一个新的序列,新序列的 DTFT 为原序列的 DTFT;在序列前面加 m 个 0 后构成一个新的序列,新序列的 DTFT 为原序列的 DTFT 与 $\mathrm{e}^{-\mathrm{j}\omega m}$ 的乘积。

采用类似的方法,由若干矩形窗做卷积运算,并适当地加 0,可得到一类新窗,定义为矩形自卷积窗(简称为卷积窗),并把做卷积的矩形窗的个数定义为阶数。上述矩形双窗 $w_{R^2}(n)$ 也称为 2 阶卷积窗。

将 3 个长度为 M 的矩形窗做卷积运算,得到长度为 $3M-2$ 的一个新序列 $w(n) = w_R(n) * w_R(n) * w_R(n)$,在新序列的前面加上 1 个 0,后面加上 1 个 0,即可得到长度为 $3M$ 的 3 阶卷积窗。令 $N=3M$,其时域、频域表达式分别为

$$w_{R^3}(n) = \begin{cases} \dfrac{1}{2}n^2 + \dfrac{1}{2}n, 0 \leqslant n \leqslant \dfrac{N}{3}-1 \\[2mm] -n^2 + (N-1)n - \left(\dfrac{N^2}{6} - \dfrac{N}{2}\right), \dfrac{N}{3} \leqslant n \leqslant \dfrac{2N}{3}-1 \\[2mm] \dfrac{1}{2}n^2 + \left(\dfrac{1}{2} - N\right)n + \dfrac{1}{2}(N^2 - N), \dfrac{2N}{3} \leqslant n \leqslant N-1 \end{cases} \qquad (3-148)$$

$$W_{R^3}(\mathrm{e}^{\mathrm{j}\omega}) = \frac{\sin^3(N\omega/6)}{\sin^3(\omega/2)}\mathrm{e}^{-\mathrm{j}\left(\frac{N-1}{2}\right)\omega} \qquad (3-149)$$

同理,将 4 个长度为 M 的矩形窗做卷积运算,得到长度为 $4M-3$ 的一个新序

列 $w(n) = w_R(n) * w_R(n) * w_R(n) * w_R(n)$，在新序列的前面加上 2 个 0，后面加上 1 个 0，即可得到长度为 $4M$ 的 4 阶卷积窗。令 $N = 4M$，其时域、频域表达式分别为

$$w_{R^4}(n) = \begin{cases} \dfrac{1}{6}n^3 - \dfrac{1}{6}n, & 0 \leqslant n \leqslant \dfrac{N}{4} - 1 \\[2mm] -\dfrac{1}{2}n^3 + \dfrac{N}{2}n^2 + \left(\dfrac{1}{2} - \dfrac{N^2}{8}\right)n + \left(\dfrac{N^3}{96} - \dfrac{N}{6}\right), & \dfrac{N}{4} \leqslant n \leqslant \dfrac{N}{2} - 1 \\[2mm] \dfrac{1}{2}n^3 - Nn^2 + \left(\dfrac{5N^2}{8} - \dfrac{1}{2}\right)n + \left(\dfrac{N}{3} - \dfrac{N^3}{96}\right), & \dfrac{N}{2} \leqslant n \leqslant \dfrac{3N}{4} - 1 \\[2mm] -\dfrac{1}{6}n^3 + \dfrac{N}{2}n^2 + \left(\dfrac{1}{6} - \dfrac{N^2}{2}\right)n + \left(\dfrac{N^3}{6} - \dfrac{N}{6}\right), & \dfrac{3N}{4} \leqslant n \leqslant N - 1 \end{cases}$$

$$(3-150)$$

$$W_{R^4}(e^{j\omega}) = \frac{\sin^4(N\omega/8)}{\sin^4(\omega/2)} e^{-j\frac{N}{2}\omega} \tag{3-151}$$

由上述构造方法可以得出，将 m 个相同长度的矩形窗做 $m-1$ 次卷积运算，再在卷积序列的前面加上 $m/2$ 个（m 为偶数时）或 $(m-1)/2$ 个（m 为奇数时）0，在序列后面加上 $(m-2)/2$ 个（m 为偶数时）或 $(m-1)/2$ 个（m 为奇数时）0，即可得到 m 阶卷积窗。在频域，其 DTFT 表达式为

$$W_{R^m}(e^{j\omega}) = \begin{cases} \dfrac{\sin^m(N\omega/2m)}{\sin^m(\omega/2)} e^{-j\frac{N}{2}\omega}, & m \text{ 为偶数} \\[3mm] \dfrac{\sin^m(N\omega/2m)}{\sin^m(\omega/2)} e^{-j\frac{N-1}{2}\omega}, & m \text{ 为奇数} \end{cases} \tag{3-152}$$

考察式（3-152）不难发现，m 阶卷积窗的主瓣宽度为 $\Lambda = 2m\pi/N$，阶数越高，主瓣越宽，为了避免降低频谱分辨率，卷积窗的阶数一般不超过 4 阶。另外，卷积窗在 $\omega = k\Lambda$（$k = 1, 2, \cdots, N$）处的频谱幅值为 0，且在这些零点处的 $1 \sim (m-1)$ 阶导数值均为 0，即卷积窗频谱在零值点附近取值非常平坦，因此，卷积窗具有良好的谱泄漏抑制效果。

需要指出的是，由式（3-152）可以看出，矩形窗可理解为特殊的 1 阶卷积窗。为此，参照矩形窗的推导方法，本节以 2 阶卷积窗和 4 阶卷积窗为例做进一步的研究。

3.5.2　加 2 阶卷积窗的相位差计算公式

对于式（3-110）中的两路同频正弦信号，用长度为 N 的 2 阶卷积窗对信号进行加权截断，可得到加窗信号在 $\hat{\omega}$ 处的 DTFT 为

$$X_{R2,(1,2)N}(\hat{\omega}) = \sum_{n=0}^{N-1} A_{1,2}\cos(\omega \cdot n + \theta_{1,2}) \cdot w_{R2}(n) \cdot e^{-j\hat{\omega}n}$$

$$= \sum_{n=0}^{N-1} \frac{A_{1,2}}{2}\left[e^{j(\omega \cdot n + \theta_{1,2})} + e^{-j(\omega \cdot n + \theta_{1,2})} \right] \cdot w_{R2}(n) \cdot e^{-j\hat{\omega}n}$$

$$= \frac{A_{1,2}}{2}\left[e^{j\theta_{1,2}} W_{R2}(\hat{\omega} - \omega) + e^{-j\theta_{1,2}} W_{R2}(\hat{\omega} + \omega) \right]$$

$$= \frac{A_{1,2}}{2} \cdot \frac{\sin^2\left(\dfrac{N(\hat{\omega} - \omega)}{4} \right)}{\sin^2\left(\dfrac{\hat{\omega} - \omega}{2} \right)} \cdot e^{j\left[\theta_{1,2} - \frac{N(\hat{\omega}-\omega)}{2} \right]}$$

$$+ \frac{A_{1,2}}{2} \cdot \frac{\sin^2\left(\dfrac{N(\hat{\omega} + \omega)}{4} \right)}{\sin^2\left(\dfrac{\hat{\omega} + \omega}{2} \right)} \cdot e^{-j\left[\theta_{1,2} + \frac{N(\hat{\omega}+\omega)}{2} \right]} \qquad (3-153)$$

需要说明的是,根据频域卷积定理,时域相乘对应于频域卷积,因此,也可理解为

$$X_{R2,(1,2)N}(\hat{\omega}) = X_{(1,2)N}(\hat{\omega}) * W_{R2}(\hat{\omega}) \qquad (3-154)$$

假设$\hat{\omega} \neq \omega$,对式(3-153)进行推导,可得

$$\tan\varphi_{R2,(1,2)N} = \frac{\mathrm{Im}\left[X_{R2,(1,2)N}(\hat{\omega}) \right]}{\mathrm{Re}\left[X_{R2,(1,2)N}(\hat{\omega}) \right]} = \frac{c_1'\tan\theta_{R2(1,2)N} - c_2'}{c_3'\tan\theta_{R2(1,2)N} + c_4'} \qquad (3-155)$$

进而求得

$$\tan\theta_{R2,(1,2)N} = \frac{c_4'\tan\varphi_{R2,(1,2)N} + c_2'}{c_1' - c_3'\tan\varphi_{R2,(1,2)N}} \qquad (3-156)$$

式中:$\varphi_{R2,(1,2)N}$为$X_{R2,(1,2)N}(\hat{\omega})$的相位;$c_1' = \sin^2 a_1'\sin^2 a_4'\cos 2a_1' - \sin^2 a_2'\sin^2 a_3'\cos 2a_3'$;$c_2' = \sin^2 a_1'\sin^2 a_4'\sin 2a_1' + \sin^2 a_2'\sin^2 a_3'\sin 2a_3'$;$c_3' = \sin^2 a_1'\sin^2 a_4'\sin 2a_1' - \sin^2 a_2'\sin^2 a_3'\sin 2a_3'$;$c_4' = \sin^2 a_1'\sin^2 a_4'\cos 2a_1' + \sin^2 a_2'\sin^2 a_3'\cos 2a_3'$;$a_1' = N(\hat{\omega} - \omega)/4$;$a_2' = (\hat{\omega} - \omega)/2$;$a_3' = N(\hat{\omega} + \omega)/4$;$a_4' = (\hat{\omega} + \omega)/2$。

利用公式$\tan(\theta_{R2,2N} - \theta_{R2,1N}) = \dfrac{\tan\theta_{R2,2N} - \tan\theta_{R2,1N}}{1 + \tan\theta_{R2,2N}\tan\theta_{R2,1N}}$,可计算得到两路信号的相位差为

$$\Delta\theta = \arctan\left[\frac{(c_1'c_4' + c_2'c_3')(\tan\varphi_{R2,2N} - \tan\varphi_{R2,1N})}{(c_1'^2 + c_2'^2) + (c_2'c_4' - c_1'c_3')(\tan\varphi_{R2,1N} + \tan\varphi_{R2,2N}) + (c_3'^2 + c_4'^2)\tan\varphi_{R2,1N}\tan\varphi_{R2,2N}} \right]$$

$$(3-157)$$

通常情况下,当信噪比不是很低时,采用离散频谱校正法或自适应陷波滤波法求得的频率估计值与真实值十分接近,可近似认为$\hat{\omega} \approx \omega$,$\sin a_1 / \sin a_2 \approx N/2$,代入

125

式(3-157),可得

$$\Delta\theta = \arctan\left[\frac{m_1'(\tan\varphi_{R^2,2N} - \tan\varphi_{R^2,1N})}{m_2' + m_3'(\tan\varphi_{R^2,1N} + \tan\varphi_{R^2,2N}) + m_4'\tan\varphi_{R^2,1N}\tan\varphi_{R^2,2N}}\right]$$

$$(3-158)$$

式中：$m_1' = (N\sin\hat{\omega})^4/16 - \sin^4\beta'$；$m_2' = (N\sin\hat{\omega})^4/16 + \sin^4\beta' - [(N\sin\hat{\omega}\sin\beta')^2\cos2\beta']/2$；$m_3' = [(N\sin\hat{\omega}\sin\beta')^2\sin2\beta']/2$；$m_4' = (N\sin\hat{\omega})^4/16 + \sin^4\beta' + [(N\sin\hat{\omega}\sin\beta')^2\cos2\beta']/2$；$\beta' = N\hat{\omega}/2$。

式(3-158)即为计及负频率的加2阶卷积窗 DTFT 的相位差计算公式。当 $\hat{\omega} = \omega$ 时,可推导得到与式(3-158)完全相同的相位差计算公式。因此,在实际计算过程中,无须事先判断 $\hat{\omega}$ 是否等于 ω。此外,公式的推导过程中考虑了负频率成分的影响,通过式(3-156)也能准确求出两路信号的初始相位。

3.5.3 加4阶卷积窗的相位差计算公式

式(3-150)和式(3-151)分别给出了4阶卷积窗的时域、频域表达式,参照加2阶卷积窗 DTFT 的相位差计算公式的推导过程(在此不再介绍其推导过程),可得到两路信号的相位差为

$$\Delta\theta = \arctan\left[\frac{m_5'(\tan\varphi_{R^4,2N} - \tan\varphi_{R^4,1N})}{m_6' + m_7'(\tan\varphi_{R^4,1N} + \tan\varphi_{R^4,2N}) + m_8'\tan\varphi_{R^4,1N}\tan\varphi_{R^4,2N}}\right]$$

$$(3-159)$$

式中：$m_5' = (N\sin\hat{\omega}/4)^8 - \sin^8\beta''$；$m_6' = (N\sin\hat{\omega}/4)^8 + \sin^8\beta'' - 2 \cdot [(N\sin\hat{\omega}\sin\beta''/4)^4\cos4\beta'']$；$m_7' = 2 \cdot [(N\sin\hat{\omega}\sin\beta''/4)^4\sin4\beta'']$；$m_8' = (N\sin\hat{\omega}/4)^8 + \sin^8\beta'' + 2 \cdot [(N\sin\hat{\omega}\sin\beta''/4)^4\cos4\beta'']$；$\beta'' = N\hat{\omega}/4$。

式(3-159)即为计及负频率的加4阶卷积窗 DTFT 的相位差计算公式。当 $\hat{\omega} = \omega$ 时,也可推导得到与式(3-159)完全相同的相位差计算公式。因此,在实际计算过程中,无须事先判断 $\hat{\omega}$ 是否等于 ω。

归纳起来,本节所提的基于卷积窗 DTFT 的相位差测量方法的实现步骤如下:

步骤1:求出 ω 的估计值 $\hat{\omega}$。

步骤2:对第一个矩形窗内的采样序列作常规 DTFT 运算。

步骤3:在频域加2阶卷积窗或4阶卷积窗进行卷积运算,分别求出 $\tan\varphi_1$ 和 $\tan\varphi_2$。

步骤4:由 $\hat{\omega}$、N 求出 $m_1' \sim m_4'$ 或 $m_5' \sim m_8'$,并同 $\tan\varphi_1$ 和 $\tan\varphi_2$ 一起代入式(3-158)或(3-159),即可计算求得该短窗内两路信号的相位差。

步骤5:利用滑动 DTFT 递推公式(3-140)或(3-143),求出两路信号在任意指定频率 $\hat{\omega}_i$ 处的 DTFT。

步骤6:重复步骤3、4、5,从而可求得两路信号在任意时刻处的相位差。

3.5.4 实验验证

为验证本节方法的有效性,采用单一频率实正弦信号,对传统 DTFT 法和本节方法(加 1 阶卷积窗、加 2 阶卷积窗和加 4 阶卷积窗),分别在无噪声、有噪声和采样点数变化的情况下进行了仿真验证。仿真分析中,参数设置参见 3.4.5 节。

1)噪声的影响

为考察噪声对相位差测量精度的影响,图 3-24 给出了在无噪声条件下频率很低时,传统 DTFT 法和本节方法(加 1 阶卷积窗、加 2 阶卷积窗和加 4 阶卷积窗)在不同频率处相位差测量的相对误差。图 3-25 给出了在无噪声条件下接近奈奎斯特频率时,传统 DTFT 法和本节方法(加 1 阶卷积窗、加 2 阶卷积窗和加 4 阶卷积窗)在不同频率处相位差测量的相对误差。信号频率取值范围分别为:1~10Hz 和 490~499Hz,变化步长均为 0.05Hz。

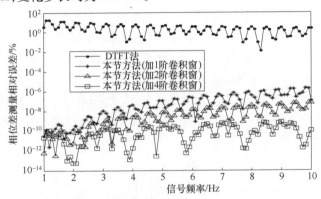

图 3-24　无噪声条件下频率很低时的相位差测量相对误差

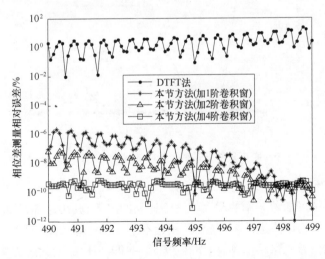

图 3-25　无噪声条件下接近奈奎斯特频率时的相位差测量相对误差

由图 3 - 24 和图 3 - 25 可以看出,当频率很低或接近奈奎斯特频率时,传统 DTFT 法的相位差测量误差均较大,而本节方法均具有很高的相位差测量精度。其原因为:在频率很低或接近奈奎斯特频率时,信号的旁瓣干涉较大,本节方法计及了负频率成分的影响,能有效地抑制频谱泄漏的影响,所以能获得较高的相位差测量精度。

从图 3 - 24 和图 3 - 25 还可以看出,随着信号频率远离低频或者奈奎斯特频率时,本节方法中加高阶卷积窗的相位差测量精度明显高于加低阶卷积窗的相位差测量精度。其原因为:高阶卷积窗具有比低阶卷积窗更好的旁瓣泄漏抑制效果。需要说明的是,图形均呈现振荡趋势,是因为当信号频率靠近频率分辨率的整数倍时,负频率成分的影响较小。

为更直观地比较上述几种方法的相位差测量精度,在加高斯白噪声的情况下,选取一段信号,在信号频率很低和接近奈奎斯特频率的信号频率取值范围内进行实验比较分析,频率取值范围分别为 0.5 ~ 2.5Hz 和 497.5 ~ 499.5Hz,变化步长均为 0.05Hz。图 3 - 26 所示为当 SNR = 20dB,针对频率很低时,分别采用 DTFT 法和本节方法(加 1 阶卷积窗、加 2 阶卷积窗和加 4 阶卷积窗),经 100 次独立仿真实验得到的相位差估计均方根误差随频率变化的曲线。图 3 - 27 所示为当 SNR = 20dB,针对接近奈奎斯特频率时,分别采用 DTFT 法和本节方法(加 1 阶卷积窗、加 2 阶卷积窗和加 4 阶卷积窗),经 100 次独立仿真实验得到的相位差估计均方根误差随频率变化的曲线。

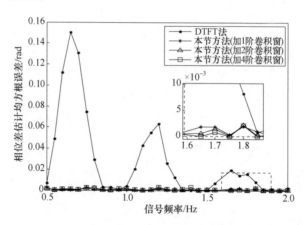

图 3 - 26   噪声条件下频率很低时的相位差估计均方根误差

由图 3 - 26 和图 3 - 27 可以看出,频率在 0.5 ~ 2.5Hz 的变化过程中,DTFT 法的相位差测量精度随着频率的增大有逐渐提高的趋势,其中在靠近 0.5Hz、1.0Hz、1.5Hz、2.0Hz、2.5Hz 附近的精度较高,接近本节方法计算精度,而本节方法始终保持着较高的相位差测量精度;而频率在 497.5 ~ 499.5Hz 的变化过程中,DTFT 法的相位差测量精度随着频率的增大有逐渐减小的趋势,其中在靠近 497.5Hz、

128

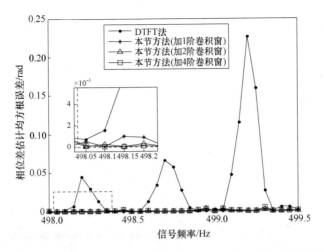

图 3-27　噪声条件下接近奈奎斯特频率时的相位差估计均方根误差

498.0Hz、498.5Hz、499.0Hz、499.5Hz 附近的精度较高,接近本节方法计算精度,而本节方法始终保持着较高的相位差测量精度。其原因为:在频率很低(靠近 0.5Hz 这端)或接近奈奎斯特频率(靠近 499.5Hz 这端)时,负频率成分会产生旁瓣干涉,进而影响传统 DTFT 法的相位差测量精度,在频率远离这两端时,尤其当信号频率靠近频率分辨率的整数倍时,负频率成分的影响较小,传统 DTFT 法接近本节方法测量精度。而本节方法考虑了负频率成分的影响,并施加了卷积窗,有效地抑制了频谱泄漏的影响,所以能始终保持着较高的相位差测量精度。

此外,随着信号频率远离低频或者奈奎斯特频率时,加高阶卷积窗比加低阶卷积窗的测量效果更好一些。其原因为:高阶卷积窗的主瓣比低阶卷积窗的主瓣宽,信号频率过于靠近两端时,高阶卷积窗比低阶卷积窗更容易产生主瓣干涉,进而影响相位差的测量精度;随着信号频率远离低频或者奈奎斯特频率,主瓣干涉的影响将减小,高阶卷积窗将体现出比低阶卷积窗更好的旁瓣泄漏抑制效果,与图 3-24 和图 3-25 的分析结果是一致的。

2) 采样点数变化的影响

为考察采样点数变化对相位差测量精度的影响,图 3-28 给出了在叠加高斯白噪声的情况下,取信号频率为 2.5Hz,采样点数在 100~1000 范围内变化时相位差均方根误差的变化曲线。由图 3-28 可以看出,当信号频率靠近频率分辨率的 1/2 的整数倍时,负频率成分的影响较小,DTFT 法精度接近本节方法精度;随着采样点数的增加,DTFT 法的测量精度有明显提高,而本节方法的测量精度提高较小;本节方法始终能保持着较高的测量精度,说明本节方法在较少采样点数的情况下也可获得较高的测量精度。此外,实验还表明,当采样点数增加到满足一定采样点数条件的情况下,再增加采样点数也不会明显改善相位差的测量精度。

由图 3-28 还可以看出,当采样点数较少时,容易产生主瓣干涉,这种情况下

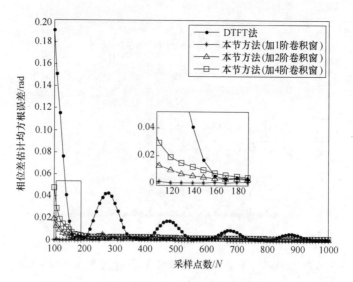

图 3-28　采样点数变化下的相位差估计均方根误差

选择加低阶卷积窗的测量效果将好于加高阶卷积窗的测量效果;随着采样点数的不断增加,频谱分析中的信号频率将远离低频或者奈奎斯特频率,负频率成分的影响也将逐渐减小,这种情况下加高阶卷积窗的测量效果比加低阶卷积窗的测量效果更好一些。其原因为:高阶卷积窗具有比低阶卷积窗更好的旁瓣泄漏抑制效果,与图 3-24～图 3-27 的分析结果是一致的。

3.6　小　　结

本章针对复杂信号中的端频信号,分析了信号频谱中的负频率影响,从理论上阐述了负频率成分的影响机理;在此分析基础上,提出了计及负频率的端频信号离散频谱校正方法,分别推导了极端低频信号和极端高频信号的频率、幅值和相位校正公式;进而探讨了负频率成分对相位差估计的影响,在对相位差估计的 FFT 法和 DTFT 法进行误差分析的基础上,分别提出了基于 FFT、余弦窗 DTFT、卷积窗 DTFT 的端频信号相位差估计方法,并推导了不同类型窗函数下的相位差计算公式。实验结果表明,本章方法可有效地抑制频谱泄漏的影响,提高端频信号频率和相位差的估计精度。

第4章　时变频率估计的自适应陷波器方法

时变频率估计问题广泛存在于振动工程、生物工程、电力工程及工业测量等诸多领域，本章主要探讨基于自适应陷波器(ANF)的时变频率快速跟踪问题。

4.1　ANF 频率估计原理

陷波器可理解为阻带很小的带阻滤波器，阻带频率称为陷波频率。ANF 通过自适应算法使得陷波频率跟随输入信号频率变化，从而滤除输入信号特定成分。ANF 既可用于消除正弦干扰，也可用于检测带噪信号中正弦成分频率，正弦信号基频理论上等于陷波频率，可由陷波器参数估计得到。

设观测信号为

$$r(n) = s(n) + z(n) = \sum_{i=1}^{p} A_i \sin(\omega_i n + \theta_i) + z(n); \quad n = 0, 1, \cdots, N-1$$

$$(4-1)$$

式中：A_i、ω_i、θ_i 分别为第 i 个正弦波信号的幅度、频率和初始相位；$z(n)$ 为加性宽带噪声。

若希望滤除信号中 p 个正弦波信号 $s(n)$ 得到 $z(n)$，所需滤波器传递函数 $H(\omega)$ 的幅频响应需满足下式，犹如若干陷阱，故称为陷波器，即

$$H(\omega) = \begin{cases} 0, & \omega = \omega_i \\ 1, & \omega \neq \omega_i \end{cases} \qquad (4-2)$$

若希望滤除 $z(n)$ 得到 p 个正弦波信号 $s(n)$，则传递函数 $H(\omega)$ 的幅频特性满足下式，这种滤波器称为谱线增强器，即

$$H(\omega) = \begin{cases} 1, & \omega = \omega_i \\ 0, & \omega \neq \omega_i \end{cases} \qquad (4-3)$$

信号经陷波器滤波后再与原信号相减即可实现谱线增强。自适应谱线增强器最早是由 Widrow 等人于 1975 年在研究自适应噪声相消时提出来的，目的是将正弦波与宽带噪声分离开来，并提取正弦波。自适应谱线增强器很容易由自适应陷波器实现。如图 4-1 所示，观测信号 $r(n)$ 通过自适应陷波器，抑制掉正弦波信

号,产生 $z(n)$ 的最优估计 $\hat{z}(n)$,然后与观测信号相减,得到正弦波信号的估计 $\hat{s}(n) = r(n) - \hat{z}(n) = s(n) + z(n) - \hat{z}(n)$。如果陷波器是理想的,则 $\hat{z}(n) = z(n)$,从而有 $\hat{s}(n) = s(n)$。

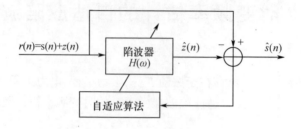

图 4 - 1　陷波型自适应谱线增强器

4.2　典型 ANF 频率估计方法及性能分析

现有 ANF 可根据结构和实现方法的差异,分为自适应有限冲激响应陷波器(FIR-ANF)和自适应无限冲激响应陷波器(IIR-ANF)。FIR-ANF 和 IIR-ANF 的频率估计原理已在第 1 章详细论述,本节重点分析 FIR-ANF 和 IIR-ANF 的误差函数及稳态下的频率估计性能,讨论 ANF 参数对正弦信号频率估计精度和收敛速度的影响,为提高 ANF 频率估计精度提供参考。

4.2.1　误差函数分析

设 ANF 输入信号为

$$\begin{cases} x(k) = A\cos(\omega_0 k + \theta) + v_0(k) \\ \omega_0 = 2\pi f_0 / f_s \end{cases} \quad (4-4)$$

式中:A、ω_0、θ 分别为信号的幅值、频率和相位;f_0 为信号真实频率;f_s 为采样频率;相位 θ 在 $[0, 2\pi)$ 上服从均匀分布;噪声 $v_0(k)$ 是均值为 0、方差为 σ^2 的加性高斯白噪声($v \sim \mathrm{WGN}(0, \sigma^2)$)。

ANF 传递函数为

$$H(z, \omega) = N(z, \omega) \frac{1}{D(z, \omega)} = (1 - 2\cos\omega z^{-1} + z^{-2}) \frac{1}{1 - 2\rho\cos\omega z^{-1} + \rho^2 z^{-2}}$$

$$(4-5)$$

式中:ρ 为极半径,控制陷波宽度,且 $0 \ll \rho < 1$;ω 为 ω_0 的估计值。

信号 $x(k)$ 通过 $N(z, \omega)$ 和 $H(z, \omega)$,分别得到信号 $e_1(k)$ 和 $e_2(k)$ 为

132

$$\begin{cases} e_1(k) = x(k) - 2\cos\omega x(k-1) + x(k-2) \\ e_2(k) = e_1(k) + 2\rho\cos\omega e_2(k-1) - \rho^2 e_2(k-2) \end{cases} \qquad (4-6)$$

为了自适应迭代估计信号频率值 ω_0，需选择误差函数 $J(\omega)$ 进行梯度计算。

当选择 $J(\omega) = E[e_1^2(k)]$，实际计算时，可选择 $\hat{J}(\omega) = \dfrac{1}{N}\left[\displaystyle\sum_{k=1}^{N} e_1^2(k)\right]$，则自适应陷波滤波器为 FIR-ANF。

当选择 $J(\omega) = E[e_2^2(k)]$，实际计算时，可选择 $\hat{J}(\omega) = \dfrac{1}{N}\left[\displaystyle\sum_{k=1}^{N} e_2^2(k)\right]$，则自适应陷波滤波器为 IIR-ANF。

由此可知，FIR-ANF 传递函数为

$$N(z,\omega) = 1 - 2\cos\omega z^{-1} + z^{-2} \qquad (4-7)$$

则 FIR-ANF 传递函数在 $z = e^{j\omega_0}$ 处幅值与相角分别为

$$\begin{aligned} |N(z,\omega)| &= |1 - 2\cos\omega\cos\omega_0 + \cos2\omega_0 - j(-2\cos\omega\sin\omega_0 + \sin2\omega_0)| \\ &= 2(\cos\omega_0 - \cos\omega) \end{aligned} \qquad (4-8)$$

$$\varphi_1 = \begin{cases} -\omega_0, & \omega_0 \leqslant \pi/2 \\ -\pi - \omega_0, & \omega_0 > \pi/2 \end{cases} \qquad (4-9)$$

所以

$$e_1(k) = A|N(z,\omega)|\cos(\omega_0 k + \theta + \varphi_1) + v_N(k) \qquad (4-10)$$

FIR-ANF 误差函数为

$$\begin{aligned} J_{\mathrm{FIR}}(\omega) &= E[e_1^2(k)] \\ &= A^2(2\cos\omega_0 - 2\cos\omega)^2 \frac{1}{2\pi}\int_0^{2\pi}\cos^2(\omega_0 k + \theta + \varphi_1)\,\mathrm{d}\theta + E[v_N^2(k)] \\ &= 2A^2(\cos\omega_0 - \cos\omega)^2 + 2\sigma^2(1 + 2\cos^2\omega) \end{aligned} \qquad (4-11)$$

忽略噪声 $v_N(k)$，令 $\dfrac{\mathrm{d}J_{\mathrm{FIR}}(\omega)}{\mathrm{d}\omega} = 0$，可得

$$\frac{\mathrm{d}J_{\mathrm{FIR}}(\omega_0)}{\mathrm{d}\omega} = 4A^2(\cos\omega_0 - \cos\omega)\sin\omega = 0 \qquad (4-12)$$

可知 $\omega = \omega_0$ 为最优解。

IIR-ANF 传递函数如式(4-5)，即为 ANF 的传递函数，其幅值与相角分别为

$$|H(z,\omega)| = \frac{|2\cos\omega_0 - 2\cos\omega|}{|D(z,\omega)|} = \frac{|2\cos\omega_0 - 2\cos\omega|}{\sqrt{[(1+\rho^2)\cos\omega_0 - 2\rho\cos\omega]^2 + [(1-\rho^2)\sin\omega_0]^2}}$$

$$(4-13)$$

133

$$\varphi_2 = \begin{cases} -\arctan \dfrac{(1-\rho^2)\sin\omega_0}{(1+\rho^2)\cos\omega_0 - 2\rho\cos\omega}, & \omega_0 \leqslant \pi/2 \\[4mm] -\pi - \arctan \dfrac{(1-\rho^2)\sin\omega_0}{(1+\rho^2)\cos\omega_0 - 2\rho\cos\omega}, & \omega_0 > \pi/2 \end{cases} \qquad (4-14)$$

计入噪声 $v_0(k)$，则

$$e_2(k) = A\,|H(z,\omega)|\cos(\omega_0 k + \theta + \varphi_2) + v_H(k) \qquad (4-15)$$

故 IIR-ANF 误差函数为

$$J_{\text{IIR}}(\omega_0) = E[e_2^2(k)]$$

$$= A^2 \frac{(2\cos\omega_0 - 2\cos\omega)^2 \frac{1}{2\pi}\int_0^{2\pi}\cos^2(\omega_0 k + \theta + \phi)\,\mathrm{d}\theta}{[(1+\rho^2)\cos\omega_0 - 2\rho\cos\omega]^2 + [(1-\rho^2)\sin\omega_0]^2} + E[v_H^2(k)]$$

$$= 2A^2 \frac{(\cos\omega_0 - \cos\omega)^2}{[(1+\rho^2)\cos\omega_0 - 2\rho\cos\omega]^2 + [(1-\rho^2)\sin\omega_0]^2} + E[v_H^2(k)]$$

$$= 2A^2 \frac{(\cos\omega_0 - \cos\omega)^2}{[(1+\rho^2)\cos\omega_0 - 2\rho\cos\omega]^2 + [(1-\rho^2)\sin\omega_0]^2}$$

$$+ \sigma^2\left(\frac{1}{\rho^2} - \frac{1-\rho}{1+\rho}\,\frac{(1+\rho)^2(1+\rho)^2 - 8\rho^2\cos^2\omega}{\rho^2(\rho^4 - 2\rho^2\cos 2\omega + 1)}\right) \qquad (4-16)$$

忽略噪声 $v_H(k)$，令 $\dfrac{\mathrm{d}J_{\text{IIR}}(\omega_0)}{\mathrm{d}\omega} = 0$，可得

$$\sin\omega(\cos\omega_0 - \cos\omega)(1-\rho)^2 J = 0 \qquad (4-17)$$

式中：$J = 2\rho\cos\omega_0(\cos\omega_0 + \cos\omega) - (1+\rho)^2$。容易证明 $J \neq 0$，于是可知 $\omega = \omega_0$ 为最优解。

4.2.2 FIR-ANF 性能分析

FIR-ANF 频率估计迭代算法为

$$\omega(k+1) = \omega(k) - \frac{\mu}{2}\frac{\partial e_1^2(k)}{\partial\omega(k)} = \omega(k) - \mu e_1(k) g_1(k) \qquad (4-18)$$

式中：$g_1(k) = \partial e_1(k)/\partial\omega(k) = 2\sin\omega(k)x(k-1)$，为 $x(k)$ 通过 $G_1(z,\omega) = 2\sin\omega(k)z^{-1}$ 后的信号。

由式(4-5)，可得

$$N(\mathrm{e}^{\mathrm{j}\omega_0}, \omega) = 2(\cos\omega_0 - \cos\omega)\mathrm{e}^{\mathrm{j}\varphi_1} \approx 2\sin\omega_0 \delta \mathrm{e}^{\mathrm{j}\varphi_1} \qquad (4-19)$$

式中：$\delta = \omega - \omega_0$。

计入噪声 $v_0(k)$，由式(4-6)和式(4-19)，可得

134

$$e_1(k) = 2A\sin\omega_0\delta(k)\cos(\omega_0 k + \theta + \varphi_1) + v_1(k) \tag{4-20}$$

$$g_1(k) = 2A\sin\omega_0\cos(\omega_0 k + \theta - \omega_0) + v_2(k) \tag{4-21}$$

式中：$\delta(k) = \omega(k) - \omega_0$。$v_1(k)$ 和 $v_2(k)$ 为噪声 $v_0(k)$ 分别通过 $N(z, \omega)$ 和 $G_1(z, \omega)$ 后所产生，根据 Parseval 定理，可知

$$\sigma_{v_1}^2 = E[v_1^2(k)] = \frac{\sigma^2}{2\pi}\int_{-\pi}^{\pi}|N(e^{j\omega_0}, \omega)|^2\mathrm{d}\omega_0 = 2\sigma^2(1 + 2\cos^2\omega)$$

$$\tag{4-22}$$

$$\sigma_{v_2}^2 = E[v_2^2(k)] = \frac{\sigma^2}{2\pi}\int_{-\pi}^{\pi}|G_1(e^{j\omega_0}, \omega)|^2\mathrm{d}\omega_0 = 4\sigma^2\sin^2\omega \tag{4-23}$$

式（4-18）两边同减去 ω_0，可得

$$\delta(k+1) = \delta(k) - \mu e_1(k)g_1(k) \tag{4-24}$$

对式（4-24）两边求取期望，有

$$\begin{aligned}
E[\delta(k+1)] &= E[\delta(k)] - \mu E[e_1(k)g_1(k)] \\
&\approx E[\delta(k)] - 2\mu A^2\sin^2\omega_0\cos(\omega_0 + \varphi_1)E[\delta(k)] \\
&\quad - \mu E[v_1(k)v_2(k)]
\end{aligned} \tag{4-25}$$

式中：应用留数定理，求解可得

$$R_{1,2} = E[v_1(k)v_2(k)] = \frac{\sigma^2}{2\pi j}\oint_C N(z, \omega)G_1(z^{-1}, \omega)z^{-1}\mathrm{d}z = -2\sigma^2\sin 2\omega$$

$$\tag{4-26}$$

所以

$$E[\delta(k+1)] = [1 - 2\mu A^2\sin^2\omega_0\cos(\omega_0 + \varphi_1)]E[\delta(k)] + \mu 2\sigma^2\sin 2\omega_0$$

$$\tag{4-27}$$

由于 σ^2 的未知性，故在稳态时可利用下式计算，即

$$E[x(k)e_1(k)] \approx E[v(k)v_1(k)] \approx \sigma^2 \Rightarrow \sigma^2(k) = x(k)e_1(k) \tag{4-28}$$

在稳态下，一般有

$$E[\delta(k+1)]|_{k\to\infty} = E[\delta(k)]|_{k\to\infty} = E[\delta(\infty)] \tag{4-29}$$

于是可知，FIR-ANF 频率估计误差为

$$E[\delta(\infty)] = \frac{\sigma^2\sin 2\omega_0}{A^2\sin^2\omega_0\cos(\omega_0 + \varphi_1)} \tag{4-30}$$

可见 FIR-ANF 估计是有偏差的，且当待测频率靠近 0 或 π 时会导致误差增大。

求取 FIR-ANF 频率估计的均方误差为

$$E[\delta^2(k+1)] = E[\{\delta(k) - \mu e_1(k)g_1(k)\}^2]$$
$$= E[\delta^2(k)] - 2\mu E[\delta(k)e_1(k)g_1(k)] + \mu^2 E[\{e_1(k)g_1(k)\}^2]$$

$$(4-31)$$

式中

$$E[\delta(k)e_1(k)g_1(k)] = 2A^2\sin^2\omega_0\cos(\omega_0+\varphi_1)E[\delta(k)] + R_{1,2}E[\delta(k)]$$

$$(4-32)$$

$$E[\{e_1(k)g_1(k)\}^2]$$
$$= E[\{2A\sin\omega_0\delta(k)\cos(\omega_0 k+\theta+\varphi_1) + \upsilon_1(k)\}^2$$
$$\{2\sin\omega_0\cos(\omega_0 k+\theta-\omega_0) + \upsilon_2(k)\}^2]$$
$$\approx 2A^4\sin^4\omega_0(2+\cos(2[\omega_0+\varphi_1]))E[\delta^2(k)] + 2A^2\sigma_{\upsilon_2}^2\sin^2\omega_0 E[\delta^2(k)]$$
$$+ 8A^2 R_{1,2}\sin^2\omega_0\cos(\omega_0+\varphi_1)E[\delta(k)] + 2A^2\sigma_{\upsilon_1}^2\sin^2\omega_0 + \sigma_{\upsilon_1}^2\sigma_{\upsilon_2}^2 + 2R_{1,2}^2$$

$$(4-33)$$

由式(4-31)~式(4-33),可得

$$E[\delta^2(k+1)] = (1-\mu P_1+\mu^2 P_2)E[\delta^2(k)] + (\mu^2 P_3-\mu P_4)E[\delta(k)] + \mu^2 P_5$$

$$(4-34)$$

式中

$$\begin{cases} P_1 = 4A^2\sin^2\omega_0\cos(\omega_0+\varphi_1) \\ P_2 = 2A^4\sin^4\omega_0[2+\cos(2(\omega_0+\varphi_1))] + 2A^2\sin^2\omega_0\sigma_{\upsilon_2}^2 \\ P_3 = 8A^2\sin^2\omega_0\cos(\omega_0+\varphi_1)R_{1,2} \\ P_4 = 2R_{1,2} \\ P_5 = 2A^2\sin^2\omega_0\sigma_{\upsilon_1}^2 + \sigma_{\upsilon_1}^2\sigma_{\upsilon_2}^2 + 2R_{1,2}^2 \end{cases}$$

$$(4-35)$$

稳态下可得

$$E[\delta^2(k+1)]|_{k\to\infty} = E[\delta^2(k)]|_{k\to\infty} = E[\delta^2(\infty)]$$

$$(4-36)$$

则 FIR-ANF 频率估计的均方误差为

$$E[\delta^2(\infty)] = \frac{(\mu P_3-P_4)E[\delta(\infty)] + \mu P_5}{P_1-\mu P_2}$$

$$(4-37)$$

4.2.3 IIR-ANF 性能分析

IIR-ANF 频率估计迭代算法为

136

$$\omega(k+1) = \omega(k) - \frac{\mu}{2} \frac{\partial e_2^2(k)}{\partial \omega(k)} = \omega(k) - \mu e_2(k) g_2(k) \quad (4-38)$$

式中

$$g_2(k) = \frac{\partial e_2(k)}{\partial \omega(k)} \approx 2[x(k-1) - \rho e_2(k-1)] \sin\omega(k) \quad (4-39)$$

令 $G_2(z,\omega) = 2z^{-1}[1 - \rho H(z,\omega)]\sin\omega(k)$，则 $g_2(k)$ 为 $x(k)$ 通过 $G_2(z, \omega)$ 后的信号。

对于 $H(z,\omega) = \dfrac{1 - 2\cos\omega z^{-1} + z^{-2}}{1 - 2\rho\cos\omega z^{-1} + \rho^2 z^{-2}}$，用泰勒(Taylor)级数展开，可得

$$H(z,\omega) \approx \left(B\delta + \frac{\cos\omega_0}{2\sin\omega_0} B\delta^2 \right) e^{-j\varphi} - \rho B^2 \delta^2 e^{-j2\varphi} \quad (4-40)$$

式中

$$B = \frac{2\sin\omega_0}{(1-\rho)\sqrt{(1+\rho)^2 - 4\rho\cos^2\omega_0}} \quad (4-41)$$

$$\varphi = \begin{cases} \arctan \dfrac{(1+\rho)\sin\omega_0}{(1-\rho)\cos\omega_0}, & \omega_0 \leqslant \pi/2 \\[3mm] \pi + \arctan \dfrac{(1+\rho)\sin\omega_0}{(1-\rho)\cos\omega_0}, & \omega_0 > \pi/2 \end{cases} \quad (4-42)$$

由式(4-6)和式(4-40)，可得

$$\begin{aligned} e_2(k) &\approx A\left[B\delta(k) + \frac{\cos\omega_0}{2\sin\omega_0} B\delta^2(k) \right] \cos(\omega_0 k + \theta - \varphi) \\ &\quad - \rho A B^2 \delta^2(k) \cos(\omega_0 k + \theta - 2\varphi) + v_3(k) \end{aligned} \quad (4-43)$$

$$\begin{aligned} g_2(k) &\approx 2\sin\omega(k)[x(k-1) - \rho e_2(k-1)] \\ &= 2\sin\omega(k)A\cos(\omega_0 k + \theta - \omega_0) - 2\sin\omega(k)\rho A B\delta(k)\cos(\omega_0 k + \theta - \varphi - \omega_0) \\ &\quad + 2\sin\omega(k)\rho A \frac{\cos\omega_0}{2\sin\omega_0} B\delta^2(k)\cos(\omega_0 k + \theta - \varphi - \omega_0) \\ &\quad + 2\sin\omega(k)\rho^2 A B^2 \delta^2(k)\cos(\omega_0 k + \theta - 2\varphi - \omega_0) + v_4(k) \end{aligned} \quad (4-44)$$

式中：$v_3(k)$、$v_4(k)$ 为噪声 $v(k)$ 分别通过 $H(z,\omega)$ 和 $G_2(z,\omega)$ 后所产生，根据 Parseval 定理，可知

$$\begin{aligned} \sigma_{v_3}^2 &= E[v_3^2(k)] = \frac{\sigma^2}{2\pi} \int_{-\pi}^{\pi} |H(e^{j\omega_0}, \omega)|^2 d\omega_0 \\ &= \frac{\sigma^2}{\rho^2} - \frac{1-\rho}{1+\rho} \frac{(1+\rho^2)(1+\rho)^2 - 8\rho^2\cos^2\omega}{\rho^2(\rho^4 - 2\rho^2\cos2\omega + 1)} \sigma^2 \end{aligned} \quad (4-45)$$

$$\sigma_{v_4}^2 = E[v_4^2(k)] = \frac{\sigma^2}{2\pi}\int_{-\pi}^{\pi} |G_2(e^{j\omega_0},\omega)|^2 d\omega_0$$

$$= \frac{8\rho(1-\rho)\sin^2\omega}{1+\rho}\sigma^2 + \frac{4(1-\rho)^3}{1+\rho}\frac{1+\rho^2}{\rho^4-2\rho^2\cos2\omega+1}\sin^2\omega\sigma^2$$

$$(4-46)$$

$$R_{3,4} = E[v_3(k)v_4(k)] = \frac{\sigma}{2\pi j}\oint_C H(z,\omega)G_2(z^{-1},\omega)z^{-1}dz$$

$$= -\frac{4\rho(1-\rho)\sin\omega\cos\omega}{1+\rho}\sigma^2 - \frac{4}{1+\rho}\frac{(1-\rho)^3\sin\omega\cos\omega}{\rho^4-2\rho^2\cos2\omega+1}\sigma^2 \quad (4-47)$$

式(4-38)两边同减去 ω_0,可得

$$\delta(k+1) = \delta(k) - \mu e_2(k)g_2(k) \qquad (4-48)$$

将式(4-48)两边求取期望,可得

$$E[\delta(k+1)] = E[\delta(k)] - \mu E[e_2(k)g_2(k)]$$

$$\approx [1 - \mu A^2 B\sin\omega_0\cos(\omega_0-\varphi)]E[\delta(k)]$$

$$+ \mu[\rho A^2 B^2\sin\omega_0(\cos\omega_0+\cos(\omega_0-2\varphi))$$

$$-\frac{1}{2}A^2 B\cos\omega_0\cos(\omega_0-\varphi)]E[\delta^2(k)] - \mu R_{3,4} \quad (4-49)$$

根据式(4-29)可知 IIR-ANF 频率估计误差为

$$E[\delta(\infty)] = \frac{M_1 E[\delta^2(\infty)] - M_3}{M_2} \qquad (4-50)$$

式中

$$\begin{cases} M_1 = \rho A^2 B^2\sin\omega_0(\cos\omega_0+\cos(\omega_0-2\varphi)) - \frac{1}{2}A^2 B\cos\omega_0\cos(\omega_0-\varphi) \\ M_2 = A^2 B\sin\omega_0\cos(\omega_0-\varphi) \\ M_3 = R_{3,4} \end{cases}$$

$$(4-51)$$

同样 IIR-ANF 估计是有偏差的,且其误差依赖于均方误差值。IIR-ANF 频率估计的均方误差值为

$$E[\delta^2(k+1)] = E[\{\delta(k) - \mu e_2(k)g_2(k)\}^2]$$

$$= E[\delta^2(k)] - 2\mu E[\delta(k)e_2(k)g_2(k)] + \mu^2 E[\{e_2(k)g_2(k)\}^2]$$

$$(4-52)$$

式中

138

$$E[\delta(k)e_2(k)g_2(k)] \approx A^2 B\sin\omega_0\cos(\omega_0 - \varphi)E[\delta^2(k)] + 2\sin\omega_0 R_{3,4}E[\delta(k)]$$

$$(4-53)$$

$$E[\{e_2(k)g_2(k)\}^2]$$

$$\approx A^4 B^2\sin^2\omega_0\left[1 + \frac{1}{2}\cos(2\omega_0 - 2\varphi)\right]E[\delta^2(k)] + \frac{1}{2}A^2 B^2\sigma_{v_4}^2 E[\delta^2(k)]$$

$$+ 4A^2 B\cos(\omega_0 - \varphi)R_{3,4}E[\delta(k)]$$

$$+ 2A^2 B\cos(\omega_0 - \varphi)\cos\omega_0 R_{3,4}E[\delta^2(k)]$$

$$- 4\rho A^2 B^2\sin\omega_0\cos(\omega_0 - 2\varphi)R_{3,4}E[\delta^2(k)]$$

$$- 4\rho A^2 B^2\sin\omega_0\cos\omega_0 R_{3,4}E[\delta^2(k)] + 2A^2\sin^2\omega_0\sigma_{v_3}^2$$

$$- 4\rho A^2 B\sin^3\omega_0\cos\varphi\sigma_{v_3}^2 E[\delta(k)]$$

$$- 2\rho A^2 B\sin\omega_0\cos\omega_0\cos\varphi\sigma_{v_3}^2 E[\delta^2(k)] + 4\rho A^2 B^2\sin^2\omega_0\cos2\varphi\sigma_{v_3}^2 E[\delta^2(k)]$$

$$+ 2\rho A^2 B^2\sin^2\omega_0\sigma_{v_3}^2 E[\delta^2(k)] + \sigma_{v_3}^2\sigma_{v_4}^2 + 2R_{3,4}^2 \qquad (4-54)$$

由式(4-52)~式(4-54)和式(4-36),可得 IIR-ANF 频率估计的均方误差为

$$E[\delta^2(\infty)] = \frac{(Q_3 + \mu Q_4)E[\delta(\infty)] + \mu Q_5}{Q_1 + \mu Q_2} \qquad (4-55)$$

式中

$$\begin{cases} Q_1 = 2A^2 B\sin\omega_0\cos(\omega_0 - \varphi) \\ Q_2 = -A^4 B^2\sin^2\omega_0\left[1 + \frac{1}{2}\cos(2\omega_0 - 2\varphi)\right] - \frac{1}{2}A^2 B^2\sigma_{v_4}^2 - 2A^2 B\cos(\omega_0 - \varphi)\cos\omega_0 R_{3,4} \\ \qquad + 4\rho A^2 B^2\sin\omega_0\cos(\omega_0 - 2\varphi)R_{3,4} + 4\rho A^2 B^2\sin\omega_0\cos\omega_0 R_{3,4} \\ \qquad + 2\rho A^2 B\sin\omega_0\cos\omega_0\cos\varphi\sigma_{v_3}^2 - 4\rho A^2 B^2\sin^2\omega_0\cos2\varphi\sigma_{v_3}^2 - 2\rho A^2 B^2\sin^2\omega_0\sigma_{v_3}^2 \\ Q_3 = -4\sin\omega_0 R_{3,4} \\ Q_4 = -4A^2 B\sin\omega_0\cos(\omega_0 - \varphi)R_{3,4} - 4\rho A^2 B\sin^2\omega_0\cos\varphi\sigma_{v_3}^2 \\ Q_5 = 2A^2\sin^2\omega_0\sigma_{v_3}^2 + \sigma_{v_3}^2\sigma_{v_4}^2 + 2R_{3,4}^2 \end{cases}$$

$$(4-56)$$

4.2.4　实验验证

1）误差函数分析

当选择 $A = \sqrt{2}$、$\theta = \pi/6$、$\rho = 0.95$,噪声 $\sigma^2 = 0$ 和 SNR = 5dB,信号频率 ω_0 分别为 $\pi/3$、$\pi/2$、$2\pi/3$ 时,FIR-ANF 和 IIR-ANF 的误差函数如图 4-2 所示。其中,图 4-2(a)为噪声 $\sigma^2 = 0$ 的情况,图 4-2(b)为 SNR = 5dB 的情况。

由图 4-2 可知,FIR-ANF 的误差函数类似于二次曲线,收敛速度虽然较快,但其受噪声影响较大,当 SNR = 5dB 时,误差函数出现明显变化,全局极值点发生了移动。而 IIR-ANF 误差函数基本保持不变,抑制噪声的能力较强,但对初值的选择较为敏感,合适的初值将极大提升其收敛速度。

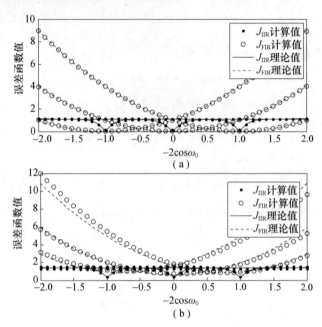

图 4-2 不同信号频率下的 FIR-ANF 和 IIR-ANF 误差函数
(a)$\sigma^2 = 0$; (b)SNR = 5dB。

2) 不同 ρ 值对 IIR-ANF 误差函数影响分析

ρ 值对 FIR-ANF 误差函数无影响,为分析 ρ 值对 IIR-ANF 误差函数的影响,选择 $\rho \in [0.2, 1)$,$A = \sqrt{2}$,$\theta = \pi/6$,$\omega_0 = \pi/2$,SNR = 5dB 时,IIR-ANF 的误差函数如图 4-3 所示。可见,当获得信号的频率 ω_0 的大致范围后,较大的 ρ 值可以使 IIR-ANF 收敛较快;当无法获得信号的频率 ω_0 的先验知识时,需取较小的 ρ 值,保证适当的收敛速度,否则会导致收敛速度过慢。

3) 不同频率下 ANF 的频率估计结果分析

信号频率 ω_0 分别为 0.1π、0.2π、0.3π 时,频率初值设为 $\omega = 0.5\pi$,信号 $A = \sqrt{2}$,$\theta = \pi/6$,SNR = 5dB,迭代步长 $\mu = 0.0002$,IIR-ANF 的 $\rho = 0.95$ 时,FIR-ANF 和 IIR-ANF 的频率估计结果如图 4-4 所示。可见,FIR-ANF 收敛速度比较快,但由于噪声影响,其频率估计精度较差;而 IIR-ANF 受噪声影响有限,但其收敛速度较慢,特别当 ω_0 与初始频率较远时,此种情况尤其严重,且 IIR-ANF 的频率估计结果存在一定偏差。

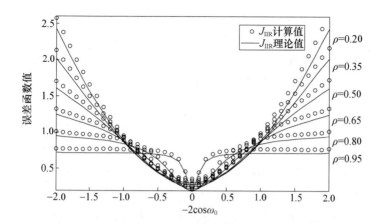

图 4 – 3 不同 ρ 值的 IIR-ANF 误差函数

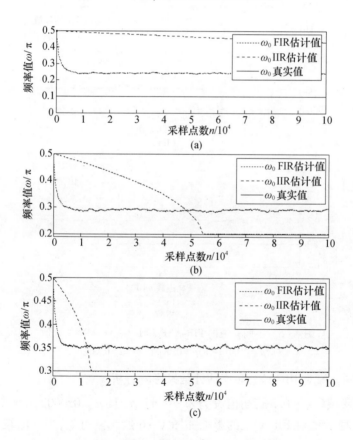

图 4 – 4 不同信号频率下的 FIR-ANF 和 IIR-ANF 频率估计值

(a)$\omega_0 = 0.1\pi$；(b)$\omega_0 = 0.2\pi$；(c)$\omega_0 = 0.3\pi$。

4）不同步长 μ 对 ANF 频率估计结果影响分析

设信号频率 $\omega_0 = 0.3\pi$，初值设为 $\omega = 0.5\pi$，IIR-ANF 的 $\rho = 0.95$，$A = \sqrt{2}$，$\theta = \pi/6$，SNR = 5dB 时，不同步长 μ 对 FIR-ANF 和 IIR-ANF 频率估计影响如图 4-5 所示。可见，当 μ 较小时，收敛速度慢，但估计值上下起伏较小；μ 较大时，收敛速度快，但估计值上下起伏较大，故需根据实际情况折中选择。

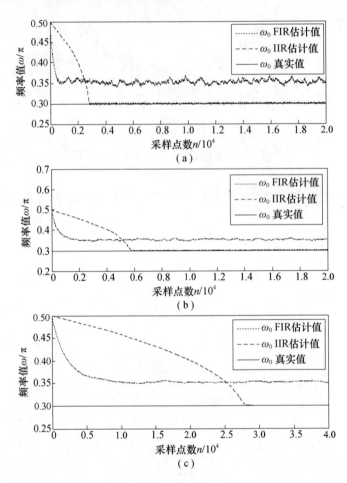

图 4-5　不同 μ 值的 FIR-ANF 和 IIR-ANF 频率估计值
(a)$\mu = 0.001$；(b)$\mu = 0.0005$；(c)$\mu = 0.0001$。

5）不同 ρ 值对 IIR-ANF 频率估计结果影响分析

设信号频率 $\omega_0 = 0.3\pi$，初值设为 $\omega = 0.5\pi$，步长 $\mu = 0.0002$，$A = \sqrt{2}$，$\theta = \pi/6$，SNR = 5dB 时，ρ 值对 IIR-ANF 的影响如图 4-6 所示。可见，当 ρ 值较小时，收敛速度快，但抗噪性较差，精度出现明显下降。且 ρ 值过小时，IIR-ANF 将退化为 FIR-ANF，性能将受到较大的影响。

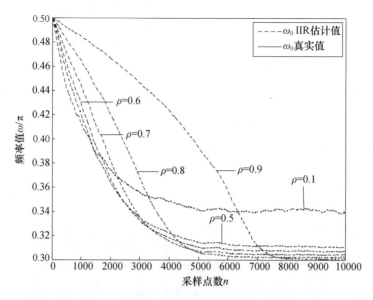

图 4-6　不同 ρ 值的 IIR-ANF 频率估计值

6）不同信号幅值 A 对 ANF 频率估计结果影响分析

设信号频率 $\omega_0 = 0.3\pi$，初值设为 $\omega = 0.5\pi$，迭代步长 $\mu = 0.0002$，$\theta = \pi/6$，SNR $= 5$dB，$\rho = 0.95$ 时，信号幅值 A 对 FIR-ANF 和 IIR-ANF 的影响如图 4-7 所示，其中 A 分别为 1、5 和 10。由图 4-7 可知当 A 值较大时，两种 ANF 收敛速度快，但频率估计方差较大，振荡强烈。而当 A 值较小时，则收敛速度变慢，但频率估计方差较小，精度有所提高。

7）不同信噪比对 ANF 频率估计结果影响分析

设信号频率 $\omega_0 = 0.3\pi$，初值设为 $\omega = 0.5\pi$，步长 $\mu = 0.0002$，$A = \sqrt{2}$，$\theta = \pi/6$，$\rho = 0.95$ 时，信噪比对 FIR-ANF 和 IIR-ANF 的影响如图 4-8 所示，其中 SNR 分别为 0dB、10dB 和 20dB。由图 4-8 可知 FIR-ANF 对信噪比要求较高，IIR-ANF 的抗噪性较强。

8）两种 ANF 在全频率段下的频率估计 $E[\delta(\infty)]$ 和 $E[\delta^2(\infty)]$

设信号频率初值设为 $\omega = 0.5\pi$，步长 $\mu = 0.0002$，$A = \sqrt{2}$，$\theta = \pi/6$，SNR $= 5$dB，$\rho = 0.95$ 时，且 N 取足够大，保证 ANF 收敛，FIR-ANF 和 IIR-ANF 在不同频率值下的频率估计 $E[\delta(\infty)]$ 和 $E[\delta^2(\infty)]$ 如图 4-9 所示。可知，当信号频率接近信号频率的两端，即 0 或 π 时，其频率估计误差会增大，特别是 FIR-ANF 受此影响最大。

针对 ANF 频率估计精度问题，通过分析误差函数及其稳态下频率估计性能，有如下结论。

（1）噪声对 FIR-ANF 影响较为明显，而 IIR-ANF 在噪声条件下依然能取得较

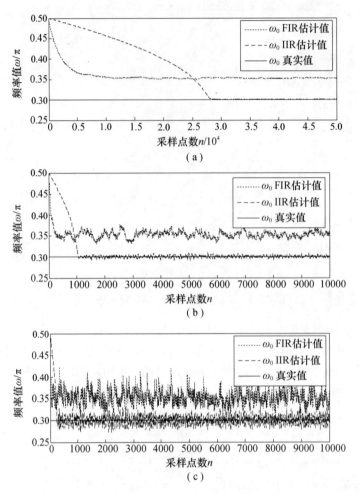

图 4 – 7   不同 A 值的 FIR-ANF 和 IIR-ANF 频率估计值

(a)$A=1$；(b)$A=5$；(c)$A=10$。

好的频率估计结果,且 IIR-ANF 在低信噪比条件下仍能取得较为满意的频率估计结果。

(2)IIR-ANF 对频率初始值较为敏感,特别当 ρ 值较大时,收敛速度较慢,但频率估计精度优于 FIR-ANF。

(3)步长 μ 对两类 ANF 影响基本相同,较小的 μ 值,会导致收敛速度变慢,精度提高;较大的 μ 值,虽可提升收敛速度,但精度降低,一般需根据实际情况折中选择。

(4)FIR-ANF 误差函数的梯度值较大,但其受噪声等因素影响较大,导致其频率估计结果存在较大偏差,而 IIR-ANF 误差函数则较为平缓,导致其收敛速度较慢,但抗噪性较好,频率估计精度较高。

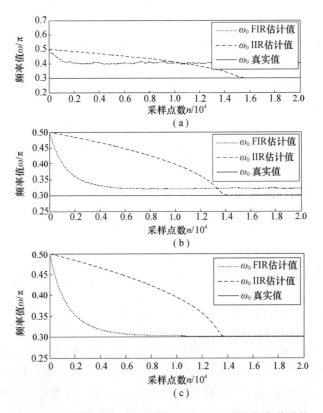

图4-8 不同信噪比下的 FIR-ANF 和 IIR-ANF 频率估计值

（a）SNR＝0dB；（b）SNR＝10dB；（c）SNR＝20dB。

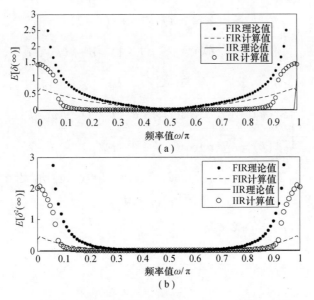

图4-9 FIR-ANF 和 IIR-ANF 频率估计 $E[\delta(\infty)]$ 和 $E[\delta^2(\infty)]$

4.3 联合误差 ANF 的频率估计法及性能分析

现有的 ANF 受误差函数所限,导致其自适应频率估计方法收敛速度较慢,对初始迭代频率值设定范围要求较高,特别针对频率接近于 0 或 π 的信号,还存在频率估计精度不高、算法稳定性差的问题。本节联合 FIR-ANF 和 IIR-ANF 误差函数,利用间接型和直接型联合误差 ANF 实现频率估计,以提升 ANF 收敛速度;通过偏差补偿方式,获得近似无偏的频率估计结果,提高 ANF 频率估计精度;同时与离散卡尔曼滤波相结合,以改善算法的稳定性。

4.3.1 间接型联合误差 ANF 频率估计

1) 间接型联合误差分析

间接型 ANF 传递函数:

$$H(z,a) = N(z,a)\frac{1}{D(z,a)} = (1 + az^{-1} + z^{-2})\frac{1}{1 + \rho az^{-1} + \rho^2 z^{-2}} \quad (4-57)$$

式中:$\rho \in (0,1)$ 为极半径,控制 ANF 陷波宽度,为保证 ANF 性能,一般 $\rho \approx 1$;$N(z,a)$ 和 $H(z,a)$ 为 ANF 的 FIR 部分和 IIR 部分,a 为 ANF 参数,且 $a = -2\cos\omega$,ω 为 ANF 的陷波频率,在频率估计迭代过程中,$\omega \rightarrow \omega_0$,故 ω 可看作 ω_0 的估计值,此时 $a \rightarrow a_0 = -2\cos\omega_0$,且 ω_0 是如式(4-4)的输入信号频率。

信号通过传递函数 $N(z,a)$ 和 $H(z,a)$ 的输出响应为

$$\begin{cases} e_{a1}(k) = x(k) + ax(k-1) + x(k-2) \\ e_{a2}(k) = e_{a1}(k) - \rho a e_{a2}(k-1) - \rho^2 e_{a2}(k-2) \end{cases} \quad (4-58)$$

一般 a 与噪声 $v_0(k)$ 彼此不相关,则 $e_{a1}(k)$ 和 $e_{a2}(k)$ 可变化为

$$\begin{cases} \hat{e}_{a1}(k) = AN(a)\cos(\omega_0 k + \theta - \phi_N(a)) + v_{Na}(k) \\ \hat{e}_{a2}(k) = AH(a)\cos(\omega_0 k + \theta - \phi_H(a)) + v_{Ha}(k) \end{cases} \quad (4-59)$$

式中:$v_{Na}(k)$ 和 $v_{Ha}(k)$ 为噪声 $v_0(k)$ 通过 $N(z,a)$ 和 $H(z,a)$ 所产生;$N(a)$ 和 $H(a)$ 是 $N(z,a)$ 和 $H(z,a)$ 在 $z = e^{j\omega_0}$ 处的幅值,其值为

$$\begin{cases} N(a) = a + 2\cos\omega_0 \\ H(a) = \dfrac{|a + 2\cos\omega_0|}{\sqrt{[(1+\rho^2)\cos\omega_0 + \rho a]^2 + [(1-\rho^2)\sin\omega_0]^2}} \end{cases} \quad (4-60)$$

而 $\phi_N(a)$ 和 $\phi_H(a)$ 为 $N(z,a)$ 和 $H(z,a)$ 在 $z = e^{j\omega_0}$ 处的相角,即

$$\phi_N(a) = \begin{cases} \omega_0, & \omega_0 \leqslant \pi/2 \\ \pi + \omega_0, & \omega_0 > \pi/2 \end{cases}$$

$$\phi_H(a) = \begin{cases} \arctan \dfrac{(1-\rho^2)\sin\omega_0}{(1+\rho^2)\cos\omega_0 + \rho a}, & \omega_0 \leqslant \pi/2 \\[3mm] \pi + \arctan \dfrac{(1-\rho^2)\sin\omega_0}{(1+\rho^2)\cos\omega_0 + \rho a}, & \omega_0 > \pi/2 \end{cases} \qquad (4-61)$$

于是,间接型新误差函数为

$$J(a) = E\big[(\hat{e}_{a1}(k) + \hat{e}_{a2}(k))^2\big] \qquad (4-62)$$

式中:$E[\,\cdot\,]$为取期望运算。

实际的 $J(a)$ 由式(4-63)可得

$$\hat{J}(a) = \frac{1}{N}\Big[\sum_{k=1}^{N}(e_{a1}(k) + e_{a2}(k))^2\Big] \qquad (4-63)$$

式中:N 为数据段长度。

将式(4-4)~式(4-6)代入式(4-62),可得

$$J(a) = E\big[(\hat{e}_{a1}(k) + \hat{e}_{a2}(k))^2\big]$$

$$= \frac{A^2}{2}(2\cos\omega_0 + a)^2 + \frac{A^2}{2}H^2(a) + A^2 H(a)N(a)\cos(\phi_N(a) - \phi_H(a))$$

$$+ E\big[v_{Na}^2(k)\big] + 2E\big[v_{Na}(k)v_{Ha}(k)\big] + E\big[v_{Ha}^2(k)\big] \qquad (4-64)$$

式中:$E[v_{Na}^2(k)]$,$E[v_{Na}(k)v_{Ha}(k)]$ 和 $E[v_{Ha}^2(k)]$ 可利用 Parseval 定理进行求解,其值为

$$\begin{cases} E\big[v_{Na}^2(k)\big] = \dfrac{\sigma^2}{2\pi}\int_{-\pi}^{\pi}|N(\mathrm{e}^{\mathrm{j}\omega'},a)|^2\mathrm{d}\omega' = \sigma^2(2 + a^2) \\[4mm] E\big[v_{Na}(k)v_{Ha}(k)\big] = \dfrac{\sigma^2}{2\pi\mathrm{j}}\oint_C N(z,a)H(z^{-1},a)z^{-1}\mathrm{d}z \\[4mm] \qquad\qquad\qquad = \sigma^2\Big(\dfrac{1}{\rho^2} + \dfrac{a^2\rho^2 - (1+\rho)^2}{\rho^2}(1-\rho)^2\Big) \\[4mm] E\big[v_{Ha}^2(k)\big] = \dfrac{\sigma^2}{2\pi}\int_{-\pi}^{\pi}|H(\mathrm{e}^{\mathrm{j}\omega'},a)|^2\mathrm{d}\omega' \\[4mm] \qquad\qquad = \sigma^2\Big(\dfrac{1}{\rho^2} - \dfrac{1-\rho}{1+\rho}\dfrac{(1+\rho)^2(1+\rho)^2 - 2\rho^2 a^2}{\rho^2(\rho^4 - \rho^2 a^2 + 2\rho^2 + 1)}\Big) \end{cases} \qquad (4-65)$$

Takeshita Y 和 Punchalard R 等人以式(4-66)作为 ANF 误差函数(不计入噪声):

$$\begin{cases} J_1(a) = E[\hat{e}_{a2}^2(k)] = \dfrac{A^2}{2}H^2(a) \\[2mm] J_2(a) = E[\hat{e}_{a1}(k)\hat{e}_{a2}(k)] = \dfrac{A^2}{2}H(a)N(a)\cos(\phi_N(a) - \phi_H(a)) \end{cases} \quad (4-66)$$

实际计算时按下式计算,

$$\hat{J}_1(a) = \frac{1}{N}\Big[\sum_{k=1}^{N}(e_{a2}^2(k))\Big]$$

$$\hat{J}_2(a) = \frac{1}{N}\Big[\sum_{k=1}^{N}(e_{a1}(k)e_{a2}(k))\Big] \quad (4-67)$$

在 $A = 1$、$\theta = \pi/6$、$\sigma^2 = 0$、$\rho = 0.95$、$N = 200$ 条件下,给出信号频率在 $a_0 \in [-2\cos(0.05\pi), -1, 0, 1]$ 四种情况下的误差函数值,并且包含了当频率靠近 -2 时的情况,结果如图 4-10 所示。

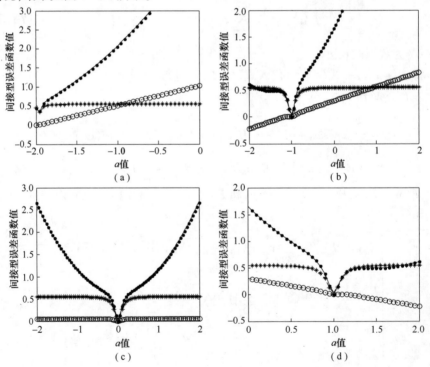

图 4-10 间接型误差函数理论值和计算值($A = 1, \theta = \pi/6, \sigma^2 = 0, \rho = 0.95, N = 200$)

(a)$a_0 = -2\cos(0.05\pi)$; (b)$a_0 = -1$; (c)$a_0 = 0$; (d)$a_0 = 1$。

图中:----$\hat{J}_1(a)$(计算值) ......$\hat{J}_2(a)$(计算值) ——$J(a)$(计算值)
* $J_1(a)$(理论值) ○ $J_2(a)$(理论值) • $J(a)$(理论值)

当 $a_0 = 0(\omega_0 = \pi/2)$ 时,$J(a)$ 的形状与 $J_1(a)$ 和 $J_2(a)$ 类似,但具备不同的幅值和梯度值,$J_1(a)$ 和 $J_2(a)$ 都显得过于平坦。当 $0 < |a| \leqslant 2$,且 $a_0 \neq 0$ 时,$J(a)$、

$J_1(a)$ 和 $J_2(a)$ 的形状则完全不同,在 a 远离 a_0 区域内,$J_1(a)$ 的形状非常的平坦,将会导致收敛速度变慢或者失败的收敛结果,但优点是 $J_1(a)$ 的局部极小值点(最优解)是其全局极小值点。而反观 $J_2(a)$,虽然梯度值有一定增大,但其局部极小值点(最优解)不是其全局极小值点,而且还存在另一个局部极大值点,所以在选择初值 a 时,需要添加一些条件。

以 $a_0 = -1(\omega_0 = \pi/3)$ 为例,合适的初值 a 应该为 $-1 \leq a \leq 2$,否则将导致错误的收敛结果。特别当 $a_0 = -2\cos(0.05\pi)$(相当于信号频率值 $\omega_0 \approx 0$)时,$J_2(a)$ 的形状类似于一条斜直线,丧失了收敛能力,但 $J_1(a)$ 和 $J(a)$ 仍然可以保持良好的性能。而 $J(a)$ 则具备良好的梯度值,针对初值 a 的选定没有额外的要求,且局部极小值点(最优解)是其全局极小值点。所以间接型误差函数 $J(a)$,综合了误差函数 $J_1(a)$ 和 $J_2(a)$ 优点,具有明显优势。

由于 $J(a)$、$J_1(a)$ 和 $J_2(a)$ 是极半径 ρ 和参数 a 的函数,则在 $A = 1$、$\theta = \pi/6$、$\sigma^2 = 0$、$N = 200$ 的条件下,频率值分别设定为 $a_0 \in [-2\cos(0.05\pi), -1]$,其曲面图如图 4-11 所示。由图 4-11 可知,$J_1(a)$ 和 $J(a)$ 都可以收敛至最优频率解,但 $J(a)$ 的收敛速度更快。而 $J_2(a)$ 的曲面则显得相当的平坦,特别当 $a_0 = -2\cos(0.05\pi)$ 时,这种情况显得较为严重,且会导致错误的收敛结果。

2)偏差补偿分析

基于间接型联合误差函数,令其最小,参数 a 的迭代估计式为

$$a(k+1) = a(k) - \frac{\mu}{2}\frac{\partial J(a(k))}{\partial a(k)} = a(k) - \frac{\mu}{2}\frac{\partial[e_{a1}(k) + e_{a2}(k)]^2}{\partial a(k)}$$

$$= a(k) - \mu[e_{a1}(k) + e_{a2}(k)][g_{a1}(k) + g_{a2}(k)] \qquad (4-68)$$

式中:$a(k)$ 为 k 时刻参数 a 的估计值;μ 为步长且为正实数;$J(a(k))$ 为 k 时刻 $J(a)$ 的估计值,其值等于 $[e_{a1}(k) + e_{a2}(k)]^2$。

$g_{a1}(k)$ 和 $g_{a2}(k)$ 为 $e_{a1}(k)$ 和 $e_{a2}(k)$ 对 $a(k)$ 求导,可得

$$\begin{cases} g_{a1}(k) = \dfrac{\partial e_{a1}(k)}{\partial a(k)} = x(k-1) \\[3mm] g_{a2}(k) = \dfrac{\partial e_{a2}(k)}{\partial a(k)} \approx x(k-1) - \rho e_{a2}(k-1) \end{cases} \qquad (4-69)$$

$g_{a1}(k)$ 和 $g_{a2}(k)$ 为信号通过下式所示传递函数的输出响应。

$$\begin{cases} G_1(z,a) = z^{-1} \\ G_2(z,a) = z^{-1}[1 - \rho H(z,a)] \end{cases} \qquad (4-70)$$

一般而言,式(4-68)所示的频率估计方法由于噪声的影响,其结果是有偏的。稳态条件下,频率估计值 a 将会约等于频率真实值 a_0,此时,利用泰勒展开

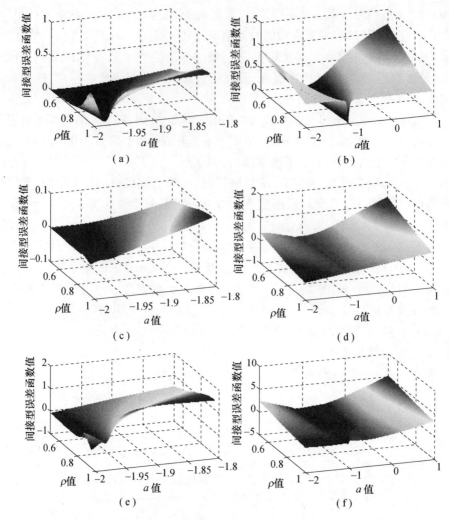

图 4 – 11　间接型联合误差函数曲面($A = 1, \theta = \pi/6, \sigma^2 = 0, \rho = 0.95, N = 200$)

(a)$J_1(a)a_0 = -2\cos(0.05\pi)$；(b)$J_1(a)a_0 = -1$；(c)$J_2(a)a_0 = -2\cos(0.05\pi)$；

(d)$J_2(a)a_0 = -1$；(e)$J(a)a_0 = -2\cos(0.05\pi)$；(f)$J(a)a_0 = -1$。

式，在 a_0 的领域内，将 $N(z, a)$ 和 $H(z, a)$ 展开，可得

$$\begin{cases} N(z,a) = \delta_a \mathrm{e}^{-\mathrm{j}\varphi_1} \\ H(z,a) = B_a \delta_a \mathrm{e}^{-\mathrm{j}\varphi_2} - \rho B_a^2 \delta_a^2 \mathrm{e}^{-\mathrm{j}2\varphi_2} \end{cases} \tag{4-71}$$

式中

$$\delta_a = a - a_0 \tag{4-72}$$

$$B_a = \frac{1}{(1 - \rho)\sqrt{(1 + \rho)^2 - 4\rho\cos^2\omega_0}} \tag{4-73}$$

$$\varphi_1 = \begin{cases} \omega_0, & \omega_0 \leqslant \pi/2 \\ \pi + \omega_0, & \omega_0 > \pi/2 \end{cases} \qquad (4-74)$$

$$\varphi_2 = \begin{cases} \arctan \dfrac{(1+\rho)\sin\omega_0}{(1-\rho)\sin\omega_0}, & \omega_0 \leqslant \dfrac{\pi}{2} \\ \pi + \arctan \dfrac{(1+\rho)\sin\omega_0}{(1-\rho)\sin\omega_0}, & \omega_0 > \dfrac{\pi}{2} \end{cases} \qquad (4-75)$$

于是,稳态下 $e_{a1}(k)$、$e_{a2}(k)$、$g_{a1}(k)$ 和 $g_{a2}(k)$ 的表达式为

$$\begin{cases} e_{a1}(k) = A\delta_a(k)\cos(\omega_0 k + \theta - \varphi_1) + v_{a1}(k) \\ e_{a2}(k) = AB_a\delta_a(k)\cos(\omega_0 k + \theta - \varphi_2) \\ \qquad\quad - \rho AB_a^2\delta_a^2(k)\cos(\omega_0 k + \theta - 2\varphi_2) + v_{a3}(k) \\ g_{a1}(k) = A\cos(\omega_0 k + \theta - \omega_0) + v_{a2}(k) \\ g_{a2}(k) = \rho^2 AB_a^2\delta_a^2(k)\cos(\omega_0 k + \theta - 2\varphi_2 - \omega_0) \\ \qquad\quad - \rho AB_a\delta_a(k)\cos(\omega_0 k + \theta - \varphi_2 - \omega_0) \\ \qquad\quad + A\cos(\omega_0 k + \theta - \omega_0) + v_{a4}(k) \end{cases} \qquad (4-76)$$

式中: $\delta_a(k) = a(k) - a_0$ 为 k 时刻 δ_a 的估计值; $v_{a1}(k)$、$v_{a2}(k)$、$v_{a3}(k)$ 和 $v_{a4}(k)$ 为噪声 $v_0(k)$ 分别通过 $N(z,a)$、$G_1(z,a)$、$H(z,a)$ 和 $G_2(z,a)$ 所产生。为了计算噪声彼此之间的相关性,特定义

$$R_{ai,aj} = E[v_{ai}(k)v_{aj}(k)]; \quad i,j = 0,1,2,3,4 \qquad (4-77)$$

且 $R_{ai,aj} = R_{aj,ai}$,当 $i = j = 0,1,2,3,4$,$R_{ai,aj}$ 是噪声 $v_0(k)$、$v_{a1}(k)$、$v_{a2}(k)$、$v_{a3}(k)$ 和 $v_{a4}(k)$ 的方差。为了简化计算 $R_{ai,aj}$,且极半径 ρ 一般接近于 1,故利用 $(1-\rho)^2 = 0$,得到表 4-1。

表 4-1 噪声相关系数 $R_{ai,aj}$

$R_{ai,aj}$ ╲ v ╱ v	$v_0(k)$	$v_{a1}(k)$	$v_{a2}(k)$	$v_{a3}(k)$	$v_{a4}(k)$
$v_0(k)$	σ^2	σ^2	0	σ^2	$a(1-\rho)\sigma^2$
$v_{a1}(k)$		$(2+a^2)\sigma^2$	$a\sigma^2$	σ^2/ρ^2	0
$v_{a2}(k)$			σ^2	$a(1-\rho)\sigma^2$	$(1-\rho)\sigma^2$
$v_{a3}(k)$				σ^2/ρ	$(1-\rho)\sigma^2/2$
$v_{a4}(k)$					$(1-\rho)\sigma^2$

式 (4-68) 两边同减去 a_0,可得

$$\delta_a(k+1) = \delta_a(k) - \mu[e_{a1}(k) + e_{a2}(k)][g_{a1}(k) + g_{a2}(k)] \qquad (4-78)$$

式(4-78)两边取期望,可得

$$E[\delta_a(k+1)] = E[\delta_a(k)] - \mu E[(e_{a1}(k) + e_{a2}(k))(g_{a1}(k) + g_{a2}(k))]$$

$$= (1 - \mu M_{a1})E[\delta_a(k)] + \mu M_{a2}E[\delta_a^2(k)] - \mu R_a(k) \qquad (4-79)$$

式中

$$M_{a1} = A^2\cos(\varphi_1 - \omega_0) + A^2 B_a\cos(\varphi_2 - \omega_0) \qquad (4-80)$$

$$M_{a2} = \rho A^2 B_a^2\cos(2\varphi_2 - \omega_0) + \frac{1}{2}\rho A^2 B_a\cos(\varphi_1 - \varphi_2 - \omega_0) + \frac{1}{2}\rho A^2 B_a^2\cos\omega_0$$

$$(4-81)$$

$$R_a(k) = R_{a1,a2}(k) + R_{a3,a4}(k) + R_{a1,a4}(k) + R_{a2,a3}(k) = \frac{1}{2}a(k)(5 - 3\rho)\sigma^2$$

$$(4-82)$$

由式(4-79)可知,引起估计偏差的主要因素为 $R_a(k)$。且 $R_a(k)$ 为输入噪声 σ^2、极半径 ρ 和参数 $a(k)$ 的函数。可通过将 ρ 设置接近于 1 减小偏差,但不能完全消除此种偏差。当频率接近于 $\pi/2$ 时, $R_a(k) = 0$,但是当频率接近于 0 或 π 时,此时 $R_a(k)$ 将达到最大。此外,分析 $R_a(k)$ 可知,极半径 ρ 已知,频率估计参数 $a(k)$ 相当于已知,而输入噪声 $\sigma^2 \approx E[x(k)e_{a1}(k)]$,意味着 k 时刻 σ^2 的估计值为 $\sigma^2(k) = x(k)e_{a1}(k)$。所以,间接型 ANF 频率估计方法为

$$a(k+1) = a(k) - \mu G_a(k) \qquad (4-83)$$

式中

$$G_a(k) = [e_{a1}(k) + e_{a2}(k)][g_{a1}(k) + g_{a2}(k)] - C_a(k)x(k)e_{a1}(k) \qquad (4-84)$$

$$C_a(k) = \frac{1}{2}a(k)(5 - 3\rho) \qquad (4-85)$$

由式(4-83)可知,此时间接型误差函数相比较于式(4-58)误差函数略有不同,所以当添加 $C_a(k)x(k)e_{a1}(k)$ 到式(4-58)时,则相应的误差函数为

$$J_M(a) = E[(\hat{e}_{a1}(k) + \hat{e}_{a2}(k))^2] - \int \frac{1}{2}a(5 - 3\rho)E[x(k)\hat{e}_{a1}(k)]da$$

$$= \frac{A^2}{2}(2\cos\omega_0 + a)^2 + \frac{A^2}{2}H^2(a) + A^2 H(a)N(a)\cos(\phi_N(a) - \phi_H(a))$$

$$+ E[v_{Na}^2(k)] + 2E[v_{Na}(k)v_{Ha}(k)] + E[v_{Ha}^2(k)]$$

$$- \frac{a^2}{4}(5 - 3\rho)\left[A^2\cos\phi_N(a)\left(\frac{a}{3} + \cos\omega_0\right) + \sigma^2\right] \qquad (4-86)$$

为避免由此引入偏差,在实际运用中,一般将频率初值设定为 $a = 0$,或者在早期的频率迭代估计过程中,先忽略掉 $C_a(k)x(k)e_{a1}(k)$,而当 a 较为接近 a_0,再添

152

加 $C_a(k)x(k)e_{a1}(k)$ 消除偏差,从而获得无偏的频率估计结果。

3）稳态性能分析

（1）偏差分析。将 $\delta_a(k) = a(k) - a_0$ 代入式(4-83),可得

$$\delta_a(k+1) = \delta_a(k) - \mu G_a(k) \qquad (4-87)$$

式(4-87)两边求取期望,得

$$E[\delta_a(k+1)] = E[\delta_a(k)] - \mu E[G_a(k)]$$
$$= (1 - \mu M_{a3})E[\delta_a(k)] + \mu M_{a2}E[\delta_a^2(k)] \qquad (4-88)$$

式中

$$M_{a3} = A^2\cos(\varphi_1 - \omega_0) + A^2 B_a\cos(\varphi_2 - \omega_0) - \frac{1}{2}C_a(k)A^2\cos\varphi_1 \qquad (4-89)$$

稳态条件下,有

$$E[\delta_a(k+1)]\big|_{k\to\infty} = E[\delta_a(k)]\big|_{k\to\infty} = E[\delta_a(\infty)]$$
$$E[\delta_a^2(k+1)]\big|_{k\to\infty} = E[\delta_a^2(k)]\big|_{k\to\infty} = E[\delta_a^2(\infty)] \qquad (4-90)$$

故式(4-88)可写为

$$E[\delta_a(\infty)] = \frac{M_{a2}}{M_{a3}}E[\delta_a^2(\infty)] \qquad (4-91)$$

可见,$E[\delta_a^2(\infty)]$ 的值一般较小,$E[\delta_a(\infty)] \approx 0$。于是,可知频率估计方法是无偏的。

（2）均方差分析。式(4-87)两边同时平方,并取期望,可得

$$E[\delta_a^2(k+1)] = E[\{\delta_a^2(k) - \mu G_a(k)\}^2]$$
$$= E[\delta_a^2(k)] - 2\mu E[G_a(k)\delta_a(k)] + \mu^2 E[G_a^2(k)] \qquad (4-92)$$

式(4-92)等号右边第二项的计算:

$$2\mu E[G_a(k)\delta_a(k)] = 2\mu E[\delta_a(k-2)G_a(k)] - 2\mu^2 E\Big[\sum_{i=1}^{2}G_a(k-i)G_a(k)\Big]$$
$$\approx 2\mu E[\delta_a(k)G_a(k)] - 2\mu^2 E\Big[\sum_{i=1}^{2}G_a(k-i)G_a(k)\Big]$$
$$(4-93)$$

将式(4-77)和式(4-93)代入式(4-92),可得

$$E[\delta_a^2(k+1)] = (1 - \mu\psi_{a1} + \mu^2\psi_{a2} + \mu^2\psi_{a3})E[\delta_a^2(k)] + \mu^2\psi_{a4} \qquad (4-94)$$

式中

$$\psi_{a1} = A^2[2\cos(\varphi_1 - \omega_0) + 2B_a\cos(\varphi_2 - \omega_0) - C_a(k)\cos\varphi_1] \qquad (4-95)$$

$$\psi_{a2} = A^4 \begin{bmatrix} 1 + \dfrac{1}{2}\cos(2\varphi_1 - 2\omega_0) + B_a\cos(\varphi_1 + \varphi_2 - 2\omega_0) + B_a^2 \\[2mm] + 2B_a\cos(\varphi_1 - \varphi_2) + \dfrac{1}{2}B_a^2\cos(2\varphi_2 - 2\omega_0) - \dfrac{C_a(k)}{2}\cos\omega_0 \\[2mm] - C_a(k)\cos(\varphi_1 - \omega_0)\cos\varphi_1 - \dfrac{B_a C_a(k)}{2}\cos(\varphi_1 - \varphi_2 - \omega_0) \\[2mm] + B_a C_a(k)\cos(\varphi_2 - \omega_0)\cos\varphi_1 + \dfrac{C_a^2(k)}{4} + \dfrac{C_a^2(k)}{8}\cos 2\varphi_1 \end{bmatrix}$$

$$(4-96)$$

$$\psi_{a3} = A^4 \sum_{i=1}^{2} \left\{ \begin{array}{l} 2\left[\cos(\varphi_1 - \omega_0) + B_a\cos(\varphi_2 - \omega_0)\right]^2 + \dfrac{C_a^2(k)\cos^2\varphi_1}{2} \\[2mm] - 2C_a(k)\cos\varphi_1\left[\cos(\varphi_1 - \omega_0) + B_a\cos(\varphi_2 - \omega_0)\right] \\[2mm] + \cos(2i\omega_0)\left[1 + B_a^2 + B_a\cos(\varphi_1 - \varphi_2)\right] \\[2mm] + \cos(2i\omega_0)C_a(k)\left[\dfrac{C_a(k)}{4} - \cos\omega_0 - B_a\cos(\omega_0 - \varphi_1 + \varphi_2)\right] \end{array} \right\}$$

$$(4-97)$$

$$\psi_{a4} = \sigma^4\left[2 - 3\rho + a^2(k)(\rho - 10) + 2a^4(k)(2 - \rho)\right] \qquad (4-98)$$

利用式(4-90),则式(4-94)可改写为

$$E\left[\delta_a^2(\infty)\right] = (1 - \mu\psi_{a1} + \mu^2\psi_{a2} + \mu^2\psi_{a3})E\left[\delta_a^2(\infty)\right] + \mu^2\psi_{a4}$$

$$= \frac{\mu\psi_{a4}}{\psi_{a1} - \mu(\psi_{a2} + \psi_{a3})} \qquad (4-99)$$

显然,均方差是步长 μ 的函数,步长越小,均方差越小。步长 μ 上下限为

$$0 < \mu < \frac{\psi_{a1}}{\psi_{a2} + \psi_{a3}} \qquad (4-100)$$

一般而言,式(4-100)并不适用于讨论算法的稳定性,因为上述分析不适用于算法的快速迭代过程。为保证算法的稳定性,步长 μ 宜取的较小,一般为 $10^{-4} \sim 10^{-3}$。

4.3.2 直接型联合误差 ANF 频率估计

1）直接型联合误差分析

直接型 ANF 传递函数：

$$H(z,\omega) = N(z,\omega)\frac{1}{D(z,\omega)} = (1 - 2\cos\omega z^{-1} + z^{-2})\frac{1}{1 - 2\rho\cos\omega z^{-1} + \rho^2 z^{-2}}$$

$$(4-101)$$

信号通过 $N(z,\omega)$ 和 $H(z,\omega)$ 后,可得

$$\begin{cases} e_{\omega1}(k) = x(k) - 2\cos\omega x(k-1) + x(k-2) \\ e_{\omega2}(k) = e_{\omega1}(k) + 2\rho\cos\omega e_{\omega2}(k-1) - \rho^2 e_{\omega2}(k-2) \end{cases} \quad (4-102)$$

类似于间接型联合误差函数,直接型联合误差函数:

$$\begin{cases} J(\omega) = E[(\hat{e}_{\omega1}(k) + \hat{e}_{\omega2}(k))^2] \\ \qquad = 2A^2(\cos\omega_0 - \cos\omega)^2 + \dfrac{A^2}{2}H^2(\omega) \\ \qquad \quad + A^2 H(\omega)N(\omega)\cos(\phi_N(\omega) - \phi_H(\omega)) \\ \qquad \quad + E[v_{N\omega}^2(k)] + 2E[v_{Na}(k)v_{H\omega}(k)] + E[v_{H\omega}^2(k)] \\ \hat{J}(\omega) = \dfrac{1}{N}\Big[\displaystyle\sum_{k=1}^{N}(e_{\omega1}(k) + e_{\omega2}(k))^2\Big] \end{cases} \quad (4-103)$$

式中

$$\begin{cases} e_{\omega1}(k) = AN(\omega)\cos(\omega_0 k + \theta - \phi_N(\omega)) + v_{N\omega}(k) \\ e_{\omega2}(k) = AH(\omega)\cos(\omega_0 k + \theta - \phi_H(\omega)) + v_{H\omega}(k) \end{cases} \quad (4-104)$$

$$\begin{cases} N(\omega) = 2(\cos\omega_0 - \cos\omega) \\ H(\omega) = \dfrac{2|\cos\omega_0 - \cos\omega|}{\sqrt{[(1+\rho^2)\cos\omega_0 - 2\rho\cos\omega]^2 + [(1-\rho^2)\sin\omega_0]^2}} \end{cases} \quad (4-105)$$

$$\begin{cases} \phi_N(\omega) = \begin{cases} \omega_0, & \omega_0 \leqslant \pi/2 \\ \pi + \omega_0, & \omega_0 > \pi/2 \end{cases} \\[3mm] \phi_H(\omega) = \begin{cases} \arctan\dfrac{(1-\rho^2)\sin\omega_0}{(1+\rho^2)\cos\omega_0 - 2\rho\cos\omega}, & \omega_0 \leqslant \pi/2 \\[3mm] \pi + \arctan\dfrac{(1-\rho^2)\sin\omega_0}{(1+\rho^2)\cos\omega_0 - 2\rho\cos\omega}, & \omega_0 > \pi/2 \end{cases} \end{cases} \quad (4-106)$$

$$\begin{cases} E[v_{N\omega}^2(k)] = \dfrac{\sigma^2}{2\pi}\displaystyle\int_{-\pi}^{\pi}|N(e^{j\omega'},\omega)|^2 d\omega' = 2\sigma^2(1 + 2\cos^2\omega) \\[3mm] E[v_{N\omega}(k)v_{H\omega}(k)] = \dfrac{\sigma^2}{2\pi j}\displaystyle\oint_C N(z,\omega)H(z^{-1},\omega)z^{-1}dz \\[3mm] \qquad = \sigma^2\left(\dfrac{1}{\rho^2} + \dfrac{4\cos^2\omega\rho^2 - (1+\rho)^2}{\rho^2}(1-\rho)^2\right) \\[3mm] E[v_{H\omega}^2(k)] = \dfrac{\sigma^2}{2\pi}\displaystyle\int_{-\pi}^{\pi}|H(e^{j\omega'},\omega)|^2 d\omega' \\[3mm] \qquad = \sigma^2\left(\dfrac{1}{\rho^2} - \dfrac{1-\rho}{1+\rho}\dfrac{(1+\rho^2)(1+\rho)^2 - 8\rho^2\cos^2\omega}{\rho^2(\rho^4 - 2\rho^2\cos2\omega + 1)}\right) \end{cases}$$

$$(4-107)$$

此外,有学者提出误差函数(不计入噪声):

$$\begin{cases} J_1(\omega) = E[\hat{e}_{\omega 2}^2(k)] = \dfrac{A^2}{2}H^2(\omega) \\[2mm] J_2(\omega) = E[\hat{e}_{\omega 1}(k)\hat{e}_{\omega 2}(k)] = \dfrac{A^2}{2}H(\omega)N(\omega)\cos(\phi_N(\omega) - \phi_H(\omega)) \end{cases}$$

$$(4-108)$$

实际计算时按下式计算,即

$$\begin{cases} \hat{J}_1(\omega) = \dfrac{1}{N}\Big[\displaystyle\sum_{k=1}^{N}(e_{\omega 2}^2(k))\Big] \\[3mm] \hat{J}_2(\omega) = \dfrac{1}{N}\Big[\displaystyle\sum_{k=1}^{N}(e_{\omega 1}(k)e_{\omega 2}(k))\Big] \end{cases}$$

$$(4-109)$$

当 $A=1$、$\theta=\pi/6$、$\sigma^2=0$、$\rho=0.95$、$N=200$ 时,待测频率值 $\omega_0\in[0.05\pi,\pi/3,\pi/2,2\pi/3]$,直接型误差函数如图 4-12 所示。

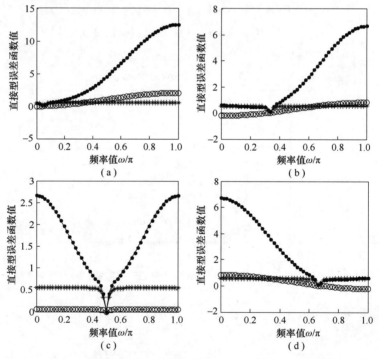

图 4-12　直接型联合误差函数理论值和计算值($A=1,\theta=\pi/6,\sigma^2=0,\rho=0.95,N=200$)

(a)$\omega_0=0.05\pi$;(b)$\omega_0=\pi/3$;(c)$\omega_0=\pi/2$;(d)$\omega_0=2\pi/3$。

图中:$----J_1(\omega)$(计算值)　$\cdots\cdots J_2(\omega)$(计算值)　$——J(\omega)$(计算值)

$*\ J_1(\omega)$(理论值)　$\circ\ J_2(\omega)$(理论值)　$\bullet\ J(\omega)$(理论值)

由图 4-12 可知,当 $\omega_0=\pi/2$ 时,$J(\omega)$ 同 $J_1(\omega)$ 和 $J_2(\omega)$ 的形状类似,但幅值和梯度值不同,且 $J_1(\omega)$ 和 $J_2(\omega)$ 都比较平坦。而当 $\omega_0\neq0$、$J(\omega)$、$J_1(\omega)$ 和 $J_2(\omega)$

的形状则完全不一样。当 ω 远离 ω_0 时，$J(\omega)$ 和 $J_2(\omega)$ 的收敛速度要优于 $J_1(\omega)$，但 $J_2(\omega)$ 的最优解不同全局极小值点，对于初值 ω 的选取有限制。同时 $J(\omega)$、$J_1(\omega)$ 和 $J_2(\omega)$ 是从 $J(a)$、$J_1(a)$ 和 $J_2(a)$ 得来的，$J(\omega)$、$J_1(\omega)$ 和 $J_2(\omega)$ 的性质同 $J(a)$、$J_1(a)$ 和 $J_2(a)$ 相类似，此处不再赘述。

由于 $J(\omega)$、$J_1(\omega)$ 和 $J_2(\omega)$ 是极半径 ρ 和频率估计值 ω 的函数，则在 $A=1$、$\theta=\pi/6$、$\sigma^2=0$、$N=200$ 的条件下，频率值分别设定为 $\omega_0 \in [0.05\pi，\pi/3]$，直接型误差函数曲面图如图 4-13 所示。由图可知，$J_1(\omega)$ 和 $J(\omega)$ 都可以收敛至最优频率解，但 $J(\omega)$ 的收敛速度更快。而 $J_2(\omega)$ 的曲面则显得相当的平坦，特别当 $\omega_0=0.05\pi$ 时，这种情况显得较为严重，且会导致错误的收敛结果。

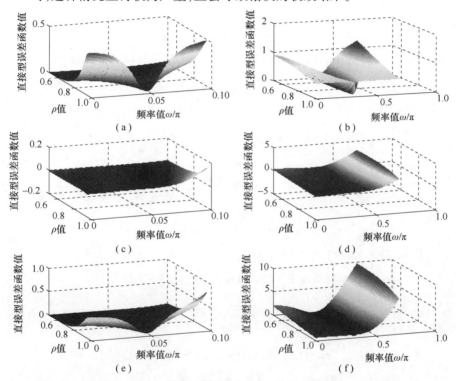

图 4-13　直接型联合误差函数曲面 $(A=1,\theta=\pi/6,\sigma^2=0,\rho=0.95,N=200)$
(a)$J_1(\omega)\omega_0=0.05\pi$；(b)$J_1(\omega)\omega_0=\pi/3$；(c)$J_2(\omega)\omega_0=0.05\pi$；
(d)$J_2(\omega)=\omega_0=\pi/3$；(e)$J(\omega)\omega_0=0.05\pi$；(f)$J(\omega)\omega_0=\pi/3$。

2) 偏差补偿分析

基于直接型联合误差函数，频率 ω 的迭代估计式为

$$\omega(k+1)=\omega(k)-\frac{\mu}{2}\frac{\partial J(\omega(k))}{\partial \omega(k)}=\omega(k)-\frac{\mu}{2}\frac{\partial(e_{\omega 1}(k)+e_{\omega 2}(k))^2}{\partial \omega(k)}$$

$$=\omega(k)-\mu[e_{\omega 1}(k)+e_{\omega 2}(k)][g_{\omega 1}(k)+g_{\omega 2}(k)] \tag{4-110}$$

式中:$\omega(k)$ 为 k 时刻 ω 的估计值;$J(\omega(k))$ 为 k 时刻 $J(\omega)$ 的估计值,其值为 $[e_{\omega1}(k) + e_{\omega2}(k)]^2$。

$g_{\omega1}(k)$ 和 $g_{\omega2}(k)$ 分别为 $e_{\omega1}(k)$ 和 $e_{\omega2}(k)$ 对 $\omega(k)$ 的导数,即

$$\begin{cases} g_{\omega1}(k) = \dfrac{\partial e_{\omega1}(k)}{\partial \omega(k)} = 2x(k-1)\sin\omega(k) \\ g_{\omega2}(k) = \dfrac{\partial e_{\omega2}(k)}{\partial \omega(k)} \approx 2[x(k-1) - \rho e_{\omega2}(k-1)]\sin\omega(k) \end{cases} \quad (4-111)$$

$g_{\omega1}(k)$ 和 $g_{\omega2}(k)$ 为信号通过下式所示传递函数的输出响应。

$$\begin{cases} G_1(z,\omega) = 2\sin\omega(k)z^{-1} \\ G_2(z,\omega) = 2\sin\omega(k)[1 - \rho H(z,\omega)] \end{cases} \quad (4-112)$$

类似地,式(4-110)所示的频率估计方法由于噪声的影响,其结果是有偏的。稳态条件下,频率估计值 ω 将会约等于频率真实值 ω_0,此时,利用泰勒展开式,在 ω_0 的领域内,且 $z = e^{j\omega_0}$,将 $N(z,\omega)$ 和 $H(z,\omega)$ 展开,可得

$$\begin{cases} N(z,\omega) \approx 2\sin\omega_0\delta_\omega e^{j\varphi_1} \\ H(z,\omega) \approx \left(B_\omega\delta_\omega + \dfrac{\cos\omega_0}{2\sin\omega_0}B_\omega\delta_\omega^2 \right)e^{-j\varphi_2} - \rho B_\omega^2\delta_\omega^2 e^{-j2\varphi_2} \end{cases} \quad (4-113)$$

式中:$\delta_\omega = \omega - \omega_0$;$B_\omega = \dfrac{2\sin\omega_0}{(1-\rho)\sqrt{(1+\rho)^2 - 4\rho\cos^2\omega_0}}$。

于是,稳态下 $e_{\omega1}(k)$、$e_{\omega2}(k)$、$g_{\omega1}(k)$ 和 $g_{\omega2}(k)$ 的表达式为

$$\begin{cases} e_{\omega1}(k) = 2A\sin\omega_0\delta_\omega(k)\cos(\omega_0 k + \theta - \varphi_1) + \upsilon_{\omega1}(k) \\ e_{\omega2}(k) \approx A[B_\omega\delta_\omega(k) + \dfrac{\cos\omega_0}{2\sin\omega_0}B_\omega\delta_\omega^2(k)]\cos(\omega_0 k + \theta - \varphi_2) \\ \qquad\qquad - \rho AB_\omega^2\delta_\omega^2(k)\cos(\omega_0 k + \theta - 2\varphi_2) + \upsilon_{\omega3}(k) \\ g_{\omega1}(k) = 2\sin\omega_0 A\cos(\omega_0 k + \theta - \omega_0) + \upsilon_{\omega2}(k) \\ g_{\omega2}(k) = -2\sin\omega_0\rho AB_\omega\delta_\omega(k)\cos(\omega_0 k + \theta - \varphi_2 - \omega_0) \\ \qquad\qquad + \cos\omega_0\rho AB_\omega\delta_\omega^2(k)\cos(\omega_0 k + \theta - \varphi_2 - \omega_0) \\ \qquad\qquad + 2\sin\omega_0\rho^2 AB_\omega^2\delta_\omega^2(k)\cos(\omega_0 k + \theta - 2\varphi_2 - \omega_0) \\ \qquad\qquad + 2\sin\omega_0 A\cos(\omega_0 k + \theta - \omega_0) + \upsilon_{\omega4}(k) \end{cases} \quad (4-114)$$

式中:$\delta_\omega(k) = \omega(k) - \omega_0$ 为 k 时刻 δ_ω 的估计值;$\upsilon_{\omega1}(k)$、$\upsilon_{\omega2}(k)$、$\upsilon_{\omega3}(k)$ 和 $\upsilon_{\omega4}(k)$ 为噪声 $\upsilon_0(k)$ 分别通过 $N(z,\omega)$、$G_1(z,\omega)$、$H(z,\omega)$ 和 $G_2(z,\omega)$ 所产生。为了计算噪声彼此之间的相关性,特定义:

$$R_{\omega i,\omega j} = E[v_{\omega i}(k)v_{\omega j}(k)], i,j = 0,1,2,3,4 \tag{4-115}$$

且 $R_{\omega i,\omega j} = R_{\omega j,\omega i}$，于是可得表 4-2。

表 4-2　噪声相关系数 $R_{\omega i,\omega j}$

$R_{\omega i,\omega j}$ ＼ v	$v_0(k)$	$v_{\omega 2}(k)$	$v_{\omega 3}(k)$	$v_{\omega 4}(k)$	$v_{\omega 2}(k)$
$v_0(k)$	σ^2	σ^2	0	σ^2	$-2\sin2\omega(1-\rho)\sigma^2$
$v_{\omega 1}(k)$		$2(1+2\cos^2\omega)\sigma^2$	$-2\sin2\omega\sigma^2$	σ^2/ρ^2	0
$v_{\omega 2}(k)$			$4\sin^2\omega\sigma^2$	$-2\sin2\omega(1-\rho)\sigma^2$	$4\sin^2\omega(1-\rho)\sigma^2$
$v_{\omega 3}(k)$				σ^2/ρ	$-\sin2\omega(1-\rho)\sigma^2$
$v_{\omega 4}(k)$					$4\sin^2\omega(1-\rho)\sigma^2$

式(4-110)两边同减去 ω_0，可得

$$\delta_\omega(k+1) = \delta_\omega(k) - \mu[e_{\omega 1}(k) + e_{\omega 2}(k)][g_{\omega 1}(k) + g_{\omega 2}(k)] \tag{4-116}$$

式(4-116)两边取期望，可得

$$E[\delta_\omega(k+1)] = E[\delta_\omega(k)] - \mu E[(e_{\omega 1}(k) + e_{\omega 2}(k))(g_{\omega 1}(k) + g_{\omega 2}(k))]$$

$$= (1 - \mu M_{\omega 1})E[\delta_\omega(k)] + \mu M_{\omega 2}E[\delta_\omega^2(k)] - \mu R_\omega(k) \tag{4-117}$$

式中

$$M_{\omega 1} = 2A^2\sin\omega_0[2\sin\omega_0\cos(\omega_0 + \varphi_1) + B_\omega\cos(\omega_0 - \varphi_2)] \tag{4-118}$$

$$M_{\omega 2} = 2\rho A^2 B_\omega\sin\omega_0[B_\omega\cos(\omega_0 - 2\varphi_2) + \sin\omega_0\cos(\varphi_1 + \varphi_2 + \omega_0)]$$

$$+ A^2 B_\omega\cos\omega_0[\rho B_\omega\sin\omega_0 - \cos(\omega_0 - \varphi_2)] \tag{4-119}$$

$$R_\omega(k) = R_{\omega 1,\omega 2}(k) + R_{\omega 3,\omega 4}(k) + R_{\omega 2,\omega 3}(k) + R_{\omega 1,\omega 4}(k)$$

$$= (3\rho - 5)\sin2\omega(k)\sigma^2 \tag{4-120}$$

由式(4-117)可知，引起估计偏差的主要因素为 $R_\omega(k)$。输入噪声 σ^2 近似等于 $E[x(k)e_{\omega 1}(k)]$，意味着 k 时刻 σ^2 的估计值为 $\sigma^2(k) = x(k)e_{\omega 1}(k)$。所以，直接型 ANF 无偏频率估计方法为

$$\omega(k+1) = \omega(k) - \mu G_\omega(k) \tag{4-121}$$

式中

$$G_\omega(k) = [e_{\omega 1}(k) + e_{\omega 2}(k)][g_{\omega 1}(k) + g_{\omega 2}(k)] - C_\omega(k)x(k)e_{\omega 1}(k) \tag{4-122}$$

$$C_\omega(k) = (3\rho - 5)\sin2\omega(k) \tag{4-123}$$

由式(4-121)可知，此时直接型误差函数相比较于式(4-103)所提误差

函数略有不同,所以当添加 $C_\omega(k)x(k)e_{\omega1}(k)$ 到式(4-103)时,则相应的误差函数为

$$J(\omega) = E\left[(\hat{e}_{\omega1}(k) + \hat{e}_{\omega2}(k))^2\right] + \int (3\rho - 5)\sin2\omega E[x(k)e_{\omega1}(k)]\mathrm{d}\omega$$

$$= 2A^2(\cos\omega_0 - \cos\omega)^2 + \frac{A^2}{2}H^2(\omega)$$

$$+ A^2H(\omega)N(\omega)\cos(\phi_N(\omega) - \phi_H(\omega))$$

$$+ E[v_{N\omega}^2(k)] + 2E[v_{N\omega}(k)v_{H\omega}(k)]$$

$$+ E[v_{H\omega}^2(k)] - (3\rho - 5)\frac{\cos(2\omega)}{2}\sigma^2$$

$$- \frac{A^2}{2}(3\rho - 5)\cos\phi_N(\omega)\left[\frac{2\cos^3\omega}{3} - \cos\omega_0\cos(2\omega)\right] \quad (4-124)$$

为避免由此引入偏差,在实际运用中,可将频率初值设定为 $\omega = \pi/2$,或者在早期的频率迭代估计过程中,先忽略掉 $C_\omega(k)x(k)e_{\omega1}(k)$,而当 ω 较为接近 ω_0,再添加 $C_\omega(k)x(k)e_{\omega1}(k)$ 消除偏差,从而获得无偏的频率估计结果。

3）稳态性能分析

（1）偏差分析。将 $\delta_\omega(k) = \omega(k) - \omega_0$ 代入式(4-121),可得

$$\delta_\omega(k+1) = \delta_\omega(k) - \mu G_\omega(k) \quad (4-125)$$

式(4-125)两边同取期望,得

$$E[\delta_\omega(k+1)] = E[\delta_\omega(k)] - \mu E[G_\omega(k)]$$

$$= (1 - \mu M_{\omega3})E[\delta_\omega(k)] + \mu M_{\omega2}E[\delta_\omega^2(k)] \quad (4-126)$$

式中

$$M_{\omega3} = 2A^2\sin\omega_0[2\sin\omega_0\cos(\omega_0 + \varphi_1) + B_\omega\cos(\omega_0 - \varphi_2)] - C_\omega(k)\sin\omega_0 A^2\cos\varphi_1$$

稳态条件下,有

$$\begin{cases} E[\delta_\omega(k+1)]\big|_{k\to\infty} = E[\delta_\omega(k)]\big|_{k\to\infty} = E[\delta_\omega(\infty)] \\ E[\delta_\omega^2(k+1)]\big|_{k\to\infty} = E[\delta_\omega^2(k)]\big|_{k\to\infty} = E[\delta_\omega^2(\infty)] \end{cases} \quad (4-127)$$

则式(4-126)可改写为

$$E[\delta_\omega(\infty)] = \frac{M_{\omega2}}{M_{\omega3}}E[\delta_\omega^2(\infty)] \quad (4-128)$$

由式(4-128)可知,$E[\delta_\omega^2(\infty)]$ 的值一般较小,于是可知频率估计方法是无偏的。

（2）均方差分析。对式(4-125)两边平方,并取期望,有

160

$$E[\delta_\omega^2(k+1)] = E[\{\delta_\omega^2(k) - \mu G_\omega(k)\}^2]$$
$$= E[\delta_\omega^2(k)] - 2\mu E[G_\omega(k)\delta_\omega(k)] + \mu^2 E[G_\omega^2(k)]$$

$$(4-129)$$

式(4-129)等号右边第二项的计算:

$$2\mu E[G_\omega(k)\delta_\omega(k)] = 2\mu E[\delta_\omega(k-2)G_\omega(k)] - 2\mu^2 E\Big[\sum_{i=1}^{2} G_\omega(k-i)G_\omega(k)\Big]$$

$$\approx 2\mu E[\delta_\omega(k)G_\omega(k)] - 2\mu^2 E\Big[\sum_{i=1}^{2} G_\omega(k-i)G_\omega(k)\Big]$$

$$(4-130)$$

将式(4-114)和式(4-130)代入式(4-129),可得

$$E[\delta_\omega^2(k+1)] = (1 - \mu\psi_{\omega1} + \mu^2\psi_{\omega2} + \mu^2\psi_{\omega3})E[\delta_\omega^2(k)] + \mu^2\psi_{\omega4} \quad (4-131)$$

式中

$$\psi_{\omega1} = 2A^2\sin\omega_0[4\sin\omega_0\cos(\varphi_1 + \omega_0) + 2B_\omega\cos(\varphi_2 - \omega_0) - C_\omega(k)\cos\varphi_1]$$

$$(4-132)$$

$$\psi_{\omega2} = A^4\sin^2\omega_0 \begin{bmatrix} 8\sin^2\omega_0[\cos(2\varphi_1 + 2\omega_0) + 2] + 2B_\omega^2[\cos(2\varphi_2 - 2\omega_0) + 2] \\ + 8B_\omega\sin\omega_0[\cos(\varphi_1 - \varphi_2 + 2\omega_0) + 2\cos(\varphi_1 + \varphi_2)] \\ - 2C_\omega(k)[B_\omega\cos(\varphi_1 + \varphi_2 + \omega_0) + 2\cos\varphi_1\cos(\varphi_2 - \omega_0) + \sin2\omega_0 \\ + 4\sin\omega_0\cos\varphi_1\cos(\varphi_1 + \omega_0)] + \dfrac{C_\omega^2(k)}{2}\cos2\varphi_1 + C_\omega^2(k) \end{bmatrix}$$

$$(4-133)$$

$$\psi_{\omega3} = 2A^4\sin^2\omega_0 \sum_{i=1}^{2} \begin{cases} 4B_\omega\sin\omega_0[2\cos(\varphi_2 - \varphi_1 - 2\omega_0) \\ \quad + 4\cos^2(i\omega_0)\cos(\varphi_1 + \varphi_2)] \\ + 8\sin^2\omega_0\cos(2\omega_0 + 2\varphi_1) + 2B_\omega^2\cos(2\varphi_2 - 2\omega_0) \\ + 4\cos^2(i\omega_0)[4\sin^2\omega_0 + B_\omega^2] \\ + C_\omega^2(k)\Big[\dfrac{1}{2}\cos(2i\omega_0) + \cos^2\varphi_1\Big] \\ - C_\omega(k)\sin\omega_0[2\cos(2i\omega_0)\cos(\omega_0) \\ \quad + 8\cos\varphi_1\cos(\varphi_1 + \omega_0)] \\ - C_\omega(k)B_\omega[\cos(\varphi_1 + \varphi_2 + \omega_0)\cos(2i\omega_0)] \\ + 4\cos\varphi_1\cos(\varphi_2 - \omega_0) \end{cases}$$

$$(4-134)$$

$$\psi_{\omega 4} = 2\sin^2 2\omega(k)\left[4 - 3\rho + 2\cos\omega(k)(2 - \rho)\right]\sigma^4 + 4\sin^2\omega(k)(8 - \rho)\sigma^4$$

$$(4 - 135)$$

利用式(4 - 127),则式(4 - 131)可改写为

$$E\left[\delta_\omega^2(\infty)\right] = (1 - \mu\psi_{\omega 1} + \mu^2\psi_{\omega 2} + \mu^2\psi_{\omega 3})E\left[\delta_\omega^2(\infty)\right] + \mu^2\psi_{\omega 4}$$

$$= \frac{\mu\psi_{\omega 4}}{\psi_{\omega 1} - \mu(\psi_{\omega 2} + \psi_{\omega 3})} \tag{4 - 136}$$

显然,均方差是步长 μ 的函数,步长越小,均方差越小。由式(4 - 136)可知,步长 μ 上下限为

$$0 < \mu < \frac{\psi_{\omega 1}}{\psi_{\omega 2} + \psi_{\omega 3}} \tag{4 - 137}$$

一般而言,为保证算法的稳定性,步长 μ 宜取的较小,一般为 $10^{-4} \sim 10^{-3}$。

4.3.3　离散卡尔曼滤波

当信号频率 ω_0 靠近频谱的两端,即 0 或 π 时,此时将间接型和直接型频率估计方法转变为信号实际频率 f_0 时,会出现一定的振荡,因此,为消除频率估计结果振荡,提高算法的稳定性,需对频率估计结果进行离散卡尔曼滤波。故定义 $f_0(k|k-1)$ 为在状态 k 的先验估计,$f_0(k)$ 为实际得到的测量值,$f_0(k|k)$ 为在状态 k 的后验估计,等于 $f_0(k)$ 通过离散卡尔曼滤波后得到的值,则先验估计误差和后验估计误差为

$$\begin{cases} \varepsilon(k|k-1) = \omega(k) - \omega(k|k-1) \\ \varepsilon(k|k) = \omega(k) - \omega(k|k) \end{cases} \tag{4 - 138}$$

先验和后验估计协方差为

$$\begin{cases} P(k|k-1) = E\{\varepsilon(k|k-1)\varepsilon(k|k-1)\} \\ P(k|k) = E\{\varepsilon(k|k)\varepsilon(k|k)\} \end{cases} \tag{4 - 139}$$

后验状态估计为

$$f_0(k|k) = f_0(k|k-1) + K(k)\left[f_0(k) - f_0(k|k-1)\right] \tag{4 - 140}$$

式中:$K(k)$ 为卡尔曼增益,且

$$K(k) = P(k|k-1)\left[P(k|k-1) + \boldsymbol{R}\right] \tag{4 - 141}$$

式中:$\boldsymbol{R}$ 为测量噪声协方差矩阵。

由此,完整的卡尔曼滤波算法如下。

时间状态方程:

$$f_0(k|k-1) = f_0(k-1|k-1) \tag{4 - 142}$$

162

$$P(k \mid k-1) = P(k-1 \mid k-1) + \boldsymbol{Q} \qquad (4-143)$$

变量状态方程：

$$K(k) = P(k \mid k-1)[P(k \mid k-1) + \boldsymbol{R}] \qquad (4-144)$$

$$P(k \mid k) = [1 - K(k)]P(k \mid k-1) \qquad (4-145)$$

$$f_0(k \mid k) = f_0(k \mid k-1) + K(k)[f_0(k) - f_0(k \mid k-1)] \qquad (4-146)$$

式中：$\boldsymbol{Q}$ 为过程噪声协方差矩阵；$f_0(k-1 \mid k-1)$ 和 $P(k-1 \mid k-1)$ 的初值分别设为 0 和 1。

为简化计算过程，定义 $\tilde{f}_0(k)$ 为 $f_0(k)$ 通过离散卡尔曼滤波后的信号，则相应的简化离散卡尔曼滤波算法如下：

$$\begin{cases} \tilde{f}_0(0) = 0, P(0) = 1, Q = 10^{-5}, R = 10^{-2} \\ K(k) = [P(k-1) + Q][P(k-1) + Q + R] \\ \tilde{f}_0(k) = \tilde{f}_0(k-1) + K(k)[f_0(k) - \tilde{f}_0(k-1)] \\ P(k) = [1 - K(k)][P(k-1) + Q] \end{cases} \qquad (4-147)$$

4.3.4 实验验证

本节对间接型和直接型两种联合误差 ANF 频率估计方法进行计算验证。实验中，以如下 6 种算法作为对照：Simplified lattice algorithm，SLA（Regalia P A，1991）；Indirect plain gradient，IPG（Xiao Y, et al. , 2001）；Direct plain gradient，DPG（Zhou J et al. , 2004）；Modified plain gradient, MPG（Punchalard R et al. , 2008）；Unbiased plain gradient，UPG（Loetwassana W et al. ,2012）；Unbiased modified plain gradient，UMPG（Punchalard R,2012）。

1）频率估计结果

在 $A = \sqrt{2}$、$\theta \in [0, 2\pi)$、$SNR = 5dB$、$\rho = 0.9$ 和 $\mu = 10^{-4}$ 条件下，信号频率 $a_0(\omega_0)$ 在第 5×10^5 个采样点处发生突变，频率估计结果如图 4-14 所示，其中图 4-14（a）和图 4-14（c）的信号频率为从 0.3π 突变至 0.7π，而图 4-14（b）和图 4-14（d）的信号频率从 0.01π 突变至 0.3π。

由图 4-14 可知，本节方法同 MPG、UPG、UMPG 相比，具备较快的收敛速度和较高的频率估计精度。同时，值得注意的是，IPG、DPG 由于其所选误差函数过于平坦，导致其收敛速度过于缓慢，以至于算法不能及时收敛至最优频率解处。特别当频率由 $-2\cos(0.01\pi)$ 突变至 $-2\cos(0.3\pi)$（ω_0 由 0.01π 突变至 0.3π）时，MPG、UPG 和 UMPG 出现了一定程度的不稳定，这主要是由于其误差函数的固有缺陷所导致的，即最优解不是全局极小值点。当频率发生变换时，误差函数也发生了变化，此时 ANF 的频率估计值刚好位于变化后误差函数的全局极小值点，而最

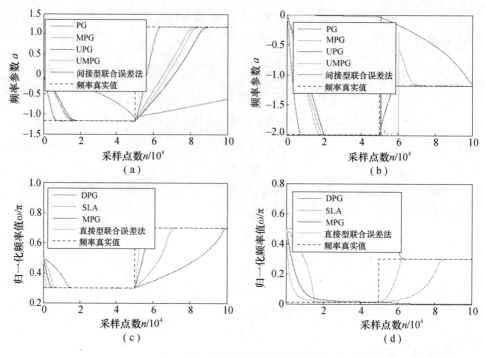

图 4 – 14 突变频率信号估计比较

(a)$a_0 = [-2\cos(0.3\pi), -2\cos(0.7\pi)]$；(b)$a_0 = [-2\cos(0.05\pi), -2\cos(0.3\pi)]$；

(c)$\omega_0 = [0.3\pi, 0.7\pi]$；(d)$\omega_0 = [0.05\pi, 0.3\pi]$。

优频率解恰恰位于远离此处的局部极小值点，从而导致其无法收敛至最优频率解，反而继续收敛至全局极小值点，导致频率估计产生偏差，无法给出准确的频率估计结果。

当将直接型和间接型频率估计方法转化为信号实际频率 f_0 时，未加离散卡尔曼滤波和添加了离散卡尔曼滤波的频率估计结果如图 4 – 15 ～图 4 – 17 所示。其中 $A = \sqrt{2}$，$\theta = 0.1\pi$，$\rho = 0.9$，$SNR = 5dB$，且信号频率 ω_0 设为 0.3π 和 0.01π，则 $f_s = 2000Hz$、$f_0 = 300Hz$ 和 $f_0 = 10Hz$，步长 $\mu = 2 \times 10^{-4}$，ANF 参数 a 初值设为 0，则初始 $\omega = 0.5\pi$。

由图 4 – 15 和图 4 – 16 可知，当 $\omega_0 = 0.3\pi$ 时，各种算法振荡较小，此时不需要进行离散卡尔曼滤波，而当 $\omega_0 = 0.01\pi$ 时，频率靠近频谱的两端，即 0 或 π，此时频率估计方法的振荡明显增大，需进行离散卡尔曼滤波，消除振荡，获得较为满意的结果。由图 4 – 15 ～图 4 – 17 可知，当进行离散卡尔曼滤波后，可有效消除振荡，提升算法稳定性，且本节方法的收敛速度明显高于其余方法。值得注意的是，直接型算法当频率靠近频谱的两端时，其振荡性明显小于间接型算法，这主要是直接型算法省去了求反三角变换，具备一定的优势。所以在实际应用时，针对直接型算法，可根据实际情况，有效选择是否进行滤波。

164

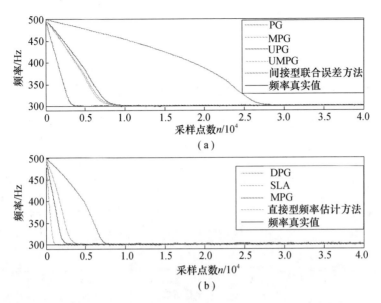

图 4-15 $\omega_0 = 0.3\pi$ 时未加卡尔曼滤波的 ANF 频率估计效果

（a）未加离散卡尔曼滤波—间接方法 $\omega_0 = 0.3\pi$；（b）未加离散卡尔曼滤波—直接方法 $\omega_0 = 0.3\pi$。

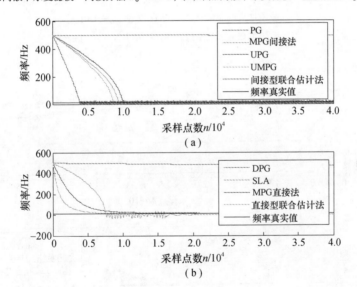

图 4-16 $\omega_0 = 0.01\pi$ 时未加卡尔曼滤波的 ANF 频率估计效果

（a）未加离散卡尔曼滤波—间接方法；（b）未加离散卡尔曼滤波—直接方法 $\omega_0 = 0.01\pi$。

2）收敛性分析

在 $A = \sqrt{2}$、$\theta \in [0, 2\pi)$、$\mathrm{SNR} = 5\mathrm{dB}$、$\rho = 0.9$ 和 $\mu = 10^{-4}$ 条件下，初始值设定为 $a(0) = 0$，$\omega(0) = 0.5\pi$ 待测信号频率分别为 $\omega_0 = 0.1\pi$、0.2π 和 0.3π。比较结果如图 4-18 所示。由图 4-18 可知，当待估计频率值远离初始值设定时，IPG、DPG

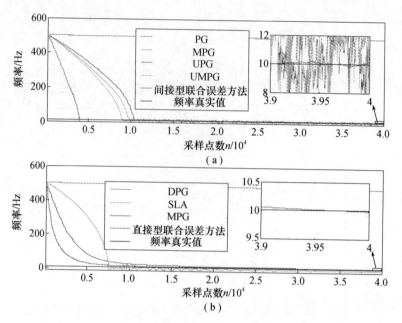

图 4 - 17　$\omega_0 = 0.01\pi$ 时添加卡尔曼滤波的 ANF 频率估计效果

(a)添加离散卡尔曼滤波—间接方法 $\omega_0 = 0.01\pi$；

(b)添加离散卡尔曼滤波—直接方法 $\omega_0 = 0.01\pi$。

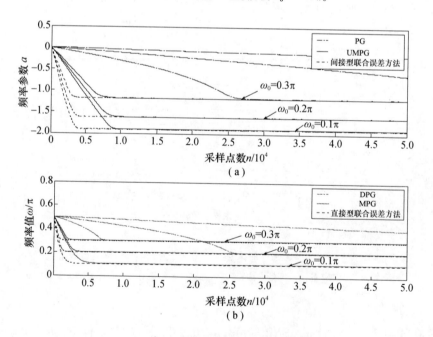

图 4 - 18　不同方法下参数 $a(k)$ 和 $\omega(k)$ 收敛情况

(a)间接频率估计；(b)直接频率估计。

收敛速度明显变慢,而 MPG、UMPG 和本节方法则对此不敏感。但本节方法的收敛速度要明显优于 MPG 和 UMPG。

3)稳态偏差与均方差分析

(1)不同频率下 ANF 估计稳态偏差与均方差。为了比较 ANF 在整个频率段(特别是靠近于 0 或 π 两端时)的稳态偏差与均方差,在 $A=\sqrt{2}$、$\theta\in[0,2\pi)$、SNR $=5\mathrm{dB}$、$\rho=0.90$、$\mu=10^{-4}$、$a(0)=0$ 和 $\omega(0)=\pi/2$ 条件下,估计稳态偏差与均方差如图 4–19 所示。由图可知,间接频率估计方面,本节方法的稳态偏差要小于MPG,特别当 ω_0 靠近 0.2π 或 0.8π 时,UMPG 稳态偏差要变大,本节方法的稳态均方差同 MPG 基本相当;直接频率估计方面,本节方法的稳态偏差与均方差都低于 MPG。

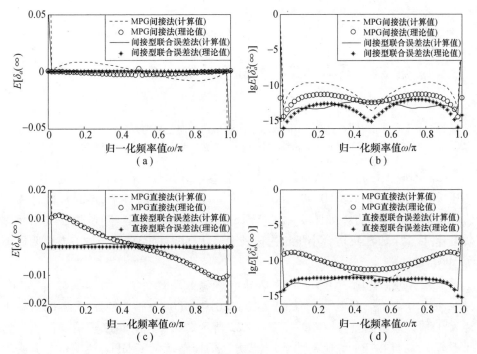

图 4–19　不同频率值下的频率估计偏差和均方差
(a)间接频率估计;(b)间接频率估计;(c)直接频率估计;(d)直接频率估计。

(2)不同 ρ 值下 ANF 估计稳态偏差与均方差。在 $A=\sqrt{2}$、$\theta\in[0,2\pi)$、SNR $=5\mathrm{dB}$、$\omega_0=0.2\pi$、$\mu=10^{-4}$、$a(0)=0$ 和 $\omega(0)=\pi/2$ 条件下,不同 ρ 值时 ANF 估计稳态偏差与均方差如图 4–20 所示。由图可见,ANF 频率估计精度随 ρ 值趋向于1 而逐渐变高,虽然理论值同计算值有一定的偏差,但其仍可基本预测频率估计精度计算值的基本走向。

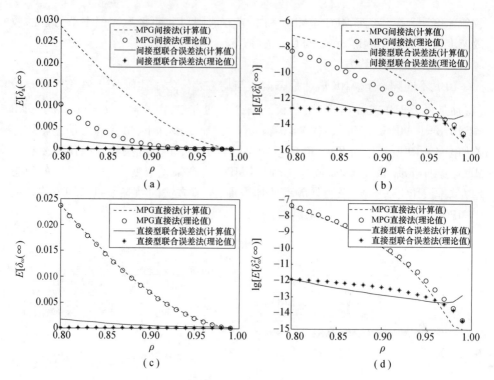

图 4 – 20　不同 ρ 值下的频率估计偏差和均方差

（a）间接频率估计；（b）间接频率估计；（c）直接频率估计；（d）直接频率估计。

（3）不同步长 μ 下的 ANF 估计稳态偏差与均方差。在 $A=\sqrt{2}$、$\theta\in[0,2\pi)$、SNR $=5$dB、$\omega_0=0.2\pi$、$\rho=0.90$、$a(0)=0$ 和 $\omega(0)=\pi/2$ 条件下,不同步长时 ANF 估计稳态偏差与均方差如图 4 – 21 所示。ANF 频率估计精度随步长 μ 变小而逐渐上升,且本节方法更适合小步长快速频率估计,此时稳态偏差与均方差要明显小于 MPG。

（4）不同信噪比 SNR 下 ANF 估计稳态偏差与均方差。在 $A=\sqrt{2}$、$\theta\in[0,2\pi)$、$\mu=10^{-4}$、$\omega_0=0.2\pi$、$\rho=0.90$、$a(0)=0$ 和 $\omega(0)=\pi/2$ 条件下,不同信噪比时 ANF 估计稳态偏差与均方差如图 4 – 22 所示。频率估计精度随信噪比的增大而逐渐变高,且在低信噪比条件下,本节方法估计精度优于 MPG,说明本节方法具备良好的抗噪性。

研究表明有如下结论:

（1）频率估计精度较高。特别针对频率接近于 0 或 π 的信号,其收敛速度、频率估计精度和算法稳定性有明显提高。

（2）具备较好的抗噪性。在信噪比为 $-10\sim20$dB 的范围内,本节方法可取得较为满意的结果,且 MSE 值较小。

（3）结构简单,易于实现。本节算法可调节参数较少,算法计算量小,且为时

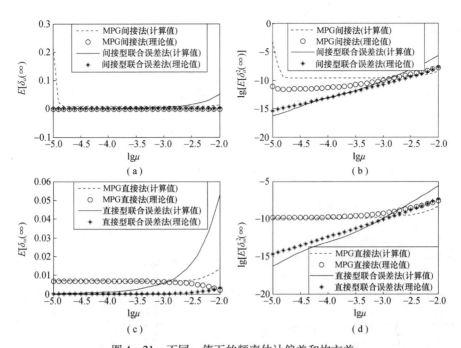

图 4-21　不同 μ 值下的频率估计偏差和均方差

(a)间接频率估计；(b)间接频率估计；(c)直接频率估计；(d)直接频率估计。

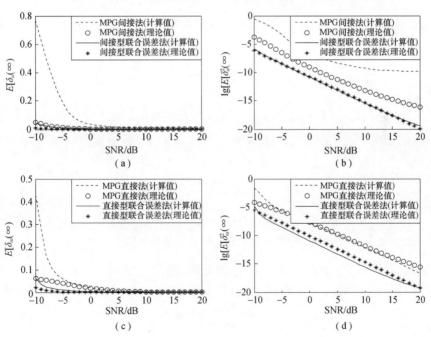

图 4-22　不同 SNR 下的频率估计偏差和均方差

(a)间接频率估计；(b)间接频率估计；(c)直接频率估计；(d)直接频率估计。

域递推算法,实时性可以得到满足,具有较广的应用前景。

4.4 基于 Steiglitz – McBride 系统辨识的自适应陷波器方法

大多 ANF 研究主要侧重于滤波器模型,一种利用 Steiglitz – McBride 系统辨识方法(SMM)发展而来的 ANF,具有 SMM 收敛速度快,收敛结果理论无偏和实现简单的特点。

4.4.1 用于陷波器辨识的 SMM 方法

1) 陷波器系统辨识

对于一个给定的由 m 个正弦波和测量噪声 $e(n)$ 组成的信号:

$$y(n) = \sum_{i=1}^{m} A_i \sin(\omega_i n + \phi_i) + e(n) \tag{4-148}$$

式中:幅度 $\{A_i\}$、相位 $\{\phi_i\}$ 和频率 $\{\omega_i\}$ 未知;$y(n)$ 可以表示为一个以 $e(n)$ 作为激励的自回归滑动平均系统(零极点系统)的输出,即存在以下关系:

$$A(z^{-1})y(n) = A(z^{-1})e(n) \tag{4-149}$$

式中:z^{-1} 为单位延迟算子,$A(z^{-1})$ 为具有 m 个系数 $a_1, a_2, \cdots, a_m$ 的 $2m$ 阶首一多项式,即

$$A(z^{-1}) = \prod_{i=1}^{m} (1 - 2\cos\omega_i z^{-1} + z^{-2})$$

$$= 1 + a_1 z^{-1} + \cdots + a_m z^{-m} + \cdots + a_1 z^{-(2m-1)} + z^{-2m} \tag{4-150}$$

这样,如图 4 – 23 所示,让 $y(n)$ 通过陷波器 $A(z^{-1})/A(\rho z^{-1})$ $(0 < \rho < 1)$,当 $\rho \to 1$,陷波器输出 $\varepsilon(n)$ 近似等于测量噪声 $e(n)$。

图 4 – 23　对给定信号 $y(n)$ 的陷波器

因此,设计陷波器 $A(z^{-1})/A(\rho z^{-1})$ 的问题,常通过图 4 – 23 表示成一个寻找 $\rho \to 1$ 时,使得 $\varepsilon(n)$ 的均方差最小的滤波器系数 $a_1, a_2, \cdots, a_m$ 的最优化问题,即

$$\min_{a_i, (i=1,2,\cdots,m)} E[\varepsilon^2(n)] \tag{4-151}$$

式中:$E[\cdot]$ 表示求期望;$A(z^{-1})/A(\rho z^{-1})$ 的表达式为

$$\frac{A(z^{-1})}{A(\rho z^{-1})} = 1 - \frac{A(\rho z^{-1}) - A(z^{-1})}{A(\rho z^{-1})} = 1 - \frac{z^{-1}B(z^{-1})}{A(\rho z^{-1})} \tag{4-152}$$

170

式中

$$B(z^{-1}) = z \cdot [A(\rho z^{-1}) - A(z^{-1})]$$

$$= a_1(\rho - 1) + a_2(\rho^2 - 1)z^{-1} + \cdots + (\rho^{2m} - 1)z^{-(2m-1)}$$

$$(4-153)$$

图 4-23 可等价于图 4-24,因此,对于给定信号 $y(n)$ 设计一个自适应陷波器的问题,相当于识别以 $y(n)$ 作为激励的模型 $[A(\rho z^{-1}) - A(z^{-1})]/A(\rho z^{-1})$,或相当于识别以 $y(n-1)$ 作为激励的模型 $B(z^{-1})/A(\rho z^{-1})$,使得输出 $\hat{y}(n)$ 与给定信号 $y(n)$ 之间的均方误差最小。

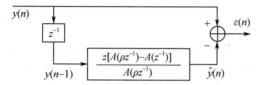

图 4-24   从给定信号获取陷波器的系统辨识结构

许多系统辨识方法都可用于 ANF,例如,输出误差表达式法,平衡误差表达式法,Steiglitz-McBride 方法(SMM)等。现有的 RML(Recursiv Maximum Likelihood)、SGN(Stochastic Gauss-Newton)和 AML(Approximate Maximun Likelihood)自适应陷波器正是由输出误差表达式获得的不同算法。尽管平衡误差表达式在理论上可以用于设计 ANF,但由于测量噪声的影响,收敛结果通常存在偏差,所以实际上很少使用。

2)SMM 系统辨识方法

SMM 最早是由 Steiglitz 和 McBride 在 1965 年提出的一种用于离线系统辨识的方法,SMM 结构如图 4-25 所示。

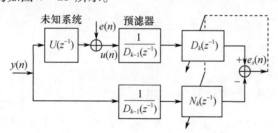

图 4-25   用于系统辨识的 SMM 结构

图中,$e(n)$ 为测量噪声。该算法首先将分母多项式 $D_0(z^{-1})$ 初始化为一个随机值或 1,并将迭代次数的索引值 k 设为 1。SMM 关于 k 的主迭代,确定 $D_k(z^{-1})$ 和 $N_k(z^{-1})$,使得 $e_s(n)$ 的均方差最小。注意 $e_s(n)$ 是在确定了全极点预滤波器 $1/D_{k-1}(z^{-1})$ 的情况下获得的。其次,k 自动更新($k=k+1$),并继续迭代直到获得的 $D_k(z^{-1})$ 收敛。最后,未知系统 $U(z^{-1})$ 可以通过获得的 $N_k(z^{-1})/D_k(z^{-1})$ 来模拟。

4.4.2 SMM – ANF 法

结合图 4 – 24 和图 4 – 25 可获得基于 SMM 的 ANF 的结构如图 4 – 26 所示。对于给定信号 $y(n)$ 利用 SMM 算法对自适应陷波器进行辨识,SMM 关于 n 的迭代过程,使 $e_s(n)$ 的均方误差达到最小,并确定 ANF 传递函数

$$\frac{\hat{A}_n(z^{-1})}{\hat{A}_n(\rho z^{-1})} = \prod_{k=1}^{m} \frac{1 + \hat{\alpha}_k(n)z^{-1} + z^{-2}}{1 + \rho_k \hat{\alpha}_k(n)z^{-1} + \rho_k^2 z^{-2}} \qquad (4 - 154)$$

式中:$y(n)$ 为含测量噪声且幅值、相位和频率均未知的多正弦波信号;m 为陷阱数;$\hat{\alpha}_k(n) = -2\cos\hat{\omega}_k(n)$,$\hat{\omega}_k(n)$ 为 n 时刻对应陷阱的陷波频率;ρ_k 决定对应陷阱带宽。

去相关参量 $\Delta(\Delta \geq 1)$ 用来去除 $y(n)$ 和 $y(n-\Delta)$ 中噪声成分的相关性,Δ 的合理取值可提高陷波器抑制噪声能力。针对频率时变的正弦波信号,$\hat{\alpha}_k(n)$ 采用牛顿型自适应滤波算法进行自适应调整。

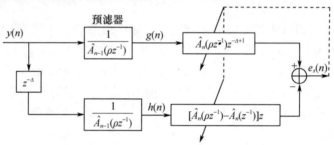

图 4 – 26 用于 ANF 辨识的 SMM 结构

对于单频正弦波信号,取陷阱数为 1,相应的新式 ANF 的传递函数为

$$\frac{\hat{A}_n(z^{-1})}{\hat{A}_n(\rho z^{-1})} = \frac{1 + \hat{\alpha}(n)z^{-1} + z^{-2}}{1 + \rho\hat{\alpha}(n)z^{-1} + \rho^2 z^{-2}} \qquad (4 - 155)$$

频率跟踪算法如下:

由图 4 – 26 可知,预滤器 $1/\hat{A}_{n-1}(\rho z^{-1})$ 的输出为

$$g(n) = y(n) - \rho^2 g(n-2) - \rho\hat{\alpha}(n-1)g(n-1) \qquad (4 - 156)$$

$$h(n) = y(n-\Delta) - \rho^2 h(n-2) - \rho\hat{\alpha}(n-1)h(n-1) \qquad (4 - 157)$$

SMM 结构输出误差为

$$e_s(n) = g(n)\hat{A}_n(\rho z^{-1})z^{-\Delta+1} - h(n)[\hat{A}_n(\rho z^{-1}) - \hat{A}_n(z^{-1})]z$$

$$= g(n-\Delta+1) + \rho^2 g(n-\Delta+1) - (\rho^2-1)h(n-1) -$$

$$[-\rho g(n-\Delta) + (\rho-1)h(n)]\hat{\alpha}(n) \qquad (4 - 158)$$

$\hat{\alpha}(n)$可由下式递推计算:

$$\hat{\alpha}(n) = \hat{\alpha}(n-1) + P(n)\psi(n)\hat{e}_s(n) \tag{4-159}$$

式中:$\psi(n)$和$P(n)$分别为梯度参数和协方差参数;$\hat{e}_s(n)$为$e_s(n)$的近似值。

$\psi(n)$的表达式为

$$\psi(n) = -\frac{\partial e_s(n)}{\partial \hat{\alpha}} = -\rho g(n-\Delta) + (\rho-1)h(n) \tag{4-160}$$

$P(n)$可由下式递推计算:

$$P(n) = \frac{P(n-1)}{\lambda + P(n-1)\psi^2(n)} \tag{4-161}$$

$$\hat{e}_s(n) = g(n-\Delta+1) + \rho^2 g(n-\Delta-1) - (\rho^2-1)h(n-1) - \psi(n)\hat{\alpha}(n-1) \tag{4-162}$$

陷波器的输出信号为

$$\hat{e}(n) = \frac{\hat{A}_n(z^{-1})}{\hat{A}_n(\rho z^{-1})}y(n) = \frac{1 + \hat{\alpha}(n)z^{-1} + z^{-2}}{1 + \rho\hat{\alpha}(n)z^{-1} + \rho^2 z^{-2}}y(n) \tag{4-163}$$

$y(n) - \hat{e}(n)$为去噪后的增强信号,信号频率按下式计算:

$$\hat{\omega}(n) = \arccos(-\hat{\alpha}(n)/2) \tag{4-164}$$

$P(0)$越大,陷波器响应信号频率变化的速度越快,但产生的超调和振荡幅度也越大。对于白噪声可取去相关参量$\Delta = 1$,较大的Δ值会导致收敛速度的降低。λ和ρ的取值须兼顾收敛速度和跟踪精度两方面的性能,可让ρ由初始值$\rho(0)$以ρ_r的速率递增至稳态值ρ_∞。

4.4.3 实验验证

计算时采用时变信号模型:

$$\begin{cases} y(k) = A(k)\sin[k\omega(k) + \varphi(k)] + \sigma e(k) \\ A(k) = A(k-1) + \delta_A \sigma_A e_A(k) \\ \omega(k) = \omega(k-1) + \delta_\omega \sigma_\omega e_\omega(k) \\ \varphi(k) = \varphi(k-1) + \delta_\varphi \sigma_\varphi e_\varphi(k) \end{cases} \tag{4-165}$$

式中:$A(k)$、$\omega(k)$、$\varphi(k)$分别为信号幅值、频率和相位;$e(k)$、$e_A(k)$、$e_\omega(k)$、$e_\varphi(k)$为0均值、方差为1的白噪声,彼此互不相关;σ、σ_A、σ_ω、σ_φ为相应参数的游动幅度,由流量计型号和应用环境所决定,且与采样频率f_s有关;δ_A、δ_ω、δ_φ为游动因子,分别服从概率为P_A、P_ω、P_φ的0~1分布,P值依流量特性及流量计型号而定,决定信号幅度、频率、相位是否变化。

单次仿真采样 100000 点,采样频率 $f_s = 2\mathrm{kHz}$。鉴于一般性考虑,仿真信号模型游动概率 $P_A = P_\omega = P_\varphi = 0.5$,信号模型的有关参数设置如下:$A(0) = 10, \omega(0) = \frac{2\pi \times 198}{f_s} = 0.6220, \sigma = 0.6, \sigma_A = 10^{-3}, \sigma_\omega = 10^{-6}, \sigma_\varphi = 10^{-3}, \mathrm{SNR} = 10\lg\frac{A^2(0)}{2\sigma^2} = 21.4\mathrm{dB}$。图 4 – 27 给出了 SMM – ANF 频率估计结果,可见,SMM – ANF 能较快的跟踪到信号真实频率并能实时跟踪其变化。

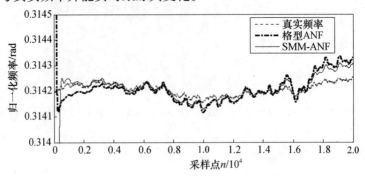

图 4 – 27　真实频率与 SMM – ANF 频率估计

4.5　反馈修正自适应陷波器法

4.5.1　不完全收敛问题

ANF 内在自适应结构会导致非二次型误差收敛至局部最小值,使得收敛不完全,在待估频率很低或很高(接近奈奎斯特频率)时尤为明显。图 4 – 28 给出了 ANF 跟踪单正弦信号的误差曲面。图 4 – 28(a)中收敛因子 $\rho \approx 1$ 且收敛区域内误差很平缓(陷入局部最优),梯度降为 0,从而 ANF 失去自适应能力,图 4 – 28(b)为正常跟踪信号频率的情况。

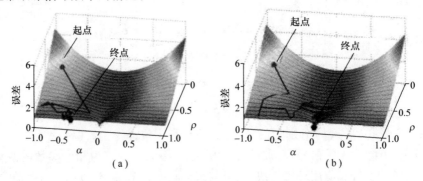

图 4 – 28　错误跟踪和有效跟踪时 ANF 误差曲面
(a)错误跟踪;(b)有效跟踪。

ANF 带宽为

$$BW = 2\arccos\left(\frac{2\rho(t)}{1 + \rho^2(t)}\right) \qquad (4-166)$$

当 $\rho \approx 1$ 时,$BW \to 0$。此时,信号基频在陷波带宽以外,滤波增强信号主要由噪声组成。

4.5.2 反馈修正策略

为克服不完全收敛问题,可在误差陷入局部最小值后对 ANF 参数进行调整。若误差陷入局部最小,此时,经 ANF 滤波增强信号主要由噪声组成,与原信号不相关。若 ANF 正常跟踪信号基频,则滤波增强信号与输入信号显著相关。

根据滤波增强信号与输入信号相关性,设计一种可在线实时计算的频率跟踪质量评价指标,用于监视陷波器是否正确跟踪信号基频。根据指标大小,判断滤波增强信号与输入信号相关性,若两者相关性不显著,则认为 ANF 陷波频率偏离信号基频,需调整 ANF 参数,否则不处理。

4.5.3 频率估计精度评估

设信号 $y(n) = c(n) + e(n)$,$c(n)$ 为时变正弦信号,$e(n)$ 为零均值随机噪声,滤波增强信号为 $\hat{c}(n)$。以 SMM – ANF 为例,由式(4 – 163),可得

$$\begin{aligned}\hat{c}(n) &= \left(1 - \frac{1 + \hat{\alpha}(n)z^{-1} + z^{-2}}{1 + \rho\hat{\alpha}(n)z^{-1} + \rho^2 z^{-2}}\right)y(n) \\ &= \frac{(\rho - 1)\hat{\alpha}(n)z^{-1} + (\rho^2 - 1)z^{-2}}{1 + \rho\hat{\alpha}(n)z^{-1} + \rho^2 z^{-2}}y(n)\end{aligned} \qquad (4-167)$$

可见,$\hat{c}(n)$ 不依赖 $y(n)$ 的前期输入,与噪声 $e(n)$ 无关。若 ANF 工作正常,则 $\hat{c}(n) \approx c(n)$ 与 $y(n)$ 显著相关;否则 $\hat{c}(t) \approx e(n)$ 与 $y(t)$ 不相关。根据 $\hat{c}(n)$ 和 $y(n)$ 的相关性,设计频率跟踪质量评价指标 $h(n)$,$h(n)$ 可由如图 4 – 29 所示的零阶 LMS 算法在线计算。

图 4 – 29 中 LMS 算法可由下式计算:

$$\begin{cases}\varepsilon(n) = \hat{c}(n) - h(n)y(n) \\ h(n) = h(n-1) + \mu_h \varepsilon(n)y(n)\end{cases} \qquad (4-168)$$

式中:μ_h 为步长,收敛状态下,h 是维纳—霍夫(Wiener – Hopf)方程的解:

$$h \cdot E\{y^2(n)\} = E\{y(n)\hat{c}(n)\} \qquad (4-169)$$

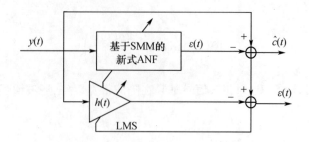

图 4 - 29　基于 SMM 的 ANF 反馈修正结构

因 $c(n)$ 和 $e(n)$ 不相关,有 $E\{c(n)e(n)\}=0$,故

$$h \cdot (E\{c^2(n)\} + E\{e^2(n)]\}) = E\{c(n)\hat{c}(n)\} + E\{e(n)\}E\{\hat{c}(n)\}$$

$$(4 - 170)$$

由于 $E\{e(n)\}=0, E\{e^2(n)\}=\sigma_e^2, E\{c^2(n)\}=A^2/2$,可得 h 的表达式为

$$h = \frac{E\{c(n)\hat{c}(n)\}}{A^2/2 + \sigma_e^2} \qquad (4 - 171)$$

(1) 若 ANF 正常跟踪信号基频,则 $\hat{c}(n) \approx c(n)$,h 收敛到式(4 - 169),则

$$h = \frac{A^2/2}{A^2/2 + \sigma_e^2} = \frac{A^2}{A^2 + 2\sigma_e^2} \qquad (4 - 172)$$

(2) 若 ANF 陷波频率偏离信号基频,$\hat{c}(n)$ 与 $c(n)$ 不相关,$E\{c(n)\}\hat{c}(n)\}=0$。

因此,可通过检测 $h(n)$ 判断 ANF 是否有效跟踪信号基频。若 $h(n)$ 低于设定值 T_h,则认为 ANF 频率跟踪错误,需对 ANF 参数进行调整,以恢复其自适应能力。

4.5.4　方法流程

对于信号 $y(n)$,采用 SMM - ANF 进行陷波滤波,得到滤波增强信号 $\hat{c}(n)$ 和跟踪频率 $\hat{\omega}$,计算 $y(n)$ 和 $\hat{c}(n)$ 相关性指标 $h(n)$,若 $h(t) < T_h$,则对新式 ANF 参数进行调整。

因影响 SMM - ANF 的主要参数是 λ 和 ρ,若 $h(t) < T_h$,说明 λ 和 ρ 收敛至局部最优,陷波器失去自适应能力,此时对 λ 和 ρ 进行调整;当 $h(t) < T_h$ 时,SMM - ANF 参数按下式调整:

$$\begin{cases} \lambda(n) = \lambda_\infty + \delta_\lambda, 0 < \delta_\lambda < \lambda_\infty - \lambda(0) \\ \rho(n) = \lambda_\infty + \delta_\rho, 0 < \rho_\lambda < \rho_\infty - \rho(0) \end{cases} \qquad (4 - 173)$$

式中:λ_∞、ρ_∞ 为参数 λ 和 ρ 的最终收敛值;δ_λ 和 δ_ρ 为调整步长。

根据上述流程,反馈修正 SMM - ANF 的实现步骤如表 4 - 3 所列。

176

表 4 – 3   反馈修正 SMM – ANF 步骤

初始化参数:$\hat{\alpha}(0),P(0),\lambda(0),\lambda_\infty,\lambda_r,\rho(0),\rho_r,\rho_\infty,\xi_0,\delta_\lambda,\delta_\rho$

计算:	SMM – ANF 滤波:

for $k=1,2,\cdots,N$
 	
用 SMM – ANF 对 $x(k)$ 滤波
 	
控制 ANF 参数 λ 和 ρ
 	
$e(t)=y(t)-\varepsilon(t)-h(t-1)y(t)$
 	
$h(t)=h(t-1)+\mu_h e(t)y(t)$
 	
if $h(t)<T_h$
 	
$\lambda(n)=\lambda_\infty-\delta_\lambda,\rho(n)=\lambda_\infty-\delta_\rho$
 	
end if
 	
end for
	$g(n)=y(n)-\rho^2 g(n-2)-\rho\,\hat{\alpha}(n-1)g(n-1)$
	
	$h(n)=y(n-\Delta)-\rho^2 h(n-2)-\rho\,\hat{\alpha}(n-1)h(n-1)$
	
	$e_s(n)=g(n)+\rho^2 g(n)-(\rho^2-1)h(n-1)$
	
	$\qquad-[-\rho g(n-1)+(\rho-1)h(n)]\hat{\alpha}(n)$
	
	$\psi(n)=-\rho g(n-\Delta)+(\rho-1)h(n)$
	
	$P(n)=P(n-1)/(\lambda+P(n-1)\psi^2(n))$
	
	$\hat{e}_s(n)=g(n)+\rho^2 g(n-2)-(\rho^2-1)h(n-1)-\psi(n)\hat{\alpha}(n-1)$
	
	$\hat{e}(n)=[(1+\hat{\alpha}(n)z^{-1}+z^{-2})/(1+\rho\,\hat{\alpha}(n)z^{-1}+\rho^2 z^{-2})]y(n)$
	
	$\hat{\alpha}(n)=\hat{\alpha}(n-1)+P(n)\psi(n)\hat{e}_s(n)$
	
	$\lambda(n)=\lambda_r\lambda(n-1)+(1-\lambda_r)\lambda_\infty$
	
	$\rho(n)=\rho_r\rho(n-1)+(1-\rho_r)\rho_\infty$
	
	$\hat{\omega}_{\text{out}}(n)=\hat{\omega}_{\text{ANF}}(n)=\arccos(-\hat{\alpha}(n)/2)$

4.5.5   实验验证

采用 4.4.3 节中的信号模型对反馈修正 SMM – ANF 进行计算验证,以格型 ANF 和修正前 SMM – ANF 作为对照。各陷波器参数设置如下:

格型 ANF:$\rho(k)=0.9980642-0.195\times 0.99^{k-1},\lambda(k)=0.99991-0.03\times 0.99^{k-1},\hat{k}_0(0)=0$

新式 ANF:$a(0)=0,P(0)=1,\lambda_r=0.82,\lambda_\infty=0.99995,\rho_r=0.978,$ $\rho_\infty=0.9782$

反馈修正 ANF:$\mu_h=0.0012,T_h=0.99,\delta_\lambda=4.99\times 10^{-5},\delta_\rho=0.046$

进行 100 次独立仿真验证,每次独立验证的真实频率随机生成。图 4 – 30 是原始信号与经新式 ANF 和本节方法滤波后的增强信号比较,可以看出,新式 ANF 在 100 点附近达到稳定,本节方法在 200 点附近稳定,稍慢于新式 ANF。但由于采样频率为 2kHz,两者达到稳定的时间仅相差 0.05s,实际应用中可以不予考虑。图 4 – 31 给出了格型 ANF、新式 ANF 和本节方法的频率跟踪结果,从图中可以看出,本节方法的收敛速度稍慢于新式 ANF,快于格型 ANF,频率跟踪精度明显高于格型 ANF 和新式 ANF,特别在跟踪后期表现尤为明显。

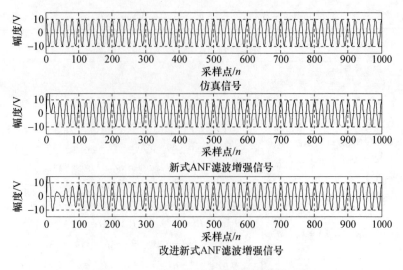

图 4 – 30　原始信号与滤波增强信号的比较

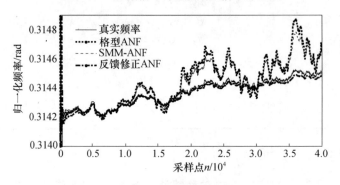

图 4 – 31　频率跟踪结果比较

4.6　小　　结

本章针对时变频率估计问题,详细论述了自适应陷波器法。在介绍 ANF 频率估计原理基础上,从 ANF 误差函数入手系统分析了 FIR-ANF 和 IIR-ANF 两类典型 ANF 频率估计方法及性能,重点论述了间接型和直接型两类联合误差 ANF 频率估计法。此外,探讨了一类基于 Steiglitz – McBide 系统辨识 ANF(SMM – ANF)的频率估计法和反馈修正 ANF 法,给出了方法原理、实现流程,并针对时变信号模型,对各种 ANF 方法进行了实验验证。

第 5 章　瞬时频率估计与 VCO 非线性度检测

瞬时频率是非平稳信号的重要参数之一,它能准确地反映出非平稳信号的时变特征。瞬时频率的概念,最早是由 Carson 与 Fry 和 Gabor 分别定义的,而且两种定义不同。后来,Ville 统一了这两种不同的定义,给出了瞬时频率的经典定义方法。目前,瞬时频率估计已广泛应用于雷达工程、电子对抗、设备故障诊断、语音信号识别等众多领域,具有重要的研究意义和研究价值。

5.1　自适应窗长的 PWVD 瞬时频率估计法

PWVD(Pseudo Wigner – ville Distribution) 是在 WVD(Wigner – Ville Distribution)基础上通过加窗截断提出的,对线性调频信号具有很好的时频聚集性,能较好地适应于复杂信号处理的要求,而且计算量小,便于实时处理,选取合适的窗函数还可以降低旁瓣的大小。基于 PWVD 方法,可将信号的能量表征到时频面上,通过检测时频面上 PWVD 的最大峰值位置可估计出信号的瞬时频率。PWVD 方法本质上是一种加窗的时频分布,因此各时刻选用不同窗长的同类型窗函数进行峰值估计,会导致瞬时频率估计误差的存在。为此本节给出一种自适应窗长的 PWVD 瞬时频率估计方法,该方法通过采用数据驱动技术和滑动置信区间准则的方式,为各时刻选择较为理想的窗长。

5.1.1　窗长对 PWVD 瞬时频率估计的影响

假设一离散信号

$$z(nT_s) = m(nT_s) + \xi(nT_s) \tag{5-1}$$

式中:T_s 为采样时间;$\xi(nT_s)$ 为复高斯白噪声信号,其中 $\mathrm{Re}[\xi(nT_s)] \sim N(0, \sigma^2/2)$,$\mathrm{Im}[\xi(nT_s)] \sim N(0, \sigma^2/2)$,$\xi(nT_s)$ 的总方差为 σ^2。

该信号的 PWVD 可表示为

$$\mathrm{PWVD}_z(t, \omega) = \sum_{n=-\infty}^{\infty} w_h(nT_s) z(t + nT_s) z^*(t - nT_s) e^{-2\omega nT_s} \tag{5-2}$$

式中:窗函数 $w_h(nT_s) = T_s/h \cdot w(nT_s/h)$,其中:$w(t)$ 为实的对称窗;$w_h(t)$ 实际上是由 $w(t)$ 抽样得到;$w_h(t)$ 和 $w(t)$ 均满足对称性、时限性和单位面积特性,h 为 $w_h(t)$ 的窗长。

应用峰值估计法估计得到 t 时刻的瞬时频率为

$$\omega_h(t) = \arg\left[\max_{\omega \in Q_\omega} \text{PWVD}_z(t,\omega)\right] \omega_h(t) = \arg\left[\max_{\omega \in Q_\omega} \text{PWVD}_z(t,\omega)\right] \quad (5-3)$$

令瞬时频率估计偏差为

$$\Delta\omega(t) = \omega(t) - \omega_h(t) \quad (5-4)$$

式中：$\omega(t)$ 为信号在 t 时刻的理想瞬时频率。

可以证明，当 $h \to 0, T_s \to 0, h^3/T_s \to \infty$ 且信噪比较高时，瞬时频率估计偏差的期望和方差分别为

$$E[\Delta\omega(t)] = \sum_{s=1}^{\infty} h^{2s} b_s \omega^{(2s)}(t) \quad (5-5)$$

$$\text{Var}[\Delta\omega(t)] = \frac{\sigma^2}{2|A|^2}\left(1 + \frac{\sigma^2}{2|A|^2}\right)\frac{T_s}{h^3}\frac{E}{F^2} \quad (5-6)$$

式中：A 为信号幅值；系数 E、F 和 b_s 由窗函数 $w(t)$ 决定，即

$$E = \int_{-1/2}^{1/2} w^2(t) t^2 \mathrm{d}t, F = \int_{-1/2}^{1/2} w(t) t^2 \mathrm{d}t, b_s = \frac{1}{(2s+1)!} \int_{-1/2}^{1/2} w(t) t^{(2s+2)} \mathrm{d}t \quad (5-7)$$

由式(5-5)和式(5-6)可知，窗长 h 会影响估计偏差的期望和方差。当 h 较大时，估计偏差的期望较大，但方差较小；当 h 较小时，估计偏差的期望较小，但方差较大。从概率论的角度讲，较大的 h 会导致估计值严重偏离理想值；较小的 h 会导致估计值准确度较低。为此，要达到满意的估计性能，必须选择一个合适的 h 对估计偏差的期望和方差进行折中。

5.1.2　窗长选择的基本思想

要选择一个合适的 h 达到满意的瞬时频率估计性能，均方误差(MSE)最小是一个重要的参考标准。以矩形窗为例，令 $s = 1$，则 $E = F = 1/12$，$b_1 = 1/40$。瞬时频率估计的 MSE 为

$$\text{MSE}[\Delta\omega(t)] = E[\Delta\omega(t)]^2 = E^2[\Delta\omega(t)] + \text{Var}[\Delta\omega(t)]$$

$$= \frac{6\sigma^2}{|A|^2}\left(1 + \frac{\sigma^2}{2|A|^2}\right)\frac{T_s}{h^3} + \left[\frac{1}{40}h^2\omega^2(t)\right]^2 \quad (5-8)$$

使 MSE 最小的理想窗长为

$$h_{\text{opt}}(t) = \left[\frac{7200\sigma^2 T_s\left(1 + \frac{2\sigma^2}{|A|^2}\right)}{|A|^2[\omega^2(t)]^2}\right]^{1/7} \quad (5-9)$$

式(5-9)表明，理想窗长 h_{opt} 与信号瞬时频率的二阶导数有关，由于信号的瞬时频率是待估计量，故通过使 MSE 最小的标准不能获得理想的窗长。

从式(5-9)还可以看出，当瞬时频率的二阶导数为时变函数时，理想窗长 h_{opt}

应为时间的函数,即时变窗长。根据这一特点,为实现对理想窗长的逼近,可预设一组不同长度的同类型窗函数,在各时刻依次计算不同窗长条件下瞬时频率的估计值和估计偏差的方差值 $\mathrm{Var}[\Delta\omega(t)]$,结合概率知识,采用数据驱动技术和滑动置信区间准则为各时刻自适应地选取最优窗长。

基于自适应窗长的 PWVD 瞬时频率估计法的核心是如何更加合理地确定最佳窗长。给定窗长为 h 时,瞬时频率估计偏差服从高斯分布,根据概率论知识,瞬时频率估计偏差与其期望和方差应满足

$$|\omega(t) - \omega_h(t) - E[\Delta\omega(t)]| \leqslant k\sigma(h) \tag{5-10}$$

式中:k 为高斯分布中到达一定概率取值的分位数。根据 3σ 准则,当 $k \geqslant 3$ 时,此不等式成立的概率几乎为 1。

绝对值不等式(5-10)展开可得

$$|\omega(t) - \omega_h(t)| - |E[\Delta\omega(t)]| \leqslant |\omega(t) - \omega_h(t) - E[\Delta\omega(t)]| \leqslant k\sigma(h)$$
$$\tag{5-11}$$

式中

$$\sigma^2(h) = \mathrm{Var}[\Delta\omega(t)] \tag{5-12}$$

当 $h \to 0$ 时,有

$$|E[\Delta\omega(t)]| \leqslant \Delta k\sigma(h) \tag{5-13}$$

将式(5-13)代入式(5-11),可得

$$|\omega(t) - \omega_h(t)| \leqslant (k + \Delta k)\sigma(h) \tag{5-14}$$

t 时刻瞬时频率理论值 $\omega(t)$ 应在置信区间 $D_m = [L_m, U_m]$ 内,其中

$$\begin{cases} L_m = \omega_h(t) - (k + \Delta k)\sigma(h) \\ U_m = \omega_h(t) + (k + \Delta k)\sigma(h) \end{cases} \tag{5-15}$$

对于预设的一组不同时宽的同类型窗函数 $H = \{h_m | h_1 < h_2 < h_3 < \cdots < h_J\}$,可依次计算出各窗长条件下的置信区间 $D_m (m = 1, 2, \cdots, J)$。不同窗长条件下计算得到的置信区间,应用滑动置信区间准则即可为各时刻自适应地选取最优窗长。

5.1.3 方法流程

自适应窗长的 PWVD 瞬时频率估计方法流程如下:

步骤 1:预设一组不同时宽的同类型窗函数 $H = \{h_m | h_1 < h_2 < h_3 < \cdots < h_J\}$。为满足对称性,$h_m = 2N_m T_s$,$M_m$ 为采样频率为 T_s 条件下的窗函数离散数据点数,理论上可取任意正整数。

步骤 2:根据式(5-16)依次计算窗长为 $h_m (m = 1, 2, \cdots, J)$ 时的离散 PWVD,并用峰值估计法估计出瞬时频率 $\omega_{h_m}(n)$。

$$\mathrm{PWVD}_z(n, l) = 4\mathrm{Re}\left[\sum_{k=0}^{L-1} w_h(k) z(n+k) z^*(n-k) \mathrm{e}^{-\mathrm{j}\frac{2\pi}{L}kl}\right] \tag{5-16}$$

$$\omega_{h_m}(n) = \frac{\pi}{LT_s}\arg\left[\max_{l \in Q_l} \text{PWVD}_z(n,l)\right] \quad Q_l = \{l:0 \leqslant l < L\} \qquad (5-17)$$

步骤 3:计算瞬时频率估计偏差的标准差 $\sigma(h_m)$,进而求得置信区间 D_m。

$$\sigma(h_m) = \sqrt{\frac{\sigma^2}{2|A|^2}\left(1 + \frac{\sigma^2}{2|A|^2}\right)\frac{T_s}{h^3}\frac{E}{F^2}} \qquad (5-18)$$

$$D_m = \left[\omega_{h_m}(n) - (k+\Delta k)\sigma(h_m), \omega_{h_m}(n) + (k+\Delta k)\sigma(h_m)\right] \qquad (5-19)$$

其中,对于数据长度为 N 的信号 $z(n)$,其幅值 A 和噪声方差 σ^2 可按照下式计算:

$$A^2 + \sigma^2 = \frac{1}{N}\sum_{n=1}^{N}|z(n)|^2 \quad \sigma^2 = \frac{1}{2N}\sum_{n=2}^{N}|z(n) - z(n-1)|^2 \qquad (5-20)$$

步骤 4:当预设窗函数组中相邻窗长计算得到的置信区间 D_m 和 D_{m-1} 满足式 (5-21)和式(5-22)中的任意一个时,取 h_{m-1} 为最优窗长。

$$D_m \cap D_{m-1} = \varnothing \qquad (5-21)$$

$$O_m(t) = \frac{|D_m \cap D_{m-1}|}{2(k+\Delta k)\sigma(h_m)} \leqslant O_{\text{thr}} \qquad (5-22)$$

式(5-21)等价于 $\omega_{h_m}(n) - \omega_{h_{m-1}}(n) \leqslant (k+\Delta k)\left[\sigma(h_m) + \sigma(h_{m-1})\right]$;式 (5-22)中 $O_m(t)$ 表示相邻置信区间的重叠比例,预设参数 O_{thr} 称为置信区间相容度。分析可知 O_{thr} 的取值应介于 0~1 之间。当 $O_{\text{thr}} = 0$ 时,相邻置信区间无交集;当 $O_{\text{thr}} = 1$ 时,相邻置信区间完全重叠。

步骤 5:取最优窗长条件下计算得到的瞬时频率值作为瞬时频率的估计值。

步骤 6:步骤 1~5 完成某一时刻信号的瞬时频率估计,重复步骤 1~5 并依次求得各时刻信号的瞬时频率,进而完整地估计出信号的瞬时频率值。

5.1.4 实验验证

利用 MATLAB 软件进行大量仿真实验,确定本节给出的自适应窗长的 PWVD 瞬时频率估计法中参数 O_{thr} 的最优取值,并与固定窗长的 PWVD 瞬时频率估计法进行仿真对比实验。

1)实验条件及评价标准

为更加合理地对 LFMCW 雷达的中频信号进行仿真,设仿真信号为余弦频率调制信号,其瞬时频率表达式为

$$f = 450 + A\cos(2\pi t/4000 + \varphi) \qquad (5-23)$$

式中:$A = 400$;$\varphi = \pi/2$。

仿真时间为 1s,采样频率 $f_s = 4000\text{Hz}$,$\text{SNR} = 10\text{dB}$。自适应窗长的窗函数序列 $H = \{128,256,512,1024\}$,窗函数序列由 4 个不同窗长的同类型矩形窗组成。

为检验和对比算法的估计性能,引入均值绝对误差(MAE)和均方根误差 (RMSE)两个评价标准。对于 N 点的离散信号 $z(n)$,若其瞬时频率真实值表示为

$f(n)(n=1,2,\cdots,N)$，经瞬时频率估计法计算得到的估计值表示为$\hat{f}(n)(n=1,2,\cdots,N)$。则 MAE 和 RMSE 分别定义为

$$MAE = \frac{1}{N}\sum_{n=1}^{N}|\hat{f}(n) - f(n)| \qquad (5-24)$$

$$RMSE = \sqrt{\frac{1}{N}\sum_{n=1}^{N}[\hat{f}(n) - f(n)]^2} \qquad (5-25)$$

2）参数的取值

本节方法中涉及两个重要参数：分位数 $k+\Delta k$ 和置信区间相容度 O_{thr}。根据高斯分布的准则理论，分位数这一参数不难确定，取 $k+\Delta k = 3.5$。对于置信区间相容度 O_{thr} 的取值，可通过大量的仿真实验得到。仿真中取 $O_{thr} = 0 \sim 1$，步进取为 0.01。实验结果如图 5-1 所示，图中各点数据均为 200 次蒙特卡罗实验均值。

由图 5-1 可知，对于 MAE，随着 O_{thr} 取值的增大，MAE 有总体减小的趋势，期间有明显的跳变过程，当置信区间相容度 O_{thr} 的取值在 0.9~1 之间时，MAE 相差不大，但比其他取值的 MAE 都要小。对于 RMSE，随着 O_{thr} 取值的增大，尽管 RMSE 存在一定的振荡现象，但仍具有一定程度的减小趋势。总的来说，为使本节方法具有更好的估计性能，置信区间相容度 O_{thr} 的取值应介于 0.9~1 之间的数值。本仿真实验结果表明：当 $O_{thr} = 0.94$ 时，所给仿真信号的 MAE 和 RMSE 同时最小，说明此时瞬时频率估计的性能最优。

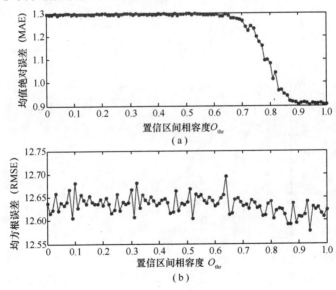

图 5-1　不同置信区间相容度条件下的瞬时频率估计性能

3）仿真对比实验

本节方法是由固定窗长的 PWVD 瞬时频率估计法发展而来的，为说明本节方

法具有更好的估计性能,对两种方法进行仿真对比实验。仿真实验中固定窗长取为512。

图5-2(a)为两种方法估计结果与真实频率值之间的整体对比图;图5-2(b)为图5-2(a)的局部放大细节。由图5-2可知,与固定窗长为512的PWVD瞬时频率估计算法相比,本节方法的估计值更加逼近真实值,且不存在较大的估计误差。对应地,图5-3给出了两种方法的瞬时频率估计相对误差比较。由图5-3可知,两种方法都能达到较高的估计精度,但本节方法在各时刻的估计精度都明

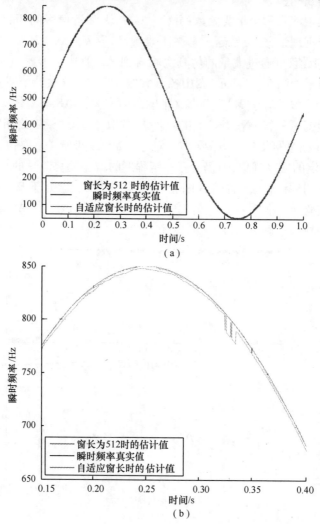

图5-2　固定窗长为512和自适应窗长的PWVD
估计得到的瞬时频率及局部细节

(a)固定窗长512和自适应窗长的PWVD瞬时频率估计值与真实值的对比图;
(b)图(a)中0.1~0.4s时间段的局部放大细节。

184

显高于固定窗长为512的PWVD瞬时频率估计方法估计精度,本节方法的估计精度甚至高达千分之几。图5-3中0.6~0.9s时间段出现的凸起部分是由于此时段信号的实际瞬时频率相对较低造成的。

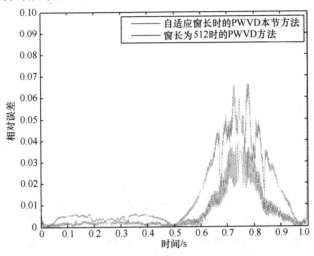

图5-3 两种方法的瞬时频率估计相对误差比较

分析图5-2和图5-3可知,两种方法估计得到的瞬时频率在首末两端出现了一定的边缘效应,这是由首末两端用于瞬时频率估计的信息量不足造成的。理论分析和仿真表明,边缘效应只会出现在瞬时频率估计值的起始和结束的至多几十个时刻点处,不会影响整段瞬时频率的估计。

与固定窗长的PWVD瞬时频率估计方法相比,为进一步说明本节方法具有更好的估计性能,表5-1给出了窗长分别为128、256、512、1024时的固定窗长PWVD方法估计值与本节方法估计值的比较。表中的实验所得数据均为200次蒙特卡罗实验结果均值。从表5-1中的数据可以看出,窗长的选取对固定窗长的PWVD瞬时频率估计性能存在一定的影响,本节方法的估计性能比不同固定窗长的PWVD瞬时频率估计性能都要好。

表5-1 不同固定窗长与自适应窗长的PWVD瞬时频率估计性能比较

窗长	MAE	RMSE
自适应	0.9095	12.6006
128	0.9362	12.6319
256	1.4592	12.6317
512	2.3871	12.7664
1024	3.0793	12.9263

综上所述,与固定窗长的 PWVD 瞬时频率估计方法相比,本节方法能更准确地估计出非平稳信号的瞬时频率,应用前景较好。但由于本节方法是在信噪比较高的前提下进行理论推导后提出的,因此该方法的使用对栅信噪比有一定的要求。仿真研究发现:当信号信噪比大于 5dB 时,本节方法较固定窗长的 PWVD 瞬时频率估计方法有更高的估计精度;但当信噪比低于 5dB 时,两种方法的估计性能都会明显下降,甚至无法正确估计出信号的瞬时频率。

5.2　基于 FrFT 的瞬时频率估计法

FrFT 方法也是一种重要的线性调频信号分析方法,然而非平稳信号的时频曲线大都呈非线性,因此,如何将 FrFT 的优势应用到一般的非平稳信号瞬时频率估计中去是一个值得思考的问题。

一方面,基于微元思想可将非线性曲线在足够短时内视为线性。同理,当截取足够短的非平稳信号序列时,可近似为 LFM 信号,这样就可利用 FrFT 来处理非平稳信号了。另一方面,信号截短后进行 FFT 谱分析将带来频谱泄漏,鉴于本节采用的 FrFT 离散化方法最终是基于 FFT 的,故截取的信号进行 FrFT 也会带来频谱泄漏。为减少信号截短带来的频谱泄漏,考虑重叠分段处理后求均值且截取时加窗。

概括起来滑动分数阶傅里叶变换就是,选取合适的窗、窗长及滑动步长(为保证重叠,滑动步长需小于窗长)对整段信号进行滑动截取,再对截取的信号进行 FrFT。图 5 - 4 给出了某 LFM 信号滑动截取的示意图,其中 L 表示滑动窗长,d 表示滑动步长,$s_i(i=1,2,\cdots)$ 表示截取的信号序列。

参照 FrFT 定义,给出滑动 FrFT 的定义为

$$\begin{cases} X_p(t,u) = \int_{-\infty}^{\infty} K_p(t',u)x(t')w^*(t'-t)\mathrm{d}t' \\ K_p(t',u) = A_\phi\exp[\mathrm{j}\pi(u^2\cot\phi - 2ut'\csc\phi + t'^2\cot\phi)] \\ A_\phi = \dfrac{\exp(-\mathrm{j}\pi\mathrm{sgn}(\sin\phi)/4 + \mathrm{j}\phi/2)}{|\sin\phi|^{1/2}} \end{cases} \quad (5-26)$$

式中:$\phi = \dfrac{p\pi}{2}$;$K_p(t',u)$ 为 FrFT 的内核函数;p 为变换的阶数;sgn 为符号函数;w (t) 为窗函数。

针对基于 FrFT 和三次样条插值方法的不足,本节采用滑动 FrFT 估计出一组中间点瞬时频率以提高估计精度,同样在估计出中间点瞬时频率后进行三次样条插值以减少方法的计算量。其中,中间点瞬时频率值根据检测出的调频斜率和去调频求取的初始点频率计算得来,在检测调频斜率时引入混沌优化方法搜索最佳

186

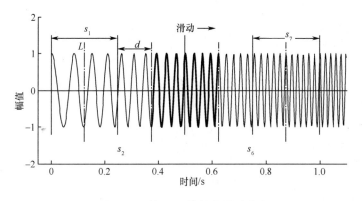

图 5 – 4 某 LFM 信号的滑动截取

分数阶比以保证搜索的实时性。

三次样条插值方法基本步骤如下：

步骤 1：选取适当的滑动窗、滑动窗长 L 与滑动步长 d，使信号在长度不超过 L 时近似为 LFM 信号。

步骤 2：对信号序列进行滑动 FrFT，求取各段中间时刻点的瞬时频率。

步骤 3：在中间时刻点的瞬时频率间进行三次样条插值，得到估计结果。

5.2.1 参数设置

用 FrFT 估计 LFM 信号参数，调频率估计误差的均方根反比于信号时长的平方，因此进行 FrFT 的信号时宽越长，信号参数的检测精度越高、抗噪性能也越好。为降低计算复杂度，本节中的滑动窗选用矩形窗，滑动窗长 L 的选择应适当的大且窗内的信号序列近似为 LFM 信号，而滑动步长 d 则根据实时性及估计精度的具体要求而定。

设待测信号序列用 x 表示，滑动窗长与步长选取后需要进行 FrFT 的信号序列为 s_i，则 x 与 s_i 的关系为

$$\begin{cases} X_p(t,u) = \int_{-\infty}^{\infty} K_p(t',u) x(t') w^*(t'-t) dt' \\ K_p(t',u) = A_\phi \exp[j\pi(u^2\cot\phi - 2ut'\csc\phi + t'^2\cot\phi)] \\ A_\phi = \dfrac{\exp(-j\pi\mathrm{sgn}(\sin\phi)/4 + j\phi/2)}{|\sin\phi|^{1/2}} \end{cases} \quad (5-27)$$

式中：w 表示窗函数。

5.2.2 求中间点频率

对信号序列进行的滑动 FrFT 只求取滑动窗中间点的瞬时频率值，具体步骤

如下：

步骤 1：检测调频斜率 μ_i。调频斜率的检测是以一定的步长在分数阶比 p_i 允许变化的范围内对 s_i 进行连续的 FrFT，形成信号幅值在参数 (p,u) 平面上的二维分布，搜索出幅值平方的峰值所对应的分数阶比——最佳分数阶比 $p_{opt}(i)$，然后即可检测出调频斜率 μ_i 的估计值 $\hat{\mu}_i$，即

$$\hat{\mu}_i = -\cot[p_{opt}(i)\pi/2]f_s/T; i = 1,2,\cdots \qquad (5-28)$$

式中：f_s 为信号采样率；T 为序列 s_i 的时宽。

步骤 2：去调频处理求初始频率 $\hat{f}_{i0}$。由于截取的信号序列 s_i 近似为 LFM 信号，可用下式求得

$$s_i \approx A\exp(j2\pi f_{i0}t + j\pi\mu_i t^2 + j\varphi_i); i = 1,2,\cdots \qquad (5-29)$$

式中：A、f_{i0} 和 φ_i 分别为序列 s_i 的幅值、初始频率和初始相位。

去调频处理即利用估计出的调频斜率 $\hat{\mu}_i$ 构造时域信号——$\exp(-j\pi\hat{\mu}_i t^2)$ 与式 $(5-29)$ 的序列 s_i 时域相乘得到序列 s'_i，即

$$\begin{aligned}
s'_i &= A\exp[j2\pi f_{i0}t + j\pi(\mu_i - \hat{\mu}_i)t^2 + j\varphi_i] \\
&\approx A\exp(j2\pi f_{i0}t + j\varphi_i); i = 1,2,\cdots
\end{aligned} \qquad (5-30)$$

s'_i 近似为平稳信号，其频率先用 FFT 进行粗略估计，再利用 DTFT 进行频谱细化得精确估计值 $\hat{f}_{i0}$，$\hat{f}_{i0}$ 即为序列 s_i 的初始频率。

步骤 3：据 $\hat{\mu}_i$ 和 $\hat{f}_{i0}$ 计算中间点频率。由于信号序列 s_i 近似为 LFM 信号，故中间点频率的估计值 $\hat{f}_i$ 可由下式求得

$$\hat{f}_i = \hat{f}_{i0} + \hat{\mu}_i T/2; i = 1,2,\cdots \qquad (5-31)$$

5.2.3　中间点频率插值

经过上述处理，经求取了 n 个中间点的瞬时频率值，若令滑动步长 $d = 1$，则 5.2.2 节中估计的瞬时频率值即为整段信号的瞬时频率估计值，但是这会使得计算量急剧增加、方法的实时性恶化。为在保证精度的同时尽可能提高实时性，本节方法在选择合理的滑动步长的基础上，对求得的 n 个中间点的瞬时频率值进行插值，插值方法选择连续性和光滑性好的三次样条插值，通过插值最终得到整段信号的瞬时频率估计值。由于本节方法通过滑动 FrFT 估计瞬时频率时，待估信号的首尾各有长为 $L/2$ 的信号得不到准确估计，故在后续的性能比较中将其排除。

5.2.4　最佳分数阶比的搜索

在 5.2.2 节中，检测调频斜率需对多次 FrFT 进行峰值的二维搜索。当分数阶比步长很小时，FrFT 的次数将很多，若采用一般的搜索算法，计算量将很大，为保证方法的实时性，采取如下搜索策略。

（1）$p_{opt}(1)$ 的搜索。对于首段截取的序列 s_1，先以 0.1 为步长在区间 [0.5，1.5] 上搜索出最佳分数阶比的粗略值 $p_{0.1}(1)$，然后在区间 $(p_{0.1}(1) - 0.1, p_{0.1}(1) + 0.1)$ 上利用黄金分割法搜索出设定精度的精确值 $p_{0.1}(1)$。

（2）矩形区划定。考虑到频率调制的连续性，相邻两段信号的最佳分数阶比相差很小且幅度峰值对应的 u 值也相差很小，故可利用上一段信号估计出的最佳分数阶比 $p_{opt}(i-1)$ 和幅度峰值对应的 u 值划定一个 $p - u$ 矩形区，则当前段信号对应的 $p_{opt}(i)$ 将以大概率落在该矩形区内。矩形区的划定如图 5-5 所示，图中为分数阶域幅值的等高线。

（3）混沌搜索矩形区。混沌运动能按照一定的规律不重复的在特定范围内遍历所有状态，利用混沌优化方法进行搜索，简单、方便且快速。在划定的 $p - u$ 矩形区内对当前段信号求取 u 域单个点的 FrFT（简称单点 FrFT），在设定的迭代次数内混沌搜索出幅值峰值对应的最佳分数阶比 $p_{opt}(i)$。

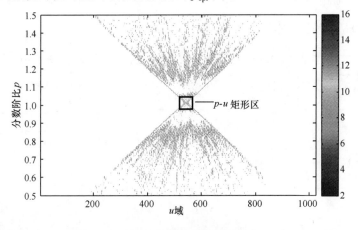

图 5-5　矩形区划定示意图

混沌优化方法的具体执行步骤如下：

步骤 1：初始化。向式（5-32）中的变量 x_n 赋两个具有微小差异的初值（初值在 0~1 之间取值），从而得到两个不同轨迹的变量 $x_{1,n}$、$x_{2,n}$，其中变量轨迹的长度分别为 N_1 和 N_2：

$$x_{i,n+1} = 4x_{i,n}(1 - x_{i,n}); n = 0,1,2,\cdots,N_i - 1 \qquad (5-32)$$

步骤 2：将（1）产生的变量放大或缩小到相应的优化变量的取值范围。对本节来说，就是将 $x_{1,n}$ 和 $x_{2,n}$ 缩放到变量 p 和变量 u 的取值范围上，变量 p 和 u 的取值范围即图 5-5 中矩形区域对应的纵轴与横轴的取值范围，即

$$p_n = c_1 + d_1 x_{1,n}; n = 0,1,2,\cdots,N_1 - 1 \qquad (5-33)$$

$$u_n = c_2 + d_2 x_{2,n}; n = 0,1,2,\cdots,N_2 - 1 \qquad (5-34)$$

式中：c_1、d_1、c_2 和 d_2 皆为常数。

步骤 3：用步骤 2 产生的混沌变量进行迭代搜索。对本节来说，即不断用 p_n 和 u_n 对信号序列进行单点 FrFT 并求出幅度 A_n 以更新幅度最大值 A_{max}，其中 A_{max} 的初始值为 A_0。

步骤 4：如果经过规定次数的步骤 3 后 A_{max} 都保持不变或者迭代完毕，则根据搜索的精度要求终止搜索得到最优解，或者根据当前最优解缩小优化变量的取值范围进行二次混沌优化搜索。设当前最优解对应的变量 p、u 取值分别为 p^* 和 u^*，则二次混沌优化的变量 p_n^* 和 u_n^* 分别为

$$p_n^* = p^* + e_1 x_{1,n}; n = 0,1,2,\cdots,N_1 - 1 \qquad (5-35)$$

$$u_n^* = u^* + e_2 x_{2,n}; n = 0,1,2,\cdots,N_2 - 1 \qquad (5-36)$$

式中：$e_1 x_{1,n}$ 和 $e_2 x_{2,n}$ 均为区间很小的混沌变量，e_1、e_2 为常数。

步骤 5：用二次混沌变量进行迭代搜索（具体迭代过程同步骤 3），到达终止条件终止迭代、输出最优解 $p_{opt}(i)$。

5.2.5 方法流程

结合上文对本节方法的原理阐述，给出本节方法的流程如图 5-6 所示。

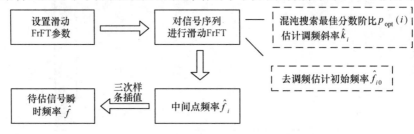

图 5-6　方法流程

5.2.6 实验验证

采用 MATLAB 仿真软件，对本节方法进行了仿真验证，并与 WVD 方法进行了对比。差拍信号频率及频率的变化率是线性调频非线性度校正最重要的信息，仿真实验分别给出了不同条件下频率估计曲线、频率误差估计对比曲线以及平均调频误差估计对比曲线。其中平均调频斜率误差为各段频率变化率估计值与式 (5-28) 给出的 $\hat{\mu}_{ei}$ 之间差值的绝对值。设差拍信号为正弦波调频信号，仿真时间均为 5s，采样频率 $f_s = 10250Hz$，分段数 $M = 100$。差拍信号均为频率中心值为 450Hz，调频周期为 5s 的正弦波调频信号。图 5-7 ~ 图 5-9 的正弦波幅度依次分别为 20、60、100。

从图 5-7 ~ 图 5-9 中可以看出在频率变化较小时，本节方法跟踪效果明显优于 WVD 方法，在 0 ~ 4.3s 之间几乎与真实频率重合，WVD 方法由于无法直接估计出精确的频率变化率，在频率变化较小时，不能有效的滤除各段信号内叠加的时

190

间 – 调频积,因此 WVD 方法出现了较大的估计误差。在频率变化较大时,本节方法的精度也高于 WVD 方法,主要表现在频率变化的波峰与波谷上,本节方法能很好地跟踪真实频率及其变化率。

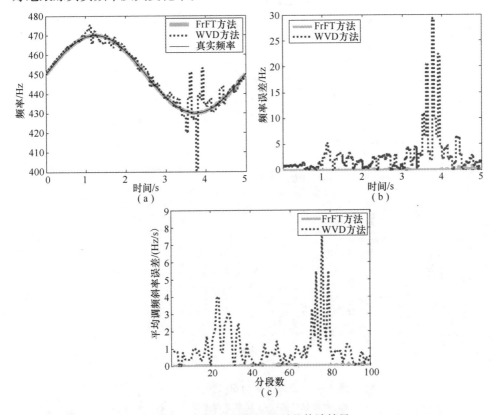

图 5 – 7　幅度变化为 20 时的估计结果

(a)频率估计曲线;(b)频率误差对比曲线;(c)平均调频斜率误差对比曲线。

表 5 – 2 列出了不同频率变化幅度下分别采用本节方法与 WVD 方法得到的频率误差均值 $\bar{g}$,以及均方误差 MSE。误差均值 $\bar{g}$ 和 MSE 的计算公式如下:

$$\bar{g} = \frac{1}{Q} \sum_{i=1}^{Q} \mid \bar{g}_e(i) - g_e(i) \mid \tag{5 – 37}$$

$$\text{MSE}_{ge} = \frac{1}{Q} \sum_{i=1}^{Q} \left[\bar{g}_e(i) - g_e(i) \right]^2 \tag{5 – 38}$$

由表 5 – 2 可知,频率变换曲线包络在较大范围内变化时,FrFT 方法都能较好的估计出非平稳信号的频率。FrFT 方法估计出的频率误差均值及误差均方值都明显小于 WVD 方法,从而表明了 FrFT 方法的有效性。由仿真实验结果可以看出,FrFT 方法不仅可以很好的跟踪非平稳信号在任意时刻处的频率,同时也可以很好地跟踪非平稳信号频率的变化率。

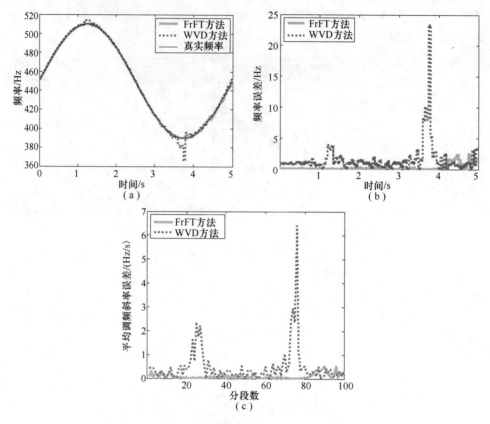

图 5-8　幅度变化为 60 时的估计结果
(a)频率估计曲线；(b)频率误差对比曲线；
(c)平均调频斜率误差对比曲线。

表 5-2　不同频率变化幅度下的频率误差均值及均方值

频率变化幅度/Hz	频率误差均值		频率误差均方值	
	FrFT 方法	WVD 方法	FrFT 方法	WVD 方法
20	0.0865	2.7612	0.0230	25.4630
40	0.1587	2.0185	0.1121	10.3050
60	0.2979	1.5932	0.3494	9.7168
80	0.2883	1.1738	0.3304	4.0512
100	0.4997	1.3989	1.7544	9.1432

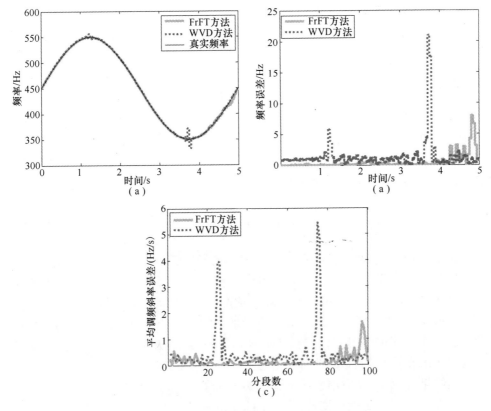

图 5 - 9　幅度变化为 100 时的估计结果

（a）频率估计曲线；（b）频率误差对比曲线；（c）平均调频斜率误差对比曲线。

5.3　基于 SVD 的非平稳信号重叠分段降噪算法

由于受到各种因素的影响，实测信号不可避免地会受到不同程度的噪声污染，为提高采样信号的信噪比，进而实现瞬时频率偏离函数 $f_e(t)$ 的准确获取，研究信号的降噪算法具有重要的理论意义和实际应用价值。

目前，用于对非平稳信号进行降噪处理的方法主要有小波（包）阈值降噪法和经验模式分解降噪法。小波阈值降噪法尽管已经广泛应用于工程领域中，但仍有三个问题有待解决：小波基的选取、分解层次的确定和降噪阈值的确定。经验模式分解降噪法由于用到三次样条插值，导致该方法的效率相对较低。而在平稳信号降噪处理中，奇异值分解（Singular Value Decomposition，SVD）降噪法由于能有效抑制宽带随机噪声，具有零相位偏移和易于实现等优点，对平稳信号具有良好的降噪效果，已在多个领域得到应用。

193

本节在分析基于 SVD 的平稳信号降噪原理的基础上,针对中频信号含有大量噪声的问题,采用重叠分段思想,研究和提出一种基于 SVD 的非平稳信号重叠分段降噪算法,在大量仿真实验的基础上给出算法中参数的确定原则,并进行仿真比较。

5.3.1 基于 SVD 的平稳信号降噪原理分析

根据 SVD 理论,对于秩为 r 的 $m \times n (m > n)$ 维矩阵 A,存在 m 阶矩阵 U 和 n 阶矩阵 V 使得

$$\boldsymbol{\Sigma} = \boldsymbol{U}^{\mathrm{T}} \boldsymbol{A} \boldsymbol{V} \tag{5-39}$$

式中:$\boldsymbol{\Sigma}$ 为 $m \times n$ 维非负对角阵,且

$$\boldsymbol{\Sigma} = \begin{pmatrix} D & 0 \\ 0 & 0 \end{pmatrix}, D = \mathrm{diag}(\sigma_1, \sigma_2, \cdots, \sigma_r) \tag{5-40}$$

式中:$\sigma_1, \sigma_2, \cdots, \sigma_r$ 和 $\sigma_{r+1} = \cdots = \sigma_n = 0$ 为 A 的奇异值。

将 SVD 应用于平稳信号的降噪,构造 $m \times n (m > n)$ 维 Hankel 矩阵 A,若 A 是由信号和噪声共同组成的矩阵,则矩阵 A 应有 n 个非负奇异值,即式(5-40)中 $\boldsymbol{\Sigma}$ 中的对角线元素均为非负。保留 n 个奇异值中的前 q 个有效奇异值,通过奇异值分解逆运算得到重构矩阵 A_m,A_m 相对于 A 噪声已经被大大压缩,最后对 A_m 中的反对角元素求平均就可以得到降噪信号。

归纳起来,将 SVD 应用于平稳信号降噪的具体实现步骤如下:

步骤1:利用实测信号构造一个 Hankel 矩阵 A,并利用式(5-39)对其进行 SVD 得到 U、$\boldsymbol{\Sigma}$ 和 V,即

$$A = \begin{pmatrix} x(1) & x(2) & \cdots & x(n) \\ x(2) & x(3) & \cdots & x(n+1) \\ \vdots & \vdots & & \vdots \\ x(m) & x(m+1) & \cdots & x(N) \end{pmatrix} \tag{5-41}$$

式中:$m = N - n + 1$。

步骤2:保留 $\boldsymbol{\Sigma}$ 中前 q 个有效奇异值,其余奇异值置零,得到 $\boldsymbol{\Sigma}'$。

步骤3:通过下式进行 SVD 逆运算,得到重构矩阵为

$$A_m = U \boldsymbol{\Sigma}' V^{\mathrm{T}} \tag{5-42}$$

步骤4:对 A_m 中的反对角元素求平均得到降噪信号。

以上分析表明,基于 SVD 的平稳信号降噪算法原理简单,易于实现。

5.3.2 算法基本思想

短时傅里叶变换是通过数据分段的方式将非平稳信号转化为平稳信号实现信号处理的方法。借鉴短时傅里叶变换基本思想,本节提出将非平稳信号通过数据

分段处理为平稳信号,应用基于 SVD 的平稳信号降噪方法实现对非平稳信号降噪的思想。即:通过加入适当宽度的矩形窗对非平稳信号进行分段,为降低连续分段降噪误差,进行一定比例的重叠分段,应用基于 SVD 的平稳信号降噪算法对各分段信号进行降噪,相邻段之间的重叠信号经过多次降噪后求平均得到最终降噪信号。

5.3.3 算法实现步骤

利用基于 SVD 的平稳信号降噪算法,对重叠分段后的各段非平稳信号依次进行降噪处理,可得到一种能有效抑制宽带随机噪声且无相位偏移的非平稳信号降噪算法,即基于 SVD 的非平稳信号重叠分段降噪算法。该算法原理为:采用重叠矩形窗(窗长为 L,重叠区长度由 L 和段间数据重叠率 α 共同决定)对非平稳信号进行截取,利用基于 SVD 的平稳信号降噪方法对窗内信号序列依次进行降噪处理,各分段信号之间的重叠部分经过多次降噪后取平均值作为重叠区最终降噪信号。据此,可实现非平稳信号的降噪。

归纳起来,基于 SVD 的非平稳信号重叠分段降噪算法实现步骤如下:

步骤 1:实测非平稳信号输入。原始实测非平稳信号经过采样量化后,转化为数字信号输入到信号处理系统。令转化后的数字信号为 $x(n)(n=1,2,\cdots,N)$,其中 N 为实测数据总长度。

步骤 2:对非平稳信号进行重叠分段。在确定分段数据长度 L 和段间数据重叠率 α 的基础上,可计算出信号总分段数 Q,得到的第 $i(i=1,2,\cdots,Q)$ 段分段信号近似地认为是平稳信号。重叠分段示意图如图 5 – 10 所示。

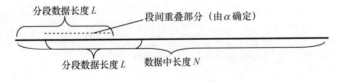

图 5 – 10　非平稳信号重叠分段示意图

步骤 3:对第 i 段信号,应用基于 SVD 的平稳信号降噪方法得到重构矩阵。用第 i 段信号构造 Hankel 矩阵 $A(i)$,对 $A(i)$ 进行奇异值分解,确定 $A(i)$ 的有效奇异值个数,进行奇异值分解逆运算得到重构矩阵 $A_m(i)$。

步骤 4:对重构矩阵进行计算,得到降噪后的第 i 段信号。由于重构矩阵 $A_m(i)$ 通常不再是 Hankel 矩阵,可以通过对 $A_m(i)$ 中的反对角元素求平均,计算得到经降噪后的第 i 段信号中的 L 个数据点 $x_1(k)(k=1,2,\cdots,L)$。

将 $x_1(k)$ 赋值到矩阵 $S(Q,N)$ 的第 i 行中,从第 p 列开始,依次赋值。其中,p 由式(5 – 43)给出。$S(Q,N)$ 是初始化零矩阵,其每行分别用于寄存经降噪后的各分段信号。

$$p = \text{ceil}\left[(i-1)L(1-\alpha)\right] + 1 \qquad (5-43)$$

步骤 5：循环处理所有分段信号。对步骤 3 和步骤 4 循环执行 Q 次，直至处理完所有分段信号。

步骤 6：计算矩阵 $S(Q,N)$ 各列中所有非零元素的平均值，得到经降噪处理后的非平稳信号。由步骤 4 中的赋值过程可知，矩阵 $S(Q,N)$ 第 n 列中的所有非零元素均对应 $x(n)$ 经降噪后的值（$n = 1,2,\cdots,N$）。因此，对 $S(Q,N)$ 各列中的所有非零元素求平均，便可得到经降噪后的非平稳信号 $x'(n)$（$n = 1,2,\cdots,N$）。

5.3.4 算法流程

算法流程如图 5-11 所示。

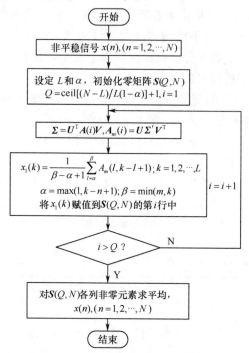

图 5-11 基于 SVD 的非平稳信号重叠分段降噪算法流程

5.3.5 参数变化影响分析

为检验和对比降噪效果，引入 SNR 和 MSE 两个评价标准。

含有噪声的一维信号可表示为

$$x(n) = s(n) + w(n) \quad n = 1,2,\cdots,N \qquad (5-44)$$

式中：$s(n)$ 为真实信号；$w(n)$ 为噪声；$x(n)$ 为含噪声的信号；N 为数据长度。

设经降噪后的信号为 $x'(n)$，则降噪信号 $x'(n)$ 的 SNR 和 MSE 分别定义为

$$\text{SNR} = 10\lg \frac{\sum_{n=1}^{N} |s(n)|^2}{\sum_{n=1}^{N} |x'(n) - s(n)|^2} \qquad (5-45)$$

$$\text{MSE} = \frac{1}{N}\sum_{n=1}^{N} |x'(n) - s(n)|^2 \qquad (5-46)$$

分段数据长度 L 和段间数据重叠率 α 是本节算法中两个重要的初始化参数,如何更加合理地确定 L 和 α 是本节方法的关键。为说明两参数对本节方法降噪效果的影响,本节先后进行两组实验,两组实验中的仿真信号均为叠加高斯白噪声的余弦频率调制非平稳信号。结合中频信号瞬时频率特点,仿真信号的瞬时频率由下式求得:

$$f = 450 + A\cos(2\pi t/4000 + \varphi) \qquad (5-47)$$

式中: φ 为频率变化的初始相位,取为常数 $\pi/2$; A 为频率变化幅度。

第一组实验中的仿真信号 $A = 400$(以下简称仿真信号一),第二组实验中的仿真信号 $A = 10$(以下简称仿真信号二)。采样频率均为 4kHz,采样时间均为 1s。不难发现,仿真信号一的瞬时频率变化率是仿真信号二的 40 倍,仿真信号一是频率快变信号,而仿真信号二为频率缓变信号。

两组实验先后在预设信噪比 SNR = -10dB、-5dB、0dB、5dB、10dB 条件下进行,参数设置一致: $L = 10 \sim 500$,步进取为 10; $\alpha = 0.1 \sim 0.9$,步进取为 0.2。实验结果如图 5-12 ~ 图 5-21 所示。为确保数据的可靠性,各图中所有实验所得数据(图中数据点)均为 200 次蒙特卡罗实验结果均值。

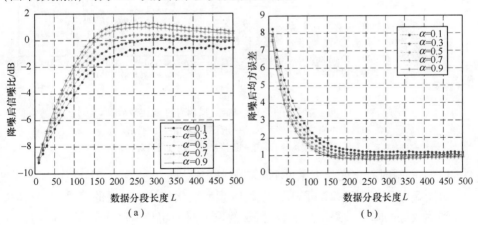

图 5-12　不同参数条件下的第一组降噪信号性能比较(SNR = -10dB)

(a)不同参数条件下的第一组降噪信号信噪比对比;

(b)不同参数条件下的第一组降噪信号均方误差对比。

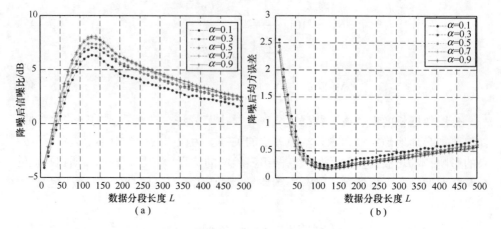

图 5 - 13　不同参数条件下的第一组降噪信号性能比较（SNR = - 5dB）

（a）不同参数条件下的第一组降噪信号信噪比对比；

（b）不同参数条件下的第一组降噪信号均方误差对比。

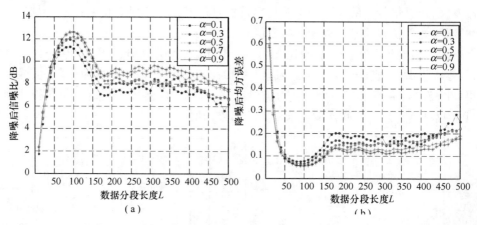

图 5 - 14　不同参数条件下的第一组降噪信号性能比较（SNR = 0）

（a）不同参数条件下的第一组降噪信号信噪比对比；

（b）不同参数条件下的第一组降噪信号均方误差对比。

1）不同瞬时频率变化率条件下的参数确定原则

由图 5 - 12 ～图 5 - 21 可知，对于瞬时频率变化较快和较慢的信号，本节算法均能到达较好的降噪效果。然而，L 和 α 的取值对两组信号降噪效果的影响存在很大的差异。对于给定的分段数据长度 L，段间重叠率 α 取值越大，降噪后的两组信号信噪比越高，均方误差越小，但总体来讲，α 对降噪效果的影响不大。相反，L 的取值对两组信号降噪效果的影响较大。对于频率快变的仿真信号一，为达到较好的降噪效果，L 的取值相对较小，且可供 L 取值的理想范围（有效区间）较窄。相

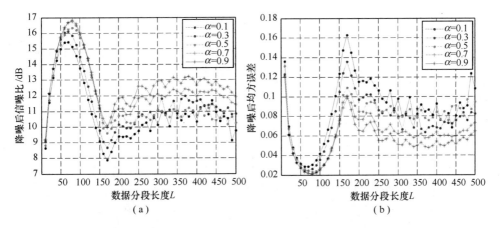

图 5 - 15 不同参数条件下的第一组降噪信号性能比较（SNR = 5dB）

(a)不同参数条件下的第一组降噪信号信噪比对比;

(b)不同参数条件下的第一组降噪信号均方误差对比。

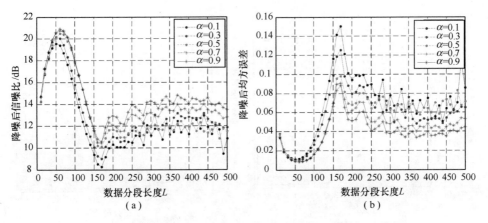

图 5 - 16 不同参数条件下的第一组降噪信号性能比较（SNR = 10dB）

(a)不同参数条件下的第一组降噪信号信噪比对比;

(b)不同参数条件下的第一组降噪信号均方误差对比。

反,对于频率缓变的仿真信号二,L 的取值宜较大且有效区间较宽。

2）不同信噪比条件下的参数确定原则

对比图 5 - 12 ~ 图 5 - 16 以及图 5 - 17 ~ 图 5 - 21 可知,对于同一个信号,为达到较好的降噪效果,L 还应适当考虑信号的信噪比。当信噪比较低时,为达到较好的降噪效果,应适当增大 L 的取值;当信噪比较高时,应适当减小 L 的取值。

综上所述,本节算法降噪效果的优劣主要受到 L 和 α 两个参数的影响,其中 L

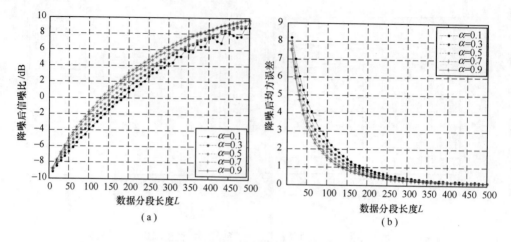

(a)

(b)

图 5-17　不同参数条件下的第二组降噪信号性能比较(SNR = -10dB)

(a)不同参数条件下的第二组降噪信号信噪比对比;

(b)不同参数条件下的第二组降噪信号均方误差对比。

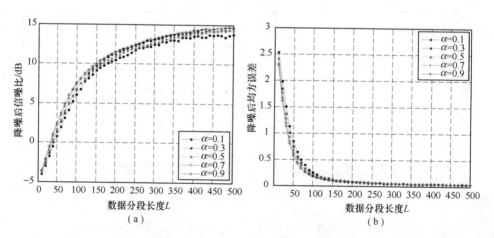

(a)

(b)

图 5-18　不同参数条件下的第二组降噪信号性能比较(SNR = -5dB)

(a)不同参数条件下的第二组降噪信号信噪比对比;

(b)不同参数条件下的第二组降噪信号均方误差对比。

是主要影响因素。L 的确定应综合考虑实际信号的瞬时频率变化率和信噪比,当信噪比较低或信号瞬时频率变化率较小时,L 的取值宜较大;当信噪比较高或信号瞬时频率变化率较大时,L 的取值宜较小。作为次要影响因素,α 的确定应折中考虑降噪时间和降噪性能,仿真结果表明,α 宜取 0.5。

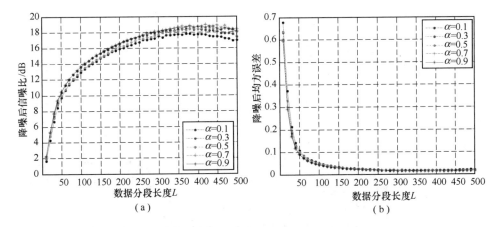

图 5 - 19　不同参数条件下的第二组降噪信号性能比较（SNR = 0）

(a)不同参数条件下的第二组降噪信号信噪比对比；

(b)不同参数条件下的第二组降噪信号均方误差对比。

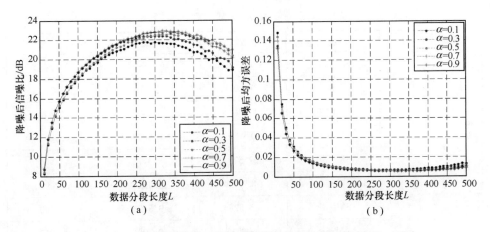

图 5 - 20　不同参数条件下的第二组降噪信号性能比较（SNR = 5dB）

(a)不同参数条件下的第二组降噪信号信噪比对比；

(b)不同参数条件下的第二组降噪信号均方误差对比。

5.3.6　实验验证

为说明本节算法对非平稳信号降噪的有效性和优越性,本节仍以能体现中频信号特点的仿真信号二作为待处理信号,在不同信噪比条件下,分别应用本节算法、小波阈值降噪法和小波(包)阈值降噪法进行降噪处理。

本节方法中取 $L = 350$, $\alpha = 0.5$,小波阈值降噪法和小波(包)阈值降噪法中选取 db3 正交小波基、确定分解层次为 3 层。实验结果如表 5 - 3 所列,表中实验所

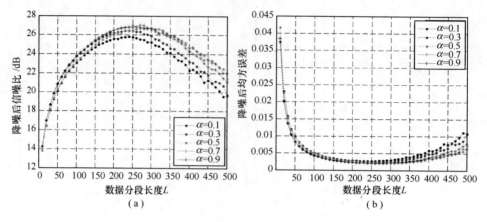

图 5 - 21　不同参数条件下的第二组降噪信号性能比较（SNR = 10dB）

(a)不同参数条件下的第二组降噪信号信噪比对比；

(b)不同参数条件下的第二组降噪信号均方误差对比。

得数据均为 200 次蒙特卡罗实验结果均值。

表 5 - 3　不同降噪法对余弦频率调制非平稳信号的降噪性能比较

预设 SNR/dB	降噪后	本节算法	小波阈值法	小波(包)阈值法
-10	SNR/dB	6.7151	-8.9974	-7.5432
	MSE	0.1103	3.9704	2.9720
-5	SNR/dB	13.3601	0.6470	-2.6404
	MSE	0.0236	0.5807	0.9857
5	SNR/dB	22.5253	3.3472	4.2966
	MSE	0.0028	0.2314	0.2098
10	SNR/dB	25.8284	3.8498	4.4140
	MSE	0.0013	0.2061	0.1917

由表 5 - 3 可知，与目前应用较为广泛的小波(包)阈值降噪法相比，本节算法能较大幅度地提高余弦频率调制非平稳信号的信噪比，降噪性能良好，而经小波(包)阈值降噪法降噪后的信号信噪比存在下降的现象，稳定性较差。这主要是由小波(包)阈值降噪法中三个参数影响决定的：小波基、分解层次和降噪阈值。其中由经验公式得到的且与信号和噪声性质有关的降噪阈值影响最为关键。

为进一步说明本节算法具有较强的普适性，采用 heavy sine 典型非平稳信号作为仿真信号，其他实验条件不变，实验结果如表 5 - 4 所列，表中实验所得数据均为 200 次蒙特卡罗实验结果均值。由表 5 - 4 可知，与其他两种降噪法相比，本节算法对 heavy sine 信号能到达更好的降噪效果，降噪性能良好。

表 5 - 4 不同降噪法对 heavy sine 信号的降噪性能比较

预设 SNR/dB	降噪后	本节算法	小波阈值法	小波(包)阈值法
-10	SNR/dB	28.837	28.335	28.2927
	MSE	0.1411	0.1584	0.1599
-5	SNR/dB	26.0224	22.8758	22.876
	MSE	0.0674	0.1392	0.1392
5	SNR/dB	26.4179	22.8779	22.8781
	MSE	0.0616	0.1391	0.1391
10	SNR/dB	29.057	28.4152	28.1178
	MSE	0.1341	0.1555	0.1665

综上所述,本节算法对非平稳信号具有较强的降噪能力,且稳定性和普适性较好。

5.4 VCO 非线性度检测应用

基于 FrFT 的瞬时频率估计方法能够检测出非平稳信号的瞬时频率,有利于 VCO 非线性度的高精度检测,为 VCO 调频非线性度校正奠定基础。为验证基于 FrFT 的瞬时频率估计方法对提高 VCO 非线性度检测精度的实际贡献,在相同非线性度不同信噪比与相同信噪比不同非线性度条件下进行对比实验。

5.4.1 实验背景

在 MATLAB 中模拟产生 VCO 的输出信号,仿真实验对其进行扫频非线性度检测。工程应用中未经校正的 VCO 调频曲线一般呈上凸状如图 5 - 22 所示,图中给出了某研究所实测的某型 VCO 的调频曲线。

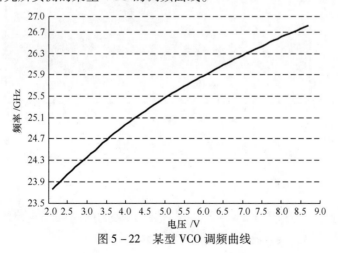

图 5 - 22 某型 VCO 调频曲线

仿真实验的参数设置考虑 VCO 的上述特点,用直线加抛物线模拟 VCO 的调频特性,式(5-48)和图 5-23 分别给出了仿真的 VCO 调频规律及其时频曲线,即

$$f = 23 + 0.6t - \underline{0.024t^2 + 0.12t}, t \in [0, 5] \text{ms} \tag{5-48}$$

式(5-48)中模拟的 VCO 调频范围为 23 ~ 26GHz,带宽为 3GHz,扫频周期为 5ms,扫频非线性度设置为 5% ,其划线的部分即为模拟的非线性调频部分。

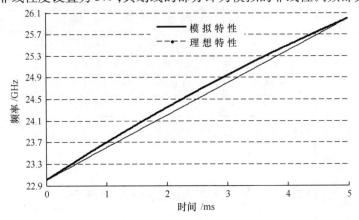

图 5-23　仿真的 VCO 时频曲线

考虑到工程实际中的噪声影响,仿真中加入高斯白噪声进行模拟。由于 VCO 调频信号的频率高达数十吉赫,直接对其处理较难,需经过分频和降频再进行处理。图 5-24 给出了经过分频和降频处理的仿真 VCO 输出信号,信噪比为 20dB,其频率调制规律见式(5-40)。

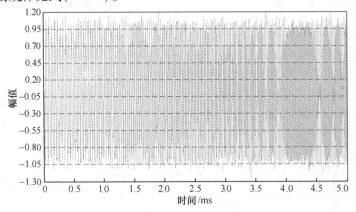

图 5-24　仿真中处理后的 VCO 输出信号

5.4.2　实验步骤

仿真实验可分为产生 VCO 输出信号、估计信号的瞬时频率与检测 VCO 非线性度三个步骤。仿真实验流程如图 5-25 所示。

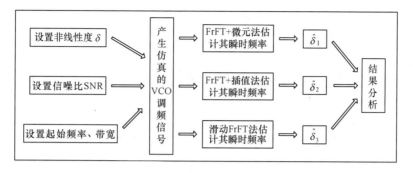

图 5 – 25 仿真实验流程

产生 VCO 输出信号,即根据设置的仿真实验参数,在 MATLAB 软件中产生非线性频率调制的复信号。

鉴于瞬时频率定义如式(5 – 49)所示,VCO 输出信号的相位需对瞬时频率进行积分,整个信号如式(5 – 50)所示,对应的采样信号混入高斯白噪声后如式(5 – 51)所示,即

$$f = \frac{1}{2\pi} \frac{\mathrm{d}\theta(t)}{\mathrm{d}t} \qquad (5 - 49)$$

$$s(t) = a\exp\{\mathrm{j}[2\pi(f_0 t + c_1 t^2 + c_2 n^3) + \phi_0]\}, 0 \leqslant t \leqslant T \qquad (5 - 50)$$

$$s_n = a\exp\{\mathrm{j}[2\pi(f_0\Delta n + c_1\Delta^2 n^2 + c_2\Delta^3 n^3) + \phi_0]\} + w_n; 0 \leqslant n \leqslant N \qquad (5 - 51)$$

式中:a 为幅值;ϕ_0 为信号的初始相位;f_0 为 VCO 输出信号的初始频率;T 为 VCO 调频周期;Δ 为信号的采样间隔($\Delta = 1/f_s$);w_n 为复高斯白噪声,每进行一次仿真实验 w_n 都随机产生一次;N 为总的采样点数;c_1、c_2 皆为常数。

瞬时频率估计,对上一步产生的信号数据进行瞬时频率估计,分别采用 FrFT + 插值法、第 5.2 节滑动 FrFT 法及 FrFT + 微元法进行对比分析。

检测 VCO 非线性度,根据估计出的瞬时频率与已知的理想调频曲线,计算 VCO 调频非线性度。此处的非线性度 δ 由下式求得

$$\delta = \frac{\max(|f - f_{\mathrm{ideal}}|)}{B} \times 100\% \qquad (5 - 52)$$

5.4.3 相同非线性度不同信噪比下的实验

仿真中 VCO 的理论非线性度 δ 设为定值 5%,SNR 在 – 1 ~ 15dB 间每隔 2dB 取值共进行 9 组蒙特卡罗实验,每组实验 200 次。FrFT + 微元法与 FrFT + 插值法的分段长度都设置为 512,滑动 FrFT 法的滑动窗长设为 2048、滑动步长为 512。仿真实验的其他参数设置如表 5 – 5 所列。检测结果的 RMSE 与 MAE 如表 5 – 6 所列。

表 5 – 5 仿真实验参数设定

参数名	a	f_0	c_1	c_2	ϕ_0	T	B	f_s
设定值	1	20Hz	3.6	– 0.08	5rad	5ms	30Hz	10240Hz

由表5-6可知,三种方法的检测精度都随信噪比提高而提高。FrFT+微元法检测的结果与理论值相差2~3倍,因此不能准确地检测出VCO调频非线性度;FrFT+插值法能够较准确地检测出VCO调频非线性度;滑动FrFT法在9组信噪比下都能准确地检测出VCO调频非线性度,实验中滑动FrFT法检测的RMSE是FrFT+插值法的1/3以下,MAE约为FrFT+插值法的1/10。

表5-6 检测结果的RMSE与MAE

SNR/dB	RMSE/%			MAE/%		
	FrFT+微元	FrFT+插值	滑动FrFT	FrFT+微元	FrFT+插值	滑动FrFT
-1	14.76	2.84	**0.28**	13.30	2.78	**0.27**
1	11.06	2.21	**0.22**	10.12	2.15	**0.21**
3	9.18	1.69	**0.16**	8.57	1.64	**0.15**
5	7.25	1.33	**0.13**	6.88	1.29	**0.12**
7	2.42	0.99	**0.31**	5.84	0.98	**0.09**
9	2.22	0.87	**0.26**	4.93	0.76	**0.07**
11	2.04	0.77	**0.23**	4.18	0.60	**0.05**
13	1.87	0.68	**0.21**	3.52	0.46	**0.04**
15	1.72	0.60	**0.18**	2.96	0.36	**0.03**

图5-26给出了每组实验各方法检测VCO非线性度的平均值。据图可清晰地看出三种方法在不同信噪比下的检测性能:FrFT+微元法对噪声较为敏感,FrFT+插值法基本不敏感,随着信噪比的增加,二者的检测精度也相应提高;滑动FrFT法对噪声的反应不敏感,随着信噪比的增加检测精度变化也不大。

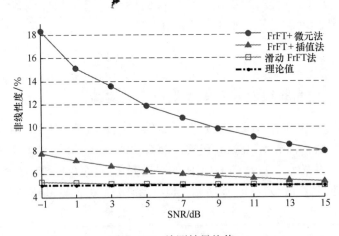

图5-26 检测结果均值

5.4.4 相同信噪比不同非线性度下的实验

由于一般 VCO 扫频信号的信噪比较高,仿真中 VCO 的信噪比设为定值 10dB,实验按理论非线性度 δ 分别取 1.0% 、1.5% 、2.0% 、2.5% 、3.0% 、3.5% 、 4.0% 、4.5% 和 5.0% ,进行 9 组蒙特卡罗实验,每组实验 200 次。分段长度都设置 为 512,滑动 FrFT 法的滑动窗长设为 2048、滑动步长为 512。仿真实验中幅值 a 、 初始频率 f_0 、初始相位 ϕ_0 、调频周期 T 、调频带宽 B 及采样率 f_s 的设置如表 5-1 相 同。根据不同的 δ ,式(5-52)中的常数 c_1 、c_2 在 9 组实验中的取值如表 5-7 所 列。检测结果的 RMSE 与 MAE 如表 5-8 所列。

表 5-7　仿真实验中 c_1 、c_2 的取值

参数	第1组	第2组	第3组	第4组	第5组	第6组	第7组	第8组	第9组
c_1	3.12	3.18	3.24	3.30	3.36	3.42	3.48	3.54	3.60
c_2	-0.016	-0.024	-0.032	-0.040	-0.048	-0.056	-0.064	-0.072	-0.080

表 5-8　检测结果的 RMSE 与 MAE

δ/%	RMSE/%			MAE/%		
	FrFT+微元	FrFT+插值	滑动 FrFT	FrFT+微元	FrFT+插值	滑动 FrFT
1.0	5.620	0.814	**0.087**	5.374	0.796	**0.083**
1.5	5.298	0.780	**0.079**	5.097	0.764	**0.076**
2.0	5.197	0.768	**0.079**	5.018	0.746	**0.074**
2.5	5.164	0.745	**0.075**	4.892	0.725	**0.070**
3.0	4.895	0.722	**0.073**	4.741	0.697	**0.069**
3.5	4.809	0.748	**0.072**	4.651	0.724	**0.066**
4.0	4.808	0.713	**0.068**	4.662	0.688	**0.064**
4.5	4.862	0.674	**0.069**	4.668	0.654	**0.064**
5.0	4.566	0.707	**0.069**	4.430	0.683	**0.062**

由表 5-8 可知,在相同信噪比 SNR = 10dB 时,FrFT+微元法检测的结果与理 论值相差 2~3 倍,因此不能准确地检测出 VCO 调频非线性度;FrFT+插值法能够 较准确地检测出 VCO 调频非线性度;滑动 FrFT 法在 9 组不同非线性度下都能准 确地检测出 VCO 调频非线性度,滑动 FrFT 法检测的 RMSE 和 MAE 均约为 FrFT+ 插值法的 1/10。

图 5-27 给出了每组实验各方法检测 VCO 非线性度的平均值。据图可清晰

地看出三种方法在不同非线性度下的检测性能:FrFT + 微元法检测的非线性度平均偏离 4.84% ,FrFT + 插值法平均偏离 0.72% ,在不同的非线性度下二者的检测精度变化不大;FrFT + 插值法在不同的非线性度设定值下都能较准确地检测出非线性度,其平均偏离只有 0.07% 。

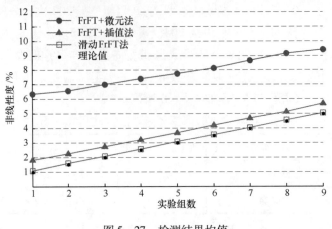

图 5 – 27　检测结果均值

5.5　小　　结

本章重点分析了自适应窗长的 PWVD 瞬时频率估计法、基于 FrFT 的瞬时频率估计法和基于 SVD 的重叠分段降噪算法,给出了它们的方法原理和流程;最后利用基于 FrFT 的瞬时频率估计法进行了 VCO 非线性度检测的实验验证,验证了该方法对提高 VCO 非线性度检测精度的贡献。

第6章 LFMCW 雷达测距应用

线性调频连续波(Linear Frequency Modulation Continuous Wave,LFMCW)雷达是一种具有窄发射波束并采用大时带积的雷达,特别适用于近程高精度测距,如料位、物位、液位、高度的测量。LFMCW 雷达具有以下优点:①不存在距离盲区;②距离分辨力高;③接收机灵敏度高、发射机发射功率低;④可利用 FFT 对差拍信号进行频率估计,以提高雷达系统处理的实时性;⑤保密性好,抗截获能力强;⑥工作电压低,结构简单、体积小、重量轻。现已广泛应用于汽车防撞、物位测量、跑道异物检测、导弹制导、低空导航、船舶导航、战场监视和成像等众多领域。

本章首先介绍 LFMCW 雷达测距实验系统,包括测距原理、系统构成和工作流程,然后利用测距系统分别对多段信号频谱融合法和交叉信息融合法进行应用验证,最后介绍基于 FPGA 的测距方法实现,包括基于 Rife 和 Jacobsen 测频组合的测距方法和基于分段双线幅度测距方法。

6.1 LFMCW 雷达测距实验系统

6.1.1 测距原理

LFMCW 雷达采用"发射—反射—接收"的工作模式,结构如图 6 - 1 所示。工作原理是:压控振荡器(VCO)在调频电压的驱动下产生线性调频连续波信号,作为雷达的发射信号;发射信号经定向耦合器后分为两路,一路由定向耦合器的副线直接送至混频器作为本振信号,另一路由定向耦合器的主线送至环形器;环形器将收到的发射信号全部传送至天线,由天线向被测目标辐射;遇到目标后形成的反射信号再次被天线接收,经环形器完成收发隔离后全部传至混频器;在混频器中,反射信号与本振信号混频得到含有高频杂波干扰的差拍信号;差拍信号经滤波放大后送到信号处理器中,通过应用数字信号处理的方法从差拍信号中提取出目标的距离信息,并由通信单元传送至显示器进行显示。

为了获得较大的带宽,LFMCW 雷达使用线性调频信号作为发射信号,主要是锯齿波调频信号和三角波调频信号。锯齿波和三角波的调频原理相同。下面以锯齿波调频为例分析 LFMCW 雷达的测距原理及其信号处理流程,假设 VCO 具有理想的电调特性,不考虑多普勒效应的影响和寄生调幅存在。

锯齿波调频是指在一个调频周期内发射信号频率按周期性锯齿波的规律变

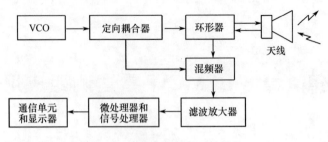

图 6 - 1 LFMCW 雷达系统结构

化,即其频率在调频周期内随时间线性递增。图 6 - 2 给出了锯齿波调频方式下 LFMCW 雷达发射信号的时域波形。

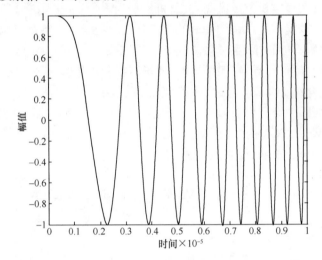

图 6 - 2 锯齿波调频信号的时域波形

在一个锯齿波调频周期 T 内,以 $t = 0$ 为调频起始点,LFMCW 雷达发射信号 $v_T(t)$、回波信号 $v_R(t)$ 和差拍信号 $v_{BS}(t)$ 分别为

$$v_T(t) = A_1 \cos\left[2\pi\left(f_0 - \frac{B}{2}\right)t + \pi\mu t^2 + \varphi_0\right], \quad 0 \leqslant t < T \qquad (6-1)$$

$$v_R(t) = K_0 A_1 \cos\left[2\pi\left(f_0 - \frac{B}{2}\right)(t - t_d) + \pi\mu(t - t_d)^2 + \varphi_0\right], \quad t_d \leqslant t < T + t_d \quad (6-2)$$

$$v_{BS}(t) = K_T K_0 A_1 \cos\left[2\pi\left(f_0 - \frac{B}{2}\right)t_d + 2\pi\mu t t_d - \pi\mu t_d^2\right], \quad t_d \leqslant t < T \quad (6-3)$$

式中:f_0、B、T 和 ϕ_0 分别为发射信号的调频中心频率、调频带宽、调频周期和初始相位;$\mu = B/T$ 为锯齿波调频斜率;K_0 为空间衰减系数;K_T 为混频增益;A_1 为发射信号的幅值;t_d 为目标回波时延。

由雷达原理可知,

$$t_d = 2R/c \qquad (6-4)$$

式中:c 为电磁波在自由空间的传播速度,$c = 3 \times 10^8 \mathrm{m/s}$;$R$ 为目标距离。因此只要确定目标回波时延 t_d,便可确定目标距离 R。

由式(6-1)~式(6-3)可知,发射信号 $v_\mathrm{T}(t)$、接收信号 $v_\mathrm{R}(t)$ 和差拍信号 $v_\mathrm{BS}(t)$ 的频率特性 $f_\mathrm{t}(t)$、$f_\mathrm{r}(t)$ 和 $f_{v_\mathrm{BS}}(t)$ 分别为

$$f_\mathrm{t}(t) = f_0 - \frac{B}{2} + \mu t, 0 \leqslant t < T \tag{6-5}$$

$$f_\mathrm{r}(t) = f_0 - \frac{B}{2} + \mu(t - t_d), t_d \leqslant t < T + t_d \tag{6-6}$$

$$f_\mathrm{BS}(t) = f_\mathrm{t}(t) - f_\mathrm{r}(t) = \mu t_d, t_d \leqslant t < T \tag{6-7}$$

图6-3给出了锯齿波调频方式下发射信号、回波信号和差拍信号的时频图,以及差拍信号的时域图。图中,$t_{d\max}$ 表示最大目标回波时延。

由图6-3(a)看出,在一个调频周期 T 内,发射信号和回波信号的时频图相似,只是回波信号相对于发射信号有最大为 $T_{d\max}$ 的时延。由于发射信号在跨越调频周期时具有不连续性,有一个很陡的下降沿,因此将一个调频周期 T 分为非规则区(时宽为 T_1)和规则区(时宽为 T_2)。

在非规则区里,差拍信号频率变化无规律,难以从中提取距离信息。在规则区里,差拍信号频率 $f_\mathrm{BS}(t)$ 为一个单频正弦信号(式(6-7))。联立式(6-4)和式(6-7),有

$$R = c\frac{t_d}{2} = c\frac{f_\mathrm{BS}}{2\mu} = c\frac{f_\mathrm{BS}}{2\dfrac{B}{T}}, \quad t_d \leqslant t < T \tag{6-8}$$

由上面分析可知,当调频周期 T 和调频带宽 B 一定的情况下,规则区内差拍信号频率 f_BS 与目标距离 R(或目标回波时延 t_d)成正比,只要求出 f_BS,即可求得目标距离 R,但难以从非规则区差拍信号中提取距离信息。因此 LFMCW 雷达测距时,应尽量避开非规则区,在规则区进行测量。同时,应尽量减少非规则区时宽,增大调频周期。所以在 LFMCW 雷达测距系统设计时,要求调频周期 T、非规则区的时宽 T_1 和规则区的时宽 T_2 满足如下条件:$T \gg 2t_{d\max}/c$,$T \gg T_1$,$T_2 \gg T_1$。对于 LFMCW 雷达测距系统,主要考虑测量单一静止目标,因此理想情况下规则区差拍信号与目标距离具有式(6-8)所示关系的单一频率正弦信号,LFMCW 雷达的距离测量归结为单一正弦信号频率的测量。

目前,国外近程 LFMCW 雷达能达到 ±1mm 的测量精度,但其核心测距方法未公开或者受到专利的保护。反观国内,近年来也研制出许多高精度的雷达物位仪,如型号为 HBRD902 的产品,在 30m 的测量范围内,其测量精度可以达到 ±3mm;其仪表集团研制的雷达物位仪,在 10m 的测量范围内,测量精度为 ±5mm。国内近程雷达物位仪的测量精度与国外尚有一定差距,自主研制与国外同精度的近程雷达物位仪是课题组当前的重要目标,具有重要的研究意义和实用价值。

目前,市场上的 LFMCW 雷达测距装置很多,但大都是高度集成封装的装置,

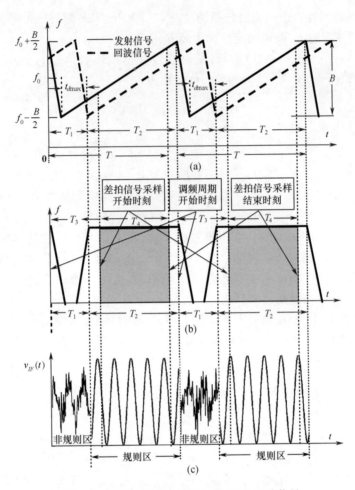

图 6-3 锯齿波调频方式下发射信号、回波信号、
差拍信号的时频波形,差拍信号时域波形

(a)锯齿波调频方式下发射信号、回波信号时频波形;(b)锯齿波调频方式下差拍信号时频波形;
(c)锯齿波调频方式下差拍信号时域波形。

且价格较高,不便于二次开发。研究过程中作者联合重庆大学自行研制了 LFM-
CW 雷达测距系统,如图 6-4 所示,其基本功能如下:

(1) 主要用于测定静止固定反射体目标的距离;

(2) 能够提供不同的测距带宽,模拟不同的调频斜率;

(3) 配有延迟线模块,提供模拟不同延迟时间的实验手段;

(4) 支持差拍信号采样频率和采样时间的灵活调整;

(5) 支持上位机操作和脱机操作两种实验模式。

测距系统主要指标如下:

● 测量范围:0 ~ 30m

212

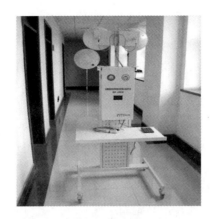

图 6 – 4 LFMCW 雷达测距实验系统

- 工作频率:K 波段,24～26GHz,中心频率 25GHz
- 信号带宽:0.5GHz、1.0GHz、2.0GHz
- 调制方式:锯齿波、三角波
- 调制周期:10ms、20ms
- 被测目标:静止固定反射体
- 延迟电缆:5m、10m 和 16m
- VCO 线性度:<0.01%
- 隔离度:ISO≥50dB
- 噪声系数:8.5dB
- 增益:>70dB
- 波束宽度:≤5°
- 灵敏度:–105dBm
- 测量精度:<10mm(基于 FFT 法)

6.1.2 系统构成

LFMCW 雷达测距实验系统结构如图 6 – 5 所示,主要由 K 波段射频前端模块、采集存储模块、信号处理模块、终端显控模块、延迟线模块等组成,统一由 220V/50Hz 交流供电。

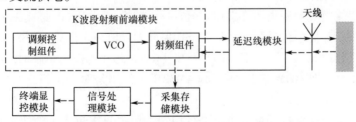

图 6 – 5 LFMCW 雷达测距实验系统结构图

1）K 波段射频前端模块

K 波段射频前端模块主要由天线、调频控制组件、VCO 组件和射频组件构成。

天线由两部独立的波导馈电型喇叭天线构成,两天线电轴平行,采用线极化方式以提高灵敏度和信号收发隔离度,主要指标如下:

- 发射功率:≥13mW(10dB)
- 波束宽度:收发水平波束宽度≤5.50,垂直波束宽度≤5.50
- 天线增益:发射天线≥25dB,第一副瓣增益≤10dB,接收天线≥30dB
- 馈线损耗:≤5dB
- 天线隔离度:≥35dB

调频控制组件的功能是根据需要产生调制电压控制 VCO 组件输出。产生锯齿波和三角波电压的数据存储在 E^2PROM 中,在时序控制电路的控制下,E^2PROM 中的数据输出给 14 位 D/A 转换器 AD9764 进行 D/A 转换,再由运放放大至合适的电压输出。调制信号的带宽和周期分别由输出的锯齿波或三角波电压幅度和周期决定。

VCO 组件的功能是根据调制电压产生 LFMCW 雷达需要的锯齿波或三角波线性调频信号,并进行变频、滤波和放大。VCO 是 LFMCW 雷达的关键器件,在本测距系统实验平台中由 C 波段宽带 VCO 经过隔离倍频至 K 波段。为确保 VCO 获得较理想的电调特性,采用闭环校正方式对其进行了校正线性度,并加装温度补偿装置。经测试,VCO 线性度小于 0.01% ,能够满足 LFMCW 雷达测距系统高精度测距的需要。

射频组件由功率放大器、限幅器、低噪声放大器、混频器、低通滤波器组成,其功能:①对目标回波信号进行放大、滤波和变频;②将发射信号与目标信号进行自差混频,获得对应距离的差拍信号。

2）延迟线模块

延迟线模块是本实验平台特有的,用以产生差频信号。从满足实验要求和经济实用的角度考虑,采用三路延迟:第一路采用电缆 1 延迟,电缆长度是 5m + 2m（发射接收分别有 1m 的馈线,下同）,电长度为 8.440m;第二路采用电缆 2 延迟,电缆长度 10m + 2m,电长度是 15.530m;第三路采用电缆 3 延迟,电缆长度 16m + 2m,电长度是 24.020m。

3）采集存储模块

采集存储模块中采集组件选用 16 位 A/D 转换器 AD9460,最高采样频率可达到 105MSPS。存储组件选用 16MB 的 SDRAM MT48LC4M32B2 和 8MB 的 FLASH 存储器 MT48LC4M32B2。SDRAM MT48LC4M32B 芯片的作用是临时缓存空间,为预留资源。FLASH ROM 芯片 MT48LC4M32B 的作用是对上位机进行测距系统参数配置、修改、设置等操作。

数据采集及存储过程由上位机进行控制。用户只需单击上位机界面上的"提取数据"按钮,即可完成整个数据采集过程。

4）信号处理模块

信号处理模块的功能：①利用多段信号频谱融合法估计规则区差拍信号频率，然后将估计结果送入含有控制程序的 NIOSII 核转化成距离信息输出到显控模块的液晶显示器（LCD）显示；②控制本实验平台的外围模块，如显控模块、数据采集与存储模块等。信号处理的核心芯片选用 Altera 公司的 CycloneIII 系列芯片 EP3C55F484C8N，该芯片包含 55000 个逻辑单元（LE），采用 FBGA 封装，484 个引脚，工作频率最高可达 402MHz。信号处理模块功能分配如图 6-6 所示。

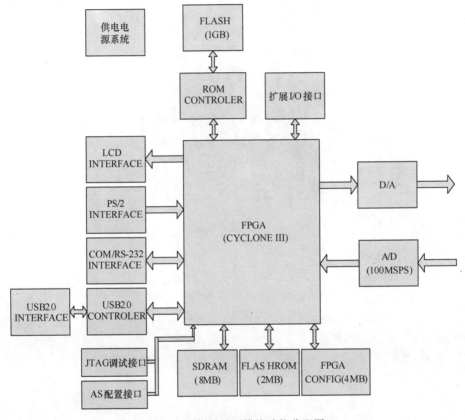

图 6-6　信号处理模块功能分配图

图 6-6 中 USB 2.0 接口的功能用于与上位机通信。JTAG 和 AS 接口是用于信号处理主程序 FPGA 程序包和显控、驱动和数据采集存储程序 NIOSII 程序包的在线调试和下载。FPGA CONFIG（4MB）芯片是 FPGA 的配置芯片，存放硬件描述语言（Verg High Speed Integrated Circuit Hardwore Description Language，VHDL）硬件代码程序，通过 JTAG 端口进行配置。FLASH ROM （8Mb）芯片的作用是上位机进行测距系统参数配置、修改、设置等临时缓存，C 语言引导代码。SDRAM （16MB）芯片的作用是临时缓存空间，为预留资源。RS-232 接口为系统扩展预留的。PS/2 是显控模块的键盘接口，直接由 FPGA 控制。LCD 接口是显控模块中显示组

件接口,直接用 FPGA 控制。FLASH(1GB)与非 FLASH K9G8G08U0M 为今后其他项目做大数据容量存储用的。A/D 芯片 AD9460,16bit,最高采样频率可达到105MSPS。

D/A 芯片 AD9764,14bit,支持最高 125 MSPS 的更新速率。

图 6 - 7 给出了相应的硬件电路板。

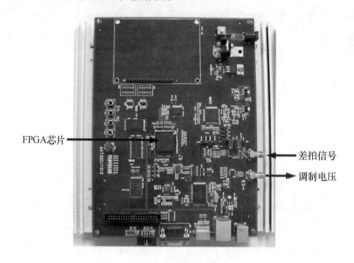

图 6 - 7　硬件电路板

5）终端显控模块

该模块主要包括 LCD、小键盘和上位机控制组件。

（1）LCD 和小键盘。其功能为:对操作步骤提示信息、目标距离数据等进行显示;根据 LCD 显示的提示信息,利用小键盘选择调制波形、调制周期、带宽等控制信息,送入系统各模块。

图 6 - 8 给出了键盘功能,表 6 - 1 给出了各数字键组合代表的含义。

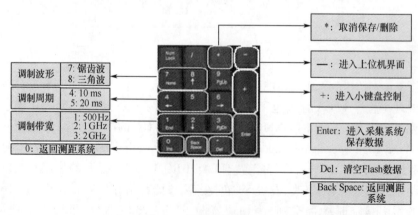

图 6 - 8　键盘功能示意图

表 6 - 1　各数字组合代表的信息

按键组合			选择的波形
7 锯齿波	4T = 10ms	1B = 500MHz	带宽 500MHz 周期 10ms 的锯齿波
		2B = 1GHz	带宽 1GHz 周期 10ms 的锯齿波
		3B = 2GHz	带宽 2GHz 周期 10ms 的锯齿波
	5T = 20ms	1B = 500MHz	带宽 500MHz 周期 20ms 的锯齿波
		2B = 1GHz	带宽 1GHz 周期 20ms 的锯齿波
		3B = 2GHz	带宽 2GHz 周期 20ms 的锯齿波
8 三角波	4T = 10ms	1B = 500MHz	带宽 500MHz 周期 10ms 的三角波
		2B = 1GHz	带宽 1GHz 周期 10ms 的三角波
		3B = 2GHz	带宽 2GHz 周期 10ms 的三角波
	5T = 20ms	1B = 500MHz	带宽 500MHz 周期 20ms 的三角波
		2B = 1GHz	带宽 1GHz 周期 20ms 的三角波
		3B = 2GHz	带宽 2GHz 周期 20ms 的三角波

（2）上位机控制组件。上位机系统界面上可以调整雷达的工作状态和工作参数，如图 6 - 9 所示。通过控制软件可以控制功能模块的工作与否，并以醒目标志在界面上指示；雷达自检后各模块的状态也在界面上给出指示；工作参数可以调整工作波形、工作带宽、调制时间，以比较在不同的条件下对测距的影响并为后续的实验处理提供多种实验环境。

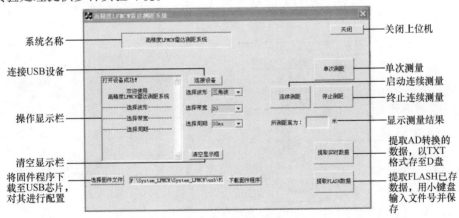

图 6 - 9　上位机控制界面

6.1.3　工作流程

LFMCW 雷达测距实验系统的工作流程如图 6 - 10 所示。

（1）工作模式选择：系统上电后，根据需要选择上位机工作模式或是脱机工作

217

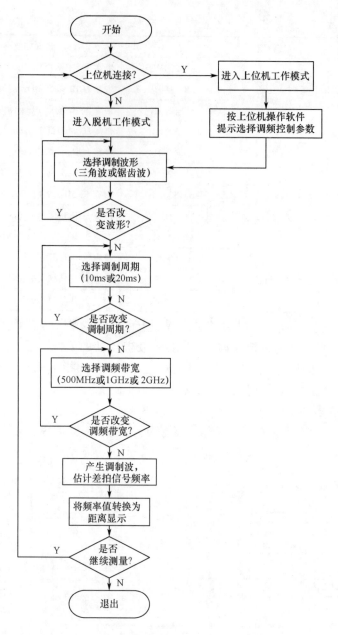

图 6 – 10　LFMCW 雷达测距实验系统工作流程图

模式。若进入上位机操作模式,则根据如图 6 – 9 所示的上位机界面进行调制波形、调制周期、带宽等调频控制信息的选择。如进入脱机模式,则根据 LCD 显示的操作提示信息,利用小键盘选择上述调频控制信息。

(2)调频信号产生:在 K 波段射频前端模块中,调频控制组件根据选中的调频控制信息输出相应的调制电压到 VCO 组件;VCO 组件据此产生对应的发射信号经天线组件发射出去,遇目标形成回波信号。

（3）差拍信号采集:回波信号经天线组件接收后与发射信号进行混频得到差拍信号(在此期间,可根据需要启动延迟线模块);采集存储模块对差拍信号进行A/D采集后输出至信号处理模块。

（4）距离信息提取:信号处理模块运用相关算法对数字化的差拍采样信号进行频率估计,然后将估计结果转化为目标距离信息送终端显控模块进行显示。

6.2 多段信号频谱融合法应用

利用6.1节介绍的LFMCW雷达测距实验系统,在实验室0～30m范围内对多段信号频谱融合法进行了应用实验验证。

6.2.1 实验方案

方案主要包括设置LFMCW雷达测距实验系统的测试环境、差拍信号获取和方法验证。

1）LFMCW雷达测距实验系统测试环境

选用测距精度为±2mm的DEVON L80手持激光测距仪和最小刻度为1mm的田岛L-50U玻璃纤维尺标测量的距离值作为目标距离的真实值。测距实验现场如图6-11所示。

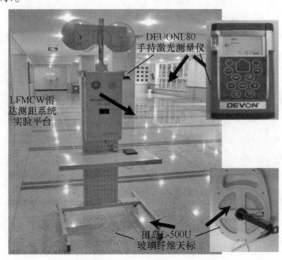

图6-11 测试环境

2）差拍信号获取

通过改变LFMCW雷达测距系统实验条件以获得异频信号。

（1）在相同工作参数下,采用同一采样频率对同一目标距离进行测量,以得到同频信号。

（2）在相同工作参数下，采用同一采样频率对不同目标距离进行测量，以得到差频（降频）信号。

（3）在相同工作参数下，采用不同采样频率对同一目标距离进行重复测量，以得到倍频（分频）信号。

3）方法验证

将采集到的差拍信号分别用于差频（倍频）信号融合法、多段降频（分频）等长信号融合法和 WVD 法，并分别对差频信号融合法和倍频信号融合法的实验结果进行对比分析。

6.2.2　实验步骤

应用 LFMCW 雷达测距实验系统进行实验的步骤如下：

步骤1：目标距离确定：根据实验需要，将目标板放置到不同的距离处，以便使用 LFMCW 雷达进行测量。

步骤2：工作模式选择：系统上电后，根据需要选择实验模式，上位机模式或脱机模式。上位机模式根据上位机操作界面来调整工作参数、改变实验环境；脱机模式则根据 LCD 显示的操作提示信息，利用键盘调整实验参数。

步骤3：调频信号产生：在调频电压控制模块作用下产生三角波或锯齿波调频信号，根据该调频信号产生 K 波段的射频信号作为 LFMCW 雷达的发射信号。

步骤4：差拍信号采集：将 LFMCW 雷达对准目标板后发射信号，以每个调频周期开始时刻作为同步信号，在调频开始 $T_3(T_3 \geqslant T_1)$ 时间后启动 A/D 对差拍信号进行采样，采样持续时宽为 $T_4(T_4 \leqslant T_2)$；在下一个调频周期中，重复上述操作，即仅对图 6-3 中灰色区域的差拍信号采样，因此可以剔除每个调频周期内非规则区的采样样本，保证差拍采样信号均来自规则区，从信号源头上为提高规则区差拍信号频率估计精度和 LFMCW 雷达测距精度创造条件。将上述采集到的差拍信号送入信号采集存储模块进行采样，得到包含距离信息的离散差拍信号。

步骤5：频率信息提取：在信号处理模块中，运用多段信号频谱融合法对采集到的离散差拍信号进行频率估计。

步骤6：距离信息显示：将频率估计值转换为距离值显示在终端显控系统。

6.2.3　结果与分析

根据被测信号频率特征的不同，频率估计的多段信号频谱融合法分为差频信号频谱融合法和倍频信号频谱融合法，以下分别简称为"差频融令法"和"传频融令法"。以下分别进行实验验证，实验分为大步径测距实验和小步径测距实验。大步径测距指各组实验测量的距离间隔较大、采样点数增加幅度较大，表现了测距的整体性能；小步径测距体现方法在距离间隔较小、采样点数增加幅度较小时的距离分辨能力。同时,以绝对误差作为频率估计精度和距离测量精度的指标,反映多段信号频谱融合法的性能。

1)差频信号频谱融合法的测距实验

利用研制的 LFMCW 雷达测距实验系统,在 0～30m 范围内进行了基于差频融合法、降频等长融合法和 WVD 法的现场测距实验。LFMCW 测距系统选用上位机工作模式,LFMCW 雷达选用锯齿波调频方式,中心频率 $f_0 = 25$GHz,带宽 $B = 1$GHz,调频周期 $T = 10$ms,相关实验参数设置如表 6-2 所列。首先,按间断采样方式避开非规则区差拍信号,通过延迟线模块来改变目标距离,将 M 段规则区的差拍信号采样为 M 段差频信号。为方便比较,每段信号的采样点数均为 N_m(如需获得 M 段不等长信号,只需修改程序中 T_4 的值即可),第 m 段信号与第一段信号间的频率差为 $c(m)$,其对应的延迟线电长度分别为 0m,8.440m,15.530m 和 24.020m。

表 6-2　实验参数设置

参数名	f_s	T_2	T_4	$c(m)$	M	N_m	P	Q
设定值	500kHz	9.98ms	8.50ms	[0,5.6267,10.3533,16.0133]kHz	4	4096	350	350

(1)大步径仿真实验。在 0～30m 的范围内,以 5m 测量起点,5m 为间距进行 6 组大步径测量实验,差频融合法、降频等长融合法和 WVD 法对应差拍信号的频率估计结果如表 6-3 所列。田岛 L-50U 纤维尺、LFMCW 测距系统和 DEVON L80 手持激光测距仪的距离测量结果如表 6-4 所列。

表 6-3　大步径现场实验频率估计结果

组数	距离/m	理论频率真值/Hz	频率估计值/Hz 差频融合法 降频等长融合法 WVD 法	|绝对误差|/Hz 差频融合法 降频等长融合法 WVD 法
1	5.0000	3333.3333	3333.1282 3332.3434 3325.3236	0.2051 0.9899 8.0097
2	10.0000	6666.6667	6666.9312 6665.7685 6658.7018	0.2645 0.8982 7.9649
3	15.0000	10000.0000	10000.3378 10006.0635 10004.5172	0.3378 6.0635 4.5172
4	20.0000	13333.3333	13333.6218 13334.4673 13340.0778	0.2885 6.1340 6.7445

221

组数	距离/m	理论频率真值/Hz	频率估计值/Hz 差频融合法 降频等长融合法 WVD 法	|绝对误差|/Hz 差频融合法 降频等长融合法 WVD 法
5	25.0000	16666.6667	16666.4696 16667.8142 16672.6488	0.1971 6.1475 5.9821
6	30.0000	20000.0000	19999.6031 20000.9359 19995.9050	0.3969 0.9359 4.0950
			平均|绝对误差|/Hz	0.2817 6.0282 6.2189

表 6-4　大步径现场测距实验结果

组数	田岛 L-50U 纤维尺 距离值/m （真值）	LFMCW 测距系统		DEVON L80 手持激光测距仪	
		距离测量值/m 差频融合法 降频等长融合法 WVD 法	|绝对误差|/m 差频融合法 降频等长融合法 WVD 法	距离测量值 /m	|绝对误差| /m
1	5.0000	4.9997 4.9985 4.9880	0.0003 0.0015 0.0120	5.002	0.002
2	10.0000	10.0004 9.9987 9.9881	0.0004 0.0013 0.0119	10.001	0.001
3	15.0000	15.0005 15.0016 15.0068	0.0005 0.0016 0.0068	14.999	0.001
4	20.0000	20.0004 20.0017 20.0101	0.0004 0.0017 0.0101	20.002	0.002
5	25.0000	24.9997 25.0017 25.0090	0.0003 0.0017 0.0090	25.000	0.000
6	30.0000	29.9994 30.0014 29.9939	0.0006 0.0014 0.0061	30.002	0.002
		平均|绝对误差| /m	0.0004 0.0015 0.0093		0.0013

（2）小步径仿真实验。在 20～20.045m 的范围内,以 20m 为测量起点,5mm 为间距测量进行 10 组小步径测量实验,差频融合法、降频等长融合法和 WVD 法对应差拍信号的频率估计结果如表 6－5 所列,田岛 L－50U 纤维尺、LFMCW 测距系统和 DEVON L80 手持激光测距仪距离测量结果如表 6－6 所列。

表 6－5　小步径现场实验频率估计结果

组数	距离 /m	理论频率真值 /Hz	频率估计值/Hz 差频融合法 降频等长融合法 WVD 法	|绝对误差|/Hz 差频融合法 降频等长融合法 WVD 法
1	20.0000	13333.3333	13333.6218	0.2885
			13334.4673	6.1340
			13340.0778	6.7445
2	20.0050	13336.6667	13336.4007	0.2660
			13335.6674	0.9993
			13343.6750	7.0083
3	20.0100	13340.0000	13340.3385	0.3385
			13346.2547	6.2547
			13333.6253	6.3747
4	20.0150	13343.3333	13343.7993	0.4660
			13342.2993	6.0340
			13348.7800	5.4467
5	20.0200	13346.6667	13346.3988	0.2679
			13347.7142	6.0475
			13340.4499	6.2168
6	20.0250	13350.0000	13349.6005	0.3995
			13350.9973	0.9973
			13346.9841	8.0159
7	20.0300	13353.3333	13353.6683	0.3350
			13352.3437	0.9896
			13360.8116	7.4783
8	20.0350	13356.6667	13356.2659	0.4008
			13357.8849	6.2182
			13349.9032	6.7635
9	20.0400	13360.0000	13359.7324	0.2676
			13359.1355	0.8645
			13354.5149	5.4851
10	20.0450	13363.3333	13363.5994	0.2661
			13362.0558	6.2775
			13370.3793	7.0460
		平均|绝对误差| /Hz		0.3296
				6.0817
				6.6580

223

表6-6 小步径现场测距实验结果

组数	田岛 L-50U 纤维尺	LFMCW 测距系统		DEVON L80 手持激光测距仪	
	距离值/m（真值）	距离测量值/m 差频融合法 降频等长融合法 WVD 法	|绝对误差|/m 差频融合法 降频等长融合法 WVD 法	距离测量值/m	|绝对误差|/m
1	20.0000	20.0004 20.0017 20.0101	0.0004 0.0017 0.0101	20.002	0.002
2	20.0050	20.0046 20.0035 20.0155	0.0004 0.0015 0.0105	20.006	0.001
3	20.0100	20.0105 20.0119 20.0004	0.0005 0.0019 0.0096	20.011	0.001
4	20.0150	20.0157 20.0134 20.0232	0.0007 0.0016 0.0082	20.016	0.001
5	20.0200	20.0196 20.0216 20.0107	0.0004 0.0016 0.0093	20.022	0.002
6	20.0250	20.0244 20.0265 20.0130	0.0006 0.0015 0.0120	20.025	0.000
7	20.0300	20.0305 20.0285 20.0412	0.0005 0.0015 0.0112	20.029	0.001
8	20.0350	20.0344 20.0368 20.0249	0.0006 0.0018 0.0101	20.035	0.000
9	20.0400	20.0396 20.0387 20.0318	0.0004 0.0013 0.0082	20.042	0.002
10	20.0450	20.0454 20.0431 20.0556	0.0004 0.0019 0.0106	20.046	0.001
		平均|绝对误差|/m	0.0005 0.0016 0.0100		0.0011

在表 6 - 2 所列实验参数环境下,在 0 ~ 30m 的测距范围内,由表 6 - 3 ~ 表 6.6 所述的仿真结果可知:

(1) 在大步径测距实验中,差频融合法的频率估计平均 | 绝对误差 | 约为降频等长融合法的 1/4,约为 WVD 法的 1/22;在以田岛 L - 50U 纤维尺为理论真值的前提下,基于差频融合法的测距精度始终保持在 1mm 以下,其距离测量平均 | 绝对误差 | 约为 DEVON L80 手持激光测距仪的 1/3,约为基于降频等长融合法的 1/4,约为基于 WVD 法的 1/23。

(2) 在小步径测距实验中,差频融合法的频率估计平均 | 绝对误差 | 约为降频等长融合法的 1/3,约为 WVD 法的 1/20;在以田岛 L - 50U 纤维尺为理论真值的前提下,基于差频融合法的测距精度始终保持在 1mm 以下,其距离测量平均 | 绝对误差 | 约为 DEVON L80 手持激光测距仪的 1/2,约为基于降频等长融合法的 1/3,约为基于 WVD 法的 1/20。

2) 倍频信号频谱融合的测距实验

利用 LFMCW 雷达测距实验系统,在 0 ~ 30m 范围内,分别对基于分频等长融合法、WVD 法和基于倍频融合法进行了测距实验验证。LFMCW 雷达测距实验系统选用上位机工作模式,LFMCW 雷达选用锯齿波调频方式,中心频率 $f_0 = 25 \text{GHz}$,带宽 $B = 2 \text{GHz}$,调频周期 $T = 10 \text{ms}$,相关实验参数设置如表 6 - 7 所列。首先,在目标距离一定和满足奈特斯特采样定理的前提下,按同步间断采样方式避开非规则区差拍信号,通过为每个调频周期设置不同采样频率将 M 段规则区的差拍信号采样为 M 段倍频正弦信号。为方便比较,每段信号的采样点数均为 N_m(如需获得 M 段不等长信号,只需修改程序中 T_4 的值即可),其中第一段信号的采样频率设置为 f_{s1},第 $m(m \in 1, M)$ 段信号与第一段信号间的频率比为 $b(m)$,则第 m 段信号的采样频率分别为 500kHz,520kHz,485kHz 和 510kHz。

表 6 - 7　实验参数

参数名	f_{s1}	T_2	T_4	$b(m)$	M	N_m	P	Q
设定值	500kHz	9.98ms	8.50ms	$[1, 6.04, 0.97, 6.02]$	4	4096	350	350

(1) 大步径仿真实验。在 0 ~ 30m 的范围内,以 5m 测量起点,5m 为间距进行 6 组大步径测量实验,倍频融合法、分频等长融合法和 WVD 法对应差拍信号的频率估计结果如表 6 - 8 所列,田岛 L - 50U 纤维尺、LFMCW 雷达测距系统和 DEV-ON L80 手持激光测距仪的距离测量结果如表 6 - 9 所列。

表 6-8　大步径现场实验频率估计结果

组数	距离/m	理论频率真值/Hz	频率估计值/Hz 倍频融合法 分频等长融合法 WVD 法	|绝对误差|/Hz 倍频融合法 分频等长融合法 WVD 法
1	5.0000	6666.6667	6665.7385 6664.7685 6653.1018	0.9282 6.8982 13.5649
2	10.0000	13333.3333	13332.3998 13336.3193 13345.9505	0.9335 2.0140 12.6172
3	15.0000	20000.0000	20000.6067 20002.5232 19986.1555	0.6067 2.5232 13.8445
4	20.0000	26666.6667	26665.7401 26663.7020 26653.6708	0.9266 2.9647 12.9959
5	25.0000	33333.3333	33334.1350 33335.9075 33346.7154	0.8017 2.5742 13.3821
6	30.0000	40000.0000	40006.0673 40002.9885 40013.5576	6.0673 2.9885 13.5576
			平均|绝对误差| /Hz	0.8773 2.4938 13.3270

表 6-9　大步径现场测距实验结果

组数	田岛 L-50U 纤维尺 距离值/m （真值）	LFMCW 测距系统 距离测量值/m 倍频融合法 分频等长融合法 WVD 法	|绝对误差|/m 倍频融合法 分频等长融合法 WVD 法	DEVON L80 手持激光测距仪 距离测量值 /m	|绝对误差| /m
1	5.0000	4.9993 4.9986 4.9898	0.0007 0.0014 0.0102	5.002	0.002
2	10.0000	9.9993 9.9985 10.0095	0.0007 0.0015 0.0095	10.001	0.001

组数	田岛 L－50U 纤维尺 距离值/m（真值）	LFMCW 测距系统 距离测量值/m 倍频融合法 分频等长融合法 WVD 法	LFMCW 测距系统 |绝对误差|/m 倍频融合法 分频等长融合法 WVD 法	DEVON L80 手持激光测距仪 距离测量值/m	DEVON L80 手持激光测距仪 |绝对误差|/m
3	15.0000	15.0005 15.0019 14.9896	0.0005 0.0019 0.0104	14.999	0.001
4	20.0000	19.9993 19.9978 19.9903	0.0007 0.0022 0.0097	20.002	0.002
5	25.0000	25.0006 25.0019 25.0100	0.0006 0.0019 0.0100	25.000	0.000
6	30.0000	30.0008 30.0022 30.0102	0.0008 0.0022 0.0102	30.002	0.002
		平均|绝对误差|/m	0.0007 0.0019 0.0100		0.0013

（2）小步径仿真实验。在 25 ~ 25.045m 的范围内，以 25m 为测量起点，5mm 为间距测量进行 10 组小步径测量实验，倍频融合法、分频等长融合法和 WVD 法对应差拍信号的频率估计结果如表 6－10 所列，田岛 L－50U 纤维尺、LFMCW 雷达测距系统和 DEVON L80 手持激光测距仪的距离测量结果如表 6－11 所列。

表 6－10 小步径现场实验频率估计结果

组数	距离/m	理论频率真值/Hz	频率估计值/Hz 倍频融合法 分频等长融合法 WVD 法	|绝对误差|/Hz 倍频融合法 分频等长融合法 WVD 法
1	25.0000	33333.3333	33334.1350 33335.9075 33346.7154	0.8017 2.5742 13.3821
2	25.0050	33340.0000	33339.2954 33342.9399 33354.8370	0.7046 2.9399 14.8370

组数	距离/m	理论频率真值/Hz	频率估计值/Hz 倍频融合法 分频等长融合法 WVD 法	|绝对误差|/Hz 倍频融合法 分频等长融合法 WVD 法
3	25.0100	33346.6667	33347.7328 33343.2042 33334.6230	6.0661 3.4625 12.0437
4	25.0150	33353.3333	33352.3975 33356.8083 33337.6866	0.9358 3.4750 15.6467
5	25.0200	33360.0000	33359.1987 33363.0340 33376.8216	0.8013 3.0340 16.8216
6	25.0250	33366.6667	33367.5998 33370.3966 33348.6658	0.9331 3.7299 18.0009
7	25.0300	33373.3333	33374.1290 33369.5435 33355.8550	0.7957 3.7898 17.4783
8	25.0350	33380.0000	33380.7553 33376.7225 33396.3516	0.7553 3.2775 16.3516
9	25.0400	33386.6667	33387.7320 33383.2087 33402.1815	6.0653 3.4580 15.5148
10	25.0450	33393.3333	33394.5402 33397.1554 33410.3359	6.2069 3.8221 17.0026
			平均|绝对误差|/Hz	0.9066 3.3563 15.7079

表 6－11　小步径现场测距实验结果

组数	田岛 L－50U 纤维尺	LFMCW 测距系统		DEVON L80 手持激光测距仪	
	距离值/m（真值）	距离测量值/m 倍频融合法 分频等长融合法 WVD 法	|绝对误差|/m 倍频融合法 分频等长融合法 WVD 法	距离测量值/m	|绝对误差|/m
1	25.0000	25.0006 25.0019 25.0100	0.0006 0.0019 0.0100	25.000	0.000
2	25.0050	25.0045 25.0072 25.0161	0.0005 0.0022 0.0111	25.004	0.001
3	25.0100	25.0108 25.0074 25.0010	0.0008 0.0026 0.0090	25.011	0.001
4	25.0150	25.0143 25.0176 25.0033	0.0007 0.0026 0.0117	25.017	0.002
5	25.0200	25.0194 25.0223 25.0326	0.0006 0.0023 0.0126	25.019	0.001
6	25.0250	25.0257 25.0278 25.0115	0.0007 0.0028 0.0135	25.026	0.001
7	25.0300	25.0306 25.0272 25.0169	0.0006 0.0028 0.0131	25.032	0.002
8	25.0350	25.0356 25.0325 25.0473	0.0006 0.0025 0.0123	25.034	0.001
9	25.0400	25.0408 25.0374 25.0516	0.0008 0.0026 0.0116	25.041	0.001
10	25.0450	25.0459 25.0479 25.0578	0.0009 0.0029 0.0128	25.046	0.001
		平均|绝对误差|/m	0.0007 0.0025 0.0118		0.0011

在表 6－7 所列实验参数环境下,在 0～30m 的测距范围内,由表 6－8～表 6－

11 所述的实验结果可知：

（1）在大步径测距实验中，倍频融合法的频率估计平均|绝对误差|约为分频等长融合法的1/3，约为 WVD 法的1/15；在以田岛 L－50U 纤维尺为理论真值的前提下，基于倍频融合法的测距精度始终保持在 1mm 以下，其距离测量平均约为 DEVON L80 手持激光测距仪的1/2，约为基于分频等长融合法的1/3，约为基于 WVD 法的1/14。

（2）在小步径测距实验中，倍频融合法的频率估计平均|绝对误差|约为分频等长融合法的1/4，约为 WVD 法的1/17；在以田岛 L－50U 纤维尺为理论真值的前提下，基于倍频融合法的测距精度始终保持在 1mm 以下，其距离测量平均|绝对误差|约为 DEVON L80 手持激光测距仪的1/2，约为基于分频等长融合法的1/4，约为基于 WVD 法的1/17。

在其他实验参数相同的测距实验中，基于倍频信号频谱融合法的测距误差和段差频信号频谱融合法的测距误差均略大于仿真结果。其原因主要有以下两点：

（1）异频信号采集过程中产生的误差。对应于测距实验中延迟线电长度的测量误差、差拍信号采样频率的设置误差和初始频率估计值的误差。由第 2 章的仿真结果可知，上述单个参数对多段信号频谱融合法的性能影响较小，但当它们和其他因素共同作用时，将产生一个累积效应，从而会对基于异频信号频谱融合的测距法的精度产生相对较大的影响。

（2）VCO 调频非线性度的影响。VCO 调频非线性度是影响 LFMCW 雷达距离分辨力和测距精度的一个重要因素。且调频带宽越宽，对 VCO 的调频非线性度的校正就越困难，VCO 调频线性度就越差。因此，虽然实验使用的 LFMCW 雷达测距系统已经对其 VCO 组件进行了线性度校正，但也不能完全消除 VCO 的调频非线性度对测距精度的影响，特别是在调频带宽较宽的时候。

6.3　交叉信息融合法应用

6.3.1　实验方案和步骤

交叉信息融合法应用的实验方案和实验步骤与 6.2.1 节与 6.2.2 节相同，此处不再赘述。

6.3.2　结果与分析

1）各单段信号采样点数不等条件下的测距实验

在各单段信号采样点数不等情况下，对差频融合法、交叉信息融合法进行测试，将各种方法测量结果进行对比分析，其中，对差频融合法中各段信号的频率关系做已知处理。实验分为大步径测距实验和小步径测距实验。

（1）大步径测距实验。根据表 6-12 所列的相关实验参数，在 0~15m 的范围内随机测量 4 个距离，得到相应的实测数据。这 4 个距离值分别为 $R_1 = 5526\text{mm}$，$R_2 = 9075\text{mm}$，$R_3 = 13191\text{mm}$，$R_4 = 14193\text{mm}$，将距离值转换为对应的频率值分别为 $f_1 = 5219.5230\text{Hz}$，$f_2 = 7796.9262\text{Hz}$，$f_3 = 10778.5004\text{Hz}$，$f_4 = 11565.4215\text{Hz}$。

表 6-12　实验参数设置值

参数名	B/GHz	T/ms	f_s/kHz	$M/$段	$P/$点	$Q/$点
设定值	1	10	500	4	100	100

现均以第 1 段距离的中心频率 f_1 作为聚焦频率进行实验，每组实验中单段信号的最大采样点数为 2048 点，其余 3 个单段信号均以 50 个采样点数为间隔不断递增，具体的采样点数设置如表 6-13 所列，所得实验结果如表 6-14 所列。

表 6-13　大步径测距实验中各单段信号采样点数设置（最大采样点数为 2048）

组数	$[N_1, N_2, N_3, N_4]$	组数	$[N_1, N_2, N_3, N_4]$
1	[800, 1400, 2048, 1000]	第 6 组	[1050, 1650, 2048, 1250]
2	[850, 1450, 2048, 1050]	第 7 组	[1100, 1700, 2048, 1300]
3	[900, 1500, 2048, 1100]	第 8 组	[1150, 1750, 2048, 1350]
4	[950, 1550, 2048, 1150]	第 9 组	[1200, 1800, 2048, 1400]
5	[1000, 1600, 2048, 1200]	第 10 组	[1250, 1850, 2048, 1450]

表 6-14　各单段信号采样点数不等条件下 LFMCW 雷达大步径测距实验结果

组数	差频融合法		交叉信息融合法	
	频率/Hz	误差/Hz	频率/Hz	误差/Hz
1	5238.9557	19.4327	5226.2473	6.7243
2	5200.4543	-19.0687	5226.1897	6.6667
3	5238.4213	18.8983	5217.9345	-6.5885
4	5200.8797	-18.6433	5218.0208	-6.5022
5	5237.9261	18.4031	5218.0414	-6.4816
6	5237.1924	17.6694	5218.1632	-6.3598
7	5202.7867	-16.7363	5220.4499	0.9269
8	5235.3243	15.8013	5220.3759	0.8529
9	5204.0177	-15.5053	5218.7539	-0.7691
10	5234.4880	14.9650	5220.2361	0.7131

从表 6-14 可知，随着采样点数的递增，上述两种方法频率估计值的绝对误差均有所下降。差频融合法、交叉信息融合法的频率估计值最大误差分别为 19.4327Hz、6.7243Hz，从数值上分析，交叉信息融合法的频率估计值最接近真实值，且波动程度较小，稳定性较好；差频融合法，其频率估计值的绝对误差范围约为

$[14,20]$ Hz。

（2）小步径测距实验。根据表 6-12 所列的相关实验参数，在 6～7m 的小范围内随机测量 4 个距离 $R_1 = 6310$mm，$R_2 = 6320$mm，$R_3 = 6330$mm，$R_4 = 6340$mm，对应的频率值分别为 $f_1 = 5857.60$Hz，$f_2 = 5859.81$Hz，$f_3 = 5862.20$Hz 和 $f_4 = 5864.51$Hz。

现均以第 3 段距离的中心频率 f_3 作为聚焦频率进行实验，每组实验的单段信号最大采样点数为 2048 点，其余 3 个单段信号均以 10 个采样点数为间隔递增，具体采样点数设置如表 6-15 所列，所得结果如表 6-16 所列。

表 6-15　小步径测距实验中各单段信号采样点数设置（最大采样点数为 2048）

组数	$[N_1, N_2, N_3, N_4]$	组数	$[N_1, N_2, N_3, N_4]$
1	$[1500, 700, 2048, 1000]$	6	$[1550, 750, 2048, 1050]$
2	$[1510, 710, 2048, 1010]$	7	$[1560, 760, 2048, 1060]$
3	$[1520, 720, 2048, 1020]$	8	$[1570, 770, 2048, 1070]$
4	$[1530, 730, 2048, 1030]$	9	$[1580, 780, 2048, 1080]$
5	$[1540, 740, 2048, 1040]$	10	$[1590, 790, 2048, 1090]$

表 6-16　各单段信号采样点数不等条件下 LFMCW 雷达小步径测距实验结果

组数	差频融合法		交叉信息融合法	
	频率/Hz	误差/Hz	频率/Hz	误差/Hz
1	5879.3290	17.1290	5866.6760	4.4760
2	5845.9630	-16.2370	5857.7242	-4.4758
3	5845.9384	-16.2616	5858.5380	-3.6620
4	5877.7014	15.5014	5858.9449	-3.2551
5	5847.5660	-14.6340	5865.3156	3.1156
6	5876.0738	13.8738	5859.4381	-2.7619
7	5848.3675	-13.8325	5860.2581	-6.9419
8	5875.4942	13.2942	5860.5725	-6.6275
9	5849.2101	-12.9899	5863.6469	6.4469
10	5849.8212	-12.3788	5863.2482	6.0482

从表 6-16 可以看出，随着采样点数的小幅递增，上述两种方法的频率估计值误差均较为稳定。从表中数据可以进一步看出，交叉信息融合法测得的频率估计值误差约为差频融合法的 1/10；交叉信息融合法测得的频率估计值误差约为快速交叉信息融合法的 1/3。

本节大步径测距实验和小步径测距实验均说明：即使在各单段信号采样点数不等的情况下，交叉信息融合法能保持较高的估计精度，性能较为稳定。

2）多段信号采样点数变化条件下的测距实验

每组实验的多段信号采样点数均相等,且同时递增时,对多段分频等长信号融合法以下简称为分频等长融合法、差频融合法、交叉信息融合法三种方法进行测量。

（1）大步径测距实验。与各单段信号采样点数不等条件下的大步径测距实验条件相同,同样以第 1 段距离的中心频率 $f_1 = 5219.5230$Hz 为聚焦的参考频率,在多段信号采样点数同时递增的情况下进行 10 组实验,多段信号采样点数以 100 个采样点为间隔从 1500 点递增到 2400 点,所得的测量结果如表 6 - 17 所列。

表 6 - 17　多段信号采样点数变化条件下 LFMCW 雷达大步径测距实验结果

组数	分频等长融合法		差频融合法		交叉信息融合法	
	频率/Hz	误差/Hz	频率/Hz	误差/Hz	频率/Hz	误差/Hz
1	5256.4815	36.9585	5203.5714	- 15.9516	5217.4479	- 2.0751
2	5187.8157	- 36.7074	5204.1246	- 15.3984	5226.1537	6.6307
3	5187.9883	- 36.5347	5204.3981	- 15.1249	5217.9348	- 6.5882
4	5188.9717	- 30.5513	5234.6268	15.1038	5217.9403	- 6.5827
5	5249.6402	30.1171	5204.9423	- 14.5807	5218.3044	- 6.2186
6	5248.9063	29.3832	5232.5000	12.9770	5220.3369	0.8139
7	5249.0234	29.5004	5208.9717	- 10.5513	5220.2581	0.7351
8	5195.3125	- 24.2105	5229.9216	10.3986	5220.2184	0.6954
9	5196.2770	- 23.2460	5209.5588	- 9.9642	5220.1389	0.6159
10	5197.9883	- 26.5347	5212.1801	- 7.3429	5218.9717	- 0.5513

从表 6 - 17 所列数据可以看出,随着多段信号采样点数的增加,三种方法的绝对误差均呈下降趋势,可见信号采样点数的增加有利于提高频率估计精度。具体而言,分频等长融合法、差频融合法、交叉信息融合法所得频率估计值的绝对误差范围分别为[26.5347, 36.9585]Hz、[7.3429, 15.9516]Hz、[0.5513, 2.0751]Hz,三种方法的波动幅度都不大,性能较为稳定,但从数值上可以看出,交叉信息融合法的频率估计误差小于分频等长融合法和差频融合法。

（2）小步径测距实验。与各单段信号采样点数不等条件下的小步径测距实验条件相同,同样以第 3 段距离的中心频率为 $f_3 = 5862.20$Hz 聚焦的参考频率,在多段信号采样点数同时递增的情况下进行 10 组实验,多段信号采样点数以 10 个采样点为间隔从 1500 点递增到 1590 点,所得的测量结果如表 6 - 18 所列。

从表 6 - 18 可以看出,随着采样点数的小幅递增,三种方法的频率估计值误差略有减小。分频等长融合法、差频融合法、交叉信息融合法所测得的频率估计值的绝对误差分别保持在[26, 30]Hz、[15, 18]Hz、[1, 2]Hz 和范围内,三种方法的性能均较为稳定,但交叉信息融合法的精度更好。

表 6-18　多段信号采样点数变化条件下 LFMCW 雷达小步径测距实验结果

组数	分频等长融合法		差频融合法		交叉信息融合法	
	频率/Hz	误差/Hz	频率/Hz	误差/Hz	频率/Hz	误差/Hz
1	5832.7859	−29.4141	5844.6267	−17.5733	5860.3712	−6.8288
2	5832.9344	−29.2656	5844.7339	−17.4661	5860.4266	−6.7734
3	5890.6226	28.4226	5845.6870	−16.5130	5860.8420	−6.3580
4	5833.2315	−28.9685	5878.7117	16.5117	5860.8771	−6.3229
5	5890.6226	28.4226	5845.883	−16.3170	5863.4584	6.2584
6	5834.2327	−27.9673	5845.9639	−16.2361	5863.7266	6.5266
7	5834.2819	−27.9181	5846.2133	−15.9867	5863.7729	6.5729
8	5834.4364	−27.7636	5847.0392	−15.1608	5863.9899	6.7899
9	5835.1351	−27.0649	5847.1187	−15.0813	5860.5415	−6.6585
10	5835.8725	−26.3275	5876.1000	13.9000	5860.8402	−6.3598

由实验1)可知,在各单段信号采样点数不等的情况下,交叉信息融合法能保持较高估计精度。由实验2)可知,在多段信号采样点数相等的情况下,估计误差也小于分频等长融合法和差频融合法。以上分析表明,交叉信息融合法同时适用于异频不等长信号和异频等长信号,适用范围较广、性能较为稳定,且交叉信息融合法的频率估计性能相对最优。

3)中心频率变化条件下的测距实验

为测试方法在不同中心频率条件下的频率估计精度,在表6-12所列的实验环境下,对方法进行现场测距实验。

(1)大步径测距实验。与各单段信号采样点数不等条件下的大步径测距实验条件相同,仅对第1段距离值进行改变。在 0~15m 范围内随机测量10个距离,各距离间隔保持在 500mm 以上,将这10个距离依次作为第1段距离,其余3个距离保持不变。现均以第1段距离的中心频率 f_1 作为聚焦频率进行实验,当各段信号采样点数不等,为 $N_m = [1200,1800,2048,1400]$ 时,差频融合法、交叉信息融合法的实验结果如表6-19所列;当各段信号采样点数相等,均取2048点时,分频等长融合法、差频融合法、交叉信息融合法的实验结果如表6-20所列。

表 6-19　中心频率变化、采样点数不等条件下 LFMCW 雷达大步径测距实验结果

距离/mm	真实频率/Hz	差频融合法		交叉信息融合法	
		频率/Hz	误差/Hz	频率/Hz	误差/Hz
5526	5219.5230	5204.0177	−15.5053	5220.9699	6.4469
6694	6022.7005	6002.1336	−20.5669	6034.9043	−0.8807

(续)

距离/mm	真实频率/Hz	差频融合法		交叉信息融合法	
		频率/Hz	误差/Hz	频率/Hz	误差/Hz
7225	6435.5749	6453.6047	18.0298	6437.1642	6.5893
8742	7503.6830	7533.9845	30.3015	7505.0474	6.3645
9075	7796.9262	7780.7126	-16.2136	7795.3066	-6.6196
10582	8852.7297	8822.9709	-29.7588	8853.7331	6.0033
11060	9246.8897	9232.3380	-9.5517	9244.1238	2.2341
12514	10323.9788	10306.9287	-17.0501	10322.1490	-6.8298
13191	10778.5004	10758.6670	-19.8334	10782.2056	3.7052
14193	11565.4215	11583.1163	17.6948	11563.7104	-6.7111

表6-20 中心频率变化、采样点数相等条件下LFMCW雷达大步径测距实验结果

距离/mm	真实频率/Hz	分频等长融合法		差频融合法		交叉信息融合法	
		频率/Hz	误差/Hz	频率/Hz	误差/Hz	频率/Hz	误差/Hz
5526	5219.5230	5249.0234	29.5004	5208.9717	-10.5513	5220.3370	0.8139
6694	6022.7005	5986.4452	-46.2553	6036.9921	14.2916	6022.3357	-0.3648
7225	6435.5749	6408.6914	-26.8835	6447.1436	16.5687	6436.4347	0.8598
8742	7503.6830	7446.2891	-57.3939	7496.5413	-7.1416	7503.0312	-0.6518
9075	7796.9262	7822.3643	25.4380	7812.5000	15.574	7796.6309	-0.2954
10582	8852.7297	8793.9699	-58.7599	8876.8669	19.1372	8853.1494	0.4197
11060	9246.8897	9216.3086	-25.5811	9250.8952	9.0055	9240.8912	-0.9985
12514	10323.9788	10278.1251	-45.8537	10295.3793	-28.5995	10324.9105	0.9317
13191	10778.5004	10742.1875	-36.3129	10792.1254	13.6250	10832.3161	-0.2939
14193	11565.4215	11596.6797	36.2582	11575.6174	10.1960	11566.3656	0.9441

（2）小步径测距实验。在6250~6340mm的范围内，每间隔10mm测量一组距离作为第3段距离，其余3个距离保持不变，具体参数见"各单段信号采样点数不等条件下的小步径测距实验"。当各段信号采样点数不相等，为N_m=[1500,700,2048,1000]时，差频融合法、交叉信息融合法的实验结果如表6-21所列；当各段信号采样点数相等，均取2048点时，分频等长融合法、差频融合法、交叉信息融合法的实验结果如表6-22所列。

对比表6-19~表6-22可知，在采样点数相等的情况下，差频融合法、交叉信息融合法的性能均优于采样点数不相等时。由此可见，采样点数的多少、信息量

235

的多寡在一定程度上决定了频率估计的精度。

表 6-21　中心频率变化、采样点数不等条件下 LFMCW 雷达小步径测距实验结果

距离 /mm	真实频率 /Hz	差频融合法		交叉信息 融合法	
		频率/Hz	误差/Hz	频率/Hz	误差/Hz
6250	5825.6808	5845.7520	20.0713	5823.9813	-6.6995
6260	5827.2038	5819.0918	-8.1120	5828.6848	6.4810
6270	5830.2900	5792.3124	-37.9776	5828.4391	-6.8509
6280	5832.9854	5859.3750	26.3896	5836.8126	-6.1728
6290	5848.3762	5834.7143	-13.6619	5850.2715	6.8953
6300	5854.8992	5867.9199	13.0207	5856.3750	6.4758
6310	5857.5946	5847.6612	-9.9334	5858.7647	6.1701
6320	5859.8130	5866.0889	6.2759	5858.9763	-0.8367
6330	5862.2038	5846.9595	-15.2443	5863.0700	0.8662
6340	5864.5084	5882.56836	18.0600	5863.3071	-6.2013

表 6-22　中心频率变化、采样点数相等条件下 LFMCW 雷达小步径测距实验结果

距离 /mm	真实频率 /Hz	分频等长 融合法		差频信号 融合法		交叉信息 融合法	
		频率/Hz	误差/Hz	频率/Hz	误差/Hz	频率/Hz	误差/Hz
6250	5825.6808	5796.1509	-34.5299	5833.4813	7.8005	5829.4678	3.7870
6260	5827.2038	5859.3750	32.1712	5819.9056	-7.2982	5827.3161	0.1123
6270	5830.2900	5798.3398	-36.9502	5805.8675	-24.4225	5829.4678	-0.8222
6280	5832.9854	5798.3398	-34.6456	5810.9538	-22.0316	5833.7402	0.7548
6290	5848.3762	5863.6336	15.2574	5859.3750	10.9988	5849.8128	6.4366
6300	5854.8992	5828.3398	-26.5594	5869.3750	14.4758	5855.6759	0.7767
6310	5857.5946	5870.3613	15.4621	5869.7901	12.1955	5858.1420	0.5474
6320	5859.8130	5882.0085	22.1955	5845.6759	-14.1371	5859.3750	-0.4380
6330	5862.2038	5884.1454	26.9416	5849.3750	-12.8288	5866.4260	-0.7779
6340	5864.5084	5882.5684	18.0600	5859.3750	-5.1334	5864.3071	-0.2013

　　就整体而言,不论是大步径测距实验还是小步径测距实验,交叉信息融合法的频率估计值误差一直低于多段分频等长融合法和差频融合法,几乎没有出现偏差较大的频率估计值,能保持较为平稳的性能。从小步径测距实验中可以看出,该方法均可以分辨毫米级的距离间隔,具有较好的频率分辨率。综上所述,在满足奈奎斯特采样定理的条件下,该方法能较好地适用于不同的被测距离,具有良好的普适性和分辨力。

4）采样频率变化条件下的测距实验

LFMCW 雷达测距实验系统只支持两种采样频率模式:500kHz 和 250kHz。在其他实验条件不变的情况下,将采样频率调整为 250kHz,再次对前面实验中的距离进行测量,并将采集的差拍信号运用到各方法中,同样分为大步径测距实验和小步径测距实验。

（1）大步径测距实验。与上述中心频率变化条件下的大步径测距实验条件相同,对采样频率为 250 kHz 的差拍信号进行分析,当各段信号采样点数为 $N_m = [1200,1800,2048,1400]$ 时的测距结果如表 6 – 23 所列;当各段信号采样点数均为 2048 点时的实验结果如表 6 – 24 所列。

表 6 – 23　采样频率变化、采样点数不等条件下 LFMCW 雷达大步径测距实验结果

距离 /mm	真实频率 /Hz	差频融合法		交叉信息融合法	
		频率/Hz	误差/Hz	频率/Hz	误差/Hz
5526	5219. 5230	5208. 9717	– 10. 5513	5219. 9300	0. 4070
6694	6022. 7005	6044. 3732	26. 6727	6024. 6631	6. 9626
7225	6435. 5749	6453. 9294	18. 3545	6433. 9711	– 6. 6038
8742	7503. 6830	7476. 5663	– 32. 1167	7502. 3897	– 6. 2933
9075	7796. 9262	7786. 8652	35. 8161	7794. 9824	– 6. 9438
10582	8852. 7297	8868. 3815	15. 6518	8856. 9287	– 0. 8010
11060	9246. 8897	9260. 0813	18. 1916	9243. 2158	6. 3261
12514	10323. 9788	10298. 0550	– 25. 9238	10322. 9287	– 6. 0501
13191	10778. 5004	10797. 7783	19. 2780	10786. 7448	3. 2444
14193	11565. 4215	11575. 6174	10. 1960	11566. 3656	0. 9441

表 6 – 24　采样频率变化、采样点数相等条件下 LFMCW 雷达大步径测距实验结果

距离 /mm	真实频率 /Hz	分频等长 融合法		差频融合法		交叉信息融合法	
		频率/Hz	误差/Hz	频率/Hz	误差/Hz	频率/Hz	误差/Hz
5526	5219. 5230	5187. 9883	– 36. 5347	5233. 1297	13. 6067	5220. 9617	6. 4386
6694	6022. 7005	5985. 6380	– 37. 0626	6042. 4805	19. 7800	6023. 1527	0. 4522
7225	6435. 5749	6403. 9711	– 36. 6038	6447. 3779	16. 8031	6437. 0512	6. 4763
8742	7503. 6830	7547. 0474	43. 3645	7496. 7756	– 16. 9074	7502. 2092	– 6. 4738
9075	7796. 9262	7825. 9276	29. 0014	7816. 2525	19. 3263	7795. 1204	– 6. 8058
10582	8852. 7297	8799. 0625	– 53. 6672	8833. 9699	– 18. 7599	8853. 7967	6. 0670
11060	9246. 8897	9267. 3438	25. 4541	9232. 3030	– 9. 5867	9240. 3528	– 6. 5370
12514	10323. 9788	10273. 6348	– 50. 3440	10295. 2129	– 28. 7660	10324. 0967	0. 1179
13191	10778. 5004	10817. 7783	39. 2780	10793. 4177	14. 9173	10779. 7224	6. 2220
14193	11565. 4215	11585. 9050	20. 4836	11552. 1240	– 13. 2975	11563. 7104	– 6. 7111

（2）小步径测距实验。与中心频率变化条件下的小步径测距实验条件相同，对采样频率为 250kHz 的差拍信号进行分析。当各段信号采样点数为 $N_m = [1500, 700, 2048, 1000]$ 时的结果如表 6-25 所列；当各段信号采样点数均取 2048 点时的结果如表 6-26 所列。

表 6-25　采样频率变化、采样点数不等条件下 LFMCW 雷达小步径测距实验结果

距离 /mm	真实频率 /Hz	差频融合法		交叉信息融合法	
		频率/Hz	误差/Hz	频率/Hz	误差/Hz
6250	5825.6808	5809.4372	-16.2436	58213.1509	-2.5299
6260	5827.2038	5817.6986	-9.5052	5829.3750	2.1712
6270	5830.2900	5796.1509	-39.1391	5828.9032	-6.3868
6280	5832.9854	5807.7913	-25.1941	5830.3398	-2.6456
6290	5848.3762	5836.9092	-16.4670	5856.0418	2.6656
6300	5854.8992	5872.8027	17.9035	5856.9089	2.0097
6310	5857.5946	5848.6134	-8.9812	5859.1716	6.5770
6320	5859.8130	5856.1509	-8.6621	5859.3750	-0.4380
6330	5862.2038	5875.4044	13.2006	5862.9383	0.7345
6340	5864.5084	5884.1960	19.6876	5865.8769	6.3685

表 6-26　采样频率变化、采样点数相等条件下 LFMCW 雷达小步径测距实验结果

距离 /mm	真实频率 /Hz	分频等长融合法		差频融合法		交叉信息融合法	
		频率/Hz	误差/Hz	频率/Hz	误差/Hz	频率/Hz	误差/Hz
6250	5825.6808	5798.3398	-27.3410	5833.7875	8.1067	5826.4994	0.8186
6260	5827.2038	5866.1262	33.9224	5818.3398	-8.8640	5827.8381	0.6343
6270	5830.2900	5862.9655	32.6755	5806.1509	-29.1391	5836.3214	6.0314
6280	5832.9854	5868.4997	35.5144	5859.3750	26.3896	5836.1509	-6.8345
6290	5848.3762	5836.1509	-17.2253	5856.2924	7.9162	5849.8999	6.5237
6300	5854.8992	5836.1509	-23.7483	5870.3613	15.4621	5855.7129	0.8137
6310	5857.5946	5838.3398	-19.2548	5846.1509	-16.4437	5858.1543	0.5597
6320	5859.8130	5886.7546	26.9416	5845.7129	-14.1001	5858.9763	-0.8369
6330	5862.2038	5846.1509	-26.0529	5847.3161	-14.8877	5866.1262	-6.0776
6340	5864.5084	5853.0618	-16.4466	5858.3398	-6.1686	5864.7058	0.1974

使用 250kHz 的采样频率对各距离进行测量得到表 6-23 ~ 表 6-26 的结果，在大步径测距实验中，中心频率在 5219.5230 ~ 11565.4215Hz 之间变化，在小步径测距实验中，中心频率在 5825.6808 ~ 5864.5084Hz 之间变化，除个别估计值偏离真实频率的程度较大以外，分频等长融合法频率估计值误差主要在 [20,30]Hz 范

238

围内,差频融合法频率估计值误差主要在$[10,20]$Hz范围内,交叉信息融合法频率估计值误差主要在$[0,2]$Hz范围内。整个性能与使用500kHz采样频率时的性能相当,甚至有时候表现更优,这是因为在采样点数固定的情况下,随着采样频率的减小,最小频率间隔也随之减小,即频率分辨率变好,所以其频率估计误差也随之减小。由实验3)和实验4)的测距结果可知,在满足奈奎斯特采样定理的条件下,该方法的频率估计值误差一直小于其余两种方法,且性能较为平稳,少有较大误差的频率估计值出现。

通过上述测距实验可知,交叉信息融合法的频率估计值绝对误差主要保持在$[0,2]$Hz这个频率范围内,测距精度均能保持在毫米级。从各单段信号采样点数不相等和多段信号采样点数变化条件下的测距实验可知,随着单段信号采样点数的递增,交叉信息融合法的测距精度还有提升的空间;从中心频率变化和采样频率变化条件下的测距实验可知,交叉信息融合法的性能较为稳定、鲁棒性较好、适用范围较广。

整体而言,交叉信息融合法的频率估计值误差一直低于分频等长融合法和差频融合法,几乎没有出现偏差较大的频率估计值,且能保持较为平稳的性能。其中,交叉信息融合法的误差范围更小、精度更高,适用于高精度测距场合。

6.4　基于 FPGA 的测距方法实现

6.4.1　基于 Rife 和 Jacobsen 测频组合的测距方法及应用

Rife 测频法及 Jacobsen 测频法仅利用信号 FFT 频谱中的三条谱线(最大谱线及其左右相邻两条谱线)便可精确估计出信号的频率,算法简单,计算量小,易于硬件实现,且能满足 FPGA 片内资源有限和雷达系统实时性的要求。本节将 Rife 测频法和 Jacobsen 测频法应用到 LFMCW 雷达差拍信号的处理中,给出一种基于 Rife 和 Jacobsen 测频组合的 LFMCW 雷达测距方法;并通过 LFMCW 雷达测距实验系统现场测距实验进行验证。

1)方法原理

基于 Rife 和 Jacobsen 测频组合的 LFMCW 雷达测距方法的基本思想如图6 - 12 所示。首先,对差拍信号进行加窗截取,以避开非规则区差拍信号,获得 N_0 段规则区的差拍信号;其次,通过确定一个算子,智能选择应用 Rife 测频法或 Jacobsen 测频法估计单段规则区差拍信号的频率,并根据式(6 - 8)获得距离信息;然后,重复上一步操作,直至完成 N_0 段规则区差拍信号的距离提取,并获得 N_0 个距离估计值;最后,剔除其中的无效距离值,取其有效距离值的算术平均值作为 LFMCW 雷达最终的测距结果 $\hat{R}$。

(1)获取多段规则区信号。理论上锯齿波调频方式下的发射/反射/差拍信号

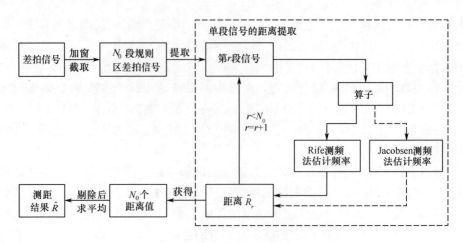

图 6 - 12　方法基本思想

如图 6 – 13 所示,但工程中信号源(VCO)发出的调频信号存在如图 6 – 13(a)所示的特征,即在调频周期结束时刻信号的频率不能立刻降为起始频率 f_0,而是需要一定的时间才能下降至 f_0。因此,调频周期的起始时刻和结束时刻存在无效数据,规则区差拍信号的实际长度略小于 $T-\tau$。

如图 6 – 13(b)所示,通过加时间窗的方式,截取差拍信号中的规则区段(阴影区域),可获得多段规则区的差拍信号。具体实现方法是:在 VCO 调频周期的起始时刻开始计时,在等待 T_1 时宽后对差拍信号进行截取,截取长度为 T_2;在下一个调频周期中,重复上一个周期的操作即可。

建立多段规则区差拍信号的数学模型如下:假设有 N_0 段信号,各段信号的频率均为 f_{IF},采样频率为 f_s,每段信号的长度为 N,第 r 段信号的振幅和初相分别为 A_r 和 θ_r,则

$$x_r(n) = A_r\cos(2\pi f_{\mathrm{IF}}n/f_s + \theta_r)\,;n = 1,2,\cdots,N;r = 1,2,\cdots,N_0 \qquad (6-9)$$

式中:$x(n)$ 表示差拍信号;$x_r(n)$ 表示 $x(n)$ 中第 $r(r\in[1,N_0])$ 段规则区差拍信号,N_0 段信号可表示为 $\{x_1(n),x_2(n),\cdots,x_r(n),\cdots x_{N_0}(n)\}$。

定量确定时宽 T_1 和 T_2,以及样本数 N 的值。设置 LFMCW 该雷达测距实验系统的相关参数为:锯齿波调频,调频带宽 $B = 1\mathrm{GHz}$,调频周期 $T = 10\mathrm{ms}$,差拍信号的采样频率 $f_s = 500\mathrm{kHz}$。

① 时宽 T_1 和 T_2 的值。根据 $\tau = 2R/c$,可知信号的最长传播时延为 $\tau_{\max} = 2R_{\max}/c = 0.2\mu\mathrm{s}$。故理论上非规则差拍信号的长度为 $\tau_{\max}\cdot f_s\approx 1$ 点,规则区差拍信号的长度为 $(T-\tau_{\max})\cdot f_s\approx 4999$ 点;但是,实际工程中 LFMCW 雷达的差拍信号在调频周期的起始时刻和结束时刻存在无效数据,为确保避开这部分无效数据,设定 $T_1 = 450\cdot 1/f_s = 0.9\mathrm{ms}$,$T_2 = 4096\cdot 1/f_s = 8.192\mathrm{ms}$。

可简要理解为:一个完整调频周期的差拍信号采样点数为 5000 点,回避前 450 点,截取其中第 451 ~ 4546 点之间的数据(共 4096 点)作为提取的规则区差拍

240

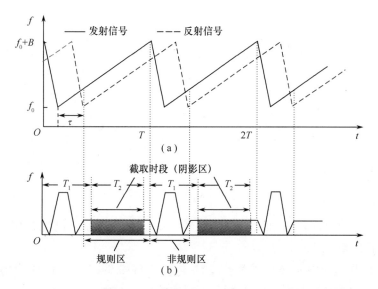

图 6-13　发射信号、反射信号的时频曲线,差拍信号的时频曲线

(a)发射信号、反射信号时频图;(b)差拍信号时频图。

信号,可确保避开非规则区。

②样本数 N 的值。根据设计的 T_1 和 T_2 的值,可看出样本数 $N=4096$,且为 2 的整数次幂,FFT 运算速度较快。经 MATLAB 测试,4096 点 FFT 的运算时间甚至仅占 4090 点 FFT 运算时间的 3.7%。

(2)单段信号的距离提取。以单段规则区差拍信号作为研究对象。假设对第 $r(r\in[1,N_0])$ 段规则区差拍信号 $x_r(n)$ 做 N 点 FFT,得到其离散频谱为

$$X_k = \sum_{n=0}^{N-1} x_r(n)\,\mathrm{e}^{-\mathrm{j}\frac{2\pi}{N}kn} = \frac{A_r \cdot \sin[\pi(k-f_{\mathrm{IF}}/\Delta f)]}{2\sin[\pi(k-f_{\mathrm{IF}}/\Delta f)/N]} \cdot \mathrm{e}^{\mathrm{j}[\theta_r-\frac{N-1}{N}(k-f_{\mathrm{IF}}/\Delta f)\pi]},$$

$$k=0,1,\cdots,N-1 \qquad (6-10)$$

式中:Δf 为频率分辨率,$\Delta f=f_s/N$。

记信号 $x_r(n)$ 的幅度谱为 $|X_k|$,则

$$|X_k| = \left|\frac{A_r \cdot \sin[\pi(k-f_{\mathrm{IF}}/\Delta f)]}{2\sin[\pi(k-f_{\mathrm{IF}}/\Delta f)/N]}\right|;k=0,1,\cdots,N-1 \qquad (6-11)$$

由于实序列的 FFT 频谱具有对称性,故只对幅值谱 $|X_k|$ 中的前 $N/2$ 点进行幅值搜索。记 $|X_k|$ 中的最大幅值为 $|X_{k_0}|$,其对应的位置序号为 k_0,则 k_0 满足关系 $k_0 = \mathrm{int}[f_c/\Delta f]$,$\mathrm{int}[x]$ 表示取最接近 x 的整数。

则根据 Rife 测频法和 Jacobsen 测频法,可分别获得 $\hat{f}_{\mathrm{IF}}$ 的计算表达式为

$$\hat{f}_{\mathrm{IF}} = \Delta f\left(k_0 + b\,\frac{|X_{k_0+b}|}{|X_{k_0+b}| + |X_{k_0}|}\right) \tag{6-12}$$

$$\hat{f}_{\mathrm{IF}} = \Delta f\left\{k_0 + \frac{\tan(\pi/N)}{\pi/N}\mathrm{Real}\left(\frac{X_{k_0-1} - X_{k_0+1}}{2X_{k_0} - X_{k_0-1} - X_{k_0+1}}\right)\right\} \tag{6-13}$$

将式(6-12)和式(6-13)分别代入式(6-8)中,获得距离估计值为

$$\hat{R}_r = \frac{cT}{2B}\hat{f}_{\mathrm{IF}} = \frac{cT}{2B}\cdot\frac{f_s}{N}\left(k_0 + b\,\frac{|X_{k_0+b}|}{|X_{k_0+b}| + |X_{k_0}|}\right) \tag{6-14}$$

$$\hat{R}_r = \frac{cT}{2B}\hat{f}_{\mathrm{IF}} = \frac{cT}{2B}\cdot\frac{f_s}{N}\left\{k_0 + \frac{\tan(\pi/N)}{\pi/N}\mathrm{Real}\left(\frac{X_{k_0-1} - X_{k_0+1}}{2X_{k_0} - X_{k_0-1} - X_{k_0+1}}\right)\right\} \tag{6-15}$$

式中:当 $|X_{k_0+1}| > |X_{k_0-1}|$ 时,$b = 1$,反之,$b = -1$;$\hat{R}_r$ 为第 r 段规则区差拍信号 $x_r(n)$ 的距离提取值。

单独应用基于 Rife 测频的测距方法或基于 Jacobsen 测频的测距方法进行测距,在距离谱中存在精度较差的片区,下面实验已验证存在这一不足。故提出以自定义参数 β 作为算子,对两种测距方法进行选择,可提高雷达在整个距离谱中的测距精度。参数 β 的表达式为

$$\beta = \frac{|X_{k_0}|}{|X_{k_0+b}|} \tag{6-16}$$

其判别方法是:①当 $\beta \leqslant \beta_0$ 时(β_0 经实验确定为4),应用 Rife 测频法估计信号 $x_r(n)$ 的频率 f_{IF}(见式(6-12));②当 $\beta > \beta_0$ 时,应用 Jacobsen 测频法估计信号 $x_r(n)$ 的频率 f_{IF}(见式(6-13))。根据式(6-14)或式(6-15),即可获得信号 $x_r(n)$ 的距离提取值 $\hat{R}_r$。

(3)测距结果。由于实际工程中的 LFMCW 雷达系统不可避免存在一定的不稳定性,具体表现如下:

① 由单段规则区差拍信号提取的距离值通常因为噪声或其他干扰,而与真实距离存在一定的偏差;甚至可能会较大的背离真实距离,距离提取值无效。以 LFMCW 雷达测距系统为例,利用该测距雷达在 5~30m 范围内进行测试,会出现单段信号的距离提取值为数百米的情况,该距离提取值明显无效。

② 由多段规则区差拍信号提取的距离值(在剔除无效距离值之后),通常在一定幅度内围绕真实距离呈现波动。

本节给出无效距离值和有效距离值的概念如下:若获得的距离值 $\hat{R}_r$ 满足 $\hat{R}_r \geqslant$ 30.1m 或 $\hat{R}_r \leqslant 4.9$m 时(雷达系统主要服务于 5~30m 范围内的测距需要),则 $\hat{R}_r$ 称为无效距离值;若满足 4.9m $< \hat{R}_r < 30.1$m 时,则 $\hat{R}_r$ 称为有效距离值。其中用于界定距离值有效或无效的范围可根据需要进行更改。

通过对大样本的 N_0(取 $N_0 = 1000$)段规则区差拍信号进行联合分析,以克服雷达系统不稳定对测距精度的影响。对 N_0 段规则区差拍信号分别进行单段信号的距离提取,可获得 N_0 个距离估计值,即

$$\hat{R}' = \{\hat{R}_1, \hat{R}_2, \cdots, \hat{R}_{N_0}\} \qquad (6-17)$$

对 $\hat{R}'$ 中的距离元素进行有效距离识别(识别方法参考前文给出的有效距离值的定义),仅提取其中的有效距离值,即

$$\hat{R}'' = \mathrm{identify}\{\hat{R}'\} \qquad (6-18)$$

式中:函数 $\mathrm{identify}\{P\}$ 表示对数组 P 中的元素进行识别,仅提取其中的有效值。

以 $\hat{R}''$ 的算术平均值作为雷达的最终测距结果,可克服雷达系统不稳定对测距结果的影响,进而从测距方法设计层面增强系统的稳定性,提高测距精度,即

$$\hat{R} = \mathrm{mean}\{\hat{R}''\} \qquad (6-19)$$

式中:$\hat{R}$ 表示雷达的最终测距结果;函数 $\mathrm{mean}\{P\}$ 表示取数组 P 中所有元素的算术平均值。

2)方法实现

本节将基于 Rife 和 Jacobsen 测频组合的 LFMCW 雷达测距方法实现于 LFMCW 雷达测距实验系统中,为验证方法的有效性做准备。应用的开发工具是 Quartus Ⅱ 软件及其集成的 SOPC Builder 工具、Programmer 工具和 Nios Ⅱ 集成开发环境(Integrated Development Environment, IDE)。

(1)电路原理图的软件设计。在 Quartus Ⅱ 开发环境下,新建一个目标器件为 EP3C55F484C8N 的可编辑工程文件,并利用 Quartus Ⅱ 软件自带的基础元件以及利用硬件描述语言(VHDL)设计元件的方式进行电路原理图的软件设计。设计结果如图 6 – 14 所示。

将图 6 – 14 设计的模块进行整合,如图 6 – 15 所示。该模块内部电路原理图的 RTL 视图如图 6 – 16 所示。

(2)Nios Ⅱ 处理器的软件设计。Nios Ⅱ 处理器是 Altera 公司特有的第二代基于 FPGA 架构的软核微处理器,用户可以在 FPGA 中添加一个或多个 Nios Ⅱ 处理器软核,自行定制 I/O 接口以满足设计需要。Nios Ⅱ 处理器内部的控制指令和逻辑运算指令均利用 FPGA 通用的逻辑资源实现,能够充分利用 FPGA 资源丰富的优势。

LFMCW 雷达测距实验系统通过在 FPGA 芯片中嵌入 Nios Ⅱ 处理器软核,使得 FPGA 在雷达系统中充当了信号处理器和控制器的双角色。充当信号处理器主要是指雷达系统利用 Nios Ⅱ 处理器配合完成雷达测距方法的实现;充当控制器主要是指利用 Nios Ⅱ 处理器完成 LCD、USB、SDRAM/FLASH 存储单元和 PS2 键盘等的控制。

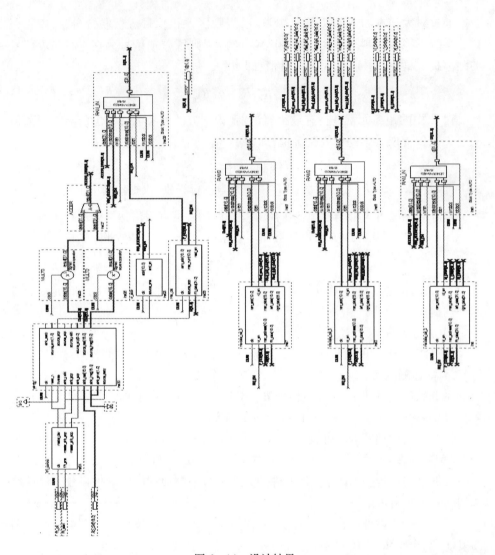

图 6 – 14　设计结果

（3）Nios II 处理器软核的嵌入方法。Quartus II 软件集成的 SOPC Builder 工具提供了新建和配置 Nios II 处理器软核的向导驱动图形用户界面，利用该工具添加一个 Nios II 处理器模块，并根据设计需要定制 I/O 接口，结果如图 6 – 17 所示。

Nios II 处理器内部的控制及逻辑运算指令利用 Quartus II 软件内嵌的 Nios II IDE 工具进行定制，采用 C 语言进行编程，简单方便。雷达系统的 Nios II 处理器中用于驱动外设的相关控制程序较为完善，这里主要对核心程序进行说明。

首先，根据表 6 – 27 所列，将图 6 – 15 中的相关引脚与图 6 – 17 中的相应引脚进行连接；然后，在 Nios II IDE 中使用 sqrt 函数将功率值转换为幅值，并编程实现式（6 – 12）~式（6 – 16）的功能。

244

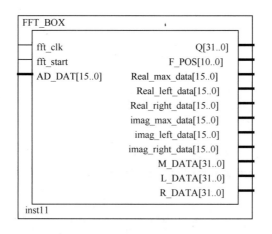

图 6-15　整合模块

表 6-27　引脚连接说明

图 6-15 中的引脚	图 6-17 中的引脚
Q[36..0]	in_port_to_the_Q_DATA[36..0]
F_POS[10..0]	in_port_to_the_MAX_ADDRESS[10..0]
Real_max_data[15..0]	in_port_to_the_REAL_MAX_DATA[15..0]
Real_left_index[15..0]	in_port_to_the_REAL_LEFT_DATA[15..0]
Real_right_index[15..0]	in_port_to_the_REAL_RIGHT_DATA[15..0]
IMAG_max_data[15..0]	in_port_to_the_IMAG_MAX_DATA[15..0]
IMAG_left_index[15..0]	in_port_to_the_IMAG_LEFT_DATA[15..0]
IMAG_right_index[15..0]	in_port_to_the_IMAG_RIGHT_DATA[15..0]
M_DATA[36..0]	in_port_to_the_M_DATA[36..0]
L_DATA[10..0]	in_port_to_the_L_DATA[36..0]
R_DATA[36..0]	in_port_to_the_R_DATA[36..0]

经多次实验发现,由于系统的不稳定,单段信号的距离提取值存在明显无效的数据(距离提取值不在 5~30m 范围内)。故应用该测距方法减小系统不稳定对雷达测距精度的影响。在应用 C 语言编程时,其具体实现方法是:当 $\hat{R}_r \geqslant 30.1\text{m}$ 或 $\hat{R}_r \leqslant 4.9\text{m}$ 时(雷达系统主要服务于 5~30m 范围内的测距需要),对这些明显无效的测距值进行剔除,仅保留 $4.9\text{m} < \hat{R}_r < 30.1\text{m}$ 范围内的测距结果;同时,采用循环的方式,对表 6-27 中所列的图 6-17 中相应引脚进行多次读取(如 1000 次),仅取满足 $4.9\text{m} < \hat{R}_r < 30.1\text{m}$ 条件的测距结果的算术平均值作为雷达的最终测距结果。

(4)方法嵌入。将图 6-15 所示的模块与 NiosⅡ模块进行连接,并嵌入 LFMCW 雷达测距系统的源程序文件中,结果如图 6-18 所示。图中包含的 dds 模块、fifo 模

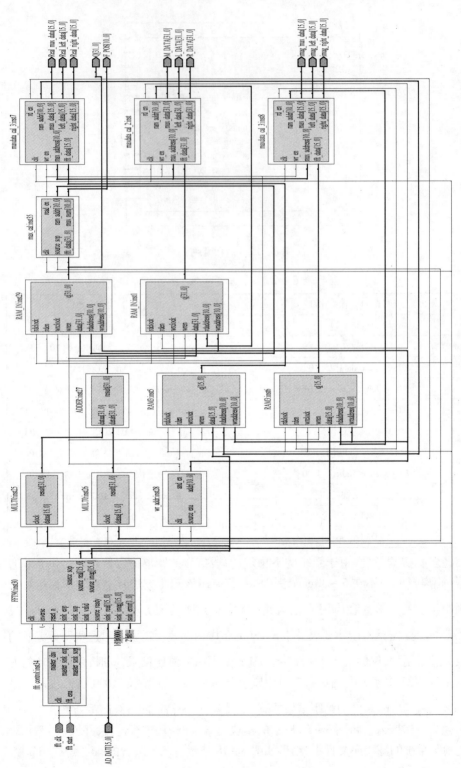

图6-16 内部电路原理图(RTL视图)

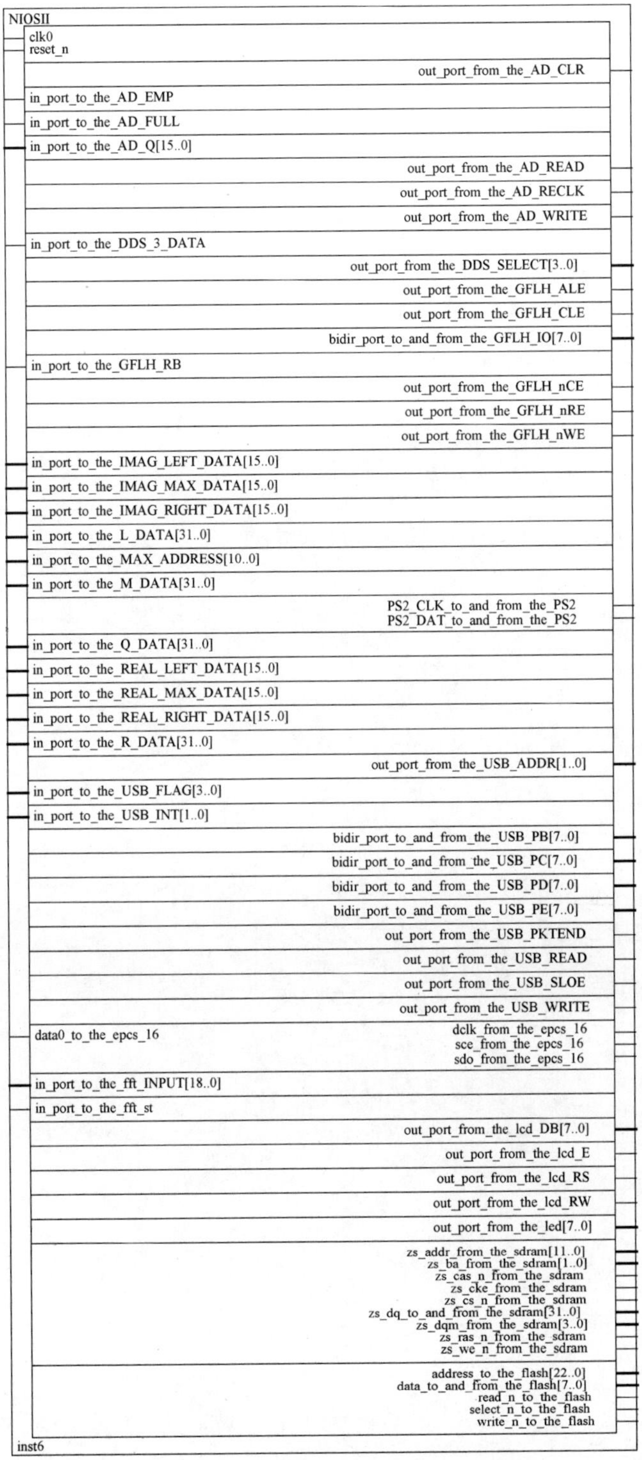

```
NIOSII
clk0
reset_n
                                                        out_port_from_the_AD_CLR
in_port_to_the_AD_EMP
in_port_to_the_AD_FULL
in_port_to_the_AD_Q[15..0]
                                                        out_port_from_the_AD_READ
                                                        out_port_from_the_AD_RECLK
                                                        out_port_from_the_AD_WRITE
in_port_to_the_DDS_3_DATA
                                                        out_port_from_the_DDS_SELECT[3..0]
                                                        out_port_from_the_GFLH_ALE
                                                        out_port_from_the_GFLH_CLE
                                                        bidir_port_to_and_from_the_GFLH_IO[7..0]
in_port_to_the_GFLH_RB
                                                        out_port_from_the_GFLH_nCE
                                                        out_port_from_the_GFLH_nRE
                                                        out_port_from_the_GFLH_nWE
in_port_to_the_IMAG_LEFT_DATA[15..0]
in_port_to_the_IMAG_MAX_DATA[15..0]
in_port_to_the_IMAG_RIGHT_DATA[15..0]
in_port_to_the_L_DATA[31..0]
in_port_to_the_MAX_ADDRESS[10..0]
in_port_to_the_M_DATA[31..0]
                                                        PS2_CLK_to_and_from_the_PS2
                                                        PS2_DAT_to_and_from_the_PS2
in_port_to_the_Q_DATA[31..0]
in_port_to_the_REAL_LEFT_DATA[15..0]
in_port_to_the_REAL_MAX_DATA[15..0]
in_port_to_the_REAL_RIGHT_DATA[15..0]
in_port_to_the_R_DATA[31..0]
                                                        out_port_from_the_USB_ADDR[1..0]
in_port_to_the_USB_FLAG[3..0]
in_port_to_the_USB_INT[1..0]
                                                        bidir_port_to_and_from_the_USB_PB[7..0]
                                                        bidir_port_to_and_from_the_USB_PC[7..0]
                                                        bidir_port_to_and_from_the_USB_PD[7..0]
                                                        bidir_port_to_and_from_the_USB_PE[7..0]
                                                        out_port_from_the_USB_PKTEND
                                                        out_port_from_the_USB_READ
                                                        out_port_from_the_USB_SLOE
                                                        out_port_from_the_USB_WRITE
data0_to_the_epcs_16
                                                        dclk_from_the_epcs_16
                                                        sce_from_the_epcs_16
                                                        sdo_from_the_epcs_16
in_port_to_the_fft_INPUT[18..0]
in_port_to_the_fft_st
                                                        out_port_from_the_lcd_DB[7..0]
                                                        out_port_from_the_lcd_E
                                                        out_port_from_the_lcd_RS
                                                        out_port_from_the_lcd_RW
                                                        out_port_from_the_led[7..0]
                                                        zs_addr_from_the_sdram[11..0]
                                                        zs_ba_from_the_sdram[1..0]
                                                        zs_cas_n_from_the_sdram
                                                        zs_cke_from_the_sdram
                                                        zs_cs_n_from_the_sdram
                                                        zs_dq_to_and_from_the_sdram[31..0]
                                                        zs_dqm_from_the_sdram[3..0]
                                                        zs_ras_n_from_the_sdram
                                                        zs_we_n_from_the_sdram
                                                        address_to_the_flash[22..0]
                                                        data_to_and_from_the_flash[7..0]
                                                        read_n_to_the_flash
                                                        select_n_to_the_flash
                                                        write_n_to_the_flash
inst6
```

图 6-17　Nios Ⅱ处理器模块

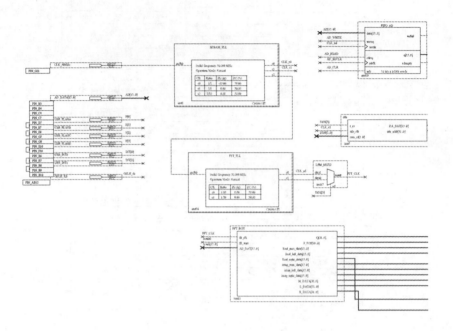

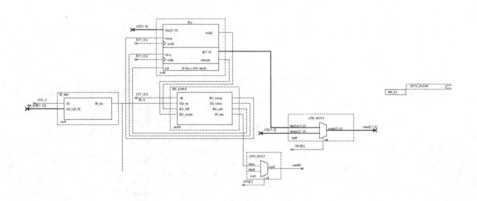

图 6-18　雷达系统

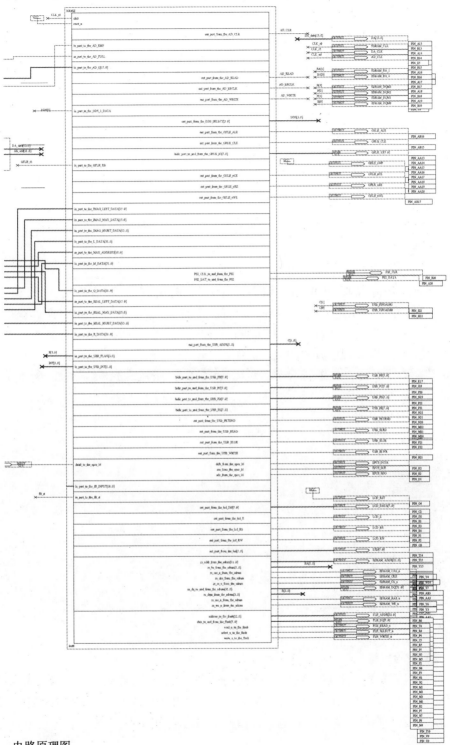

电路原理图

块、FIFO_AD 模块和锁相环部分均为雷达系统的源程序,此处不做介绍。

应用 Quartus Ⅱ 软件对图 6 - 18 所示的程序文件进行编译、绑定引脚和再编译等步骤,得到 FPGA 资源使用情况如表 6 - 28 所列。可见,该测距方法能够在 FP-GA EP3C55F484C8N 芯片内进行编程实现,且该芯片备有富余资源以供进一步改进方法。

表 6 - 28　FPGA 资源使用

资源类型	已用	可用	利用率/%
逻辑单元(LEs)/B	13909	55856	25
寄存器	0	10679	0
引脚	244	328	74
存储器容量/B	1862656	2396160	78
9 bit 嵌入式乘法器单元	52	312	17
PLL 资源	2	4	50

将该方法嵌入 LFMCW 雷达测距系统中(见图 6 - 4)。实现方法:如图 6 - 19 所示,利用 Quartus Ⅱ 软件集成的 Programmer 工具,在 JTAG 模式下,将编译获得的 SOF 文件(下载文件)通过 USB - Blaster 下载器(见图 6 - 20)载入至雷达系统的 FPGA 芯片中,即实现该方法的嵌入。

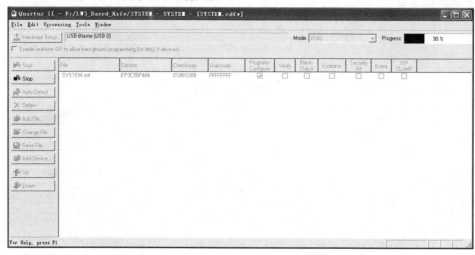

图 6 - 19　下载界面

3) 实验验证

利用 LFMCW 雷达测距实验系统开展现场测距实验,检验该方法在系统中的实际测距性能,并与工程应用广泛的差拍 - 傅里叶测距法(利用 FFT 距离谱中最大谱线对应的距离作为目标距离估计值)的性能对比。

250

图 6 - 20　USB - Blaster 下载器

在已知 $\hat{f}_{\mathrm{IF}}$ 时,可以根据式(6 - 14)或式(6 - 15)计算出理论的距离值。但实际中由于雷达系统的信号源(VCO)存在一定的非线性,且收/发天线与混频器之间采用线缆进行连接,具有一定的传播时延,利用式(6 - 14)或式(6 - 15)计算的距离与实际距离存在较大偏差,故需要通过反复实验对距离公式(6 - 14)和式(6 - 15)进行校正。以锯齿波调频,调频周期 $T = 10\mathrm{ms}$、调频带宽 $B = 1\mathrm{GHz}$ 的雷达参数为例,其校正后的距离公式为

$$R = 1.369 \times 10^{-3} \times (f_{\mathrm{IF}} - 1253)(\mathrm{m}) \tag{6 - 20}$$

利用式(6 - 20)替代式(6 - 14)和式(6 - 15)进行距离计算。可见,雷达系统的实际距离分辨力为 $\Delta R = 1.369 \times f_{\mathrm{s}}/N = 167\mathrm{mm}$。

实验方案:测试该方法在系统实验中单个距离分辨单元的测距性能。随机选取 FFT 距离谱中的量化距离点 $R_0 = 6.825\mathrm{m}$(左右相邻量化距离点分别为 $6.658\mathrm{m}$ 和 $6.992\mathrm{m}$),在目标距离范围 $(R_0 - \Delta R/2, R_0 + \Delta R/2)$(范围为 $[6.7415\mathrm{m}, 6.908.5\mathrm{m}]$)内,以 10mm 为间距,取 17 个待测距离点 $R_n^c = 6.745 + n \times 0.01$($n = 1, 2, \cdots, 17$)进行测距实验。

实验结果如表 6 - 29 所列,实验误差分布如图 6 - 21 所示。

表 6 - 29　实验结果

| 组数 | 目标距离/m | δ_R | 测量结果/m | | | |绝对误差|/mm | | |
			基于 Rife 的测距法	基于 Jacobsen 的测距法	组合方法	基于 Rife 的测距法	基于 Jacobsen 的测距法	组合方法
1	6.745	- 0.48	6.742	6.792	6.742	3	47	3
2	6.755	- 0.42	6.751	6.714	6.751	4	41	4
3	6.765	- 0.36	6.773	6.729	6.773	8	36	8
4	6.775	- 0.30	6.787	6.803	6.787	12	28	12
5	6.785	- 0.24	6.769	6.767	6.769	16	18	16
6	6.795	- 0.18	6.813	6.808	6.808	18	13	13
7	6.805	- 0.12	6.828	6.811	6.811	23	6	6
8	6.815	- 0.06	6.842	6.812	6.812	27	3	3

组数	目标 距离/m	δ_R	测量结果/m			|绝对误差|/mm		
			基于 Rife 的 测距法	基于 Jacobsen 的 测距法	组合 方法	基于 Rife 的 测距法	基于 Jacobsen 的 测距法	组合 方法
9	6.825	0	6.785	6.826	6.826	40	1	1
10	6.835	+0.06	6.861	6.837	6.837	26	2	2
11	6.845	+0.12	6.867	6.838	6.838	22	7	7
12	6.855	+0.18	6.837	6.869	6.869	18	14	14
13	6.865	+0.24	6.880	6.884	6.880	15	19	15
14	6.875	+0.30	6.887	6.902	6.887	12	27	12
15	6.885	+0.36	6.878	6.851	6.878	7	34	7
16	6.895	+0.42	6.890	6.855	6.890	5	40	5
17	6.905	+0.48	6.907	6.953	6.907	2	48	2

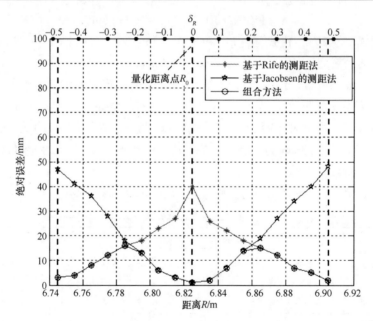

图 6-21　误差分布

从表 6-29 和图 6-21 中可以看出：

（1）该组合方法的测距性能优于基于 Rife 的测距方法和基于 Jacobsen 的测距方法；在整个距离分辨单元内，组合方法均能保持较好的测距精度。

（2）当 R_n^c 位于 $0.18 \leqslant |\delta_R| \leqslant 0.3$ 区域时（占整个距离谱的 24%），组合方法的误差略大，其最大绝对误差为 16mm；而在其他区域时（占整个距离谱的 76%），组合方法的绝对误差均小于 10mm。

（3）采用组合方法进行测距，所得结果的标准差和平均绝对误差分别为9.1mm和7.6mm。

6.4.2 基于分段双线幅度测距方法及应用

1）方法原理

现已提出的各种测距方法均是针对规则区差拍信号进行处理，采用分段双线幅度测距法的基本思想：首先，利用 6.2 节所述的同步间断采样方式获取多段等长规则区差拍信号，保证分段双线幅度测距法一直处理有效信号；然后，确定一个经验算子 r，比较 α（即信号实际频率与最大谱线对应频率的相对偏差）与经验算子 r 的大小，利用分段双线幅度测距法分段处理所得信号，提取信号中携带的距离信息；最后，根据 LFMCW 雷达测距条件判断结果是否有效，取有效测距结果输出显示。

（1）获取规则区信号。根据 6.2.1 节分析，LFMCW 雷达的发射信号为 VCO 在调频电压控制下产生的线性调频连续波信号。控制 VCO 的调频电压通过开环非线性校正产生，保证 VCO 的线性输出，该校正数据存储于 ROM 中。以锯齿波调频为例，假设雷达参数为：调频周期 $T = 10\text{ms}$，调频带宽 $B = 1\text{GHz}$，ADC 采样频率为 500kHz，单段差拍信号的采样点数 $N = 4096$。FPGA 中的自定义 DDS 模块在系统时钟频率 50MHz 下以一定步长从 0 累加，达到触发条件后数据置 0，重新累加。如此循环，保证 FPGA 每 10ms 产生一段 1~5000 的线性数字信号，记为 $a(n)(n = 1,2,\cdots,5000)$，该数字信号作为地址输入 ROM，读取调频电压数据，控制 VCO 输出。发射信号与经时间延迟 t_d 接收到的回波信号混频，产生包含非规则区的差拍信号。

由 6.3 节可知，LFMCW 雷达平台的测距范围 $l = 5 \sim 30\text{m}$，理论上时间延迟 t_d 最长为 $t_{d\max}2l_{\max}/c = 0.2\mu\text{s}$，其中 c 为电磁波传播速度，则规则区差拍信号的产生从 $n = 2$ 开始，取 $n = 5$。

获取规则区差拍信号的方法如下：

① 利用自定义 DDS 模块获取触发条件，当 DDS 模块中的数据置 0 重新累加时，采用时间同步技术，开始计数，$n = 1,2,\cdots,5000$。

② 当 $n = 5$ 时，条件触发，开始获取有效数据。

③ 当有效数据获取长度达到 4096，即 $n = 4100$ 时，条件触发，数据获取结束，该周期内规则区差拍信号获取成功。

④ 重复上述步骤，获取多段规则区信号，保证 LFMCW 雷达可重复有效测量。

（2）提取距离信息。分段双线幅度测距法是一种结合 Rife 算法和 IRife 算法提出的 LFMCW 雷达测距方法，需要确定经验算子 r（取 $r = 0.25$）。根据 α 与 r 的大小判断采用 Rife 算法或 IRife 算法：当 $\alpha \geq r$ 时，采用 Rife 算法处理信号；当 $\alpha < r$ 时，采用 IRife 算法。

获取单段规则区差拍信号序列后,记该段信号序列为

$$x(m) = s(m) + v(m); m = 0, 1, \cdots, N-1 \qquad (6-21)$$

式中: $s(m) = A \cdot \cos(2\pi m f_0/f_s + \phi_0)$, $s(m)$ 表示理想情况下的差拍信号(单频正弦形式)(其中: A 、 f_0 、 f_s 、 ϕ_0 分别表示振幅、实际频率、采样频率和初相); $v(m)$ 为噪声序列; N 为样本数 4096。

对 $x(m)$ 做 N 点 FFT,得到 $X(m) = S(m) + V(m)$ $(m = 0, 1, \cdots, N-1)$,利用自定义功能模块搜索 FFT 后的谱线值,记最大值为 $|X(m_0)|$,则次大谱线值为 $|X(m_0 + \lambda)|(\lambda = \pm 1)$ 。当 $|X(m_0+1)| \geqslant (X(m_0-1)|$ 时, $\lambda = 1$;否则, $\lambda = -1$ 。

利用两根谱线计算频率插值 α , α 也是信号实际频率与最大谱线对应频率的相对偏差,即

$$\alpha = \frac{|X(m_0 + \lambda)|}{|X(m_0 + \lambda)| + |X(m_0)|} \qquad (6-22)$$

比较 α 与 r 的大小。方法如下:

① 当 $\alpha \geqslant r$ 时,采用 Rife 算法计算的差拍信号频率为

$$\hat{f}_0 = \frac{f_s}{N}(m_0 + \lambda\alpha)$$

$$= \frac{f_s}{N}\left(m_0 + \frac{\lambda|X(m_0 + \lambda)|}{|X(m_0 + \lambda)| + |X(m_0)|}\right) \qquad (6-23)$$

② 当 $\alpha < r$ 时,采用频谱搬移技术使实际信号位于最大谱线与次大谱线之间的中心区域,频谱搬移因子为

$$\rho = \frac{1}{2} - \alpha = \frac{1}{2} - \frac{|X(m_0 + \lambda)|}{|X(m_0 + \lambda)| + |X(m_0)|} \qquad (6-24)$$

频移后频谱为

$$X(m)' = X(m - \lambda\rho)$$

$$= \sum_{m=0}^{N-1} x(m - \lambda\rho) \mathrm{e}^{-\mathrm{j}\frac{2\pi}{N}k(m-\lambda\rho)} \qquad (6-25)$$

采用 IRife 算法计算的差拍信号频率为

$$\hat{f}_0 = \frac{f_s}{N} \cdot \left(m_0 - \lambda\rho + \frac{\lambda \cdot |X(m_0 + \lambda - \lambda\rho)|}{|X(m_0 + \lambda - \lambda\rho)| + |X(m_0 - \lambda\rho)|}\right) \qquad (6-26)$$

求得差拍信号频率 $\hat{f}_0$ 后,根据距离测量公式可得估计的目标距离 $\hat{l} = \frac{cT}{2B}\hat{f}_0$ 。

(3)输出测距结果。系统硬件方面的不稳定和分段双线幅度测距法进行信号处理过程中产生的误差累积可能导致某些距离估计结果远远偏离真值,得到无效距离。为此,根据 LFMCW 雷达测距条件(测距范围 $l = 5 \sim 30\mathrm{m}$)判断结果是否有效:当 $5.0\mathrm{m} \leqslant \hat{l} < 30.0\mathrm{m}$ 时,判定距离估计结果有效,输出测距结果;当 $\hat{l} < 5.0\mathrm{m}$ 或

$\hat{l} > 30.0\mathrm{m}$ 时,判定输出结果无效,重新获取规则区信号,提取距离信息,判断结果是否有效。

2)平台化实现

针对 FPGA 的开发工具主要有 Quartus II 和 NIOS II 集成开发环境(NIOS II IDE)。分段双线幅度测距法的实现需要 Quartus II 和 NIOS II IDE 互相配合,利用 Quartus II 完成硬件功能描述,如 FFT 处理部分的原理图设计、NIOS II 处理器模块的添加及自定义 I/O 接口的设计等;利用 NIOS II IDE 完成创建的 NIOS II 处理器模块的软件功能设计,如实数点处的 DFT 计算、估计距离值的转换、ADC 采样数据的存取、键盘的输入以及 LCD 屏的显示等。

(1)电路原理图的程序设计。在 Quartus II 软件中创建一个工程文件"SYSTEM. qpf",以原理图输入的设计方式完成对分段双线幅度测距法的硬件功能描述,其中 FFT 部分是进行信号处理的核心部分,具体功能模块设计如下:

① FFT 控制模块。FFT 控制模块(fft_control 模块)属于自定义模块,如图 6 - 22 所示。该模块实现的功能:ⓐ获取 N 点规则区差拍信号数据,输入 FFT IP 核;ⓑ将获取的数据存储到 AD_RAM 模块中,用于计算实数点的 DFT;ⓒ向 NIOS II 处理器传送读信号,控制 AD_RAM 模块中时域数据的读取。图中 clk 为时钟信号,fft_ena 为数据输入使能信号,master_en 为控制 FFT 模块进行 FFT 的使能信号,ad_wr_en 和 ad_wr_addr[11..0]分别表示输入 AD_RAM 的写使能信号和写地址信号,input_start 和 input_end 分别表示差拍信号输入的起始标志和结束标志,rd_start_en 为准备接收时域数据信号。

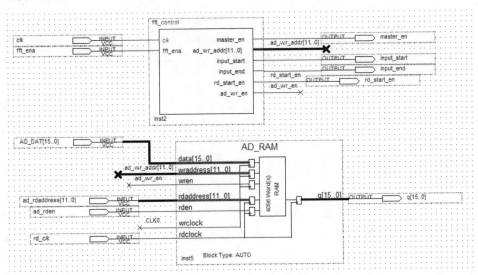

图 6 - 22　FFT 控制模块

为检验该模块设计的正确和有效,利用时序仿真对模块进行功能测试。功能测试参数设定:clk 时钟频率为 50MHz,第二个时钟后 fft_ena = '1',获取的数据长度 $N=128$。FFT 控制模块测试图如图 6-23 所示。

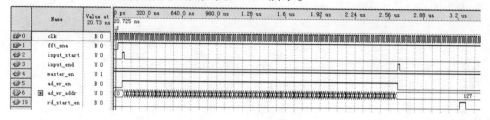

图 6-23　FFT 控制模块测试图

② FFT 模块。FFT 模块为 Quartus II 软件自带的 FFT IP 核,按步骤生成即可,FFT 模块如图 6-24 所示。该模块性能稳定,主要用于完成 N 点 FFT 运算,输出实部和虚部。按照设计需求,FFT 模块的数据转换长度设置为 4096,位宽 16bit,处理模式设置为 streaming 模式,可连续处理多段规则区信号,利于系统重复测量。图中 clk 为时钟信号,三个输入引脚 master_dav、sink_sop 和 sink_eop 分别对应 FFT 控制模块中 master_en、input_start 和 input_end 的输出引脚功能,AD_DAT[15..0] 为 ADC 采用得到的含非规则区的差拍信号,source_valid 为输出数据有效信号,source_real[15..0] 和 source_imag[15..0] 分别表示输入数据 FFT 后得到的实部和虚部。

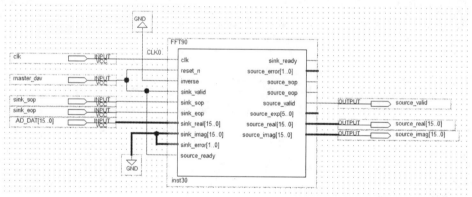

图 6-24　FFT 模块

③ 功率计算模块。功率计算模块主要求实部和虚部的平方和,实现功率值的计算,以便后续模块搜索离散谱中的最大值和次大值等,功率计算模块如图 6-25 所示。图中 MULT0 代表乘法器,实现输入数据 input_real[15..0] 和 input_imag[15..0] 的平方运算,得到 real2[31..0] 和 imag2[31..0],ADDER 代表加法器,得到功率值 sum[31..0],位宽 32bit。

利用时序仿真对模块进行功能测试。为便于观察,功能测试参数设定:clk 时钟频率为 50MHz,input_real[15..0] 和 input_imag[15..0] 均取 0~20 之间的整数。

256

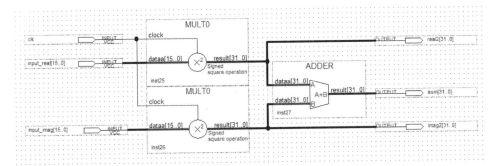

图 6 – 25　功率计算模块

由图 6 – 26 可知,功能模块设计正确。

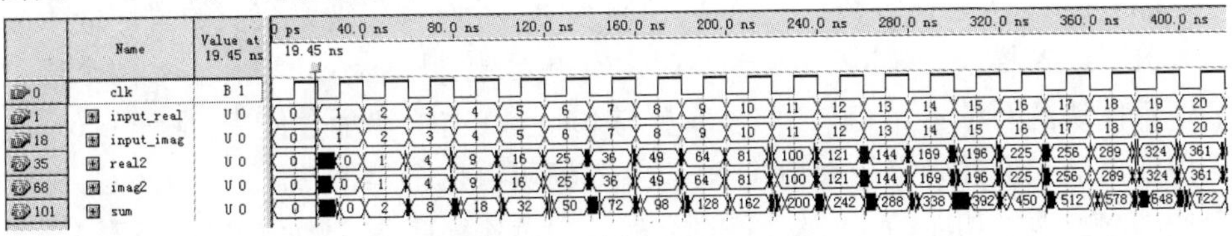

图 6 – 26　功率计算模块测试

④ 功率值搜索模块。功率值为离散频谱中谱线幅值的平方,功率值搜索模块主要通过搜索最大功率值和次大功率值,确定离散谱中最大谱线所在位置以及频率插值方向。功率值搜索模块由 wr_addr、max_cal、rd_sec 三个自定义模块以及软件自带的 RAM_IN、lpm_mux6、lpm_or0 组成,模块连接图如图 6 – 27 所示。

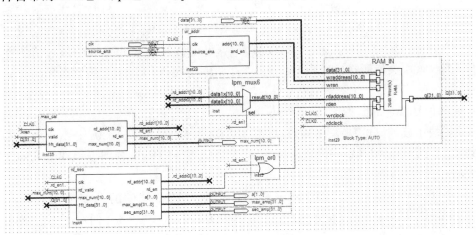

图 6 – 27　功率值搜索模块

RAM_IN 模块为双端口的功率值存储模块,按设计要求,数据深度设置为 2048,data[31..0]为功率计算模块输出的功率值。

wr_addr 模块为写控制模块,用于将计算的功率值顺序存入 RAM_IN 模块中。

clk 为时钟信号，source_ena 为 wr_addr 模块运行使能信号，输出引脚向 RAM_IN 发送写使能和写地址信号。

max_cal 模块为搜索功率值模块，用于搜索 RAM_IN 模块中的最大功率值，并记录最大值所在的位置 max_num[10..0]。

rd_sec 模块为搜索功率值模块，主要根据 max_cal 模块的搜索结果读取 RAM_IN 模块中的次大功率值，确定频率插值方向，同时将最大功率值和次大功率值输出。图 6-27 中 max_amp[31..0] 和 sec_amp[31..0] 分别表示输出最大功率值和输出次大功率值，a[1..0] 表示插值方向提示信号，其值为 1 或 3。当 $a=1$ 时，次大值在最大值的左边，插值方向为左；当 $a=0$ 时，次大值在最大值的右边，插值方向为右。

lpm_mux6 为二选一数据选择器，控制其中一个功率值搜索模块的写地址信号输入 RAM_IN 模块中。lpm_or0 为或门逻辑单元，控制 max_cal 和 rd_sec 两个功率值搜索模块的写使能信号。lpm_mux6 与 lpm_or0 需协调配合使用，保证 max_cal 先搜索出最大值并确定最大值位置，rd_sec 模块再执行其他功能。二者的协调配合使功率值搜索功能的实现仅需一个双端口 RAM 存储器，减少了 FPGA 存储资源的消耗。

将以上几大功能模块连接整合，得到 FFT 部分的电路原理图设计，如图 6-28 所示。通过 Quartus II 进行编译、综合得到该部分的 RTL 设计图，如图 6-29 所示。

利用时序仿真对该部分的功能进行测试，测试方法如下：

假定 $x(n)=50 \cdot \sin(2\pi fn/f_s)+50 (n=0,1,\cdots,N-1)$ 为 ADC 采样后的差拍信号序列，其中实际频率 $f=73$kHz，采样频率 $f_s=500$kHz，采样点数 $N=128$，设定 clk 时钟频率为 500kHz。通过 MATLAB 计算可得该段信号 FFT 后的最大值所在位置为 19，次大值所在位置为 18。将 $x(n)$ 循环输入 da[15..0]，观察时序仿真结果，如图 6-30 所示。图中 clk 为时钟信号，da[15..0] 为输入数据 $x(n)$，wr_en 为写使能信号，rd_addr1[10..0] 为 max_cal 模块的读地址信号，Q[31..0] 为从 RAM_IN 模块中读取到的功率值，max_amp[31..0] 和 Max_num[31..0] 分别表示搜索到的最大功率值和其所在位置，sec_amp[31..0] 和 a[1..0] 分别表示搜索到的次大值和其所在方向。

图 6-30(a) 表示 max_cal 模块开始读取 RAM_IN 中的功率值，rd_addr1 [10..0] 值从 1 递增，读取的第一个功率值 Q[31..0] 为 488，相对于 rd_addr1 [10..0] 信号的变化延迟了 3 个时钟；图 6-30(b) 显示了读取到的各位置处的功率值，rd_addr1[10..0] 值为 19 时，读取到的值最大，为 458693；图 6-30(c) 表示该段信号的 FFT 部分处理结束，最大功率值为 458693，所在位置为 19，次大值为 93969，插值方向为左。结果与 MATLAB 计算相一致，验证了功能正确。

表 6-30 给出了该部分经综合、布局布线后得到的 FPGA 资源使用情况。

258

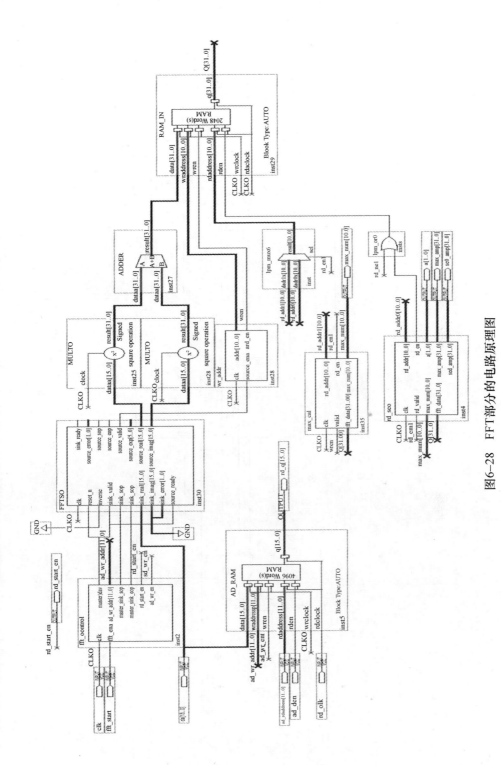

图6-28 FFT部分的电路原理图

259

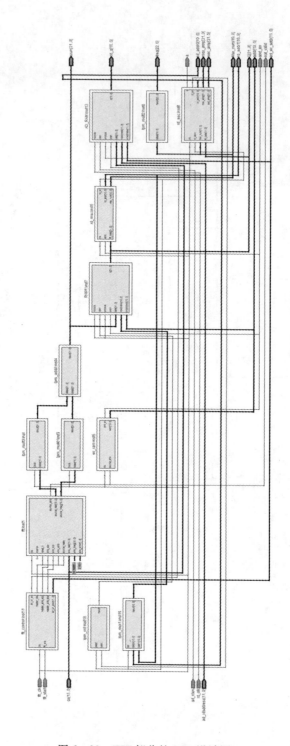

图 6 - 29　FFT 部分的 RTL 设计图

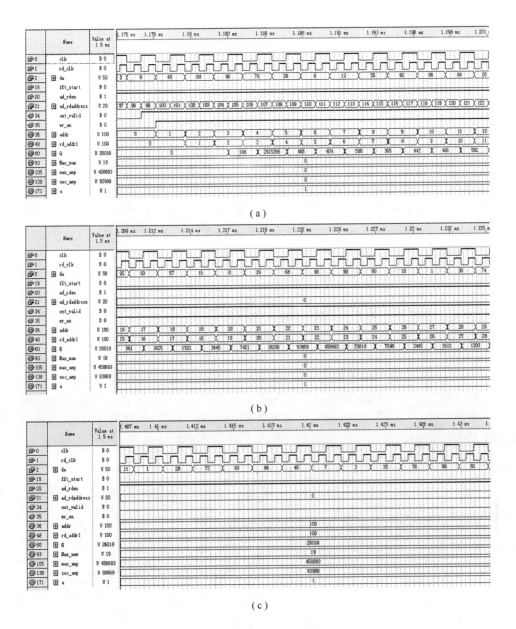

图 6 – 30　FFT 部分的功能测试图

表 6 - 30　FFT 部分的 FPGA 资源使用

Processing status	Fitting successful
Device for compilation	EP3C55F484C8N
Total logic elements	11676/55856（21%）
Total registers	9390
Total pins	156/328（48%）
Total memory bits	1294592/2396160（54%）
Embedded Multiplier 9 - bit elements	52/312（17%）

由表 6 - 30 可知,系统的 FFT 处理部分计算量小,资源占用少,且有富余资源用于系统整体设计和方法的优化改进。

（2）NIOS II 处理器的程序设计。NIOS II 处理器与常见的单片机相似,最大不同为它是一个软核,并且可配置,即只有 FPGA 下载设计程序后才具有 NIOS II 处理器的功能,并且可根据设计需要重新下载修改后的程序代码调整该处理器的性能、组成。

对 NIOS II 处理器的开发需要 Quartus II 软件的 SOPC Builder 工具和 NIOS II IDE,分别负责 NIOS II 处理器模块的创建、配置和程序功能设计。分段双线幅度测距法需要 NIOS II 处理器完成方法实现的关键点之一——实数点处的 DFT 计算,以及目标距离的转换、I/O 接口的控制等。处理器的创建和分段双线幅度测距法的部分程序设计如下:

① NIOS II 处理器的创建。通过 Quartus II 软件打开已创建好的工程文件"SYSTEM. qpf",与在原理图输入文件中创建其他模块类似,根据设计要求与操作步骤利用 SOPC Builder 工具创建一个标准型内核的 NIOS II 处理器。NIOS II 处理器需与原理图输入文件中的其他模块协调配合才能完成分段双线幅度测距法,表 6 -31给出了新增 I/O 接口与图 6 - 28 中的部分引脚连接说明。

表 6 - 31　I/O 接口与引脚说明

I/O 接口名称	方向	所连引脚	功能
out_port_from_the_Ad_rd_addr[11..0]	输出	ad_rdaddress[11..0]	写地址
out_port_from_the_Ad_rden	输出	ad_rden	写使能
in_port_to_the_sink_eop	输入	rd_start_en	准备读取时域数据
in_port_to_the_Ad_rd_q[15..0]	输入	rd_q[15..0]	读取到的时域数据
in_port_to_the_ Max_num[10..0]	输入	max_num[10..0]	最大功率值所在位置
in_port_to_the_ Max_amp[31..0]	输入	max_amp[31..0]	最大功率值
in_port_to_the_Sec_amp[31..0]	输入	sec_amp[31..0]	次大功率值
in_port_to_the_a1[1..0]	输入	a[1..0]	插值方向

② 实数点处 DFT 的实现。分段双线幅度测距法实现的关键点之一是实数点处

262

的 DFT 计算,仅限 $\alpha < r$ 时,DFT 实现流程如图 6-31 所示,图中 $A_1 = 2\pi n(m_0 - \lambda\alpha)/N$,
$A_2 = 2\pi n(m_0 + \lambda - \lambda\alpha)/N$。

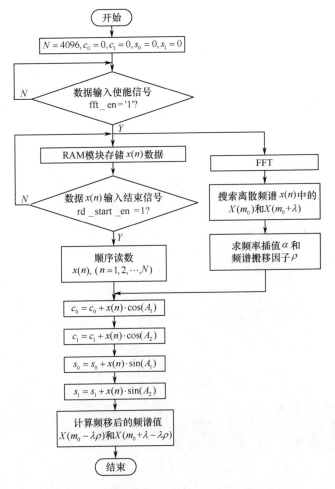

图 6-31 分段双线幅度测距法的 DFT 实现流程

此时,该测距方法一定程度上采用了并行方式实现,c_0、c_1、s_0 和 s_1 由于在 NIOS II 中计算,仍采用顺序执行。

此外,对目标距离是否有效的判定、距离值的转换、键盘的输入、LCD 的显示以及过程数据的存储、读取、传输等均在 NIOS II 中执行。

(3) 方法嵌入。在 NIOS II 中完成了 C 语言的运行调试后,需回到 Quartus II 软件中完成整体方法的设计和引脚分配,包括利用锁相环 PLL 分频,使用 DDS 触发器和非同步 FIFO 模块,利用 ROM 模块存储不同参数条件下的 VCO 调频数据等,原理图设计如图 6-32 所示。其中,锁相环 PLL、FIFO_AD 和 fifo 模块与源程序 FFT 测距法相同;dds 模块与 fft_start 模块根据分段双线幅度测距法已做修改;

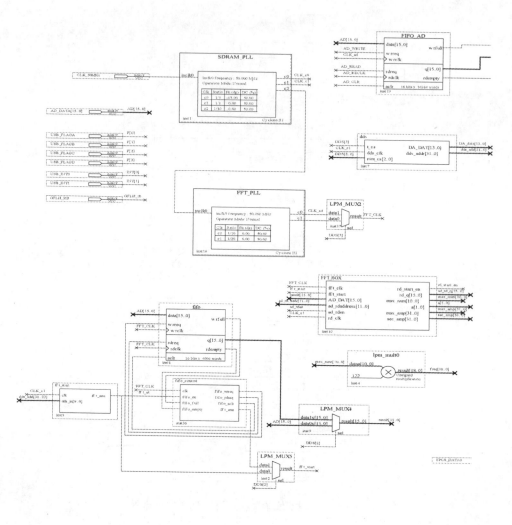

图 6 - 32   分段双线幅度测

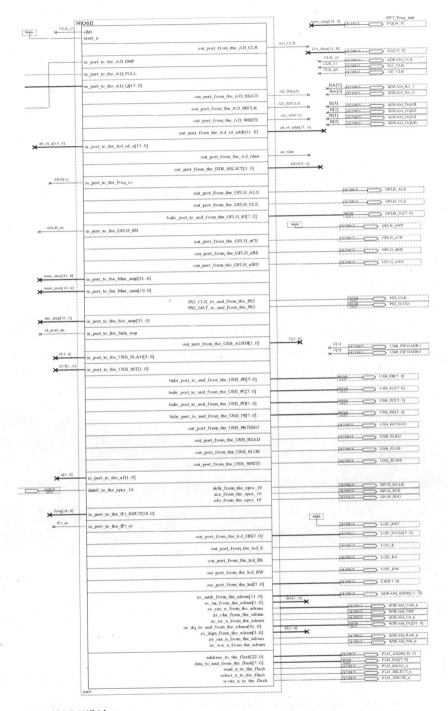

距法的原理设计

由于原理图设计过程中引脚的添加与连接均在自定义模块之间完成,其他需连接外部设备的引脚分配与雷达系统的源程序 FFT 测距法相同,未做改变,此处均不做介绍。

通过 Quartus II 对系统整体设计再编译,表 6 – 32 给出了 FPGA 资源消耗情况。

由表 6 – 32 可知,实现分段双线幅度测距法的系统设计需要使用较多逻辑单元和存储模块,但资源的使用不会严重影响系统运行,并且 FPGA 芯片仍有较丰富的资源进行系统优化改进。

表 6 – 32　测距系统的 FPGA 资源使用

资源类型	已用	可用	利用率(%)
逻辑单元(LES)/B	14586	55856	26
寄存器	0	11016	0
引脚	244	328	74
存储器容量/B	1862656	2396160	78
9bit 嵌入式乘法器单元	52	312	17

程序设计、编译完毕后有 Flash Programmer 和 Quartus II Programmer 两种下载方式,Flash Programmer 是针对脱机模式,属于烧录,可以在 FLASH 中长久保存;Quartus II Programmer 是针对上位机模式,属于在线下载,可对程序进行在线调试,断电程序立即消失。

为及时发现问题并对程序进行在线调试,采用 Quartus II Programmer 方式下载分段双线幅度测距法。在 JTAG 模式下,将编译生成的 . sof 文件载入 FPGA,下载界面如图 6 – 33 所示。

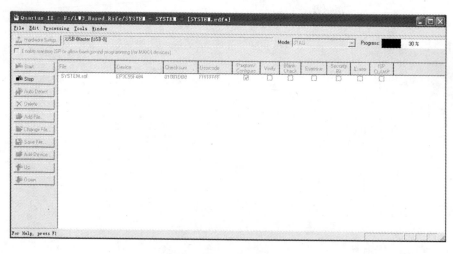

图 6 – 33　下载界面

3）实验验证

为便于分析,首先定义 FFT 距离谱,假设频率 $f_m (f_m = m \cdot \Delta f, m = 0,1,\cdots,N - 1, \Delta f$ 表示频率分辨率$)$ 为 FFT 频谱的横轴变量,将频率 f_m 转换为距离 $L_m (L_m = K \cdot f_m, K = cT/2B)$,其他不变,所得新 FFT 谱称为 FFT 距离谱。相邻两根谱线的间隔 ΔL 称为距离分辨率 $(\Delta L = K \cdot \Delta f)$,每根谱线对应的距离点称为量化距离点。根据分段双线幅度测距法的方法原理,实际距离 $L_0 = (m_0 + \lambda\delta) \cdot \Delta L, \delta$ 为实际距离与最大谱线对应距离的相对偏差。

从仿真实验和硬件实验两方面对分段双线幅度测距法的测距性能进行验证分析。

（1）仿真实验。LFMCW 雷达测距实验系统有效测量距离为 5~30m,以锯齿波为例,实验参数设定为 $N = 4096, f_s = 500\text{kHz}, \text{SNR} = 5\text{dB}$,扫频带宽 $B = 1\text{GHz}$,扫频时间宽度 $T = \text{ms}$,则该雷达理论上的距离分辨力为 $\Delta L = cTf_s/2NB = 183.1\text{mm}$。实际上,VCO 虽经非线性校正,仍有一定非线性,雷达收发天线与射频前端及 FPGA 核心板之间具有较长线路连接,调频的非线性以及信号的传输时延均会影响系统的距离分辨力和系统的测距结果精度。此时,需要对 LFMCW 雷达测距公式进行修正：

$$\hat{l} = 1.370 \times (\hat{f}_0 - 1240) \qquad (6-27)$$

由式(6-27)可知,LFMCW 雷达实验系统的实际距离分辨率为 $\Delta L = 1.370 \times f_s/N = 167\text{mm}$。

由于每个距离分辨单元(一个距离分辨率的大小)内的测距性能反映整体的测距规律,以一个距离分辨单元为例,选取量化距离点 $L_0 = 6825\text{mm}$,以 5mm 为步长取 $[6755\text{mm},6905\text{mm}]$ 之间的 31 个数测距,令 $L(n) = L_0 - \Delta L/2 + 5 \cdot n (n = 1, 2,\cdots,31)$,从以下几方面进行分析。

① 不同距离下的距离估计精度。在 $\text{SNR} = 5\text{dB}$ 条件下,将 FFT 测距法、Rife 测距法、Rife – Jacobsen 测距法、基于 IRife 算法的 LFMCW 雷达测距方法(简称 IRife 测距法)和分段双线幅度法法进行比较,五种方法各进行 500 次蒙特卡罗仿真实验。图 6-34 给出了五种方法在单个距离分辨单元 $[6755\text{mm},6905\text{mm}]$ 的距离估计精度。

从图 6-34(a)~图 6-34(e)中可以看出,整个距离段上,FFT 测距法均估计为一个距离,距离估计性能差;Rife 测距法在量化距离点附近时的测距误差较大,仿真精度为 12mm,在相邻两量化距离点之间的中心区域时,仿真精度小于 1mm,精度较高;IRife 测距法性能稳定,具有较小的测距误差,整体仿真精度小于 1mm;Rife – Jacobsen 测距法仿真精度小于 1.15mm,精度高于 FFT 测距法和 Rife 测距法;分段双线幅度法性能稳定,具有较小的测距误差,仿真误差始终小于 1mm,方法的测距性能优于 FFT 测距法、Rife 测距法和 Rife – Jacobsen 测距法。图 6-34

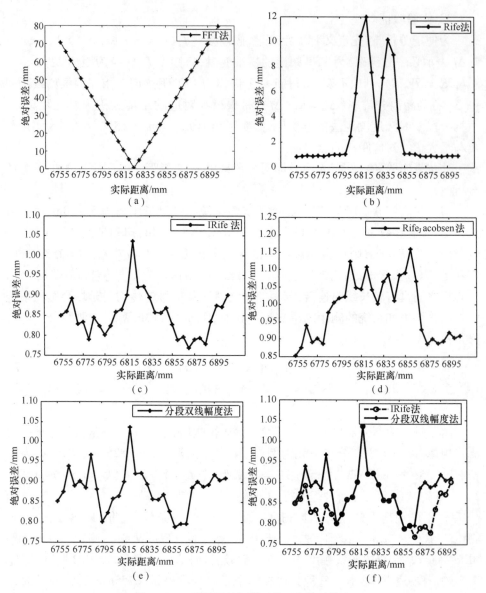

图 6 - 34　不同距离条件下的距离估计精度

（f）比较了 IRife 测距法和分段双线幅度法的测距性能，在同一信噪比下，IRife 测距法和分段双线幅度法的测距性能接近。当 $\alpha \geqslant r$ 时，分段双线幅度法与 IRife 测距法的测距精度相差约 0.1mm，但此时分段双线幅度法的计算量比 IRife 测距法小很多。

②不同信噪比下的距离估计精度。由①可知，Rife - Jacobsen 测距法、IRife 测距法和分段双线幅度法优于 FFT 测距法和 Rife 测距法。在相同距离分辨单元内对 Rife - Jacobsen 测距法、IRife 测距法和分段双线幅度法进行比较，三种方法分别

在 SNR = [-5,0,5,10]dB 条件下各进行 500 次蒙特卡罗仿真实验。图 6 - 35 给出了三种方法在不同信噪比下的距离估计精度。

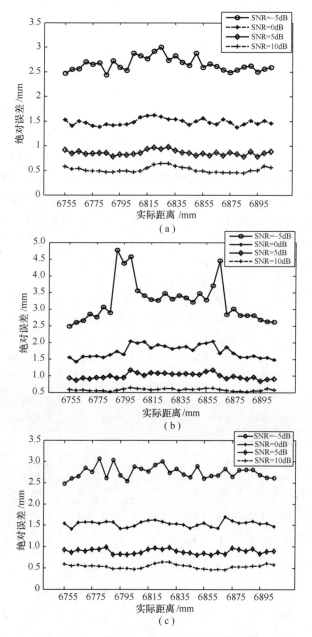

图 6 - 35　不同信噪比下的距离估计精度

(a) IRife 测距法；(b) Rife_Jacobsen 测距法；(c) 分段双线幅度法。

由图 6 - 35 可知，几种测距方法的测距误差随着 SNR 的减小而增大，其中，

Rife – Jacobsen 测距法的抗噪性较差,当信噪比较小时,测距误差波动较大,测距性能不稳定;当信噪比较高时,整体测距误差波动较小,测距精度与分段双线幅度法接近。IRife 测距法与分段双线幅度法的测距性能均较好,精度较高,误差波动较小,当 SNR = – 5dB 时,两种方法的测距误差基本保持在 3mm 以下,抗噪性较好,考虑 IRife 测距法和分段双线幅度法的计算量以及 FPGA 芯片的数据运算能力,在精度和抗噪性变化不大的情况下,分段双线幅度法更优。

（2）硬件实验。利用 LFMCW 雷达测距实验系统测距,并与 FFT 测距法、Rife 测距法、IRife 测距法和 Rife – Jacobsen 测距法对比,雷达实验参数设定与仿真实验参数设定一致。

根据每个距离分辨单元相同的测距性能,现场测距仍以一个距离分辨单元为例。选取量化距离点 $L_0 = 6825 \text{mm}$,以 10mm 为步长取 $[6755 \text{ mm}, 6905 \text{ mm}]$ 之间的 16 个数测距,令 $L_n = L_0 - \Delta L/2 + 10(n = 1, 2, \cdots, 16)$。采用 IRife 测距法和分段双线幅度法测距时,每个距离点均进行单次测距,实验结果如表 6 – 33 所列,图 6 – 36(a) 给出了五种测距方法的测量误差,为便于比较,图 6 – 36(b) 给出了 IRife 测距法、Rife – Jacobsen 测距法和分段双线幅度法的误差分布。

表 6 – 33　实验结果

组数	目标距离 /mm	δ	FFT 测距法		Rife 测距法		IRife 测距法		Rife – Jacobsen 测距法		分段双线幅度法	
			测量结果 /mm	绝对误差 /mm	测量结果 /mm	绝对误差 /mm	测量结果 /mm	绝对误差 /mm	测量结果 /mm	绝对误差 /mm	测量结果 /mm	绝对误差 /mm
1	6755	– 0.42	6825	70	6751	4	6763	8	6751	4	6750	5
2	6765	– 0.36	6825	60	6773	8	6750	15	6773	8	6759	6
3	6775	– 0.30	6825	50	6787	12	6765	10	6787	12	6763	12
4	6785	– 0.24	6825	40	6769	16	6781	4	6769	16	6781	4
5	6795	– 0.18	6825	30	6813	18	6787	8	6808	13	6787	8
6	6805	– 0.12	6825	20	6828	23	6801	4	6811	6	6801	4
7	6815	– 0.06	6825	10	6842	27	6826	1	6812	3	6816	1
8	6825	0	6825	0	6785	40	6836	11	6826	1	6836	11
9	6835	+ 0.06	6825	10	6861	26	6839	4	6837	2	6839	4
10	6845	+ 0.12	6825	20	6867	22	6834	11	6838	7	6834	11
11	6855	+ 0.18	6825	30	6837	18	6842	13	6869	14	6842	13
12	6865	+ 0.24	6825	40	6880	15	6866	1	6880	15	6866	1

组数	目标距离/mm	δ	FFT 测距法		Rife 测距法		IRife 测距法		Rife－Jacobsen 测距法		分段双线幅度法	
			测量结果/mm	绝对误差/mm	测量结果/mm	绝对误差/mm	测量结果/mm	绝对误差/mm	测量结果/mm	绝对误差/mm	测量结果/mm	绝对误差/mm
13	6875	+0.30	6825	50	6887	12	6867	8	6887	12	6865	10
14	6885	+0.36	6825	60	6878	7	6869	16	6878	7	6878	7
15	6895	+0.42	6825	70	6890	5	6875	20	6890	5	6891	4
16	6905	+0.48	6825	80	6907	2	6880	25	6907	2	6902	3
均方根误差/mm			46.4		18.7		11.9		9.3		7.5	

注:均方根误差 $\sigma = \sqrt{(\sum d_i^2)/n}$,式中 d_i^2 表示测量值与真实值的偏差

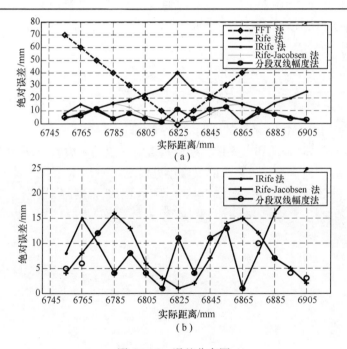

图 6－36　误差分布图

由表 6－33 和图 6－36 可知:

① 在单个距离分辨单元内,分段双线幅度法的最大误差为13mm,误差比其他四种测距方法均小。

② 采用 FFT 测距法、Rife 测距法、IRife 测距法、Rife－Jacobsen 测距法和分段双线幅度法的均方根误差分别为 46.4mm、18.7mm、11.9mm、9.3mm 和 7.5mm,平均绝对误差分别为 40mm、15.9mm、9.9mm 和 7.9mm 和 6.5mm,分段双线幅度法的

测距精度最高。

③ 根据每个距离分辨单元相似的测距性能,在整个距离段上,分段双线幅度法的测量误差波动范围最小,整体精度最高。

当 SNR > −5dB 时,所提方法的仿真精度在 3mm 以下,现场测距的结果误差最大为 13mm,原因主要有三点:

① VCO 的非线性度一定程度上影响了雷达系统的测距精度。

② 雷达测距过程中的发热以及雷达各组成部件的系统误差均会影响测距精度。

③ FPGA 芯片实现过程中均采用定点运算,当 $-0.24 \leq \delta \leq 0.24$ 时,分段双线幅度法需进行 DFT 运算,累积误差会影响雷达系统的测距精度。

分段双线幅度法的测距结果均是采用单次测量得出,统计每个距离点处的测距结果,以 10 次为例,每个距离点处的距离估计值基本不变,精度较高,稳定性较好。但当 $-0.24 \leq \delta \leq 0.24$ 时,分段双线幅度法由于需进行两个实数点处的 DFT 运算,直接在 NIOS II 处理器中计算的效率较低,单次测距的结果输出时延约为 18s,测距实时性不高。

6.5 小　　结

本章分析了 LFMCW 雷达的测距原理;介绍了 LFMCW 雷达测距实验系统;基于该系统,将频谱融合法和交叉信息融合法进行了应用实验验证,应用实验结果表明了方法的有效性。为加快算法的仪表化进程,基于 FPGA 实现了基于 Rife 和 Jacobsen 测频的 LFMCW 雷达测距方法和基于分段双线幅度测距方法及应用验证。

第7章 科里奥利质量流量计应用

科里奥利质量流量计(Coriolis Mass Flowmeter,CMF,简称科氏流量计)是一种可以直接测量流体质量流量的高精度流量计,广泛应用于石油、化工、冶金、食品、造纸、制药等行业。科氏流量计通过测量磁电传感器输出的两路同频正弦信号之间的相位差(时间差)测量流体的质量流量,然而在工业现场,由于噪声干扰,检测到的信号成分复杂;另外,受管内流体流速、密度、流体脉动的影响,传感器输出信号的特征参数(频率、相位和幅值)将呈现随机缓慢变化。因此,科氏流量计信号处理方法一直是研究的热点、难点问题。

本章首先介绍科氏流量计实验系统,包括科氏流量计原理、实验系统构成及实验操作流程,然后分别介绍第3、4章提出的相位差估计方法及 ANF 频率估计方法在科氏流量计中的应用验证,最后介绍科氏流量计变送器的设计与实现。

7.1 科氏流量计实验系统

7.1.1 科氏流量计原理

科氏流量计是美国 Micro Motion 公司于 20 世纪 70 年代末率先研制成功的一种新型流量计,经过三十多年的发展,其技术性能指标不断完善提高,应用领域不断拓展,逐步取代其他类型的质量流量仪和某些容积式流量仪而成为流量测量的主流技术。

科氏流量计由流量检测元件(一次仪表)和变送器(二次仪表)两部分组成。一次仪表(图 7-1)主要包括振动管、驱动系统、检测传感元件(流量传感器);二次仪表用于提供驱动并转换来自流量检测元件的信号,简言之,二次仪表是流量传感器的输出信号处理系统。

科氏流量计根据科里奥利效应工作:旋转参考系中质点沿法向运动时受惯性力(科氏力)作用。流体流经振动中的测量管所产生的科氏力将导致测量管扭曲,从而位于测量管两端的磁电传感器输出信号间存在一定相位差,结合信号频率求解两路信号时间差,乘以流量系数可得到质量流量。

如图 7-2 所示,采用外力驱动 U 形管绕 OO 轴以角频率 ω 振动,任一瞬时均可视振动管为旋转参考系。假定此时测量管向上摆动,管内流速为 V,在科氏效应作用下,测量管两侧将产生大小相等,方向相反的科氏力,设入口侧为 F_1,出口侧

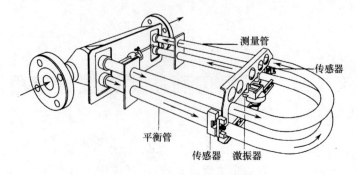

图7-1 科氏流量计一次仪表结构

为 F_2，有

$$F_1 = F_2 = F_c = 2mV\omega \tag{7-1}$$

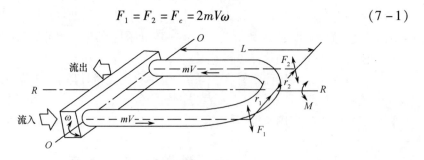

图7-2 测量管受力分析

设转动力臂 $r = r_1 = r_2$，此时科氏力绕 RR 轴的力矩为

$$M = F_1 r_1 + F_2 r_2 = 2F_c r = 4mV\omega r \tag{7-2}$$

若 U 形管直管段长度为 L，则单位时间 t 内质量流量 $q_m = m/t$，流速 $V = L/t$，式(7-2)可表示为

$$M = 4q_m L\omega r \tag{7-3}$$

如图 7-3 所示，设 K_s 为测量管扭转弹性模量，则力矩 M 导致的附加扭曲为 $T = K_s\theta$，θ 为扭转角。由 $T = M$ 可推导 q_m 与 θ 之间存在以下关系，即

$$q_m = \frac{K_s\theta}{4\omega rL} \tag{7-4}$$

设两侧支管越过中心线的时间差为 Δt，最大线速度为 V_t，则扭转角 θ 满足如下关系，即

$$\sin\theta = \frac{V_t}{2r} = \Delta t \tag{7-5}$$

通常 θ 很小，可近似认为 $\sin\theta \approx \theta$，且 $V_t = \omega L$，据此可得

$$\theta = \frac{\omega L}{2r}\Delta t \tag{7-6}$$

联立式(7-4)和式(7-6)，可得

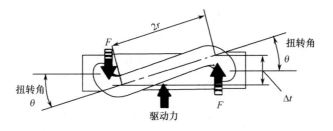

图 7 - 3　测量管受力扭曲图

$$q_m = \frac{K_s \omega L}{8\omega r^2 L}\Delta t = \frac{K_s}{8r^2}\Delta t \tag{7-7}$$

由式(7 - 7)可得,当管型及材料(r、K_s)确定时,瞬时质量流量 q_m 与时间差 Δt 唯一相关并呈线性关系。$K_s/8r^2$ 是常量,称为流量系数,可通过标定实验确定数值。为检测时间差 Δt,在两侧支管安装磁电传感器,由于测量管处于振动状态,理想条件下磁电传感器输出为正弦信号,可通过信号处理方法检测其频率和相位,假设两路信号相位差为 $\Delta\varphi$,频率均为 f,由 $\Delta\varphi/f$ 可求得时间差 Δt,而后乘以流量系数,即可获得流体瞬时质量流量。

7.1.2　实验系统构成

为便于验证所提出的科氏流量计信号处理方法,搭建了科氏流量计实验系统,系统构成及实物分别如图 7 - 4 和图 7 - 5 所示。该系统依托数字化油库实验室环境建成,可采集数据供信号处理方法离线验证,也可将算法嵌入上位机实时在线运行。

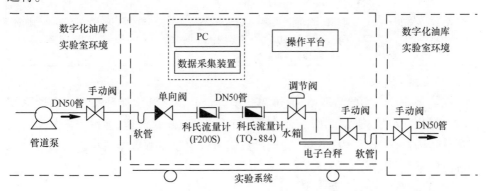

图 7 - 4　科氏流量计实验系统构成

实验系统分为管道装置和数据采集装置两部分。管道装置由罗斯蒙特 F200S 型科氏流量计(配 1700 型变送器)、TQ - 884 型科氏流量计(配 ERE10 型变送器)、手动阀、电动调节阀、电子台秤、水箱等组成;数据采集装置由 PC、PLC、NI 9234 多通道数据采集器、研华 USB4711 数据采集器及数据采集与监控终端组成。

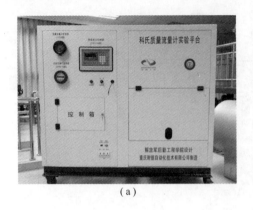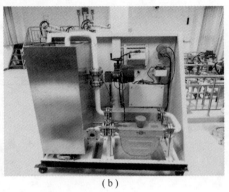

（a） （b）

图 7 - 5　科氏流量计实验系统实物图
（a）正面；（b）背面。

各部件型号及其具体参数如表 7 - 1 所列。

表 7 - 1　硬件选型及参数

部件	参数
进口科氏流量计 （F200S + 1700）	口径:DN50;测量精度:0.1%;流量范围:0.01～500kg/min;温度:0～60℃;压力: 1～1000bar;通信:同时显示瞬时流量和累积流量,可实时上传测量结果
国产科氏流量计 （TQ - 884 + ERE10）	口径:DN50;测量精度:0.2%;流量范围:0.01～500kg/min;温度:0～60℃;压力: 1～1000bar;通信:同时显示瞬时流量和累积流量,可实时上传测量结果
电子台秤 （FS3198 - A2）	测量精度:±0.01kg;流量范围:0～1000kg;通信:可实时上传测量结果
电动调节阀	既可电动,也可手动,能够实时调节流量大小,保持流量恒定
手推车	尺寸:160cm×80cm;高度:150cm
多通道同步数据 采集系统 （NI - 9234）	总线类型:USB;隔离类型:通道间隔离;模拟输入通道数:4;采样率:50kb/s/通道; 同步采样;分辨率:24bits;电压范围:-10～10V,-60～60V;精度范围:0.0189～ 0.11V;信号调理:抗混叠滤波器

1）实验系统工作原理

在数字化油库实验室环境,通过实验室管道泵供水和水循环系统向实验系统提供流量测量环境;采用 PLC 控制电动调节阀,调整管道流速;通过采集分析科氏流量计传感器(一次仪表)数据、变送器数据以及电子台秤数据对科氏流量计信号处理方法进行研究。

2）实验系统数据采集方案

如图 7 - 6 所示,以 PC 为采集操作终端,采集两台科氏流量计传感器输出的电压信号(每台流量计 2 路信号)、变送器输出的瞬时流量和累积流量数据、电子秤累积流量数据共 9 路信号。具体数据采集方案如下:

（1）通过 NI 9234 多通道数据采集卡采集科氏流量计传感器传送的毫伏电压信号(采样频率为 20000Hz),并由 NI 高速缓存并通过 USB 接口最终传送至 PC。

（2）通过研华4711数据采集卡采集两台科氏流量计变送器输出的瞬时流量数据、累积流量数据并经 RS-232/USB 转换将数据传送至 PC。

（3）通过 S7-200 型 PLC 采集电动调节阀门开度信息并控制阀门开度，PLC 经 RS-485/USB 转换与 PC 通信。

（4）由于电子秤厂家已直接将数据采集功能封装好，故可直接通过 RS-485/USB 转换器将水箱中累积的流体质量数据传送至 PC。

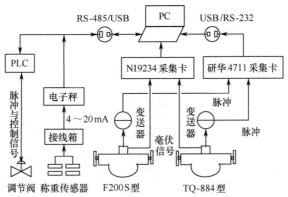

图 7-6　数据采集方案

7.1.3　实验操作流程

（1）启动实验系统。开启流量计、流量变送器、电子秤和数据采集系统。

（2）参数设定。即通过上位机软件设置 S7-200 型 PLC 通信口、电子台秤通信口及通信速率、数据卡采集频率、采集时间等参数。

（3）开启与调节阀门。通过 S7-200 型 PLC 控制自动阀门开度。

（4）数据采集与存储。通过笔记本电脑的 COM 口同时采集进口和国产流量计的原始信号（4 路），变送器的瞬时流量和累积流量（4 路）以及电子台秤称重数据（1 路）。设置定时采集或连续采集模式，采集结束后数据存储为 txt 格式。实验数据采集的同时，实时显示进口和国产流量计的瞬时流量、累积流量及电子台秤的真实流量。

（5）采集时间到，实验结束。实验时，可根据需要分别采集平稳流量、缓变流量和突变流量等情形下的信号数据。其中，采集平稳流量数据时手动阀门全开、自动阀门开度固定在某一特定值，待流量平稳后再采集不同时长的实验数据。采集缓变流量数据时手动阀全开，通过控制自动阀门开度的变化，采集的数据为阀门开关变化过程中的信号流量。采集突变流量数据时将自动阀门全部打开，通过手动阀门的快速开关模拟突变流量。基于以上数据采集流程的上位机软件主界面如图 7-7 所示。

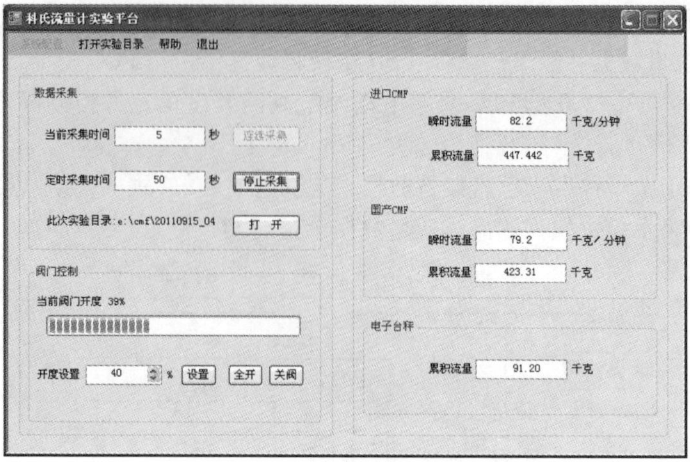

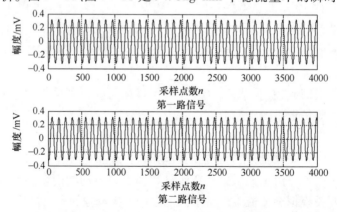

图 7 - 7　数据采集软件主界面

7.2　科氏流量计实测信号分析

　　按照实验方案采集不同平稳流量和变化流量下科氏流量计传感器信号(每台 2 路)、变送器瞬时流量、变送器累积流量及电子秤累积流量,共 9 路数据。传感器输出信号采样频率为 20000Hz。采集的平稳流量:2.9kg/min、10.0kg/min、15.9kg/min、29.9kg/min、82.1kg/min、94.8kg/min、98.7kg/min、102.2kg/min、132.6kg/min;开关阀过程中变化流量:[0 ~ 2.7kg/min]、[0 ~ 32.1kg/min]、[0 ~ 44.8kg/min]、[0 ~ 99.7kg/min]、[0 ~ 105.2kg/min]、[51.1 ~ 107.5kg/min]。

　　由于篇幅有限,以下只给出部分平稳流量和变化流量下的瞬时流量和累积流量。图 7 - 8、图 7 - 9 是 F200S 型流量计在 94.8kg/min 平稳流量下传感器输出信号和频谱分析。图 7 - 10、图 7 - 11 是 94.8kg/min 平稳流量下的瞬时流量和累积

图 7 - 8　流量示值为 94.8kg/min 时 F200S 型流量计信号时域波形

流量,图7-12是在2.9kg/min平稳流量下的累积流量。由图7-10可知,两台流量计测量值存在偏差,F200S型流量计稳定性更高;图7-11表明大流量下两台流量计累积流量相差不大;图7-12中TQ-884型流量计累积流量为0,而实际流量为2.9kg/min,说明对于微弱流量的检测,F200S型流量计精确度更高,灵敏性更好。开关阀过程中的瞬时流量和累积流量如图7-13、图7-14所示,流量变化范围0~105.2kg/min,可认为存在流量突变。

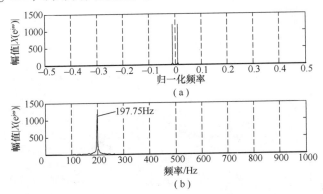

图7-9　流量示值为94.8kg/min时F200S型流量计信号频谱
(a)全局频谱;(b)局部频谱。

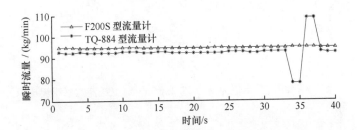

图7-10　流量示值为94.8kg/min时变送器的瞬时流量

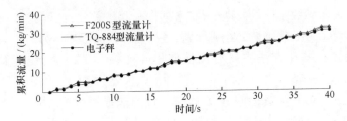

图7-11　流量示值为94.8kg/min时变送器的累积流量

综上所述,与TQ-884型流量计相比,F200S型流量计稳定性更好、灵敏度更高,可检测微弱流量;由于实验平台目前无法获取瞬时流量真值,视F200S型流量计示值为理论真值,同时参考TQ-884型流量计示值来分析方法的有效性。

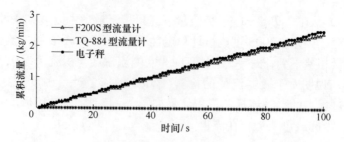

图 7 - 12　流量示值为 2.9kg/min 时变送器的累积流量

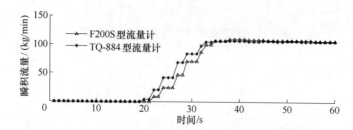

图 7 - 13　流量示值为 0 ~ 105.2kg/min 时变送器的瞬时流量

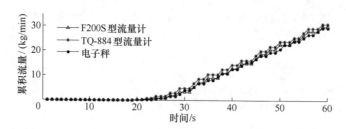

图 7 - 14　流量示值为 0 ~ 105.2kg/min 时变送器的累积流量

7.3　频率估计方法应用

在科氏流量计数字信号处理中,频率估计和相位差估计是两大核心内容。频率估计是数字信号处理领域的经典课题,各种估计方法层出不穷。目前,应用于科氏流量计的频率估计方法主要有离散傅里叶变换(DFT)法、线性调频 Z 变换(CZT)法、正交解调法、数字锁相环法、自适应陷波器(ANF)法等。

为实际验证第 4 章所提的 ANF 频率估计方法的有效性,本节分别采用格型 ANF、新式 ANF、反馈新式 ANF 和新梯度下降 ANF,跟踪检测不同平稳流量和变化流量下采集的科氏流量计实际信号频率。由于篇幅有限,给出部分频率跟踪结果如图 7 - 15 ~ 图 7 - 20 所示。

由图 7 - 15 ~ 图 7 - 20 所示频率跟踪结果可知,流量平稳时,科氏流量计信号频率保持在 198.43Hz 附近,图 7 - 15 所示信号频率在 198.38 ~ 198.39Hz 之间,这

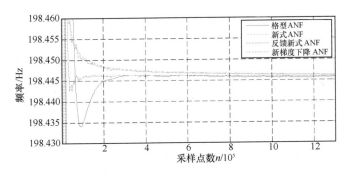

图 7－15　流量示值为 2.9kg/min 时的频率估计曲线

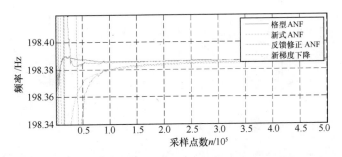

图 7－16　流量示值为 15.9kg/min 时的频率估计曲线

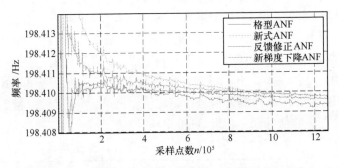

图 7－17　流量示值为 98.7kg/min 时的频率估计曲线

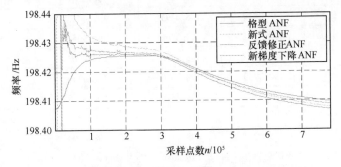

图 7－18　流量示值为 0～105.2kg/min 时的频率估计曲线

281

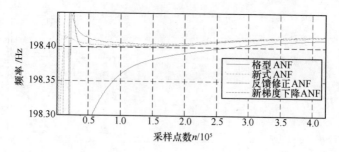

图 7-19　流量示值为 0～99.7kg/min 时的频率估计曲线

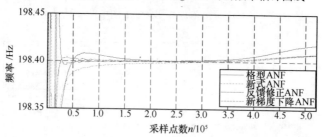

图 7-20　流量示值为 51.1～107.5kg/min 时的频率估计曲线

是由于采集该组信号时,增大了流体压力;开关阀过程中,信号频率随流量增大而减小,可能是由阀门水击现象或管道内存在空气引起的,需进一步研究;格型 ANF、新式 ANF、反馈修正新式 ANF 和新梯度下降 ANF 频率跟踪结果基本一致,新式 ANF、反馈修正新式 ANF 和新梯度下降 ANF 收敛更快,稳定性更好。

　　由上述频率跟踪结果可知,对于平稳流量,科氏流量计信号频率变化很小,可认为是稳定的。表 7-2 给出了不同平稳流量下,格型 ANF、新式 ANF、反馈修正 ANF 和新梯度下降 ANF 检测的信号频率均值。可见,不同平稳流量下信号频率基本不变,四种方法的估计频率相近,可推定估计有效。

表 7-2　不同平稳流量下的估计频率均值

质量流量/(kg/min)	格型 ANF/Hz	新式 ANF/Hz	反馈修正 ANF/Hz	新梯度下降 ANF/Hz
0	198.3957	198.3974	198.3961	198.4285
2.9	198.4459	198.4495	198.4483	198.3816
10.0	198.3961	198.3962	198.3953	198.4288
15.9	198.3867	198.3875	198.3863	198.3994
29.9	198.3950	198.3960	198.3946	198.4138
82.1	198.4279	198.4313	198.4299	198.4200
94.8	198.4024	198.4006	198.3993	198.3935
98.7	198.4092	198.4118	198.4109	198.4125
102.2	198.4067	198.4084	198.4075	198.3940
132.6	198.4134	198.4145	198.4136	198.4118

频率估计的置信水平分析。由数理统计理论可知,频率 f 的置信水平为 $1-\alpha$ 的置信区间为

$$\left(\bar{f} - \frac{S}{\sqrt{n-1}} t_{1-\frac{\alpha}{2}}(n-1), \bar{f} + \frac{S}{\sqrt{n-1}} t_{1-\frac{\alpha}{2}}(n-1) \right) \qquad (7-8)$$

式中:$\bar{f}$ 为不同平稳流量下估计频率均值;S 为样本标准差;n 为测量次数;α 为显著性水平。

因 $n=10$,取 $\alpha=0.05$,查 t 分布分位数表可知,$t_{0.95}(9)=1.8125$。根据表 7-2 计算出格型 ANF、新式 ANF、反馈修正 ANF 和新梯度下降 ANF 的估计频率均值和方差,代入式(7-8)即可求得置信区间,如表 7-3 所列。可见,四种 ANF 方差和置信区间基本一致,说明方法是有效的,且新梯度下降 ANF 精度最好。

表 7-3 科氏流量计信号估计频率、方差及置信区间($\alpha=0.05$)

	估计频率/Hz	方差	置信区间下限	置信区间上限
格型 ANF/Hz	198.4079	3.1240×10^4	198.3972	198.4186
新式 ANF/Hz	198.4093	3.5280×10^4	198.3980	198.4207
反馈修正 ANF/Hz	198.4082	3.5249×10^4	198.3968	198.4195
新梯度下降 ANF/Hz	198.4084	2.4899×10^4	198.3988	198.4180

7.4 相位差估计方法应用

相位差包括两路同频信号在同一时刻的相位差和同一信号在不同时刻的相位差。科氏流量计信号相位差估计属于第一种情况,目前主要估计方法有过零检测法、互相关法、向量内积法、DFT 频谱分析法、滑动 Goertzel 算法(Sliding Goertzel Algorithm, SGA 法)、负频率修正 SDTFT 法、Hilbert 变换法等。

为实际验证第 3 章所提的相位差估计方法的有效性,本节采用频率跟踪精度较高的新梯度下降 ANF 估计科氏流量计信号频率,再分别采用 SGA 法、负频率修正 SDTFT 法和 Hilbert 变换法估计科氏流量计信号的相位差。为避免 ANF 收敛过程的影响,相位差检测从第 40000 点开始。图 7-21 ~ 图 7-23 给出了流量示值稳定在 15.9kg/min、82.1kg/min、102.2kg/min 时的相位差检测曲线,表 7-4 给出了不同平稳流量下相位差检测结果均值。

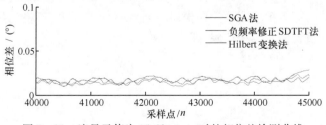

图 7-21 流量示值为 15.9kg/min 时的相位差检测曲线

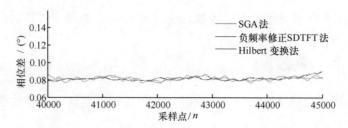

图 7 - 22 流量示值为 82.1kg/min 时的相位差检测曲线

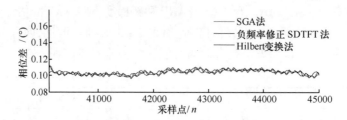

图 7 - 23 流量示值为 102.2kg/min 时的相位差检测曲线

表 7 - 4 不同平稳流量下相位差估计均值 单位:(°)

质量流量 /(kg/min)	SGA 法	负频率修正 SDTFT 法	Hilbert 变换法	质量流量 /(kg/min)	SGA 法	负频率修正 SDTFT 法	Hilbert 变换法
2.9	0.0038	0.0041	0.0041	94.8	0.0976	0.0945	0.0948
10.0	0.0113	0.0123	0.0154	98.7	0.0901	0.0982	0.1005
15.9	0.0149	0.0151	0.0168	102.2	0.1054	0.1036	0.1047
29.9	0.0282	0.0323	0.0315	132.6	0.1347	0.1339	0.1425
82.1	0.0799	0.0846	0.0828				

由图 7 - 21 ~ 图 7 - 23 可知,不同平稳流量下,SGA 法、负频率修正 SDTFT 法和 Hilbert 变换法估计的相位差曲线基本一致,可较好反映真实相位差变化情况。对于平稳单相流,科氏流量计信号相位差变化很小,可用相位差均值分析算法性能。如表 7 - 4 所列,不同平稳流量下三种方法相位差测量均值相近,可推定方法有效。

1) 相位差真值估计

SGA 法、负频率修正 SDTFT 法以及 Hilbert 变换法的测量结果(见表 7 - 4)是对真实相位差的不等精度测量。根据误差与数据处理理论,可将三种方法测量结果的加权平均值视为真实相位差,即

$$\overline{\Delta\hat{\varphi}} = \frac{\sum_{i=1}^{n} p_i \Delta\hat{\varphi}_i}{\sum_{i=1}^{n} p_i} \qquad (7-9)$$

式中：$n=3$ 为方法种数；$\overline{\Delta\hat{\varphi}}$ 为估计相位差加权平均值；$\Delta\hat{\varphi}_i$ 为第 i 种方法的测量结果；p_i 为第 i 种方法的权重。

真实相位差估计值的标准差按下式计算：

$$\sigma_{\overline{\Delta\hat{\varphi}}} = \sqrt{\frac{\sum_{i=1}^{n} p_i(\Delta\hat{\varphi}_i - \overline{\Delta\hat{\varphi}})^2}{(n-1)\sum_{i=1}^{n} p_i}} \qquad (7-10)$$

三种方法测量精度不一，各自测量结果的权重也应有所区别，精度高的方法应给予较大权重。依据经验及仿真实验的均方误差确定权重，设权重分别为 p_1、p_2、p_3，则

$$p_1 : p_2 : p_3 = \frac{1}{\text{MSE}_1} : \frac{1}{\text{MSE}_2} : \frac{1}{\text{MSE}_3} \approx 0.0437 : 0.1160 : 1 \qquad (7-11)$$

接下来计算估计值极限误差。因测量次数较少，按 t 分布计算，即

$$\delta_{\lim}\Delta\hat{\varphi} = \pm t_\alpha \sigma_{\overline{\Delta\hat{\varphi}}} \qquad (7-12)$$

已知自由度 $v = n-1 = 2$，取显著性水平 $\alpha = 0.05$，查 t 分布分位数表得置信系数 $t_\alpha = 4.30$。

联立式（7-9）和式（7-10），计算相位差最终检测结果，$\Delta\hat{\varphi} = \overline{\Delta\hat{\varphi}} + \delta_{\lim}\Delta\hat{\varphi}$（见表7-5）。例如，质量流量为 82.1kg/min 时，相位差测量结果为 0.082865°±0.002812°。

2）三种方法检测精度分析

根据误差与数据处理理论，可将不等精度测量的加权平均值视为被测量的真值，即可视表7-4所列的相位差最终检测结果为真值。对比表7-5和图7-24，计算出 SGA 法、负频率修正 SDTFT 法以及 Hilbert 变换法的相对误差，如表7-6和图7-24所示。由此可见，负频率修正 SDTFT 法精度高于 SGA 法，Hilbert 变换法精度高于负频率修正 SDTFT 法。例如，在质量流量稳定在 82.1kg/min 时，SGA法、负频率修正 SDTFT 法及 Hilbert 变换法的相对误差分别为 3.58%、2.09%、0.08%。由图7-24可直观地看出，Hilbert 变换法相对误差更小，更稳定，可推定其精度更高。

表7-5　不同平稳流量下相位差最终检测结果　　　　单位：(°)

质量流量/(kg/min)	SGA法	负频率修正 SDTFT法	Hilbert 变换法	质量流量/(kg/min)	SGA法	负频率修正 SDTFT法	Hilbert 变换法
2.9	0.004088	0.000047	0.000201	94.8	0.094881	0.000448	0.001927
10	0.014928	0.000963	0.004141	98.7	0.099858	0.001684	0.007242
15.9	0.016555	0.000497	0.002135	102.2	0.104618	0.000298	0.001284
29.9	0.031449	0.000564	0.002424	132.6	0.141332	0.002371	0.010195
82.1	0.082865	0.000654	0.002812				

表 7 –6 SGA 法、负频率修正 SDTFT 法及 Hilbert 变换法的相对误差

单位:(%)

质量流量 /(kg/min)	SGA 法	负频率修正 SDTFT 法	Hilbert 变换法	质量流量 /(kg/min)	SGA 法	负频率修正 SDTFT 法	Hilbert 变换法
2.9	7.0526	0.2919	0.2911	94.8	2.8703	0.4012	0.0899
10	24.3009	17.6023	3.1588	98.7	9.7685	1.6579	0.6427
15.9	10.0032	8.7893	1.4804	102.2	0.7537	0.9730	0.0809
29.9	10.3314	2.7076	0.1610	132.6	4.6891	5.2622	0.8341
82.1	3.5839	2.0917	0.0846				

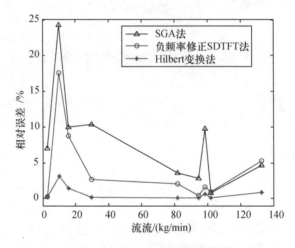

图 7 – 24 相位差相对误差曲线

得到科氏流量计信号频率和相位差的估计值之后,就可以进一步求出时间差,进而求得对应的流量估计值,并与真实流量值进行对比。

由于无法获知真实流量,视 F200S 型流量计示值为真值,分析质量流量测量结果。根据科氏流量计原理,质量流量 q_m 和时间差 Δt 存在线性关系,即 $q_m = k \cdot \Delta t$,流量系数 $k = K_s/8r^2$ 与传感器参数、温度、压力等因素有关。在同一应用环境中,流量系数理论上为定值。采用质量流量均值和时间差反推流量系数,通过比较流量系数的稳定性来判别算法优劣。

流量系数 k 是通过液体或气体流量标准装置在常温、常压、一般流量状态下标定的,当仪表工作条件偏离标定条件较远时需对流量系数进行修正。

(1)当流量接近科氏流量计量程极限时,质量流量和时间差存在非线性区域。

(2)当测量高温流体时,仪表参数(测量管内径、弹性模量等)会因热膨胀而发生改变,进而影响流量系数。

（3）因科氏流量计上游管径变化、阀门等产生的水击现象也会影响流量系数。

实验中测量常温、常压水流量，不考虑热膨胀、水击现象的影响。另外，在线性工作区域，流量系数也可能随流量呈现阶段线性特征，对此不予考虑。

表 7-7 列出了不同平稳流量下 SGA 法、负频率修正 SDTFT 法及 Hilbert 变换法的时间差估计均值和流量系数。在计算时间差时，采用新梯度下降 ANF 跟踪频率。从表 7-7 可以看出，不同平稳流量下求得的流量系数存在一定偏差。在流量很小时（2.9kg/min），SGA 法、负频率修正 SDTFT 法及 Hilbert 变换法计算的流量系数均明显小于各自在其他流量下的计算值，这是由于流量很小，接近量程极限，科氏流量计处于非线性工作区域。为此，该组数据不参与后续比较计算。

表 7-7　不同平稳流量下时间差估计均值及流量系数

流量示值 /(kg/min)	ANF 估计频率均值 /Hz	SGA 法			负频率修正 SDTFT 法			Hilbert 变换法		
		相位差均值 /(°)	时间差均值/μs	流量系数	相位差均值 /(°)	时间差均值/μs	流量系数	相位差均值 /(°)	时间差均值/μs	流量系数
2.9	198.4483	0.0038	19.1486	0.1514	0.0041	20.6603	0.1404	0.0041	20.6603	0.1404
10.0	198.3953	0.0113	56.9570	0.1756	0.0123	61.9974	0.1613	0.0154	77.6228	0.1888
15.9	198.3863	0.0149	75.1060	0.2117	0.0151	76.1141	0.2089	0.0168	84.6833	0.1878
29.9	198.3946	0.0282	142.1410	0.2104	0.0323	162.8069	0.1837	0.0315	158.7745	0.1883
82.1	198.4299	0.0799	402.6611	0.2039	0.0846	426.3470	0.1926	0.0828	417.2758	0.1968
94.8	198.3993	0.0976	491.9372	0.1927	0.0945	476.3122	0.1990	0.0948	477.8243	0.1984
98.7	198.4109	0.0901	454.1081	0.2173	0.0982	494.9325	0.1994	0.1005	506.5246	0.1949
102.2	198.4075	0.1054	531.2299	0.1924	0.1036	522.1577	0.1957	0.1047	527.7018	0.1937
132.6	198.4136	0.1347	678.8849	0.1953	0.1339	674.8529	0.1965	0.1425	718.1967	0.1846

对 SGA 法、负频率修正 SDTFT 法及 Hilbert 变换法计算的时间差与质量流量进行回归分析，得到如图 7-25 所示结果。由图可见，计算所得时间差与质量流量呈现显著的线性关系，符合科氏流量计测量原理，说明方法在实际应用中是有效的。

表 7-8 给出了 SGA 法、负频率修正 SDTFT 法和 Hilbert 变换法计算出的流量系数统计特性。其中，非线性误差 ε 的计算公式为

$$\varepsilon = \frac{k_{max} - k_{min}}{k_{max} + k_{min}} \qquad (7-13)$$

式中：k_{max}、k_{min} 分别为流量系数最大和最小值。

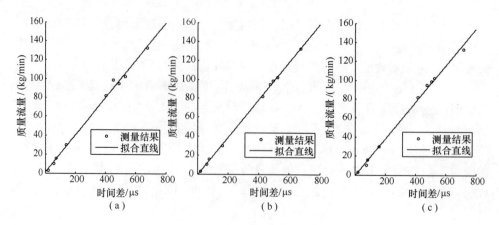

图 7-25　时间差与质量流量的关系

(a)SGA 法；(b)负频率修正 SDTFT 法；(c)Hibert 变换法。

表 7-8　流量系数的统计特性

参数	SGA 法	负频率修正 SDTFT 法	Hilbert 变换法
流量系数均值 $\bar{k}/(\text{kg}/\mu\text{s})$	0.1999	0.1921	0.1917
方差 $S^2/(\text{kg}/\mu\text{s})^2$	1.8400×10^{-4}	2.0499×10^{-4}	2.4388×10^{-5}
标准差 $S/(\text{kg}/\mu\text{s})$	0.0206	0.0218	0.0177
非线性误差 ε	0.1787	0.1961	0.1712
重复性 γ	0.0206	0.0218	0.0177

重复性 γ 的计算公式为

$$\gamma = \sqrt{\frac{\sum\limits_{i=1}^{n}(k_i - \bar{k})^2}{n-1}} \tag{7-14}$$

式中：$\bar{k}$ 为流量系数均值；n 为测量次数。

根据流量计检定规程，流量计的重复性不得超过相应准确度等级规定的最大允许误差绝对值的 1/3。

由表 7-8 可以看出，Hilbert 变换法的方差和标准差最小，求得的流量系数最稳定，即所求时间差与流量计示值(可近似为流量真值)的线性关系稳定；Hilbert 变换法的非线性误差和重复性也最小；从而可以推定 Hilbert 变换法能够较好地计算出质量流量，精度较 SGA 法、负频率修正 SDTFT 法更高，测量结果应是有效的。

由表 7-8 可知，对流量系数的多次等精度测量中，测量误差没有呈现规律性变化，可认为测量值中只存在随机误差，而随机误差一般服从正态分布。考虑到负频率修正 SDTFT 法和 Hilbert 变换法测得的流量系数十分接近，设流量系数服从均值为 k_0，方差为 σ^2 的正态分布，即 $k \sim N(k_0, \sigma^2)$。提出以下假设：

$$H_0 : k_0 = 0.1920, H_1 : k_0 \neq 0.1920 \qquad (7-15)$$

H_0 的拒绝域为

$$\chi_0 = \left\{ \left| \frac{\overline{k} - k_0}{\tilde{S} / \sqrt{n}} \right| > t_{1-\frac{\alpha}{2}}(n-1) \right\} \qquad (7-16)$$

式中:$\overline{k}$ 为样本均值;$\tilde{S}$ 为修正样本标准差,$\tilde{S} = S \sqrt{n/(n-1)}$;$n = 9$ 为测量次数;α 为显著性水平,取 $\alpha = 0.05$。

查 t 分布分位数表可知,$t_{0.95}(8) = 1.8595$。对于 Hilbert 变换法,$| (\overline{k} - k_0) / (\tilde{S} / \sqrt{n}) | = 0.0317 < t_{0.95}(8) = 1.8595$,故不能拒绝 H_0,即可认为 $k = -0.1920$。

综上所述,可认为 Hilbert 变换法求得的时间差与质量流量相关性显著,流量系数计算结果较 SGA 法、负频率修正 SDTFT 法精度更高。

在 MATLAB 环境中调用采集的实验数据,用多次互相关法、加 4 阶卷积窗 DTFT 法与 SGA 法进行了对比分析。由于篇幅有限,这里仅给出了部分平稳流量和非平稳流量情况下的相位差估计对比图。其中,图 7-26 ~ 图 7-31 分别给出了平稳流量为 2.9kg/min、10.0kg/min、15.9kg/min、29.9kg/min、82.1kg/min 和 94.8kg/min 情况下的相位差估计曲线;图 7-32 ~ 图 7-35 给出了非平稳流量情况下的相位差估计曲线,流量变化范围分别为 [2.7~0]、[0~105.2]、[99.7~0]、[107.5~51.1](单位均为 kg/min)。

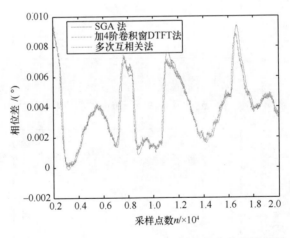

图 7-26　平稳流量为 2.9kg/min 时的相位差估计曲线

由于无法获知两路信号每一时刻的实际相位差值,图 7-26 ~ 图 7-35 仅给出了三种方法的相位差估计对比图。从图中可以看出,当流量较小时,两路信号的相位差也较小,三种方法跟踪曲线的趋势是基本一致的,可以较好地反映出真实相位差的实际变化情况,多次互相关法、加 4 阶卷积窗 DTFT 法的跟踪曲线基本重合,而 SGA 法存在一定的滞后。

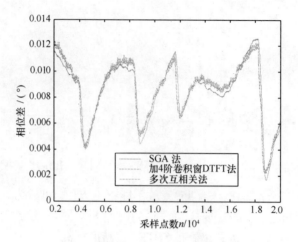

图 7 - 27　平稳流量为 10kg/min 时的相位差估计曲线

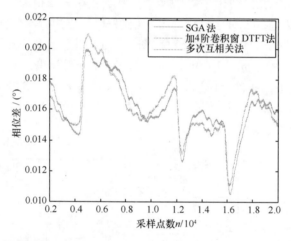

图 7 - 28　平稳流量为 15.9kg/min 时的相位差估计曲线

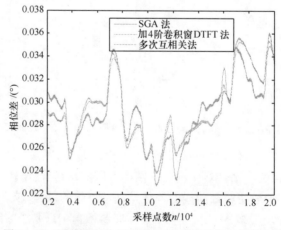

图 7 - 29　平稳流量为 29.9kg/min 时的相位差估计曲线

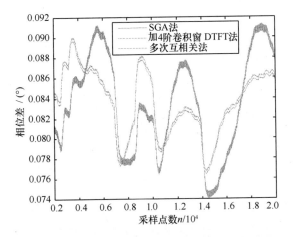

图 7 - 30　平稳流量为 82.1kg/min 时的相位差估计曲线

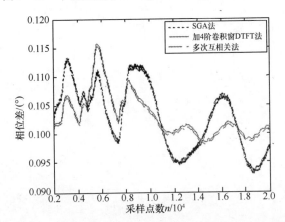

图 7 - 31　平稳流量为 94.8kg/min 时的相位差估计曲线

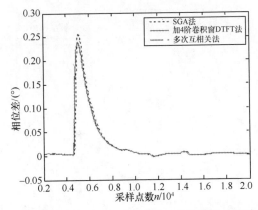

图 7 - 32　变化流量为 2.7 ~ 0kg/min 时的相位差估计曲线

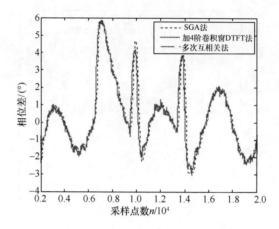

图 7 - 33　变化流量为 0 ~ 105.2kg/min 时的相位差估计曲线

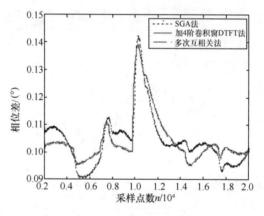

图 7 - 34　变化流量为 99.7 ~ 0kg/min 时的相位差估计曲线

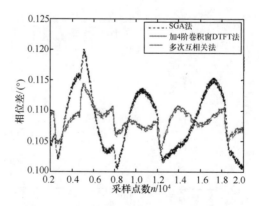

图 7 - 35　变化流量为 107.5 ~ 51.1kg/min 时的相位差估计曲线

随着流量的逐渐增大,两路信号的相位差也逐渐增大,SGA 法也逐渐偏离多次互相关法和加 4 阶卷积窗 DTFT 法,当相位幅度变化较小时,SGA 法的相位差估计能力较差,而多次互相关法、加 4 阶卷积窗 DTFT 法在不同流量变化情况下的相位差估计精度、稳定性和实时性均更好,进一步说明了前述仿真测试的正确性,也证实了这两种方法的有效性和优越性。

由科氏流量计原理可知,质量流量 q_m 与时间差 Δt 呈线性关系,即 $q_m = k \cdot \Delta t$。其中,$\Delta t = \Delta\varphi/360f$,$k$ 为流量系数。流量系数 k 与温度、压力等因素有关,在同一实验条件下,可假设流量系数 k 为一标定后的常数。

由于无法获知真实的相位差值,在不同稳定流量情况下,通过反求流量计质量流量显示值与时间差的线性关系来验证方法的有效性。表 7-9 给出了三种方法在不同平稳流量情况下计算所得的相位差和时间差估计均值,图 7-36 为质量流量与时间差的相互关系。

表 7-9 不同平稳流量下的相位差和时间差估计均值

质量流量 /(kg/min)	SGA 法		加 4 阶卷积窗 DTFT 法		多次互相关法	
	相位差均值 /(°)	时间差均值 /μs	相位差均值/(°)	时间差均值 /μs	相位差均值 /(°)	时间差均值 /μs
2.9	0.0039	0.0545	0.0038	0.0537	0.0038	0.0532
10.0	0.0087	0.1212	0.0085	0.1197	0.0085	0.1196
15.9	0.0162	0.2266	0.0161	0.2252	0.0161	0.2257
29.9	0.0294	0.4116	0.0292	0.4089	0.0292	0.4093
82.1	0.0837	1.1719	0.0834	1.1680	0.0834	1.1674
98.7	0.1032	1.4454	0.1029	1.4402	0.1028	1.4396
102.2	0.1060	1.4840	0.1056	1.4785	0.1056	1.4784
132.6	0.1343	1.8801	0.1337	1.8696	0.1337	1.8721

图 7-36 中,"*"为计算所得的实测结果,"—"为线性拟合直线。从图中可以看出,SGA 法、加 4 阶卷积窗 DTFT 法和多次互相关法的质量流量与时间差之间均存在着较好的线性关系,说明三种方法在实际场合均是实用有效的。

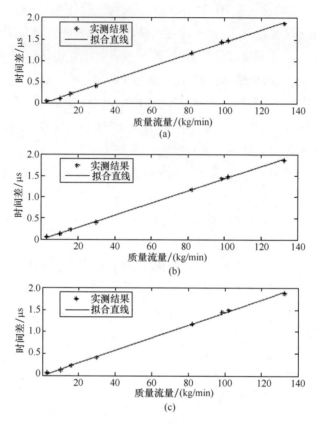

图 7 - 36 质量流量与时间差的关系

(a)SGA 法；(b) 加 4 阶卷积窗 DTFT 法；(c) 多次互相关法。

7.5 基于 DSP 的科氏流量计变送器设计与实现

7.5.1 科氏流量计变送器实现方法综述

科氏流量计变送器(二次仪表)是对一次仪表输出信号进行处理并维持测量管振动的变送器,主要包括信号检测单元、激振信号发生单元、通信与显示单元等,具有测量、显示、报警、传输等功能,实物如图 7 - 37 所示。

早期的科氏流量计变送器均为模拟式仪表,即通过对两个磁电传感器的输出信号进行放大、滤波、整形、鉴相和计数,测量其时间差的大小。电路原理框图如图 7 - 38 所示。在模拟式变送器中,模拟电路元件的性能易受温度影响,会给测量带来误差,而且电路结构一旦确定便很难更改。随着数字信号处理(DSP)技术的不断发展,国内外相关研究机构和公司纷纷研究将数字信号处理技术应用于科氏

（a） （b）

图 7 – 37 科氏流量计变送器

流量计的信号处理,以克服传统信号处理方法的缺陷,满足各种应用对科氏流量计性能越来越高的要求。相比于模拟元件,数字元件抗噪声能力强、性能不易受温度影响、可随时更改程序来提升性能而不必更改电路结构,可实现自适应滤波和线性相位滤波等模拟器件无法实现的功能,因此数字式变送器已成为科氏流量计变送器的主流。

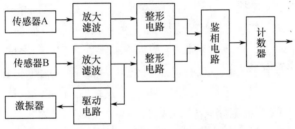

图 7 – 38 模拟式变送器电路原理框图

数字式变送器的总体结构框图如图 7 – 39 所示。科氏流量计的两路传感器输出信号首先经过信号调理电路,得到符合 A/D 转换要求的模拟信号,然后分别送入两路对称的 A/D 转换电路进行同步采样,采样得到的数字信号送入先进先出存储器(FIFO),并通过 DSP 及时转储到大容量随机存储器(RAM)中。

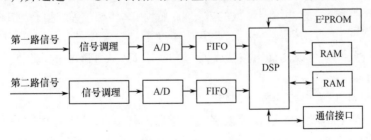

图 7 – 39 数字式变送器总体结构框图

数字式变送器,主要由微处理器对一次仪表信号进行处理,微处理器可以是DSP、MCU、FPGA 或它们的组合。

1）以 DSP 为核心的数字式变送器

有报道以 DSP 为核心研制数字式变送器,所选用的 DSP 为 16 位定点处理器,最大时钟频率只能达到 40MHz,精度和运行速度都不够理想,而且内存较小,在数据吞吐量高的场合有些捉襟见肘;只用一片 4 通道 A/D 转换器(ADC)就可实现对 2 个拾振单元输出信号的同步采样,该 ADC 内部带有防混叠滤波器,大大降低电路设计的复杂度,采样后的数据通过并行接口传输到 DSP,比串口传输速率大大提升,但同时 ADC 又要求输入信号是单极性的,因此还要额外设计偏置电路。

2）以 DSP 和 MCU 组合为核心的数字式变送器

有报道采用 DSP 对拾振单元信号进行处理,为减轻 DSP 的负担,提高系统的实时性,MCU 负责实现人机交互功能,DSP 与 MCU 之间通过串口异步通信。选用的 ADC 只能采样单极性信号,因此通过运放电路对拾振单元信号进行直流偏置。为在掉电后仍能长期保存历史流量记录、仪表参数等,增加了一片 E^2PROM,与 DSP 通过 I^2C 总线连接。

3）以 FPGA 和 DSP 组合为核心的数字式变送器

有报道将 FPGA 挂接在 DSP 的外部接口上,二者双向通信。FPGA 负责接收和处理拾振单元输出的信号,实现现场人机交互,并控制激振单元,激振采用模拟和数字结合的方式。DSP 通过自带的 ADC 采集温度信号,对测量结果进行修正,将测量结果转换为电流和脉冲输出,并通过串行总线与上位机进行通信。FPGA 的并行处理流程可实现高速信号处理,通过在线编程可随时对其内部连接进行重新配置,而不必更改硬件电路,但是需要自己规划时序,较为复杂,片上存储空间为 RAM,容量小,需要外扩存储器。选用的 ADC 自带抗混叠滤波器,可实现双通道采样,简化了电路设计。使用 FPGA 和 DSP,系统速度大大提升,但同时也带来了成本的增加。DSP 并不涉及复杂的算法,因此可以用 MCU 代替。

4）以 FPGA 和 MCU 组合为核心的数字式变送器

有报道以 MCU 为中央控制器,实现对 FPGA、键盘、LCD 以及串行通信接口芯片等外设的控制。拾振单元输出信号通过比较器后进入 FPGA,由 FPGA 内部的触发器和定时器通过脉冲填充计数的方式来测量频率和相位差,速度极快,但拾振单元输出信号的零点附近扰动很大,此方法精度不高。仅仅使用了一个 D 触发器和三个定时器,完全可以由门电路实现而不必使用 FPGA,FPGA 的利用率低,造成了资源浪费。

5）以 MCU 为核心的数字式变送器

有报道以 MCU 为核心设计数字式变送器。其中 ADC 采用内部时钟,不需要 MCU 提供时钟,且与 MCU 并行通信,提升了速度。使用专用芯片对温度信号测量和采样,不需自己搭建调理电路,累积流量值可以实现掉电保存,所选用的芯片价格较便宜。但 MCU 不能进行浮点数运算,不具有硬件乘法器,运算精度及速度得不到保证。

以上5种数字式变送器各有优缺点,为此设计了一款基于TMS320F28335的科氏流量计变送器,以提高测量精度和抗干扰能力。

7.5.2　功能设计

按照实现的功能不同,将变送器划分为以下几个模块:运算控制模块、信号调理模块、驱动模块、存储模块、模拟量输出模块、通信模块、人机交互模块及电源管理模块等,如图7-40所示。

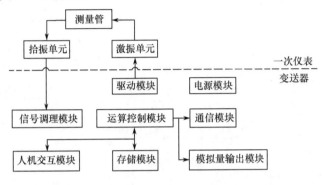

图7-40　变速器功能模块

信号调理模块对拾振器输出的电压信号放大、滤波和采样,送入运算控制模块。运算控制模块计算质量流量、体积流量、密度等,合成数字驱动信号,向其他外设发出指令并响应其请求。驱动模块接收数字驱动信号,转换为模拟信号并进行放大,以驱动激振单元。存储模块由一系列存储器构成,弥补DSP自带内存不足的缺陷,在程序运行时可作为数据缓存区,可以保存某些参数设置和历史数据,保证掉电不丢失。人机交互模块由键盘和显示屏组成,用户可以选择菜单,输入参数,实时观察运算结果。模拟量输出模块将计算结果转换为频率信号和电流信号,供控制器和其他智能仪表使用。通信模块与控制室计算机通信,实时上传测量数据,接收控制人员的指令。电源管理模块通过对220V市电进行整流、滤波、稳压等,转换为系统需要的各种直流模拟电平和数字电平。

7.5.3　硬件设计与实现

变送器的硬件结构如图7-41所示。运算控制模块由DSP、电压监控器、JTAG接口等构成。信号调理模块由放大电路、滤波电路和ADC等构成,因为DSP自带ADC只有12位,精度较低,因此这里采用两个精度更高的ADC对两路信号同时采样保持,并进行转换。驱动模块由DAC和信号调理电路构成。存储模块由SRAM和非易失性RAM等构成,考虑到计算量较大,而DSP自带RAM容量有限,需要在外部扩展RAM,以供系统运行时保存一些临时数据,又考虑到需要长期保存一些参数设置和历史数据等信息,又增加了一块非易失性RAM。人机交互模块由键盘和 LCD 等构成。通信模块由 RS-232 收发器等构成。模拟量输出模块由 DAC、脉宽调制器(PWM)接口驱动电路和信号调理电路等构成。

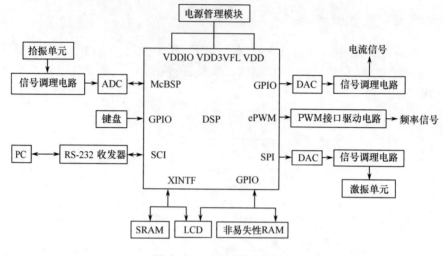

图 7-41　变送器硬件结构

1) 运算控制模块

该模块是变送器的核心部分,主要包含 DSP、振荡器、电压监控器和 JTAG 接口。DSP 既要实现运算功能,又要实现与 ADC、DAC、LCD、键盘等外部设备之间的数据交换,因而需要选择一款运行速度较快、内存较大、接口较多、功能较全的芯片。选择的是美国 TI 公司生产的 TMS320F28335,这是一款数字信号控制器,其主要技术指标如下:

(1) 采用高性能静态 CMOS 技术,时钟频率最高可达 150MHz,内核采用直流 1.9V 供电,I/O 采用直流 3.3V 供电。

(2) 高性能 32 位 CPU(TMS320C28x) + IEEE-754 FPU,基于哈佛总线架构,支持 16×16MAC、32×32MAC 或双 16×16MAC 运算。

(3) 6 通道 DMA 处理器,可在 ADC、McBSP、ePWM、XINTF 和 SRAM 之间完成高速数据传输。

(4) 片载 RAM 包含 256KB×16 闪存,34KB×16 SRAM,1KB×16 OTP ROM 以及 8KB×16 引导 ROM,可实现通过 SCI、SPI、CAN、I2C、McBSP、XINTF 和并行 I/O 的引导;16 位或 32 位外部接口(XINTF)可寻址 2MB×16;字节序为小端序。

(5) PLL 比率可调,时钟可由片载振荡器提供,也由外接晶振提供。

(6) 外设中断扩展模块(PIE)支持 58 个外设中断。

(7) 增强型控制外设:18 个 PWM 输出,6 个高分辨率 PWM 输出(HRPWM),6 个时间捕捉输入,2 个正交编码器接口。

(8) 3 个 32 位 CPU 定时器。

(9) 串行端口外设:2 个 CAN 模块,3 个 SCI(UART)模块,2 个 McBSP 模块,1 个 SPI 模块,1 个 I²C 总线。

(10) TMS320F28335 使用标准 IEEE 1149.1 JTAG 接口。涉及的引脚如表 7-10 所列。

表 7-10　JTAG 引脚

引脚	类型	信号	使用注意
$\overline{\text{TRST}}$	I	测试复位,高电压时,扫描系统获得 DSP 控制权;当 DSP 正常运行时必须保持低电压	接 2.2kΩ 电阻器以提供保护
TCK	I	测试时钟	
TMS	I	测试模式选择	
TDI	I	测试数据输入	
TDO	O/Z	测试数据输出	
EMU0/1	I/O/Z	$\overline{\text{TRST}}$为高电压时,这两个引脚被用作到(或来自)仿真器系统的中断,并在 JTAG 扫描过程中被定义为 I/O。若 EMU0 为高电压,EMU1 为低电压,$\overline{\text{TRST}}$的上升沿将把 DSP 锁存在边界扫描模式	接 2.2~4.7kΩ 电阻器

2) 信号调理模块

该模块是变送器系统的前端,实现与一次仪表的连接,负责将拾振单元输出的微弱模拟电压信号进行调理,变成可供 DSP 使用的形式,主要由放大电路、滤波电路和 A/D 转换电路几部分组成。

ADC 芯片选用 T1 公司的 ADS1255,其主要技术参数如下:

(1) 24 位数字量输出,无噪声分辨率高达 23 位。

(2) 内含增益可变的程控放大器,支持多种放大倍数,对所有放大倍数都支持系统自校正。

(3) 支持多种数据输出速率,最大可达 30kSPS。

(4) 最大非线性度为 ±0.0010%。

(5) 带有传感器检测的多路输入转接器,支持 2 路单端输入或 1 路差分输入,具有斩波稳定的输入缓冲。

(6) 内含可以快速稳定的数字滤波器,调节时间最短可达到一个时钟周期。

(7) 具有兼容 SPI 的串行接口,容忍电压 5V。

(8) 低功耗,正常工作功率 38mW,待机状态 0.4mW。

(9) 采用模拟电压 5V,数字电压 1.8~3.6V。

信号调理电路如图 7-42 所示,主要实现放大、滤波和模拟量/数字量转换等功能。从拾振单元 1 输出的模拟信号为 RP+ 和 RP- 之间的差分电压,幅值约为 0.3V,ADS1255 的输入电压范围为 -5~5V,如果直接进行 A/D 转换,仅仅占用了 ADC 量程的 6%,精度较低。为了提高 A/D 转换的精度,必须对此微弱信号进行

幅值放大。该电压信号首先经过仪用放大器 INA128,其电压增益为

$$G = 1 + \frac{50}{R_G} \tag{7-17}$$

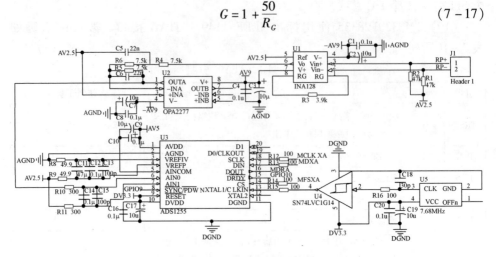

图 7 – 42　信号调理电路

此处选择 $R_G = 3.9\text{k}\Omega$,因而放大倍数为 13.8。为使 INA128 中的晶体管工作在放大区,必须为其提供直流偏置电流,以建立静态工作点。输入偏置电流约为 ±2nA,输入阻抗达到 10GΩ,这意味着输入偏置电流几乎不随输入交流电压的波动而变化。但是必须要为偏置电流提供回路,否则,输入端共模电压随着时间累积将超过容忍度,导致放大器饱和。对于音频信号,其输入阻抗较大,为抑制共模干扰,必须使运放两个输入端阻抗平衡,为此,在 INA128 的两个输入端分别接入两个阻值相等的电阻器以构成输入偏置电流回路。

放大后的信号仍然不能直接滤波,因为工业现场有很多高频噪声干扰,如果直接采样,不能保证所有频率成分均低于奈奎斯特频率,容易发生采样混叠。为此,需要先滤除高频成分。利用滤波器可达到此目的。考虑到拾振单元输出信号为单一频率,对通带到阻带的衰减速度要求不高,只要截止频率远离信号频率即可。信号的频率并不保持恒定,随着介质的密度和时间的改变而有所变化,因此要求在滤波器通带内,幅频曲线尽量保持平稳,故选择巴特沃斯滤波器。

由于前级电路阻抗较高,而后级电路阻抗较低,为了防止电压过多消耗在前级阻抗上,需要对前后级电路进行隔离。运放的输入阻抗极高,而输出阻抗较低,适合隔离高阻抗的信号源和低阻抗的负载,减小负载变化对输出电压的影响,因此这里的滤波器选择有源型。n 阶巴特沃斯有源低通滤波器的幅频响应为

$$|A(\text{j}\omega)| = \frac{A_0}{\sqrt{1 + \left(\dfrac{\omega}{\omega_c}\right)^{2n}}} \tag{7-18}$$

式中:A_0 为比例放大电路增益;ω_c 为低通滤波器的截止频率。

由式(7-18)可知,阶数越高,幅频曲线越陡峭,越接近理想滤波器,但高阶数的滤波器需要更多电容和电阻,同时也带来了更多的热噪声,增加了电路复杂度。这里的滤波器仅仅是为了防止采样后发生混叠,提高信噪比并非主要目的,因此采用二阶滤波器就可以满足要求。为了提高信噪比,可以在后续的软件中进行数字滤波。滤波器由运放 OPA2277 和二阶 RC 滤波电路组成。

经过放大和防混叠滤波后的信号就可以进行 A/D 转换了,该功能由 ADS1255 实现。ADS1255 的时钟既可由外部晶振提供,又可通过外部时钟发生器获得。当使用后一种方式时,外部时钟发生器的输出信号接在 XTAL1/CLKIN 引脚上,而 XTAL2 引脚悬空。ADS1255 的时钟信号由时钟发生器提供。为了防止时钟信号出现意外抖动导致 ADS1255 误操作,借助单施密特触发反相器 SN74LVC1G14 对时钟信号整形。由于 TMS320F28335 采用 3.3V 数字电源,为减少电平转换的麻烦,ADS1255 也采用 3.3V 数字电源。输入信号采用差分方式,一端为 OPA2277 的输出电压;另一端接参考端,选择模拟供电电源电压的 1/2 作为参考电压,即 2.5V。ADS1255 与 TMS320F28335 之间的数据传输基于 SPI 标准,通过 6 个引脚进行,如表 7-11 所列。

表 7-11　ADS1255 与 TMS320F28335 的数据交换引脚

ADS1255	TMS320F28335	传输方向	信　　号
SCLK	MCLKXA	←	串行时钟信号
$\overline{\text{SYNC}}$	GPIO9	←	开始新转换的信号
DIN	MDXA	←	控制命令
$\overline{\text{CS}}$	MFSXA	←	McBSP 帧同步信号作为 ADC 片选信号
$\overline{\text{DRDY}}$	GPIO10	→	转换完成信号
DOUT	MDRB	→	转换结果或寄存器内容

3）存储模块

由于 DSP 自带的存储模块资源不够,需要对其进行扩展,该模块主要由两部分构成:一部分是 SRAM,在程序运行的时候保存 A/D 转换结果;另一部分是非易失性 RAM,具有 RAM 的读写速度,但同时可以在掉电情况下长期保存数据,用于实现用户设定参数的保存。

SRAM 采用矽成积体电路公司 IS61LV6416 芯片,其主要技术指标如下:

（1）高速存取时间——8ns,10ns,12ns,15ns;

（2）CMOS 低功耗,正常运行 250mW,待机状态 250μW;

（3）TTL 兼容接口;

（4）全静态操作,不需要时钟和不断刷新;

（5）三态输出;

（6）可对高低字节分别操作。

非易失性存储器采用铁电国际公司的 FM25L04 芯片，其主要技术指标如下：

（1）对读写周期无限制，写操作无延迟，数据掉电可保存 45 年；

（2）SPI 传输速度可达 14MHz，支持模式 0 和 3；

（3）具有硬、软件写保护；

（4）低功耗，运行电压 2.7~3.6V，待机电流 1μA。

两块存储器的连接方式如图 7-43 所示。两芯片均采用 3.3V 数字电源供电。IS61LV6416 与 TMS320F28335 的引脚连接如表 7-12 所列。$\overline{UB}$ 和 $\overline{LB}$ 为高/低字节控制引脚，对 IS61LV6416 的存取，每次可以只使用 1B，也可以同时使用 2B，在本设计中同时使用高低字节，因此将这两个引脚接地，随时保持低电平有效。

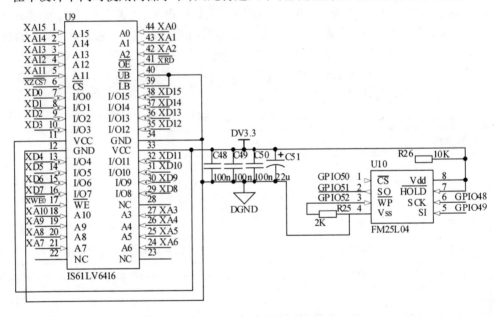

图 7-43　存储器接口电路

表 7-12　IS61LV6416 与 TMS320F28335 的数据交换引脚

IS61LV6416	TMS320F28335	传输方向	信号
$\overline{CS}$	$\overline{XZCS7}$	←	片选，将存储器映射到 DSP 的外部区域 7
$\overline{WE}$	$\overline{XWE0}$	←	写使能
$\overline{OE}$	$\overline{XRD}$	←	读使能
A0~A15	XA0~XA15	←	地址
I/O0~I/O15	XD0~XD15	↔	数据

4）电源管理模块

有些芯片需要模拟电源，有些芯片需要使用数字电源，并且所需要的电压值也

302

不尽相同,这就需要对输入电压进行转换,得到所需要的电平。该模块实现对整个系统的供电,将交流 220V 市电转换为系统所需要的各种模拟电压和数字电压,主要由整流电路、变压电路、滤波电路和稳压电路几部分组成。

对于 DSP 所需要的 3.3V 和 1.9V 数字电压,采用 T1 公司的双输出低压差稳压器 TPS767D301,是专门针对 DSP 应用进行设计,其主要技术指标如下:

(1)双路输出,适合于分支供电场合,可输出 3.3V/2.5V,3.3V/1.8V 或 3.3V/可调电压;

(2)输出电流范围为 0mA ~ 1A;

(3)瞬态响应时间短,双漏极开路,上电复位延迟 200ms;

(4)2% 的过载和过热容忍度,具有过热保护;

(5)电流为 1A 时的跌落压差为 350mV;

(6)85μA 极低静态典型电流,1μA 关机静态电流。

电源管理模块的主要电路结构如图 7 - 44 所示。220V 交流电压首先经过电感器、高频扼流圈,去除掉高频杂波干扰。而后经过桥式整流电路变为脉动直流电压,再经过电容滤波之后送入变压器的原线圈。从变压器副线圈出来的低压直流电仍然带有一定的纹波,需要进一步滤波,并通过稳压器,以得到恒温直流电压。

TPS767D301 的 2OUT 引脚输出的电压为固定值 3.3V,而 1OUT 输出的电压可调。在芯片内部,有一比较放大电路,通过反馈电压输入引脚 FB 与外部的取样电路连接。在外部接入电阻器 R_{33} 和 R_{34} 构造取样电路,形成串联反馈,以保证输出电压的恒定。通过调节电阻器 R_{33} 和 R_{34} 的比值,即可产生不同的输出电压,具体关系为

$$V_{1OUT} = V_{REF}\left(1 + \frac{R_{33}}{R_{34}}\right) \tag{7-19}$$

式中:$V_{REF} = 1.1834V$。

选择分压电阻时要保证流过 R_{34} 的电流约为 40μA,以确保芯片内的调整管能正常工作,电阻值过小会浪费能源,而电阻值过大则 FB 处的漏电流将会增加输出电压的误差。选择 $R_{34} = 30.1k\Omega$,为了使输出端 1 输出 1.9V 电压,根据式(7-19)可计算出 $R_{33} = 18.2k\Omega$。该稳压器还具有低压报警功能,当两个电压中的一个衰减至额定值的 95% 时,从 $\overline{1RESET}$ 或 $\overline{2RESET}$ 引脚将发出低电平信号,将这两个引脚通过与门连接到 TMS320F28335 的 XRS 引脚,当电压过低时就使 TMS320F28335 复位。这两个复位引脚需要外接上拉电阻。电压输入端 1IN 和 2IN 接入电容器 C_{79} 和 C_{81} 用于防止稳压器产生高频自激振荡和抑制高频干扰,电压输出端 1OUT 和 2OUT 接入电容器 C_{78} 和 C_{80} 用于抑制由输入端引入的低频干扰。

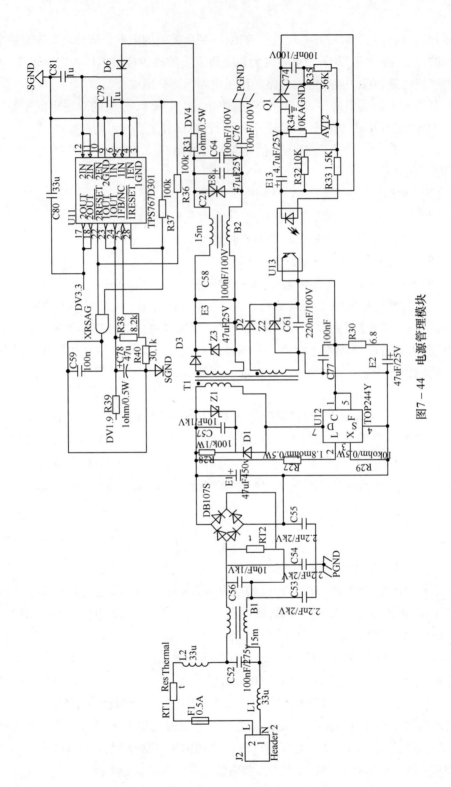

图7－44　电源管理模块

7.5.4　软件设计与实现

变送器系统的软件按照功能可分为以下几个模块:系统初始化、数据预处理、算法测量、人机交互、通信和模拟量输出等。系统上电后首先经历初始化过程,启动时钟,将保存在外部存储器中的参数调入到 DSP 内存中,分配中断向量,使能相应中断并禁止另一些中断,对需要用到的 DSP 引脚进行配置,并通过引脚对外部设备发送初始化指令。初始化完成后,启动 ADC,开始数据采集过程。当内存中存储了足量的数据后,对这些数据进行预处理,进一步降噪。随后调用算法,计算频率和相位差,最终给出瞬时流量值。每组结果计算完后,将数据及时发送到控制室主机,并根据主机发送的命令做出相应动作。最后,对计算结果进行转换,送入模拟量输出模块,以频率和电流的形式输出。

1)系统初始化

系统初始化主要包括对 DSP 的初始化,对 ADS1255、DMA、McBSP 等外设模块的初始化、配置、启动,对中断的配置,从外部存储器中读取参数,将指定代码复制到 RAM 等,如图 7 – 45 所示。

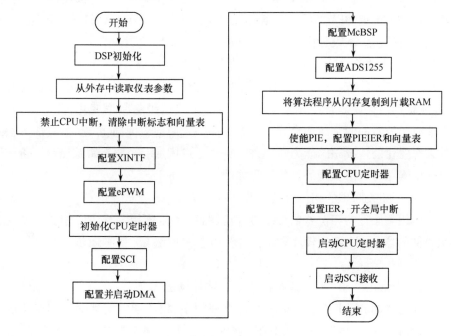

图 7 –45　系统初始化流程

2)基于 DFT 的频率估计算法实现

该算法通过对两路拾振单元输出信号进行 DFT,将信号从时域变换到频域,得到其频谱,找出谱线最大峰值处所对应的频率,即为正弦信号主频率,对求得的两个频率值取平均值作为真实的信号频率。算法实现的主要流程如图 7 - 46 所示。

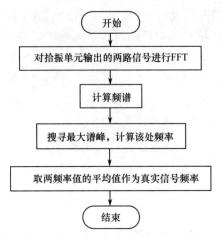

图 7 - 46　基于 DFT 的频率估计算法实现流程

　　该算法实现的关键是 DFT,由于 DFT 中存在大量重复运算,快速傅里叶变换(FFT)算法使 N 点 DFT 的乘法计算量由 N^2 次降为 $0.5N\log_2 N$,计算点数越多,计算量减小得越多。本设计中采用时间抽取(DIT)基 2 FFT 算法。

　　3) 基于改进的自适应格型陷波的频率估计算法实现

　　自适应格型陷波器(LANF)是一种时域信号处理方法,该算法适合处理时变信号,能根据估计误差自动调整滤波器参数,可快速跟踪频率变化,并有效降噪。但自适应陷波器的内部结构会导致误差曲面陷入局部最优,而非全局最优,失去对信号频率变化的持续跟踪能力。改进的算法通过增加一个频率跟踪质量评价因子解决这个问题。算法实现的具体流程如图 7 - 47 所示。

　　4) 基于相关原理的相位差估计改进算法实现

　　基于相关原理的相位差估计改进算法,打破了传统相关算法中相关长度受整周期条件的限制,计算量较小,易于实现动态相位测量,其实现步骤如图 7 - 48 所示。

　　5) 基于修正滑动 DTFT 递推的相位差估计算法实现

　　传统的滑动 DTFT 递推算法不适合处理频率、相位和幅值都随时间变化的科氏流量计信号,一种修正的滑动 DTFT 递推算法,其实现流程如图 7 - 49 所示。

　　6) 基于重叠短汉宁窗 DTFT 的相位差估计算法实现

　　基于重叠短汉宁窗 DTFT 的相位差估计算法,由于汉宁窗具有比矩形窗更快的旁瓣衰减速度,因此求解相位差的精度更高。算法实现的主要流程如图 7 - 50 所示。

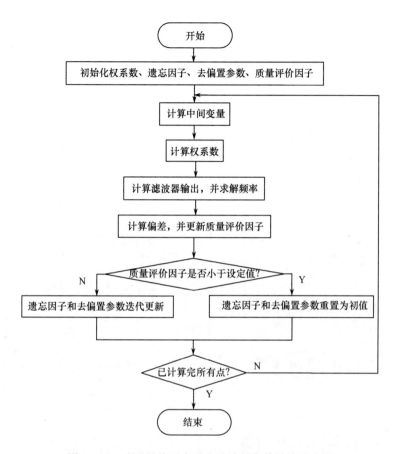

图 7-47 改进的格型自适应陷波频率估计算法流程

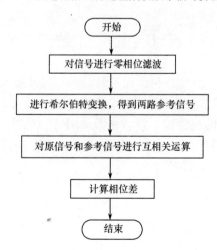

图 7-48 基于相关原理的相位差估计改进算法实现流程

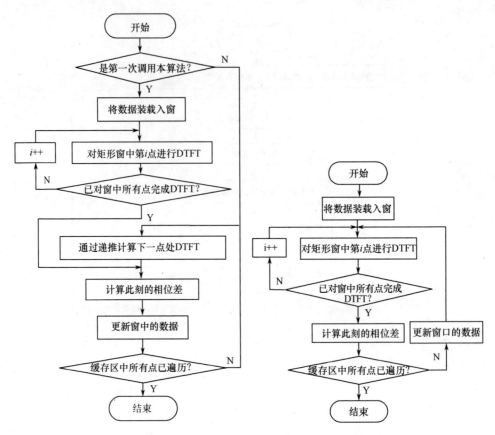

图7-49 基于修正滑动 DTFT 递推的
相位差估计算法实现流程

图7-50 基于重叠短汉宁窗 DTFT 的
相位差估计算法实现流程

7.6 小 结

本章主要介绍了前文方法在科氏流量计信号处理中的应用,首先介绍了科氏流量计实验系统,包括科氏流量计原理、实验系统构成及实验操作流程;然后分别介绍本书第3、4章提出的相位差估计方法及 ANF 频率估计方法在科氏流量计中的应用验证;最后介绍科氏流量计变送器的设计与实现,应用验证结果证明了方法的实际有效性。

参 考 文 献

[1] Shen Yanlin, Tu Yaqing, Chen Linjun, et al. Phase difference estimation method based on data extension and Hilbert transform[J]. Measurement Science and Technology, 2015, 26(9):1 – 5.

[2] Shen Yanlin, Tu Yaqing, Chen Linjun, et al. A phase match based frequency estimation method for sinusoidal signals[J]. Review of Scientific Instruments, 2015, 86(4):1 – 5.

[3] Shen Tingao, Tu Yaqing, Li Ming, et al. A new phase difference measurement algorithm for extreme frequency signals based on discrete time Fourier transform with negative frequency contribution[J]. Review of Scientific Instruments, 2015, 86(1):1 – 9.

[4] Su Dan, Tu Yaqing, Luo Jianyuan, et al. A frequency estimation algorithm based on cross information fusion [J]. Measurement Science and Technology, 2015, 26(1):1 – 9.

[5] 沈艳林,涂亚庆,刘鹏,等.非整周期采样信号频率估计的相频匹配方法[J].仪器仪表学报,2015,36(6):1221 – 1226.

[6] 杨辉跃,涂亚庆,张海涛,等.离散频谱泄漏抑制方法研究进展[J].计算机应用研究,2015,32(6):1608 – 1613.

[7] 杨辉跃,涂亚庆,张海涛.基于DFT的相位差估计精度与改进方法[J].传感技术学报,2015,28(1):93 – 98.

[8] 于卫东,涂亚庆,詹启东,等.基于改进Rife算法的LFMCW雷达测距方法及实现[J].电子测量与仪器学报,2015,29(4):550 – 557.

[9] 沈廷鳌,涂亚庆,李明,等.基于一类新窗的滑动DTFT相位差测量算法及分析[J].中南大学学报,2015,46(4):1302 – 1309.

[10] 沈廷鳌,涂亚庆,张海涛,等.基于矩形双窗的滑动DTFT高精度相位差测量算法[J].中南大学学报,2015,46(2):554 – 560.

[11] 刘翔宇,涂亚庆,王刚,等.基于DSP的科氏流量计变速器设计及算法验证[J].电子测量与仪器学报,2015,29(3):439 – 446.

[12] 刘翔宇.基于DSP的科氏流量计变送器设计与实现[D].重庆:后勤工程学院,2015.

[13] 于卫东.近程LFMCW雷达的分段双线幅度测距法及实现[D].重庆:后勤工程学院,2015.

[14] 沈廷鳌.相位差测量的相关法和DTFT法研究及在科氏流量计中的应用[D].重庆:后勤工程学院,2015.

[15] 杨辉跃.CMF频率与相位差并行估计及仿人智能驱动控制研究[D].重庆:后勤工程学院,2015.

[16] Tu Yaqing, Yang Huiyue, Zhang Haitao, et al. CMF signal processing method based on feedback corrected ANF and Hilbert transformation[J]. Measurement Science Review, 2014, 14(1):41 – 47.

[17] Shen Tingao, Tu Yaqing, Zhang Haitao. A novel time varying signal processing method for Coriolis mass flowmeter[J]. Review of Scientific Instruments, 2014, 85(6):1 – 6.

[18] Tu Yaqing, Shen Tingao, Zhang Haitao, et al. Two new sliding DTFT algorithms for phase difference measurement based on a new kind of windows[J]. Measurement Science Review, 2014, 14(6):350 – 356.

[19] 李明. 无偏频率估计与跟踪的快速 ANF 方法及科氏流量计应用实验[D]. 重庆:后勤工程学院, 2014.

[20] 苏丹. 频率估计的交叉信息融合法及 LFMCW 雷达测距系统验证[D]. 重庆:后勤工程学院, 2014.

[21] 詹启东. 基于 Rife 和 Jacobsen 测频的 LFMCW 雷达测距方法及平台化实现[D]. 重庆:后勤工程学院, 2014.

[22] 郑子云. 科氏流量计实验平台软件设计及信号处理算法实现[D]. 重庆:后勤工程学院, 2014.

[23] 李明,涂亚庆,沈廷鳌,等. 自适应陷波器频率估计新方法及性能分析[J]. 电子学报, 2014, 42(1):49 – 57.

[24] 苏丹,涂亚庆,沈艳林,等. 异频信号的交叉信息融合频率估计方法[J]. 仪器仪表学报, 2014, 35(1):15 – 22.

[25] 郑子云,涂亚庆,沈廷鳌. 科氏流量计信号处理实验平台软件设计及实现[J]. 自动化与仪器仪表, 2014,(1):135 – 138.

[26] 詹启东,涂亚庆. 基于 Jacobsen 法的 LFMCW 雷达测距算法[J]. 后勤工程学院学报, 2014, 30(1):79 – 83.

[27] 杨辉跃,涂亚庆,张海涛,等. 振动信号频率跟踪的反馈修正自适应陷波频率器法[J]. 振动与冲击, 2014, 33(3):145 – 149,176.

[28] 詹启东,涂亚庆. 基于 Rife 法的线性调频连续波雷达测距算法及实现[J]. 兵工学报, 2014, 35(5):748 – 752.

[29] 肖玮,涂亚庆,沈艳林,等. 频率估计的多段正弦信号快速频谱融合算法[J]. 计算机工程与应用, 2014, 50(6):186 – 191.

[30] 沈廷鳌,涂亚庆,李明,等. 数据延拓式相关的相位差测量方法及验证[J]. 仪器仪表学报, 2014, 35(6):1331 – 1337.

[31] 涂亚庆,沈廷鳌,李明,等. 基于多次互相关的非整周期信号相位差测量算法[J]. 仪器仪表学报, 2014, 35(7):1578 – 1585.

[32] 沈廷鳌,涂亚庆,李明,等. 基于相关原理的非整周期信号相位差测量算法[J]. 仪器仪表学报, 2014, 35(9):2153 – 2160.

[33] 沈廷鳌,涂亚庆,李明,等. 基于相关原理的相位差测量改进算法及应用[J]. 振动与冲击, 2014, 33(21):177 – 182.

[34] 李明,涂亚庆,沈廷鳌,等. 极端频率直接估计的新自适应陷波器方法[J]. 振动工程学报, 2014, 27(5):785 – 793.

[35] 沈艳林. 频率估计的频谱匹配方法及其实验验证[D]. 重庆:后勤工程学院, 2013.

[36] 易鹏. 基于格型 ANF 和滑动 DTFT 的科氏流量计信号处理方法及平台化[D]. 重庆:后勤工程学院, 2013.

[37] 王乐,王竹刚,熊蔚明. 基于最大似然频率精细估计的载波捕获算法[J]. 电讯技术, 2013, 53(1):39 – 43.

[38] Yang Wenlang, James Hu, Li Ze. Prony – based method for time – frequency analysis of marine riser VIV data [C]//International Society of Offshore and Polar Engineers (ISOPE). Proceedings of the 23rd International Offshore and Polar Engineering Conference. Anchorage, AK, United states: International Society of Offshore and Polar Engineers, 2013:461 – 468.

[39] 刘高峰,李明,王亚军,等. 一种新的基于非反射对称非负特征值分解的 Freeman 分解[J]. 电子与信息学报, 2013, 35(2):368 – 375.

[40] Dash P K, Krishnanand R, Patnaik R K. Dynamic phasor and frequency estimation of time – varying power

system signals [J]. International Journal of Electrical Power&Energy Systems, 2013,44(1):971 – 980.

[41] Feger R, Pfeffer C, Scheiblhofer W, et al. A 77 – GHz cooperative radar system based on multi – channel FM-CW stations for local positioning applications[J]. IEEE Transactions on Microwave Theory and Techniques, 2013, 61(1):676 – 684.

[42] 许爽.基于 FPGA 和 DSP 的科氏流量计变送器设计[D].北京:北京化工大学,2013.

[43] Xiao Wei, Tu Yaqing, Liu Liangbing. Frequency estimation algorithms by fusion spectra of multi – section sinusoids[J]. Przeglad Elektrotechniczny, 2013:246 – 253.

[44] Tu Yaqing, Zhang Haitao, Mao Yuwen, et al. Unbiased phase delay estimator with negative frequency contribution for real sinusoids[J]. Journal of Applied Sciences,2013,13(8):1160 – 1168.

[45] 肖玮,涂亚庆,刘良兵,等.多段同频正弦信号频谱融合的 LFMCW 雷达测距算法[J].仪器仪表学报, 2013,34(1):94 – 103.

[46] 沈艳林,涂亚庆,刘良兵,等.基于相位积累的多段异频信号的频率估计算法[J].电子测量与仪器学报,2013,27(1):64 – 68.

[47] 涂亚庆,林勇.一种集成 SVD 和 PWVD 的 VCO 非线性度检测新方法[J].现代雷达,2013,35(2): 56 – 60.

[48] 易鹏,涂亚庆,杨辉跃.插值 FFT 和滑动 DTFT 的科氏流量计信号处理方法[J].计算机工程与应用, 2013,49(5):236 – 240.

[49] 肖玮,涂亚庆,刘良兵.频率估计的一种同频信号加权融合算法[J].系统仿真学报,2013,25(4): 742 – 747,752.

[50] 涂亚庆,沈廷鳌,张海涛.基于重叠短汉宁窗 DTFT 算法的科氏流量计信号处理方法[J].数据采集与处理,2013,28(1):22 – 27.

[51] 沈廷鳌,涂亚庆,张海涛,等.科氏流量计的时变信号处理方法[J].重庆大学学报,2013,36(4):93 – 98, 109.

[52] 李明,涂亚庆,沈廷鳌,等.二阶自适应陷波器频率估计方法统计性能分析[J].信号处理,2013,29(6): 734 – 742.

[53] 李明,涂亚庆,沈廷鳌,等.时变信号频率跟踪的一种新自适应陷波器方法[J].仪器仪表学报,2013,34 (7):1525 – 1532.

[54] 苏丹,涂亚庆,罗健源,等.基于迭代的交叉信息融合频率估计方法[J].四川大学学报,2013,45(4): 156 – 162.

[55] 沈廷鳌,涂亚庆,张海涛,等.一种改进的自适应格型陷波频率估计算法及其收敛性分析[J].振动与冲击,2013,32(24):28 – 32.

[56] 杨辉跃.基于自适应陷波器及 Hilbert 变换的科氏流量计信号处理方法研究[D].重庆:后勤工程学院,2012.

[57] 莫正军.基于 FrFT 的瞬时频率估计方法及其在 VCO 非线性度检测中的应用[D].重庆:后勤工程学院, 2012.

[58] 王海虹.贝叶斯参数估计的最大熵方法的逆问题[J].东北石油大学学报,2012,36(6):101 – 103.

[59] Zhang Yongbing, Zhao Debin, Liu Hongbin, et al. Side information generation with auto regressive model for low – delay distributed video coding [J]. Journal of Visual Communication and Image Representation, 2012, 23(1): 229 – 236.

[60] Génia B, Vincent C. Empirical assessment of the maximum likelihood estimator quality in a parametric counting process model for recurrent events [J]. Computational Statistics & Data Analysis, 2012, 56 (2):

297 – 315.

[61] Levy B, Rafael K, Romis A, et al. Application of natural computing algorithms to maximum likelihood estimation of direction of arrival [J]. Signal Processing, 2012, 92(5): 1338 – 1352.

[62] Gordon J R, Niall M A, Dimitris K T, et al. Exponentially weighted moving average charts for detecting concept drift [J]. Pattern Recognition Letters, 2012, 33(2): 191 – 198.

[63] Lin Sungnung, Chou Chaoyu, Wang Shuling, et al. Economic design of autoregressive moving average control chart using genetic algorithms [J]. Expert Systems with Applications, 2012, 39(2): 1793 – 1798.

[64] 张义龄, 高存博, 刘明光. 扩展 Prony 算法在输电线路故障定位中的应用[J]. 北京交通大学学报, 2012, 36(2): 140 – 144.

[65] 李传江, 费敏锐, 胡豁生, 等. 基于谐波小波和 Prony 算法的转子不平衡信号提取术[J]. 仪器仪表学报, 2012, 33(11): 2516 – 2522.

[66] 李新波, 石要武, 石屹然, 等. 基于 LPFT – MUSIC 的窄带多项式相位信号波达方向估计方法[J]. 系统工程与电子技术, 2012, 34(11): 2203 – 2207.

[67] 盖建新, 付平, 付宁, 等. 基于 SVD 与 MUSIC 的亚奈奎斯特采样重构算法[J]. 仪器仪表学报, 2012, 33(9): 2073 – 2079.

[68] Zhang Kailin, Zhang Yanqiang. Performance evaluation of high frequency sub – bands of wavelet transform for palmprint recognition [J]. Journal of Harbin Institute of Technology(New Series), 2012, 19(6): 115 – 123.

[69] 毛育文, 涂亚庆, 张海涛, 等. 极低频信号的一种离散频谱校正新方法. 振动工程学报[J]. 2012, 25(4): 474 – 480.

[70] 毛育文, 涂亚庆, 张海涛, 等. 计及负频率的极高频信号离散频谱校正新方法[J]. 振动、测试与诊断, 2012, 32(3): 477 – 482.

[71] 毛育文. 计及负频率影响的极端频率信号离散频谱校正方法研究[D]. 重庆: 后勤工程学院, 2012.

[72] 肖玮. 频率估计的多段正弦信号频谱融合法及 LFMCW 雷达测距系统验证[D]. 重庆: 后勤工程学院, 2012.

[73] Punchalard R. Mean square error analysis of unbiased modified plain gradient algorithm for second – order adaptive IIR notch filter[J]. Signal Processing, 2012, 92(11): 2815 – 2820.

[74] David G, Rocio S V. Using eigenstructure decompositions of time – varying auto – regressions in common spatial pattern – based EEG signal classification [J]. Biomedical Signal Prescessing and Control, 2012, 7(6): 622 – 631.

[75] Dragos N V. A fast, simple and accurate time – varying frequency estimation method for single – phase electric power systems [J]. Measurement, 2012, 45(5): 1331 – 1333.

[76] Loetwassana W, Punchalard R, Koseeyaporn J, et al. Unbiased plain gradient algorithm for a second – order adaptive IIR notch filter with constrained poles and zeros [J]. Signal Processing, 2012, 90(8): 2513 – 2520.

[77] Song Ningfang, Yang Dezhao, Lin Zhili, et al. Impact of transmitting light's modulation characteristics on LFMCW Lidar systems[J]. Optics & Laser Technology, 2012, 44(2): 452 – 458.

[78] Rohling H. Automotive radar systems[J]. Radar Science and Technology, 2012, 10(5): 453 – 459.

[79] Qi Hong, Zhang Zhongjin, Yan Danqing, et al. Airport runway FOD detection based on LFMCW radar using interpolated FFT and CLEAN[C]//IEEE Computer Society. IEEE 12th International Conference on Computer and Information Technology. Washington: IEEE Computer Society, 2012: 747 – 750.

[80] Hong Danbee, Yang Chansu. Algorithm design for detection and tracking of multiple targets using FMCW radar [C]//Marine Technology Society (MTS). IEEE Yeosu Conference: The Living Ocean and Coast – Diversity of Resources and Sustainable Activities. Washington: IEEE Computer Society, 2012: 1 – 3.

[81] 鲁晓帆. FMCW 测距雷达设计与实现[D]. 南京:南京航空航天大学,2012.

[82] 王保华. 近程 LFMCW 雷达测距系统的研究与实现[D]. 重庆:重庆大学,2012.

[83] 高文冀,邱林茂,费涛. LFMCW 雷达中线性调频信号非线性度对接收差拍信号的影响分析[J]. 火控雷达技术, 2012, 41(4):19 – 22.

[84] 蒋留兵,林和昀,柴林峰,等. 多目标 LFMCW 车载前向防撞雷达的实现[J]. 现代雷达, 2012, 34(6):26 – 29.

[85] Hwang Yintsung, Chen Yichih, Hong Chengru, et al. Design and FPGA implementation of a FMCW radar baseband processor[C]//APCCAS. IEEE Asia Pacific Conference on Circuits and Systems. Piscataway:Institute of Electrical and Electronics Engineers,2012:392 – 395.

[86] 霍志,谢启友,郭靖,等. 一种基于 FPGA 的雷达数字信号处理机设计与实现[J]. 现代电子技术, 2012, 35(1):13 – 16.

[87] 赵璐. 科里奥利质量流量计数字信号处理研究及系统实现[D]. 合肥:中国科学技术大学,2012.

[88] Yang Huiyue, Tu Yaqing, Zhang Haitao. A frequency tracking method based on improved adaptive notch filter for coriolis mass flowmeter[J]. Applied Mechanics and Materials, 2012,128:450 – 456.

[89] Mo Zhengjun, Tu Yaqing, Xiao Wei, et al. A VCO nonlinearity correction method based on BP network[J]. Lecture Notes in Electrical Engineering,2012,135:137 – 143.

[90] Shen Tingao, Tu Yaqing, Zhang Haitao. A novel method for CMF signal processing based on the revised sliding recursive DTFT algorithm[C]//IEEE Computer Society. IEEE Proceedings of the 24th Chinese Control and Decision Conference. Washington:IEEE Computer Society, 2012:3323 – 3328.

[91] Yang Huiyue, Tu Yaqing, Zhang Haitao, et al. A Hilbert transform based method for dynamic phase difference measurement[C]// IEEE Computer Society. IEEE Proceedings of the 24th Chinese Control and Decision Conference. Washington:IEEE Computer Society, 2012:4158 – 4161.

[92] Li Ming, Tu Yaqing, Su Dan. A method for parameters estimation of multiple sinusoids signal based on ANFs and SGA[C]//Academy of Mathematics and Systems Science. IEEE Proceedings of the 10th World Congress on Intelligent Control and Automation, Piscataway:Institute of Electrical and Electronics Engineers, 2012:4277 – 4282.

[93] Shen Yanlin, Tu Yaqing, Xiao Wei, et al. Frequency estimation of multisection signals with same frequency and length based on spectrum correlation[C]//Academy of Mathematics and Systems Science. IEEE Proceedings of the 10th World Congress on Intelligent Control and Automation. Piscataway:Institute of Electrical and Electronics Engineers, 2012:4283 – 4286.

[94] Mao Yuwen, Tu Yaqing, Yang Huiyue. A new method to eliminate negative frequency interference based on wavelet transformation and grey correlation theory[C]//Academy of Mathematics and Systems Science. IEEE Proceedings of the 10th World Congress on Intelligent Control and Automation. Piscataway:Institute of Electrical and Electronics Engineers, 2012:4356 – 4361.

[95] Yi Peng, Tu Yqing, Shen Tingao, et al. Analysis of phase difference tracking methods for signal of coriolis mass flowmeter[C]//Academy of Mathematics and Systems Science. IEEE Proceedings of the 10th World Congress on Intelligent Control and Automation. Piscataway:Institute of Electrical and Electronics Engineers, 2012:4366 – 4373.

[96] Xiao Wei, Tu Yaqing, Su Dan, et al. A frequency estimation algorithm based on spectrum correlation of multi – section sinusoids with the known frequency – ratio[C]//Academy of Mathematics and Systems Science. IEEE Proceedings of the 10th World Congress on Intelligent Control and Automation. Piscataway:Institute of Electrical and Electronics Engineers, 2012: 4385 – 4389.

[97] Xiao Wei, Tu Yaqing, Shen Yanlin, et al. Improving range precision of LFMCW radar by spectrums fusion of

multi – section co – frequency sinusoids[C] //Technical Committee on Control Theory. IEEE Proceedings of the 31st Chinese Control Conference. Washington：IEEE Computer Society,2012:3629 – 3634.

[98] Su Dan, Tu Yaqing, Li Ming, et al. Comparative analysis of frequency estimation methods[C] //Technical Committee on Control Theory. IEEE Proceedings of the 31st Chinese Control Conference. Washington：IEEE Computer Society,2012:5442 – 3447.

[99] Mao Yuwen, Tu Yaqing, Niu Penghui. A new discrete spectrum correction method for ultra – low frequency signals with negative frequency contribution[C] //Technical Committee on Control Theory. IEEE Proceedings of the 31st Chinese Control Conference. Washington：IEEE Computer Society,2012:7570 – 7575.

[100] 肖玮,涂亚庆,刘良兵,等.一种频率估计的倍频等长信号加权融合算法[J].数据采集与处理,2012,27(1):74 – 79.

[101] 莫正军,涂亚庆,刘良兵,等.基于重叠分段和 FrFT 的 VCO 非线性度检测方法[J].数据采集与处理,2012,27(1):96 – 100.

[102] 肖玮,涂亚庆,刘良兵,等.频率估计的多段差频正弦信号加权融合算法[J].中国科学技术大学学报,2012,42(2):124 – 132.

[103] 肖玮,涂亚庆,刘良兵,等.频率估计的多段同频正弦信号频谱相关算法[J].电子与信息学报,2012,34(3):564 – 570.

[104] 毛育文,涂亚庆,武建军.基于小波分解和灰色关联度的消除负频率干涉的方法[J].电子测量与仪器学报,2012,26(9):805 – 811.

[105] 毛育文,涂亚庆,肖玮,等.离散密集频谱细分分析与校正方法研究进展[J].振动与冲击,2012,31(11):121 – 129.

[106] 杨辉跃,涂亚庆,张海涛,等.一种基于 SVD 和 Hilbert 变换的科氏流量计相位差测量方法[J].仪器仪表学报,2012,33(9):2101 – 2107.

[107] 肖玮,涂亚庆,刘良兵,等.基于多段差频正弦信号频谱相关的频率估计算法[J].宇航学报,2012,33(8):1150 – 1157.

[108] 肖玮,涂亚庆,刘良兵,等.短时同频等长信号频率估计的加权融合算法[J].重庆大学学报,2012,35(12):155 – 162.

[109] 肖玮,涂亚庆,刘良兵,等.频率估计的多段倍频正弦信号加权融合算法[J].西安电子科技大学学报,2012,39(6):114 – 123.

[110] Nosan A, Punchalard R. A complex adaptive notch filter using modified gradient algorithm[J]. Signal Processing, 2012, 92(6): 1508 – 1514.

[111] 林勇.基于 SVD 降噪和 PWVD 瞬时频率估计的 VCO 非线性度检测方法[D].重庆：后勤工程学院, 2011.

[112] 沈廷鳌.科氏流量计信号频率跟踪方法及相位差算法研究[D].重庆：后勤工程学院,2011.

[113] 徐飞,王延暴. Chirp – z 变换在雷达信号处理中的应用[J].现代电子技术,2011,23(9):56 – 59.

[114] 苗成伟,陈光武,高建国,等.基于 DSP 的轨道移频信号解调实现[J].电子科技,2011,24(3):47 – 48.

[115] 李文杰,宁俊瑞,陈世军,等.利用 Burg 反褶积提高地震资料处理质量[J].物探与化探,2011,35(1):127 – 130.

[116] 邢务强,钮金鑫.基于 AR 模型的功率谱估计[J].现代电子技术,2011,34(7):49 – 51.

[117] 何继爱,达正花,唐艳娟.基于 AR 模型的盲源分离方法[J].数据采集与处理,2011,26(2):162 – 166.

[118] Aleš A, Igor M, Sašo P, et al. Quantile approximations in auto – regressive portfolio models [J]. Journal of Computational and Applied Mathematics, 2011,235(8):1976 – 1983.

[119] 兰华,廖志民,赵阳.基于 ARMA 模型的光伏电站出力预测[J].电测与仪表,2011,48(542):31-35.

[120] 杨晓宾,梁刚,胡晓勤.基于 ARMA 的并行入侵检测的负载均衡算法[J].四川大学学报(自然科学版),2011,48(1):80-86.

[121] 徐俊明,魏文伟,夏沛.基于 Prony 算法的固有频率法输电线路故障定位[J].电测与仪表,2011,48(550):19-24.

[122] 熊杰锋.基于加窗插值和 Prony 的电力系统间谐波算法[J].电力系统保护与控制,2011,39(7):8-19.

[123] Ahra M, Mohammad P, Ali A A. Wavelet transform and multi-class relevance vector machines based recognition and classification of power quality disturbances[J]. European Transactions on Electrical Power,2011(21):212-222.

[124] 毛育文,涂亚庆,张海涛,等.计及负频率影响的频谱分析方法及研究进展[J].电测与仪表,2011,48(5):27-32.

[125] 涂亚庆,苏奋华,沈廷鳌,等.自适应陷波器的科氏流量计信号频率跟踪方法[J].重庆大学学报(自然科学版),2011,34(10):147-152.

[126] 杨辉跃,涂亚庆,张海涛.基于 ANF 和 VS-DFE 的科氏流量计频率跟踪方法[J].电子测量与仪器学报,2011,25(12):1072-1077.

[127] 莫正军,涂亚庆,肖玮.基于 FrFT 和三次样条插值的瞬时频率估计方法[J].电子测量与仪器学报,2011,25(4):343-347.

[128] Wang Yongli, Ren Kaichun, He Chunhan et al. Study on application of fuzzy control for linearity correction of LFMCW radar[C] //IEEE Beijing Section ED Chapter. International Conference on Electric Information and Control Engineering. Piscataway:IEEE Computer Society, 2011:3618-3626.

[129] Sun S G, Lee J M, Lee J S, et al. Ground-based radar interferometer for tracking fast approaching targets [J]. IET Sonar & Navigation Radar, 2011, 5(4):398-404.

[130] Hyun Eugin, Kim Sangdong, Ju Yeonghwan, et al. FPGA based signal processing module design and implementation for FMCW vehicle radar systems[C] //China Institute of Electronics (CIE). IEEE CIE International Conference on Radar. Piscataway:IEEE Computer Society, 2011:273-275.

[131] Lal S, Chowdhury S. An FPGA-based 77 GHZ MEMS radar signal processing system for automotive collision avoidance[C] //London Hydro. Canadian Conference on Electrical and Computer Engineering. Piscataway:Institute of Electrical and Electronics Engineers, 2011:1351-1356.

[132] Candan C. A method for fine resolution frequency estimation from three DFT samples[J]. IEEE Signal Processing Letters, 2011, 18(6):351-354.

[133] Instrument T. TMS320F28335 digital signal controllers (DCS) data manual [Z]. Dallas:Texas Instrument, 2011.

[134] 林勇,涂亚庆,刘良兵.一种基于 SVD 的非平稳信号重叠分段降噪算法[J].后勤工程学院学报. 2011,27(2):81-85

[135] 肖玮,涂亚庆,何丽.DTFT 频谱细化特性分析及其快速算法设计[J].电子与信息学报,2011,33(6):1395-1400.

[136] 肖玮,涂亚庆,刘良兵,等.频率估计的差频等长信号加权融合算法[J].信号处理,2011,27(7):1106-1111.

[137] Zhu Lufeng, Zhang Chunxi, Ma Zhiqiang. Fast fine acquisition algorithm of GPS receiver aided by INS information[J]. Journal of Systems Engineering and Electronics, 2011,22(2):300-305.

[138] Daniel B, Dominique D, Dario P. Accuracy of sine wave frequency estimation by multipoint interpolated DFT approach[J]. IEEE Transactions on Instrumentation and Measurement, 2010,59(11):2808 – 2815.

[139] 丁康,朱文英,杨志坚,等. FFT + FT 离散频谱校正法参数估计精度[J]. 机械工程学报,2010,46(7): 68 – 73.

[140] 赵成林,王桂军,孙学斌. 基于最大熵谱估计的频谱感知方法的研究[J]. 中国电子科学研究院学报, 2010,5(5): 508 – 512.

[141] Che Jinxing, Wang Jianzhou. Short – term electricity prices forecasting based on support vector regression and auto – regressive integrated moving average modeling [J]. Energy Conversion and Management, 2010, 51 (10): 1911 – 1917.

[142] 张立毅,张雄,李化,等. 信号检测与估计[M]. 北京:清华大学出版社,2010.

[143] Steven K, Lewis P. Convergence of the multidimensional minimum variance spectral estimator for continuous and mixed spectra [J]. IEEE Signal Processing Letters, 2010, 17(1):1 – 4.

[144] 潘фев民. 阵列信号处理中多重信号分类算法的仿真研究[J]. 科技情报开发与经济,2010,9(22): 103 – 105.

[145] 黄荣雄,吴杰康,韦善革. 基于小波变换的电力系统谐波频率测量算法[J]. 电力学报,2010,25(3): 192 – 195.

[146] Seunghwan L, Yonghwan L. Adaptive frequency hopping and power control based on spectrum characteristic of error sources in Bluetooth systems[J]. Computers & Electrical Engineering. 2010,36(2):341 – 351.

[147] Xiao Wei, Tu Yaqing, Liu Liangbing. Parameters estimation of LFM signal based on fusion of signals with the same length and known frequency – difference[C] //Academy of Mathematics and Systems Science. IEEE Proceedings of the 8th World Congress on Intelligent Control and Automation. Piscataway:Institute of Electrical and Electronics Engineers, 2010: 6776 – 6781.

[148] Assous S, Hopper C, Lovell M A, et al. Short pulse multi – frequency phase – based time delay estimation [J]. Journal of the Acoustical Society of America, 2010,127(1):309 – 315.

[149] 苏奋华. 基于时变信号模型的科氏流量计信号处理方法及驱动控制研究[D]. 重庆:后勤工程学院, 2010.

[150] 齐国清. 信号检测与估计原理及应用[M]. 北京:电子工业出版社,2010.

[151] Lerga J, Sucic V. An instantaneous frequency estimation method based on the improved sliding pair – wise ICI rule[C] //IEEE Computer Society. Information Sciences Signal Processing and Their Applications. Piscataway:IEEE Computer Society, 2010:161 – 164.

[152] Zhu Lei, Dong Liang, Liu Shudong, et al. Self – adaptive frequency estimation algorithm of improving liquid level measurement precision of LFMCW radar[C] //IEEE Computer Society. International Conference on Microwave and Millimeter Wave Technology. Piscataway:IEEE Computer Society, 2010:1626 – 1628.

[153] Charvat G L, Kempel Leo C, Rothwell E J, et al. A through – dielectric radar imaging system[J]. IEEE Transactions on Antennas and Propagation, 2010, 58(8):2594 – 2603.

[154] 李鹏. 基于 FPGA 的 LFMCW 雷达信号处理机研究[J]. 火控雷达技术,2010,39(1):33 – 36.

[155] Su Fenhua, Tu Yaqing, Zhang Haitao, et al. Multiple adaptive notch filters based a time – varying frequency tracking method for coriolis mass flowmeter[C] //Academy of Mathematics and Systems Science. Proceedings of the 8th World Congress on Intelligent Control and Automation. Piscataway:Institute of Electrical and Electronics Engineers, 2010:6782 – 6786.

[156] 沈廷鳌,涂亚庆,张海涛,等. 基于自适应陷波器的一种科氏流量计信号频率跟踪新方法[J]. 电子测

量与仪器学报,2010,24(12):1119－1125.

[157] Regalia P A. A complex adaptive notch filter［J］. IEEE Signal Processing Letters, 2010, 17 (11): 937－940.

[158] Rim E K, Sofiane C, Roberto L V, et al. Closed－form real single－tone frequency estimator based on a normalized IIR notch filter［J］. Signal Processing, 2010, 90(6): 1905－1915.

[159] Wang Fang, Li Xiang. Polar format algorithm based on chirp－z transformation for Bistatic SAR System［J］. Signal Processing, 2010,26(3):400－404.

[160] Yin Zongliang, Li Ligong, Yu Xiaofen, et al. Application of chirp－z transform in infrared spectroscopy refinement［J］. Opt－electronic Engineering, 2010, 37(11):58－62.

[161] Zhou Jian, Huang Hua. Application of frequency spectrum refinement and correction technology in laser doppler velocimeter［J］. Laser & Infrared,2010,40(2):144－150.

[162] 陈剑云,李俊,袁勇,等. 基于最大熵谱估计的舰船静电场实时检测方法［J］.舰船科学技术,2009,31 (4): 90－92.

[163] Chang Y C, Chang K H, Liaw Ch Sh. Innovative reliability allocation using the maximal entropy ordered weighted averaging method［J］. Computers & Industrial Engineering, 2009, 57(4): 1274－1281.

[164] Wu Jian, Sun Baoliang, Liang Changyong, et al. A linear programming model for determining ordered weighted averaging operator weights with maximal Yager's entropy［J］. Computers & Industrial Engineering, 2009, 57(3): 742－747.

[165] 雷伟伟,张著洪. 基于 Burg 算法与卡尔曼滤波的有色噪声状态估计［J］.贵州大学学报(自然科学版), 2009, 36(6): 96－100.

[166] 何松华,程凡永,陈威兵,等.基于数据外推的限带信号最大似然谱估计［J］. 湖南大学学报(自然科学版), 2009, 36(3): 85－88.

[167] 支冬栋,卫红凯,杜斌. 现代谱估计法中几种不同模型参数估计法的比较［J］.舰船电子对抗,2009,32 (1):100－102.

[168] 张阳洁. 基于 MUSIC 算法的人体呼吸信号检测［J］.黑龙江科技信息, 2009, 17(35):90.

[169] 杨毅,韩宇,刘建新.基于 FFT 的恒差拍 FMCW 高度表数字信号处理器设计［J］. 信息与电子工程, 2009, 7(1): 48－51.

[170] 鞠萍华,秦树人,秦毅,等. 多分辨 EMD 方法与频域平均在齿轮早期故障诊断中的研究［J］.振动与冲击, 2009,28(5):97－101.

[171] 刘良兵,涂亚庆,张海涛. 频率估计的一种多段同频等长信号融合算法［J］.系统仿真学报, 2009,21 (1):194－198.

[172] Bassem R M, Atef Z E. MATLAB simulations for radar systems design［M］. London:Chapman&Hall/CRC, 2004.

[173] Ta M, Thai H, DeBrunner V. Stochastic Search Methods to Improve the Convergence of Adaptive Notch Filter ［C］//IEEE Computer Society. IEEE 13th DSP workshop. Piscataway:Institute of Electrical and Electronics Engineers/ Computer Society, 2009:78－83.

[174] Luo Xianglong, Gao Jinghuai. Instantaneous frequency estimation using WVD and local SVD［C］//Tianjin University of Technology. Proceedings of the 2nd International Congress on Image and Signal Processing. Piscataway:IEEE Computer Society, 2009:1－4.

[175] Lerga J, Sucic V. Nonlinear IF estimation based on the Pseudo WVD adapted using the improved sliding pair－wise ICI rule［J］.IEEE Signal Process Letters,2009,16(11):953－956.

[176] 丁鹭飞,耿富录,陈建春.雷达原理[M].4 版,北京:电子工业出版社,2009.

[177] Turley M D E. Bandwidth formula for Linear FMCW radar waveforms[C]//IEEE Computer Society. International Radar Conference – Surveillance for a Safer World(RADAR). Piscataway:IEEE Computer Society, 2009:1 – 6.

[178] 李兰英. NiosII 嵌入式软核 SOPC 设计原理及应用[M].北京:北京航空航天大学出版社,2009.

[179] 赵元黎,孙艳敏,杨文超,等.基于 DSP 的多功能汽车防撞雷达的设计[J].微计算机信息,2009, 25 (11):264 – 266.

[180] Zhang Haitao, Tu Yaqing, Su Fenhua, et al. Comparative study of two digital phase delay estimators with negative frequency contribution[C]//IEEE Computer Society. IEEE Proceedings of the 9th International Conference on Electronic Measurement & Instruments. Piscataway:IEEE Computer Society, 2009,(2): 850 – 853.

[181] 肖玮,涂亚庆,李先利.VCO 扫频非线性校正综述[J].电测与仪表,2009,46(12):33 – 38.

[182] Prudat Y, Vesin J M. Multi – signal extension of adaptive frequency tracking algorithms[J]. Signal Processing, 2009, 89(6): 963 – 973.

[183] Niedzwiecki M, Kaczmarek P. Self – optimizing generalized adaptive notch filters comparison of three optimization strategies [J]. Automatica, 2009,45(1): 68 – 77.

[184] 徐宝松.基于 FrFT 的线性调频信号非线性度检测方法研究[D].重庆:后勤工程学院,2008.

[185] 胥嘉佳,刘渝,邓振淼.任意点正弦波信号频率估计的快速算法[J].南京航空航天大学学报, 2008,40 (6): 794 – 798.

[186] Chen Kuifu, Wang Jianli, Zhang Senwen. Spectrum correction based on the complex ratio of discrete spectrum around the main – lobe[J]. Journal of Vibration Engineering, 2008,21(3):314 – 317.

[187] Belega D, Dallet D. High – accuracy frequency estimation via weighted multipoint interpolated DFT[J]. IET Science Measurement Technology, 2008,2(1):1 – 8.

[188] Hossein H and Anatoly Z. Singular spectrum analysis based on the minimum variance estimator [J]. Nonlinear Analysis: Real World Applications, 2008,11(3): 978 – 988.

[189] 沈慧芳,李民生,罗丰.基于递推算法的严格最大熵谱估计[J].雷达科学与技术,2008,6(4): 288 – 291.

[190] 蒋毅,刘章文,古天祥.MUSIC 法的有限域单向快速频率搜索[J].电子科技大学学报,2008,37(2): 241 – 243.

[191] 涂亚庆,刘良兵.频率估计的一种多段分频等长信号融合算法[J].电子学报,2008,36(9): 1852 – 1856.

[192] 刘良兵.频率估计的信息融合方法及其应用[D].重庆:后勤工程学院,2008.

[193] Jin Lee D. Nonlinear estimation and multiple sensor fusion using unscented information filtering[J]. IEEE Signal Processing Letters. 2008,15: 861 – 864.

[194] 甘世明,郭秀珍,赵永军.信号的相关分析[J].仪器仪表用户,2008,15(4):120 – 121.

[195] 张海涛,涂亚庆.基于 FFT 的一种计及负频率影响的相位差测量新方法[J].计量学报,2008,29(2): 168 – 171.

[196] Punchalard R, Lorsawatsiri A, Koseeyaporn J, et al. Adaptive IIR notch filters based on new error criteria [J]. Signal Processing, 2008, 88(3):685 – 703.

[197] Johansson A T, White P R. Instantaneous frequency estimation at low signal – to noise ratios using time – varying notch filters [J]. Signal Processing, 2008, 88(5):1271 – 1288.

[198] Lerga J, Vrankic M, Sucic V. A signal denoising method based on the improved ICI rule[J]. IEEE Signal Process Letters, 2008,15(10):601 – 604.

[199] 徐宝松,涂亚庆,刘良兵.一种基于微元法和分数阶傅里叶变换的 VCO 非线性度检测方法[J].电子测量与仪器学报,2008,22(5):117 - 122.

[200] Instrument T. Very low noise, 24 - bit analog - to - digital converter[Z]. Dallas: Texas Instrument, 2008.

[201] Instrument T. Dual - output low - dropout voltage regulators[Z]. Dallas: Texas Instrument, 2008.

[202] Shinde P. Hardware design guidelines for TMS320F28xx and TMS320F28xxx DSCs[R]. Dallas: Texas Instrument, 2008.

[203] Tu Yaqing, Zhang Haitao. Method for CMF signal processing based on the recursive DTFT algorithm with negative frequency contribution[J]. IEEE Transactions on Instrumentation & Measurement, 2008,57(11): 2647 - 2654.

[204] Liu Liangbing, Tu Yaqing, Xu Baosong. A division ratio - variable delay method for VCO FM nonlinearity correction[C] //IEEE Robotics and Automation Society. IEEE Proceedings of 7th World Congress on Control and Automation. Piscataway: Institute of Electrical and Electronics Engineers, 2008:2692 - 2695.

[205] Liu Liangbing, Tu Yaqing. Information fusion - based frequency estimation of multi - section equal - length signals with known frequency - shift[C] //IEEE Robotics and Automation Society. IEEE Proceedings of 7th World Congress on Control and Automation. Piscataway: Institute of Electrical and Electronics Engineers, 2008:1118 - 1122.

[206] Zhang Haitao, Tu Yaqing, Liu Liangbing, et al. A novel signal processing method for coriolis mass flowmeter based on time - varying signal model[C] //IEEE Robotics and Automation Society. IEEE Proceedings of 7th World Congress on Control and Automation. Piscataway: Institute of Electrical and Electronics Engineers, 2008:6887 - 6890.

[207] 刘良兵,涂亚庆.基于多段分频等长信号融合的频率估计方法[J].计算机工程与应用,2008,44(11): 170 - 175.

[208] 刘良兵,涂亚庆.基于同频等长信号融合的频率估计快速迭代算法[J].重庆邮电大学学报(自然科学版), 2008,20(2):148 - 155.

[209] 刘良兵,涂亚庆.信号等长情况下频率估计的降频域迭代分析法[J].重庆大学学报(自然科学版), 2008,31(6):646 - 651.

[210] 刘良兵,涂亚庆.基于多段降频等长信号的频率估计快速迭代算法[J].重庆大学学报(自然科学版), 2008,31(9):1044 - 1049.

[211] 刘良兵,涂亚庆.一种基于多段降频等长信号融合的频率估计方法[J].信息与控制,2008,37(4): 403 - 407.

[212] Punchalard R, Lorsawatsiri A, Loetwassana W, et al. Direct frequency estimation based adaptive algorithm for a second - order adaptive FIR notch filter [J]. Signal Processing,2008,88(2): 315 - 325.

[213] Liang Juni, Ji Bangjie, Zhang Junying, et al. Recurisve least squares - like algorithms for the adaptive second - order lattice notch filter [J]. Digital Signal Processing, 2008, 18(3): 291 - 306.

[214] 丁康,谢明,杨志坚.离散频谱分析与校正理论与技术[M].北京:科学出版社,2008.

[215] Zhang Dawei, Wang Yanfei, Zhang Xueli. Modified step transform algorithm based on CZT and its application to LFM pulse compression [J]. Journal of Electronics & Information Technology, 2008, 30 (2): 306 - 309.

[216] Xiao Hui, Hu Weidong ,Yu Wenxian. Parameter estimation based on DPT - CZT processing in LFMCW radar [J]. Modern Radar, 2008, 30(11):48 - 52.

[217] 杨志坚,丁康.高斯白噪声背景下时移相位差校正法的频率估计精度分析[J].振动工程学报,2007,20 (3): 274 - 279.

[218] 黄翔东,王兆华.全相位 DFT 抑制谱泄漏原理及其在频谱校正中的应用[J].天津大学学报,2007,40

(7):882－886.

[219] 段虎明,秦树人,李宁.离散频谱的校正方法综述[J].振动与冲击,2007,26(11):138－145.

[220] 蔡忠法,陈隆道.基于AR谱估计和Adaline神经元的间谐波分析[J].电力系统自动化,2007,31(17):78－82.

[221] 张静,王韵然,李强,等.基于同步旋转坐标变换的互功率谱MUSIC算法异步电机转子故障诊断[J].东北电力大学学报,2007,27(4):61－65.

[222] 牛鹏辉.科氏流量计数字信号处理方法研究[D].重庆:后勤工程学院,2007.

[223] 张海涛,涂亚庆.计及负频率影响的科里奥利质量流量计信号处理方法[J].仪器仪表学报,2007,28(3):539－544.

[224] 易立强,邝继顺,欧阳雄.基于一类新窗的高精度相位差测量方法[J].系统仿真学报,2007,19(23):5543－5545.

[225] 牛鹏辉,涂亚庆,张海涛.格型陷波器和DTFT科氏流量计信号处理方法[J].重庆大学学报(自然科学版),2007,30(11):54－58.

[226] Ta M, DeBrunner V. Robust Notch Filtering by Combining Adaptation in Both Time and Frequency[C]// Institute of Electrical and Electronics Engineers. IEEE Proceedings of 41th Asilomar Conference on signals, System and Computer. Piscataway:Institute of Electrical and Electronics Engineers/Computer Society, 2007:1633－1637.

[227] Jacobsen E, Kootsookos P. Fast, accurate frequency estimators[J]. IEEE Signal Processing Magazine, 2007, 24:123－125.

[228] 李雅萍,朱乃立,孟红文,等.FPGA在雷达信号处理中的应用[J].计算机工程, 2007,33(4):259－262.

[229] Liu Liangbing, Tu Yaqing. A new realizable structure to improve VCO linearity[C]//IEEE Instrumentation and Measurement Society. Proceedings of 8th International Conference on Electronic Measurement & Instruments. Piscataway:Institute of Electrical and Electronics Engineers/ Computer Society, 2007, (4):625－629.

[230] Wang Dechao, Tu Yaqing. An approach to measuring vehicle four－wheel alignment parameters based on computer vision[C]//IEEE Instrumentation and Measurement Society. Proceedings of 8th International Conference on Electronic Measurement & Instruments. Piscataway:Institute of Electrical and Electronics Engineers/ Computer Society, 2007,(3):91－94.

[231] 张海涛,涂亚庆.基于DTFT的一种低频振动信号相位差测量新方法[J].振动工程学报,2007,20(2):180－184.

[232] 张海涛,涂亚庆,牛鹏辉.相位差测量的FFT法和DTFT法误差分析[J].电子测量与仪器学报,2007,21(3):61－65.

[233] Wang Lanwei, Zhao Jialiu, Wang Ziying, et al. Application of zoom FFT technique to detecting EM signal of SLF/ELF[J]. Acta Seismological Sinica,2007,20(1):63－70.

[234] 段虎明,秦树人,李宁.离散频谱的频率抽取校正法[J].振动与冲击,2007,26(7):59－88.

[235] 齐国清.几种基于FFT的频率估计方法精度分析[J].振动工程学报, 2006,19(1):86－91.

[236] 丁康,潘成灏,李巍华.ZFFT与Chirp－Z变换细化选带的频谱分析对比[J].振动与冲击,2006, 25(6):9－12.

[237] Lee S K, Shim J S, Cho B O. Damage detection of a gear with initial pitting using the zoomed phase map of continuous wavelet transform [J]. Key Engineering Materials, 2006:223－228.

[238] Monteio L A, Suarez L E. Wavelet－based identification of site frequencies from earthquake records [J]. Journal of Earthquake Engineering, 2006, 10(4):565－594.

[239] Prioakis J G, Manolakis D G. Digital Signal Processing: Principle, Algorithms, and Application [M]. New Jersey: Prentice Hall, 2006.

[240] 张海涛. 计及负频率影响的相位差测量方法及其应用基础研究[D]. 重庆:后勤工程学院,2006.

[241] 周俊,王小海,祁才君. 基于 Blackman 窗函数的插值 FFT 在电网谐波信号分析中的应用[J]. 浙江大学学报(理学版),2006,23(6): 650 – 653.

[242] 徐科军,倪伟,陈智渊. 基于时变信号模型和格型陷波器的科氏流量计信号处理方法[J]. 仪器仪表学报, 2006, 27(6): 596 – 601.

[243] Chenga M H, Tsaia J L. A new IIR adaptive notch filter[J]. Signal Processing, 2006(86): 1648 – 1655.

[244] 周弘. 基于 DSP 的科氏流量计微弱信号检测的研究[D]. 武汉:华中科技大学,2006.

[245] 陈林森. 科氏流量计信号处理系统的研究与实现[D]. 北京:北京交通大学, 2006: 13 – 46.

[246] 郭鸿. 基于 DSP 技术的高精度科氏质量流量计设计[D]. 北京:华北电力大学,2006.

[247] Zhang Haitao, Tu Yaqing, Niu Penghui. Digital signal processing method of coriolis mass flowmeter[C] // IEEE Instrumentation and Measurement Society. Proceedings of First International Symposium on Test Automation & Instrumentation. Piscataway: Institute of Electrical and Electronics Engineers, 2006:466 – 470.

[248] Niu Penghui, Tu Yaqing, Zhang Haitao. Signal processing method of coriolis mass flowmeter combining AR model spectrum estimation with DFT[C] //IEEE Instrumentation and Measurement Society. Proceedings of First International Symposium on Test Automation & Instrumentation. Piscataway: Institute of Electrical and Electronics Engineers, 2006:551 – 554.

[249] Niu Penghui, Tu Yaqing. A method for processing of coriolis mass flowmeter based on combining AR model spectrum estimation with DFT[C] //IEEE Instrumentation and Measurement Society. Instrumentation and Measurement Technology Conference. Piscataway: Institute of Electrical and Electronics Engineers, 2006: 1417 – 1420.

[250] Niedzwiecki M, Kaczmarek P. Tracking analysis of generalized adaptive notch filter [J]. IEEE Transactions on Signal Processing, 2006, 54(1): 304 – 314.

[251] Jeronimo A G, Manel M R, Angel N V, et al. Plant identification via adaptive combination of transversal filters [J]. Signal Processing, 2006, 86(9): 2430 – 2438.

[252] Feng Zhihua, Liu Yongbin, Zhang Jian. Character analyses of the Chirp – Z transformation used in the spectrum zooming[J]. Signal Processing, 2006, 22(5):741 – 745.

[253] 任开春. 高精度 LFMCW 雷达液位仪信号处理及线性度检测方法研究[D]. 重庆:后勤工程学院,2005.

[254] 姬晓波. 基于 DSP 的雷达液位测量数据采集系统设计及实现[D]. 重庆:后勤工程学院, 2005.

[255] 黄云志,徐科军. 基于相位差的频谱校正方法的研究[J]. 振动与冲击, 2005,24(2):77 – 79.

[256] 曹延伟,张昆帆等. 一种稳健的离散频谱校正方法[J]. 电子与信息学报,2005,27(9): 1353 – 1356.

[257] Yazidi A, Henao H, Capolino G A, et al. Improvement of frequency resolution for three – phase induction machine fauh diagnosis[C] //IEEE Industrial Electronics Society. IEEE Industry Applications Conference. Piscataway: Institute of Electrical and Electronics Engineers, 2005,20 – 25.

[258] Ivan W S, Richard G B, and Nick G K. The dual – tree complex wavelet transform [J]. IEEE Signal Processing Magazine, 2005: 123 – 151.

[259] Kia S H, Henao H, Capolino G A. Zoom – MUSIC frequency estimation method for three – phase induction machine fault detection[C] //IEEE Industrial Electronics Society. 31st Annual Conference of IEEE Industrial Electronics Society, Raleigh, NC, United States: IEEE Computer Society, 2005: 2603 – 2608.

[260] 张介秋,梁昌洪,陈砚圃. 一类新的窗函数——卷积窗及其应用[J]. 中国科学:E 辑,2005,35(7): 773 – 784.

[261] 黄纯,江亚群. 谐波分析的加窗插值改进算法[J]. 中国电机工程学报,2005,25(15):26 – 32.

[262] Brooker G M, Birch D, Solms J. W - band airborne interrupted frequency modulated CW imaging radar[J]. IEEE Transactions on Aerospace and Electronic Systems, 2005, 41(3):955 - 972.

[263] 杜雨沼,张容权,杨建宇.毫米波 LFMCW 雷达加速运动目标回波检测[J].红外与毫米波学报,2005, 24(5):348 - 351,356.

[264] 牛鹏辉,涂亚庆,张海涛.科里奥利质量流量计的数字信号处理方法现状分析[J],自动化与仪器仪表, 2005(4):1 - 3.

[265] Instrument T. Precision low power instrument amplifiers[Z]. Dallas: Texas Instrument, 2005.

[266] Instrument T. High precision operational amplifiers[Z]. Dallas: Texas Instrument, 2005.

[267] Corporation R I. FM25L04 4Kb FRAM serial 3V memory [Z]. USA: Ramtron International Corporation, 2005.

[268] 倪伟,徐科军.基于时变信号模型的科里奥利质量流量计信号处理方法[J].仪器仪表学报, 2005,26 (4):358 - 364.

[269] Xiao Yegui, Ma Liying, Khorasani K, et al. Statistical performance of the memoryless nonlinear gradient algorithm for the constrained adaptive IIR notch filter [J]. IEEE Transactions on Circuits and System I: Regular Papers, 2005, 52(8): 1691 - 1702.

[270] Liao HoEn. Two discrete oscillators based adaptive notch filters (OSC ANFs) for noisy sinusoids [J]. IEEE Transactions on Signal Processing, 2005,53(2):528 - 538.

[271] Wu Guoqiao, Wang Zhaohua, Huang Xiaohong. All phase correction method for discrete spectrum [J]. Journal of Data Acquisition & Processing,2005,22(3):286 - 290.

[272] 齐国清,贾欣乐.插值 FFT 估计正弦信号频率的精度分析[J].电子学报,2004,32(4):625 - 629.

[273] 史东锋,许锋,郭万林.谐波信号的通用频谱校正算法在回转机械监测中的应用[J].南京航空航天大 学学报,2004,36(4): 505 - 510.

[274] 陈奎孚,张森文,郭幸福.消除负频率影响的频谱校正[J].机械强度,2004,26(1):25 - 28.

[275] Zhou J, Li G. Plain gradient - based direct frequency estimation using second - order constrained adaptive IIR notch filter [J]. Electronics Letters, 2004, 40(5): 351 - 352.

[276] Djurovic I,Stankovic L. Modification of the ICI rule - based IF estimator for high noise environ - ments[J]. IEEE Transactions on Signal Processing,2004,52(9):2655 - 2661.

[277] Du Yuming, Miao Shuli, Yang Jianyu, et al. Performance analysis of acceleration resolution for the LFMCW radar[C] //Ministry of Education (MOE) of PR China. International Conference on Communications, Circuits and Systems. Piscataway:Institute of Electrical and Electronics Engineers, 2004, 2:887 - 890.

[278] Cheesewright R, Clark C, Y. Y Hou. The response of Coriolis flowmeters to pulsating flows [J]. Flow Measurement and Instrumentation, 2004, 15: 59 - 67.

[279] 刘凤新,张砚川,王磊.科氏流量计 DSP 算法及其仿真研究[J].传感技术学报,2004,(1):42 - 45.

[280] Micro Motion Inc.. Micro Motion? Flowmeters Specifications Summary, Product Data Sheet, PS - 00232, Rev. C, June 2004.

[281] Ren Kaichun, Tu Yaqing, Zhang Haitao, et al. A method of estimating noise level in a frequency - modulation continuous - wave(FMCW) radar level gauge based on daubechies wavelet[C] //National Nature Science Foundation of China. Proceedings of ICWAA. Piscataway:Institute of Electrical and Electronics Engineers, 2004:418 - 423.

[282] Ren Kaichun, Tu Yqing, Zhang Xuanqi. A fast and accurate algorithm for estimating frequency of a sine wave under low - signal - noise - ratio background[C] //National Laboratory of Industrial Control Technology. IEEE Proceedings of the 5th World Congress on Intelligent Control and Automation. Piscataway:Institute of Electrical and Electronics Engineers, 2004:3761 - 3764.

[283] Ren Kaichun, Zhang Xuanqi, Tu Yaqing. A method of estimating frequency of a frequency – modulation continuous – wave (FMCW) radar level gauge under low signal – noise – ratio background[C] //National Laboratory of Industrial Control Technology. IEEE Proceedings of the 5th World Congress on Intelligent Control and Automation. Piscataway:Institute of Electrical and Electronics Engineers, 2004:3765 – 3767.

[284] Tu Yaqing, Zhang Haitao, Li Yongzhi. Error analyses of filling control systems for liquid amount – given[C] //National Laboratory of Industrial Control Technology. IEEE Proceedings of the 5th World Congress on Intelligent Control and Automation. Piscataway: Institute of Electrical and Electronics Engineers, 2004: 3826 – 3829.

[285] Liu Liangbing, Tu Yaqing. A liquid nonlinear acoustic parameter BA measuring system based on information fusion[C] //IEEE Systems, Man, and Cybernetics Society. IEEE Proceedings of the International Conference on Information Reuse and Integration. Piscataway:Institute of Electrical and Electronics Engineers, 2004:559 – 563.

[286] Zhou J, Li G. Plain gradient – based direct frequency estimation using second – order constrained adaptive IIR notch filter [J]. Electronics Letters, 2004, 40(5): 351 – 352.

[287] Niedzwiecki M, Kaczmarek P. Generalized adaptive notch filters[C] //Institute of Electrical and Electronics Engineers. Proceedings – IEEE International Conference on Acoustics, Speech, and Signal Processing, Montreal. Piscataway:Institute of Electrical and Electronics Engineers, 2004, (2): II – 657 – 660.

[288] Chen kuifu, Zhang Senwen. Computing parameters of two closely spaced components from three spectrum lines [J]. Journal of Vibration Engineering, 2004, 17(2):153 – 158.

[289] 胡广书. 数字信号处理——理论、算法与实现[M]. 北京:清华大学出版社,2003.

[290] 薛年喜. MATLAB 在数字信号处理中的应用[M]. 北京:清华大学出版社,2003.

[291] 冯象初,甘小兵,宋国乡. 数值泛函与小波理论[M]. 西安:电子科技大学出版社,2003.

[292] 丁康,钟舜聪. 通用的离散频谱相位差校正方法[J]. 电子学报, 2003,31(1):142 – 145.

[293] 齐国清. 利用 FFT 相位差校正信号频率和初相估计的误差分析[J]. 数据采集与处理,2003,18(1): 7 – 11.

[294] 王兆华,侯正信,苏飞. 全相位 FFT 频谱分析[J]. 通信学报,2003,24(11A):16 – 19.

[295] Clark C, Cheesewright R. The influence upon Coriolis mass flow meters of external vibrations at selected frequencies [J]. Flow Measurement and Instrumentation, 2003, 14: 33 – 42.

[296] 仝猛. 科氏流量计理论与应用研究[D]. 西安:西北工业大学, 2003.

[297] 徐科军,徐文福. 基于数字锁相环的科氏质量流量计信号处理方法[J]. 计量学报, 2003,24(2): 122 – 128.

[298] Tu Yaqing, Zhang Haitao, Li Yongzhi, et al. Scheme and key techniques of multi – parameter safety monitoring system for material storage cave depots[C] //IEEE Instrumentation and Measurement Society. The 6th International Conference on Electronic Measurement & Instruments. Piscataway: IEEE Computer Society, 2003:1360 – 1366.

[299] Ren Kaichun, Tu Yaqing. A new method of measuring a sine wave by using FFT based on zero – padding and self – revisal[C] //IEEE Instrumentation and Measurement Society. The 6th International Conference on Electronic Measurement & Instruments. Piscataway: IEEE Computer Society, 2003:610 – 613.

[300] 毛秉毅. 一种基于频率细化多分辨率小波变换和量化的数字图像水印算法[J]. 计算机工程, 2002, 28(8): 211 – 213.

[301] Alm J F, Walker J S. Time – frequency analysis of musical instruments [J]. Society for Industrial and Applied Mathematics Review. 2002, 44(3): 457 – 476.

[302] 丁康,朱小勇,谢明. 离散频谱综合相位差校正法[J]. 振动工程学报,2002,15(1):114 – 118.

[303] Zhu Limin, Li Hanxiong, Ding H. Noise influence on estimation of signal parameter from the phase difference of discrete Fourier transforms[J]. Mechanical Systems and Signal Processing, 2002,16(6): 991 – 1004.

[304] 张贤达. 现代信号处理[M]. 2 版. 北京:清华大学出版社, 2002.

[305] 齐国清,贾欣乐. 基于 DFT 相位的正弦波频率和初相的高精度估计方法[J]. 电子学报,2001,29(9): 1164 – 1167.

[306] 周谋炎. 反卷积与信号复原[M]. 北京:国防工业出版社,2001.

[307] 李建平. 快速小波变换与电子商务新技术[M]. 重庆:重庆出版社,2001.

[308] Zhang Fusheng, Geng Zhongxing, Yuan Wei. The algorithm of interpolating windowed FFT for harmonic analysis of electric power system[J]. IEEE Transactions on Power Delivery, 2001,16(2): 160 – 164.

[309] 丁康,江利旗. 离散频谱的能量重心校正法[J]. 振动工程学报,2001,14(3):354 – 358.

[310] 丁康,朱小勇. 适用于加各种窗的一种离散频谱相位差校正法[J]. 电子学报,2001,29(7):987 – 989.

[311] Xiao Yegui, Takeshita Y, Shida K. Steady – state analysis of a plain gradient algorithm for a second – order adaptive IIR notch filter with constrained poles and zeros[J]. IEEE Transactions on Circuits and Systems II: Analog and Digital Signal Processing, 2001, 48(7):733 – 740.

[312] Henrot D. Multi – rate digital signal processor for vibrating conduit sensor signals, WIPO patent, No. 0101083[P]. 2001.

[313] Barkat B. Instantaneous frequency estimation of nonlinear frequency – modulated signals in the presence of multiplicative and additive noise[J]. IEEE Transactions on Signal Processing, 2001,49(10):2214 – 2222.

[314] 徐科军,倪伟. 一种科里奥利质量流量计的信号处理方法,计量学报, 2001,22(4):254 – 258.

[315] Xu Peimin, Yang Jidong, Wen Bangchun. Identification of parameters of two close frequency components in Discrete spectrum analysis[J]. Journal of Vibration Engineering, 2001,14(3): 254 – 258.

[316] Steven K, Supratim S. Mean likelihood frequency estimation[J]. IEEE Transactions on signal processing, 2000, 48(7): 1937 – 1946.

[317] Ding Kang, Xie Ming, Zhao Xiaofei. Phase difference correction method for phase and frequency in spectral analysis[J]. Mechanical Systems and Signal Processing, 2000,14(5): 835 – 843.

[318] Nishimura S, Aloys M. A lattice – based adaptive IIR notch filter and its application to FSK demodulation [J]. ISCAS, 2000, 3(5):586 – 589.

[319] Cheesewright R, Clark C, Bisset D. The identification of external factors which influence the calibration of Coriolis massflow meters [J]. Flow Measurement and Instrumentation, 2000, 11:1 – 10.

[320] Inc. I C S. IS61LV6416 64K × 16 high – speed CMOS static RAM with 3.3V supply[Z]. Hsinchu: Integrated Circuit Solution Inc., 2000.

[321] Texas Instruments Inc., TMS320VC5402 fixed – point digital signal processor, Product Data Sheet, SPRS079E, August 2000.

[322] So H C. Adaptive algorithm for direct estimation of sinusoidal frequency [J]. Electronics Letters, 2000, 36 (8): 759 – 760.

[323] 谢明,张晓飞,丁康. 频谱分析中用于相位和频率校正的相位差较正法[J]. 振动工程学报,1999,12 (4):454 – 459.

[324] 刘渝. 快速高精度正弦波频率估计综合算法[J]. 电子学报, 1999, 27(6): 126 – 128.

[325] 应怀樵,沈松,刘进明. 短时最大熵谱(STMEM)谱阵的时频分析研究[J]. 应用力学学报,1999,16(1): 123 – 126.

[326] Jian M, Spectrum estimating of correlative signal [J]. Systems Engineering and Electronics, 1999,10: 69 – 72.

[327] Singer A C, Feder M. Universal linear prediction by model order weighting [J]. IEEE Transactions on Signal

Process, 1999, 47(10): 2685 - 2699.

[328] 谢明,丁康,莫克斌.两个密集频率成分重叠频谱的校正方法[J].振动工程学报,1999, 12(1): 109 - 114.

[329] 刘渝.正弦波频率快速估计方法[J].数据采集与处理,1999,27(6):126 - 128.

[330] Anon. Implementation of the RELAX algorithm[J]. IEEE Transactions on Aerospace and Electronic Systems. 1998,34(2): 657 - 664.

[331] Malcolm D M. Fast nearly ML estimation of the parameters of real or complex single tones or resolved multiple tones. IEEE Transactions on Signal Processing, 1998, 46(1): 141 - 148.

[332] Goldstein J S, Reed I S, Scharf L. A multistage representation of the Wiener filter based on orthogonal projections [J]. IEEE Transactions on Information Theory, 1998, 44(7): 2943 - 2959.

[333] 谢明,丁康,莫克斌.频谱校正时谱线干涉的影响及判定方法[J].振动工程学报,1998,11(1):52 - 57.

[334] 陈奎孚,焦群英,高小榕. 提高 FFT 谱质量的一种新方法[J].振动、测试与诊断,1998,18(3): 216 - 220.

[335] 张贤达,保铮.非平稳信号分析与处理[M].北京:国防工业出版社,1998.

[336] Katkovnik V,Stankovic L. Instantaneous frequency estimation using the Wigner distribution with varying and data - driven window length[J]. IEEE Transactions on Signal Processing, 1998, 46(9):2315 - 2325.

[337] Stankovic L,Katkovnik V. Algorithm for the instantaneous frequency estimation using time - fre quency distributions with adaptive window width[J]. IEEE Signal Process Letters,1998,5(9): 224 - 227.

[338] Cheesewright R, Clark C. The effect of flow pulsations on Coriolis mass flow meters [J]. Journal of Fluids and Structures, 1998,12:1025 - 1039.

[339] 吴东鑫. 新型实用传感器应用指南[M].北京:电子工业出版社,1998.

[340] Xiao Yegui, Tadokoro Y, Kobayashi Y. A new memoryless nonlinear gradient algorithm for a second - order adaptive IIR notch filter and its performance analysis [J]. IEEE Transactions on Circuits and Systems II: Analog and Digital Signal Processing, 1998, 45(4):462 - 472.

[341] 刘渝. 快递高精度正弦波频率估计综合算法[J].电子学报,1998,13(1):7 - 11.

[342] Quinn B G. Estimation of frequency, amplitude and phase from the DFT of a time series[J]. IEEE Transactions on Signal Processing, 1997,45(3):814 - 817.

[343] Gang L. A stable and efficient adaptive notch filter for direct frequency estimation [J]. IEEE Transactions on Signal Processing, 1997, 45(8): 2001 - 2009.

[344] Cousseau J E, Diniz P S R. New adaptive IIR filtering algorithms based on the Steiglitz - McBride method [J]. IEEE Transactions on Signal Processing,1997, 45(5): 1367 - 1371.

[345] Farhand B B. An IIR adaptive line enhancer with controlled bandwidth [J]. IEEE Transactions on Signal Processing, 1997, 45(2): 447 - 481.

[346] Chicharo J F, Kilani M T. A sliding Goertzel algorithm[J]. Signal Processing, 1996,52:283 - 297.

[347] Ma J C,Wu Q B, Xue J W, et al. Spectrum zoom analysis method based on wavelet transform[J]. Signal Processing,1997,13(3):274 - 279.

[348] Ozaktas H M, Arikan O, Kutay M A et al. Digital computation of the fractional Fourier transform [J]. IEEE Transactons on Signal Processing, 1996,44(9):2141 - 2150.

[349] Yoshimura H. Phase difference measuring apparatus and flowmeter thereof: European Patent Application, EP 0702212A2[P]. 1996.

[350] Derby H V, Bose T, Rajan S. Method and apparatus for adaptive line enhancement in Coriolis mass flow meter measurement: US Patent, No. 5555190[P],1996.

[351] 刘进明,应怀樵. FFT谱连续细化分析的傅里叶变换法[J].振动工程学报,1995,8(2):162 - 166.

[352] 谢明,丁康. 频谱分析的校正方法[J]. 振动工程学报,1994,7(2):172 – 179.

[353] Cho N I, Lee S U. On the adaptive lattice notch filter for the detection of sinusoids [J]. IEEE Transactions on Circuits and Systems II: Analog and Digital Signal Processing, 1993, 40(7): 405 – 416.

[354] 陈明逵,凌永祥. 计算方法[M]. 西安:西安交通大学出版社,1992.

[355] 秦前清,杨宗凯. 实用小波分析[M]. 西安:西安电子科技大学出版社,1992.

[356] Chen Borsen, Yang Tsangyi, Lin Binhong. Adaptive notch filter by direct frequency estimation[J]. Signal Processing, 1992, 27(2): 161 – 176.

[357] Crespo P M, Honig M L. Pole – zero decision feedback equalization with a rapidly converging adaptive IIR algorithm[J]. IEEE J. Sel. Areas on Communication, 1991, 8: 817 – 829.

[358] Regalia P A. An improved lattice – based adaptive IIR notch filter [J]. IEEE Transactions on Signal Processing, 1991, 39 (9): 2124 – 2128.

[359] Rao P, Talor F J. Estimation of the instantaneous frequency using the discrete Wigner distribution[J]. Electron Lett. , 1990,26(9):246 – 248.

[360] Paul R, Coriolis mass flow rate meter having a substantially increased noise immunity: US Patent, No. 4934196[P]. 1990.

[361] Nehorai A, Starer D. Adaptive pole estimation [J]. IEEE Transactions on Acoustics, Speech and Signal Processing, 1990, 38(5): 825 – 838.

[362] Kay S A. Fast and accurate single frequency estimator [J]. IEEE Trans. ASSP, 1989, 37 (12): 1987 – 1990.

[363] Shynk J. Adaptive IIR filtering[J]. IEEE ASSP Magazine,1989,4:5 – 21.

[364] Cho N I, Choi C H, Lee S U. Adaptive line enhancement by using an IIR lattice notch filter [J]. IEEE Transactions on Acoustics, Speech and Signal Processing, 1989, 37(4): 585 – 589.

[365] Kwan T, Martin K. Adaptive detection and enhancement of multiple sinusoids using a cascade IIR filter [J]. IEEE Transactions on Circuits and System, 1989, 36(7): 937 – 947.

[366] Kay S M. Modern Spectral Estimation[M]. Prentice – Hall, Englewood Cliffs, NJ, 1988.

[367] Alengrin G, Barlaud M, Menez J. Unbiased parameter estimation of nonstationary signals in noise [J]. IEEE Transactions on Acoustics, Speech and Signal Processing, 1986, 34(5): 1319 – 1322.

[368] McMahon D R A, Barrett R F. An efficient method for the estimation of the frequency of single tone in noise from the phases of discrete Fourier transforms[J]. Signal Processing, 1986,11(2): 169 – 177.

[369] Fan H, Jenkins W K. A new adaptive IIR filter[J]. IEEE Trans. Circuits Systems, 1986, 10:939 – 947.

[370] Nehorai A. A minimal parameter adaptive notch filter with constrained poles and zeros[J]. IEEE Transactions on Acoustics, Speech, Signal Processing, 1985, 33(4): 983 – 996.

[371] Rao D B, Sun Y K. Adaptive notch filtering for the retrieval of sinusoids in noise [J]. IEEE Transactions on Acoustics, Speech and Signal Processing, 1984, 32(4): 791 – 802.

[372] Grenier Y. Time – dependent ARMA modeling of nonstationary signals [J]. IEEE Transactions on Acoustics, Speech and Signal Processing, 1983, 31(4): 899 – 911.

[373] Stoica P, Soderstrom T. The Steiglitz – McBride identification algorithm revisited – convergence analysis and accuracy aspects[J]. IEEE Trans. Automat. Control, 1981, 26 (6): 712 – 717.

[374] Teager H M. Some observations on oral air flow during phonation [J]. IEEE Transactions on Acoustics, Speech and Signal Processing, 1980, 28(5): 599 – 601.

[375] Jane V K, Collins W L, Davis D C. High – accuracy analog measurements via interpolated FFT[J]. IEEE Transactions on Instrumentation and Measurement, 1979, 28(2): 113 – 122.

[376] Widrow B. Adaptive noise canceling: principles and applications[J]. Proceedings of IEEE, 1975, 63(12):

1692 – 1716.

[377] Rife D C, Vincent G A. Use of the discrete Fourier transform in the measurement of frequencies and levels of tones[J]. Bell System Technical Journal, 1970,49(2): 197 – 228.

[378] Capon J. High resolution frequency – wave number spectrum analysis[J]. Proceedings of IEEE, 1969, 57 (8): 1408 – 1418.

[379] Cooley J W, Tukey J W. An algorithm for the machine calculation of complex Fourier series[J]. Mathematics of Computation, 1965, 19(90): 297 – 301.

[380] Steiglitz K, McBride L E. A technique for the identification of linear systems[J]. IEEE Trans. Automat. Control, 1965, 10: 461 – 464.

[381] Cramér H. Mathematical methods of statistics [M]. Princeton: Princeton University Press, 1946.

内 容 简 介

　　频率估计作为数字信号处理的重要组成部分,在航空航天、生物医学、通信工程、雷达探测、故障诊断和仪器仪表等众多领域有着广泛应用。纷繁复杂的应用环境中,信号频率呈现出非线性、非平稳、瞬态性和极端化等特征,针对复杂信号频率估计方法开展研究是现实需求和技术发展的必然趋势。本书总结作者团队多年研究成果,深入探讨了复杂信号频率估计的基础理论、技术方法及实际应用。首先,简述了复杂信号频率估计研究的背景与意义,分析了现有典型频率估计方法;然后,系统深入地重点论述了短时信号频率估计的频谱融合方法、端频信号频率估计的计及负频率方法、时变频率估计的自适应陷波器方法、瞬时频率估计方法与VCO非线性度检测;最后,将复杂信号频率估计方法应用于线性调频连续波雷达和科里奥利质量流量计两类典型仪表与装置,详细分析了各种条件的比较实验结果和应用验证效果。

　　本书特色鲜明,内容新颖,深入浅出,理论联系实际,可供从事数字信号处理理论与方法研究和频率估计方法与应用技术研究的科技工作者阅读与参考,也可作为高等院校有关专业研究生和高年级本科生的课程教材与参考书。

As an important part of digital signal processing, frequency estimation has been widely used in such fields as aerospace industry, biomedical sciences, communication engineering, radar detection, fault diagnosis and instrument industry. In the complex applications, signal frequency is characterized with nonlinearity, instability, transiency and extramalization. Research on methods of frequency estimation for complex signals is the practical request of application fields and the inevitable trend of technological development. Based on the research findings of author group in the past decade, basic theories, techniques and applications of frequency estimation for complex signals are summarized and discussed in this book. Firstly, typical methods of frequency estimation are analyzed in detail after a briefly introduction of background and significance. Afterwards, these methods of frequency estimation including method of spectrum fusion for shorttime signals, method with negative frequency considered for extreme frequency signals, method of adaptive notch filter for time – varying signals, method of instantaneous frequency estimation and VCO nonlinearity detection are systematically discussed in depth. Finally, by applying the methods of frequency estimation for complex signals in such typical instruments as Linear Frequency Modulated Continuous Wave Radar and Coriolis Mass Flowmeter, experimental results and application effects in various conditions are compared and analyzed.

The book has distinct characteristics and its contents are up – todate. It explains the principles in simple terms and presents the close connection between theory and practice. The book is expected to provide reference for research workers and engineers in digital signal processing theory and methods, especially for those engaged in the method of frequency estimation and its application technique. It is also supposed to be used as a textbook or a reference book for graduate students and senior students in universities or colleges.

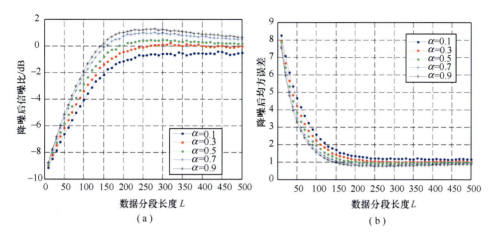

图 5 - 12　不同参数条件下的第一组降噪信号性能比较(SNR = - 10dB)
(a)不同参数条件下的第一组降噪信号信噪比对比;
(b)不同参数条件下的第一组降噪信号均方误差对比。

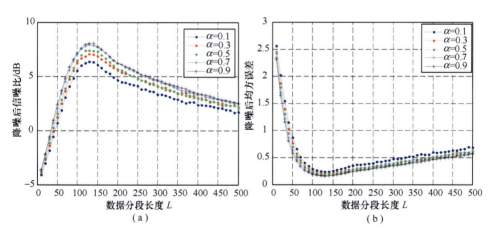

图 5 - 13　不同参数条件下的第一组降噪信号性能比较(SNR = - 5dB)
(a)不同参数条件下的第一组降噪信号信噪比对比;
(b)不同参数条件下的第一组降噪信号均方误差对比。

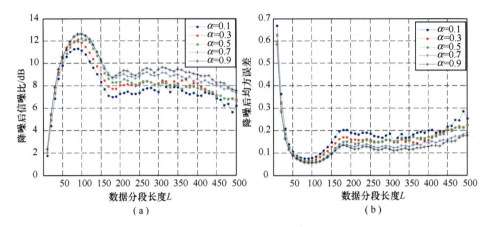

图 5 – 14　不同参数条件下的第一组降噪信号性能比较(SNR = 0)

(a)不同参数条件下的第一组降噪信号信噪比对比;

(b)不同参数条件下的第一组降噪信号均方误差对比。

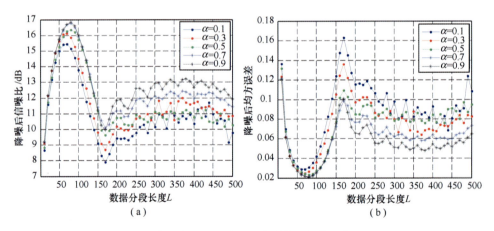

图 5 – 15　不同参数条件下的第一组降噪信号性能比较(SNR = 5dB)

(a)不同参数条件下的第一组降噪信号信噪比对比;

(b)不同参数条件下的第一组降噪信号均方误差对比。

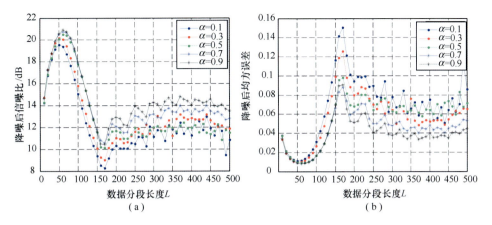

图 5 - 16　不同参数条件下的第一组降噪信号性能比较(SNR = 10dB)

(a)不同参数条件下的第一组降噪信号信噪比对比；

(b)不同参数条件下的第一组降噪信号均方误差对比。

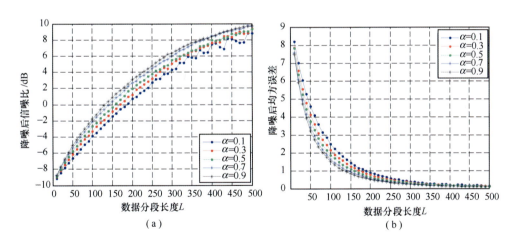

图 5 - 17　不同参数条件下的第二组降噪信号性能比较(SNR = - 10dB)

(a)不同参数条件下的第二组降噪信号信噪比对比；

(b)不同参数条件下的第二组降噪信号均方误差对比。

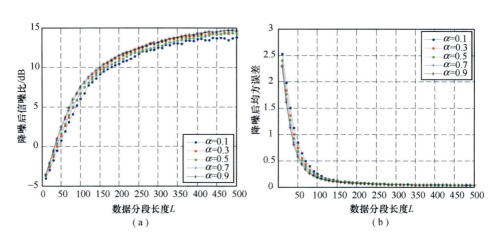

图 5 – 18　不同参数条件下的第二组降噪信号性能比较（SNR = –5dB）

（a）不同参数条件下的第二组降噪信号信噪比对比；

（b）不同参数条件下的第二组降噪信号均方误差对比。

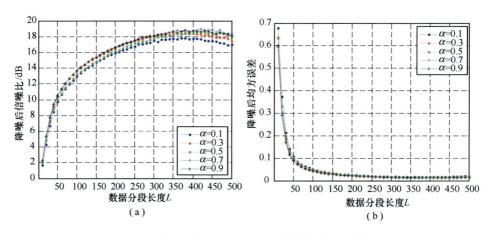

图 5 – 19　不同参数条件下的第二组降噪信号性能比较（SNR = 0）

（a）不同参数条件下的第二组降噪信号信噪比对比；

（b）不同参数条件下的第二组降噪信号均方误差对比。

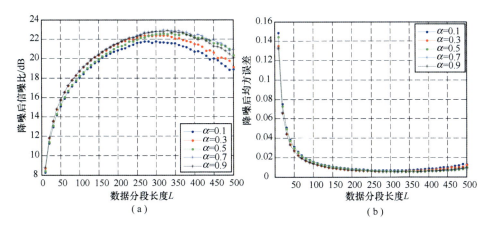

图 5 - 20　不同参数条件下的第二组降噪信号性能比较(SNR = 5dB)

(a)不同参数条件下的第二组降噪信号信噪比对比;

(b)不同参数条件下的第二组降噪信号均方误差对比。

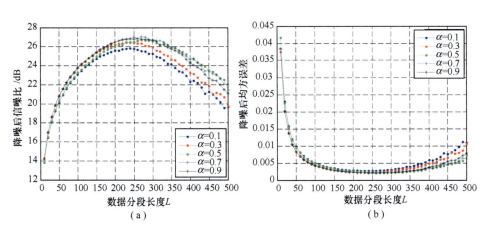

图 5 - 21　不同参数条件下的第二组降噪信号性能比较(SNR = 10dB)

(a)不同参数条件下的第二组降噪信号信噪比对比;

(b)不同参数条件下的第二组降噪信号均方误差对比。

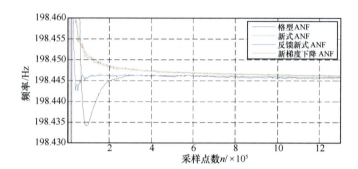

图 7-15 流量示值为 2.9kg/min 时的频率估计曲线

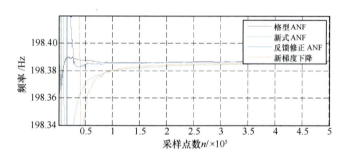

图 7-16 流量示值为 15.9kg/min 时的频率估计曲线

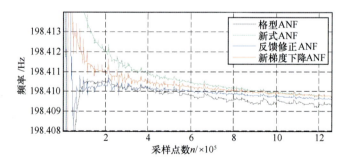

图 7-17 流量示值为 98.7kg/min 时的频率估计曲线

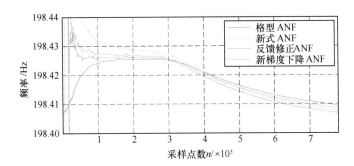

图 7 - 18　流量示值为 0 ~ 105. 2kg/min 时的频率估计曲线

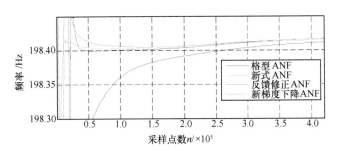

图 7 - 19　流量示值为 0 ~ 99. 7kg/min 时的频率估计曲线

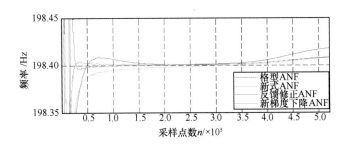

图 7 - 20　流量示值为 51. 1 ~ 107. 5kg/min 时的频率估计曲线

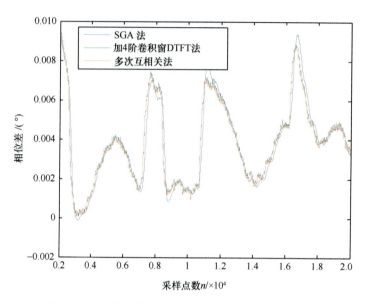

图 7 - 26　平稳流量为 2.9kg/min 时的相位差估计曲线

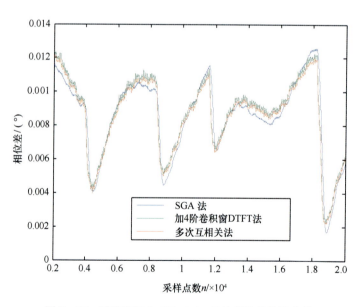

图 7 - 27　平稳流量为 10kg/min 时的相位差估计曲线

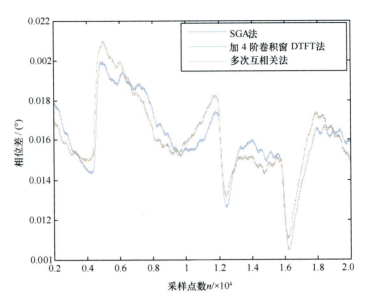

图 7 - 28　平稳流量为 15.9kg/min 时的相位差估计曲线

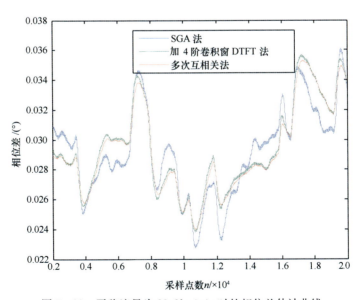

图 7 - 29　平稳流量为 29.9kg/min 时的相位差估计曲线

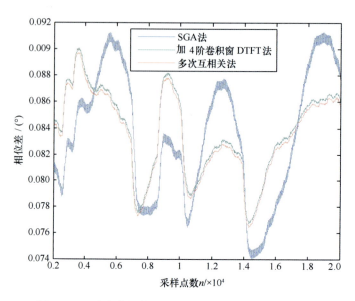

图 7 – 30　平稳流量为 82.1kg/min 时的相位差估计曲线

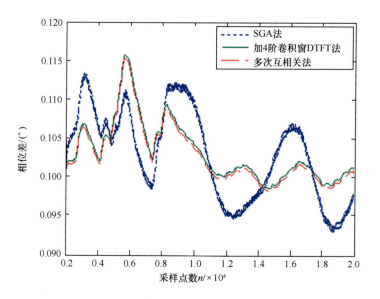

图 7 – 31　平稳流量为 94.8kg/min 时的相位差估计曲线

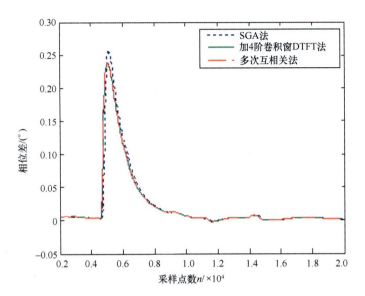

图 7 – 32　变化流量为 2.7 ~ 0kg/min 时的相位差估计曲线

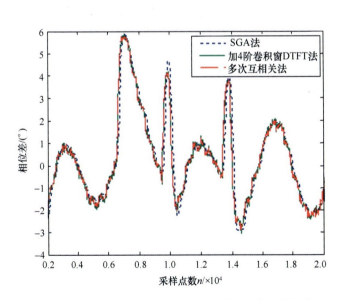

图 7 – 33　变化流量为 0 ~ 105.2kg/min 时的相位差估计曲线

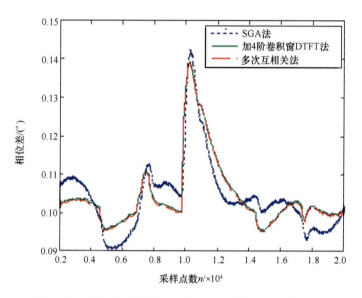

图 7 - 34   变化流量为 99.7 ~ 0kg/min 时的相位差估计曲线

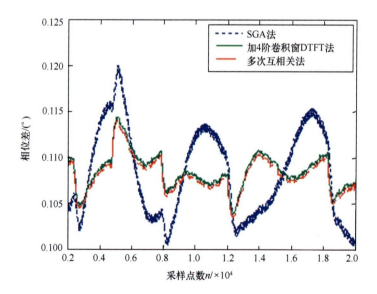

图 7 - 35   变化流量为 107.5 ~ 51.1kg/min 时的相位差估计曲线